일제시기 보물건조물의 보존과 수리

일제시기 보물건조물의 보존과 수리

제12회 심원건축학술상 수상작

심원문화사업회(이사장 이태규)는 건축의 인문적 토양을 배양하기 위해 만든 후원회로서 지난 2008년 이래 건축역사와 이론, 미학과 비평 제 분야의 전도유망한 신진 학자 및 예비 저술가를 지원하는 프로그램인 〈심원건축학술상〉을 제정하여 시행해오고 있습니다.

심원건축학술상 3기 위원회(2020~현재)

김영철, 배재대학교 주시경대학 교수

김현섭, 고려대학교 건축학과 교수

서정일, 한샘드뷰연구재단 자문위원

한동수, 한양대학교 건축학부 교수

심원건축학술상 2기 위원회(2014~2019)

김종헌, 배재대학교 건축학과 교수

박진호, 인하대학교 건축학과 교수

우동선, 한국예술종합학교 건축학과 교수

함성호, 스튜디오 EON 대표

심원건축학술상 1기 위원회(2008~2013)

배형민, 서울시립대학교 건축학과 교수

안창모, 경기대학교 건축대학원 교수

전봉희, 서울대학교 건축학과 교수

전진삼, 《와이드AR》 발행인

일제시기 보물건조물의 보존과 수리

서효원 지음

일러두기

1. 이 책은 저자의 박사학위 논문인 『일제강점기 보물건조물 수리공사에 관한 연구』를 수정·보완한 것입니다. 더불어 저자가 집필한 다음과 같은 후속 연구의 내용이 함께 수록되었습니다.

   서효원, 「조선총독부박물관 생산 수리공사문서의 구성과 내용」, 『한국건축역사학회 2019년도 추계 학술발표대회 논문집』, 2019
   서효원, 「일제강점기 북한지역 고건축물 목록을 통해 본 조선총독부 학무국 고건축 조사의 성격」, 『대한건축학회 논문집-계획계』, 35(5), 2019
   서효원, 「장안사 대웅전 보존 수리공사와 1930년대 금강산 개발_근대기 건축문화유산 보존과 관광지 개발의 영향관계 연구」, 『건축역사연구』, 29(3), 2020
   서효원, 「금강산 장안사 사성전 보존 수리공사와 1940년대 수리체제 전환 시도」, 『건축역사연구』, 29(4), 2020

2. 주요 용어와 지명 및 인명은 한국어로 표기하는 것을 원칙으로 하고, 한자나 영문을 함께 기재하였습니다.

3. 연도는 서기로 표기하였고, 인용한 사료에 기재된 일본 연호에는 서기를 함께 적어두었습니다.

4. 인용된 글과 표는 원문 그대로 싣는 것을 원칙으로 하고, 이해가 어려운 고문체와 맞춤법은 일부 현대 문법으로 고쳤으나, 되도록 원문을 훼손하지 않는 범위에서 수정하였습니다.

5. 이 책은 기술의 편의를 위해 「조선보물고적명승급천연기념물보존령(朝鮮寶物古蹟名勝及天然紀念物保存令)」은 「보존령」으로, 「고적급유물보존규칙(古跡及遺物保存規則)」은 「보존규칙」과 같이 법령, 지침, 기구의 제목이나 이름을 축약해 표기하고 있으며, 독자의 이해를 돕기 위해 필요한 경우 법령의 본래 제목을 표기하였습니다. 이 책에서 약칭으로 기술된 법령 및 지침은 다음과 같습니다.

법령 및 지침	약칭
조선보물고적명승급천연기념물보존령(朝鮮寶物古蹟名勝及天然紀念物保存令)	보존령
조선총독부보물고적명승천연기념물보존회(朝鮮總督府寶物古跡名勝天然記念物保存會)	보존회
고적급유물보존규칙(古跡及遺物保存規則)	보존규칙
고적보존공사시행표준(古跡保存工事施行標準)	시행표준
고적보존비보조공사시행수속(古跡保存費補助工事施行手續)	시행수속
보물건조물수리시행준칙(寶物建造物修理施行準則)	시행준칙
○○사 ○○전 수리공사취급수속(修理工事取扱手續)	취급수속
화엄사각황전수리공사취급수속(華嚴寺覺皇殿修理工事取扱手續)	
정묘사다보탑수리공사위원부규정(淨妙寺多寶塔修理工事委員部規程)	위원부규정

6. 그림의 출처 정보는 그림 목차에 쪽수와 함께 표시하였습니다.

7. 찾아보기는 주요 개념, 인명, 장소 및 건물명의 고유명사를 기준으로 정리하였습니다.

00 서문 • 13

01 서론 • 19

식민지 근대와 건축문화유산 보존 • 20
조선총독부박물관 생산 수리기록물 • 23
일제강점기를 '딛고 넘어서기' 위해 • 30

02 일제강점기 건축문화유산 보존제도 • 43

건조물 보존 법령의 성립 • 44
「보존령」 제정 이전 재산관리 법령과 건조물 보존
「보존령」 제정 이후 건조물 보존 법령

건조물 보존기구와 예산의 일원화 • 54
보존기구 일원화와 수리공사 업무 통합
건조물 보존예산의 통합과 증액

「보존령」 제정 후 보존 수리공사 시행 • 73
보물건조물 지정과 적극적 보존수리
일제강점기 건조물 보존 수리공사의 시기 구분

소결 • 82

03 '보물건조물' 성립과 건축문화유산의 형성 • 85

특별보호건조물 지정 및 보존의 성격 • 86
특별보호건조물 개념의 도입
'역사적 증징'으로서 특별보호건조물
통치시설 확보와 고건축물 유지관리

보물건조물 개념의 성립 • 105
동화이데올로기의 정착과 고적의 위상 변화
'보물건조물' 지정과 「보존령」 제정 취지

보물목조건조물대수선 계획 수립 • 118
조선총독부의 보물건조물 활용정책과 보존활동
보물건조물 활용정책에 호응한 보존활동
보물목조건조물대수선 계획의 수립과 시행

소결 • 142

04 보존 수리체제 확립과 수리전문가 집단의 활동 • 147

현상변경허가제 실시와 수리공사의 특수성 • 148
「보존령」 이전 수리체제의 한계와 현상변경허가제 실시
조사연구 기반 수리공사의 특수성과 전문성

세부지침 도입과 수리전문가 집단의 형성 • 162
화엄사 각황전 수리공사 시행과 공사지침의 개선
「시행준칙」에 의한 실시계획 수립의 제도화
「취급수속」에서 보이는 수리공사사무소 조직과 위계

전문가 중심 수리체제 성립과 '보물고적보존공사사무소' 설립 제안 • 176
수리전문가 집단의 형성과 위상
조선총독부 소속 수리전문가의 한계
전시체제 돌입과 일제강점기 수리체제의 한계
'보물고적보존공사사무소' 설립 제안

소결 • 205

05 실측조사 도입과 수리공사 체제의 진보 • 209

건축문화유산 보존과 실측조사의 관계 • 210
유럽 건조물 보존개념의 발생과 전개
일본의 근대적 실측조사 실시
한반도의 실측조사 도입

실측조사 실시와 복원중심 수리원칙 적용 • 226
목조 건축물 실측의 내용과 방법
한반도 목조 건축의 특징과 기법 발견
설계도서에 반영된 복원중심 수리원칙

수리공사 체제의 진보와 수리기술의 혼용 • 254
준비공사의 확립과 공종의 세분화
시공방법 명시와 시방서(示方書) 등장
구조변경 허용원칙과 당대(當代) 재료·기술의 혼용

전후 수리공사 재개와 수리체제 전승 • 274
전후 한반도 수리전문가의 활동
수리체제 전승과 무위사 극락전 수리공사

소결 • 284

06 한반도 건축문화유산의 형성과 보존 • 287

주석 00 서문 • 298
01 서론 • 301
02 일제강점기 건축문화유산 보존제도 • 307
03 '보물건조물' 성립과 건축문화유산의 형성 • 320
04 보존 수리체제 확립과 수리전문가 집단의 활동 • 339
05 실측조사 도입과 수리공사 체계의 진보 • 357

참고문헌 국내 단행본 • 378
국외 단행본 및 번역서 • 379
국내 학위논문 • 381
국외 학위논문 • 382
국내 학술논문 • 382
국외 학술논문 • 386
사료 • 388
보고서 • 388
신문 • 389
웹사이트 • 390
그림 목차 및 출처 • 392
표 목차 • 397

부록 건조물 문화재 보존 관련 법령 • 402
건조물 문화재 수리공사 세부지침 • 424
고적보존비보조대장 정리 • 441
찾아보기 • 448
별지 부록: 일제강점기 건조물 보존제도의 흐름

감사의 글 • 458

조선총독부박물관(출처: 국립중앙박물관 소장 조선총독부박물관 유리건판)

00 서문

건축문화유산 형성의 원풍경

건축문화유산은 모두 오래된 건축물들이다. 어제 완공된 건축물이 국보나 보물로 지정되는 일은 없기에, 오래됨은 건축문화유산이 되기 위한 전제조건 중 하나로 꼽을 만하다. 어찌 보면 당연한 것처럼 여겨지는 '오래되었다'라는 전제는 건축문화유산이 등장하게 된 시대 배경과 닿아있다.

널리 알려진 것처럼 문화재 혹은 문화유산[1]이라는 개념은 근대에 형성되었다.[2] 근대에 문화유산이라는 개념이 생겨난 이유는 오래된 것이 근대 세계에 미쳤던 실질적인 영향력과 관계가 있다. 근대는 잇따른 혁명의 물결 속에서 종교공동체를 기반으로 한 전제 왕권 국가가 민족공동체를 기반으로 한 국민국가로 대체된 시기였다.[3] 세계 각국은 새로운 국가 운영체제의 기틀 마련에 서둘렀고, 제국주의의 범람 속에서 속속 바뀌는 지리 경계의 변화에 맞춰 각 지역 공동체를 근대 국민국가라는 커다란 틀 속에 통합시키기 위한 노력에 힘을 기울였다.

오래된 것의 힘은 이러한 공동체 형성 과정에서 발휘되었다. 세계 각 국가는 그들의 역사를 바탕으로 형성한 민족적 유대감을 통해 국민을 통합하고자 하였기 때문이다. 그리하여 국가의 역사를 증빙하거나, 국가 구성원이 하나의 민족임을 증명하는 오래된 유산(遺産, heritage)들은 국민을 하나로 묶는 중요한 수단의 하나로써 국가의 관리를 받게 되었다.[4] 관리의 실무를 맡은 박물관은 오래된 예술품과 유물을 보존, 전승하고 한편으로 전시하여 근대 국가의 역사를 국민에게 선전하고 교육하는 대표적인 장소였다.[5]

이처럼 오래된 것들이 국가의 관리를 받는 문화유산이라는 지위를 획득할 수 있었던 것은 민족이라는 이름 아래 통합을 모색했던 근대의 지배자들에게 실제적인 쓸모가 있었기 때문이다. 근대 세계에서 역사의 오래됨이란 곧 민족공동체 규모의 확장과 연결되어 있었다. 현재 시점에서 멀어질수록 과거의 변경에 유연한 기준이 적용될 수 있었고, 과감한 역사 윤색이 가능했으며, 이를 바탕으로 새 국가의 기원을 더 많은 구

성원과 집단이 믿고 따르는 민족기원에 근접시킬 수 있었기 때문이다.[6]

근대 세계에서 오래됨이 국가의 자랑이자 권위가 되자 오래됨을 증거할 수 있는 문화유산들은 국가의 보물이 되었다. 그러나 오래되었다고 해서 모두 보물이 될 자격이 주어졌던 것은 아니다. 단순히 오래되었다는 사실이 보존의 기준은 아니었기 때문이다. 보존대상은 각 국가가 기술하고 인정한 역사에 따라 선택되었다.[7]

근대에 치러진 치열한 발전과 확장의 경쟁 속에서 모든 것을 보존의 대상으로 삼을 수는 없었다. 따라서 각 국가가 과거를 취사선택하고 입맛에 맞게 변경하여 각자 정의한 역사에 따라 행한 "선택적 보존"은 어쩌면 당연한 귀결이었다고 할 수 있다.[8]

하지만 근대 민족국가 구성의 주요한 수단으로서 문화유산이 가진 힘이란 역사를 자신의 손으로 쓸 수 있을 때나 발휘되는 것이었다. 역사를 기술할 권리를 빼앗긴 식민지에서 선택적 보존이란 지배국가의 통치이념을 강화하는 수단으로 더 의미가 있었기 때문이다. 지배국가는 자신들의 과거를 윤색했던 것과 같은 방식으로 피지배 국가의 과거를 왜곡하여 통치력을 강화하고자 하였다. 예를 들면 식민지 문화유산을 관리한 박물관은 식민지 통치이념에 부합하는 역사를 증빙하는 유물과 예술품을 골라 전시하는 방식으로 그 이념에 호응하였다. 나아가 박물관은 특정 유물을 전시에서 배제하거나, 전시된 예술품의 진열 순서를 조정하거나, 관람객의 동선을 조정하는 방식으로 왜곡된 역사를 식민지민에게 교육하였다.[9]

그러나 박물관 안에서 손쉽게 편집되고, 감춰질 수 있었던 예술품이나 유물과는 달리, 건축물은 야외에 큰 규모로 건립되어 있다는 점에서 쉽사리 그 의미를 왜곡할 수 없었다. 식민지에서 재래 지배 세력에 대한 향수를 불러일으키는 오래된 건축물은 명확한 해체의 대상이었지만, 식민지민의 저항 때문에 그들에게 상징적인 의미가 있는 건축물을 함부로 철거하기 어려웠다. 그럼에도 불구하고 식민지 통치자들에게 상징적 건축물은 지배체제 확립을 방해하는 대상이었으므로, 오래된 건축물은 기능을 바꿔 상징성을 축소한 후, 개축, 이축, 철거의 과정을 거치거나, 방치되어 낙후된 채 소멸하는 방식으로 사라졌다. 일제강점기 조선의 궁궐이 박람회장이나 유원지로 바뀌었고, 단군을 모신 사당이 방치되어 멸실되었던 사실은 식민 통치기구가 상징성을 가진 오래된 건축물을 배제했던 방식을 잘 보여주는 한편 일제강점기에 우리 건축물이 맞닥뜨린 현실을 적나라하게 드러낸다.

근대는 우리 건축물에는 척박한 시기였지만, 본래 전근대 건축물이 민족과 국가의 문화유산으로 거듭나 보존과 보호의 당위성을 획득한 시기였다. 오래된 건축물은 입지와 규모, 기능과 양식이 가지는 의미와 상징성으로 건축물 앞을 지나는 사람들에게 민족적 유대감과 과거의 번영을 깨닫게 해주었으며, 자신이 어떤 국가에 속해 있는가를 떠올리게 해주었다.

근대 국가들은 오래된 건축물이 가진 이러한 효용을 정치적 권위로 치환해 나갔다. 영국은 1835년 대화재로 불탄 국회의사당(웨스트민스터궁)을 고딕양식으로 재건하고, 1941년 다시 한 번 폭격으로 무너지자 같은 양식으로 개축하였다. 더 큰 규모로 기능에 충실한 건물로 신축할 수 있음에도 불구하고 그 자리에 옛 모습 그대로 복원한 이유는 옛 건축물에 입혀진 상징과 권위에 더 큰 가치를 두었기 때문이었다.[10] 이는 근대의 통치자들이 오래된 건축물을 보호하거나, 복원함으로써 과거가 가지는 상징성을 자신들의 정치적 권위로 치환하는 방식을 잘 보여준다.[11]

따라서 오래된 건축물은 민족 정체성의 기반으로서, 또 정치적 효용을 가진 문화유산으로서 그 가치를 인정받아 공공성을 획득하고, 나아가 국가의 보호와 관리를 받게 되었다. 세계 각 국가는 조사, 수리, 지정으로 대표되는 건축문화유산 보존제도를 확립하여 건축문화유산 보호에 돌입하였고, 이는 근대 국가의 정체성을 구축하고, 민족이라는 이름 아래 국민의 통합을 꾀하는 과정의 일환이었다.

한편, 문화유산의 효용과 가치를 두고 벌이는 정치적 해석의 대립[12]에서 벗어나 건축물을 중심에 두고 바라본다면, 근대 건축문화유산 보존은 건축문화의 연속성을 담보하기 위한 국가적 활동으로도 정의될 수 있다. 어느 국가이든 간에 당시의 보존 노력이 없었다면, 현재의 건축문화유산은 존재할 수 없었을 것이다. 건축문화유산 보호가 때때로 근대 건축 변혁의 높은 파고 속에서 각국의 건축 전통을 계승하기 위한 노력으로 평가되는 이유가 여기에 있다.

하지만 한반도에서 근대기는 우리 건축 전통이 "단절"된 시기로 평가된다. 이는 한반도 근대가 식민지라는 특수한 상황 속에서 전개되었고, 보존대상 선택의 주도권이 타의(他意)에 맡겨졌기 때문이다. 식민지 근대가 왜곡한 역사를 바로잡으려는 노력에 기반을 둔 이 "단절"이라는 해석은 그 타당성에도 불구하고 때때로 우리 건축이 근대기에 맞닥뜨린 현실을 객관적으로 평가하기 위한 균형감각을 잃게 만든다. 이 책의 기획에는 우리 건축 전통의 단절이라는 건축역사 일반의 평가에서 한 발 나아가 무엇이 어떻게 단절되었는지 구체적으로 조명하고자 하는 의도가 있다. 이렇게 단절의 양상을 객관화, 구체화하려는 노력이 역설적으로 무엇이 연속되었는지를 밝히는 출발점이 되며, 동시에 단절이라는 일률적인 잣대에서 벗어나 다양한 시각으로 근대 우리 건축이 직면한 현실을 바라보는 계기가 될 것이라 믿기 때문이다.

숭례문(출처: 국립중앙박물관 소장 조선총독부박물관 유리건판)

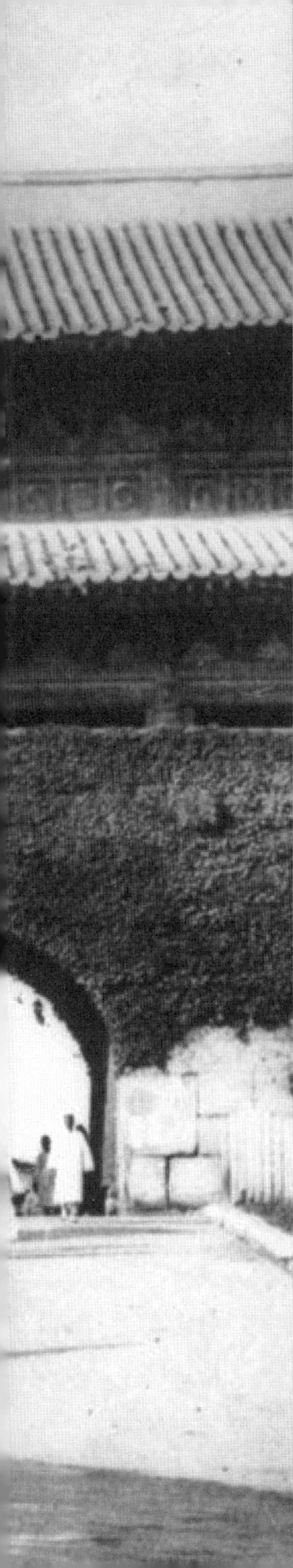

01 서론

식민지 근대와 건축문화유산 보존 · 20
조선총독부박물관 생산 수리기록물 · 23
일제강점기를 '딛고 넘어서기' 위해 · 30

식민지 근대와 건축문화유산 보존

근대기 우리 건축이 맞이한 현실을 균형 있게 평가하기 위해서 조선총독부의 건축문화유산 보존 활동은 반드시 살펴보아야 할 대상이다. 우리 건축문화유산은 조선총독부에 의해 처음 그 가치가 결정되었고, 국가적 보호 대상이 되었기 때문이다. 조선총독부가 주도한 보존 활동은 최근 국립중앙박물관에서 조선총독부박물관 생산 수리기록물을 공개함으로써 세밀하게 살필 수 있는 길이 열리게 되었다. 조선총독부박물관 생산 수리기록물은 일제강점기 총독부가 지정한 건축문화유산인 「보물건조물(寶物建造物)」 보존 활동을 기록한 문서로는 가장 방대하고 자세한 기록물이다.[1] 이 기록물을 통해 우리나라 근대기 건축 보존제도 변화와 건축문화유산 형성과정을 살펴보는 것이 가능하다. 또한, 보물건조물 수리체제와 공사체계의 성립 양상을 구체적으로 조명하고, 보물건조물 수리 전반에 결정권을 가지고 참여하였던 조선총독부의 활동과 태도를 관찰하는 것도 가능하다.

「보물건조물」 성립 과정이나 보존 수리체제 성립 양상 등과 함께 이에 대한 일제의 태도와 인식을 함께 살피는 이유는 이 시기 보존 활동에 조선총독부라는 식민통치기구의 선택과 결정이 지속적인 배경으로 작용하였기 때문이다. 총독부의 영향력 아래 우리 건축문화유산 보존과 관련된 법령, 기구, 예산이 처음 만들어졌고, 건축 보존을 위한 첫 수리공사가 이루어졌다. 또한, 수리공사 세부지침, 수리원칙, 수리기술 등이 도입·정착되었고 실측 조사가 시행되어 우리 건축의 기법과 특징이 밝혀지기도 하였다. 하지만 이 모든 과정의 주도권이 일제에 있었으므로 이 시기 활동이 우리 건축문화를 계승하고, 국가 정체성을 확립해 나가기 위한 순수한 근대적 보존의 시작이라고 보기 힘들다. 우리 근대기 보존 활동에 대한 가치평가가 쉽지 않은 이유가 여기에 있으며, 일제강점기 보존 활동을 세밀하고 주의 깊게 살펴야 하는 이유도 여기에 있다.

이러한 가치평가의 어려움은 식민지성과 근대성의 혼재라는 "식민지 근대"의 특수성으로 설명될 수 있다. 한반도의 근대는 일본의 개입과 짝 지어져 있으며, 일본을 통해 근대문물이 도입되었다는 사실에는 반론의 여지가 없다. 건조물 보존수리 역시 일본을 통해 도입된 근대문물 중 하나였고, 그리하여 일제강점기 건조물 보존활동은 한반도 근대의 태생적 성격을 공유하게 되었다. 일제의 식민 지배와 함께 시작된 한반도의 근대는 태어나면서부터 식민지적 성격과 근대적 성격을 함께 지녔다. 일제가 조선을 식민지로 강제 병합하면서 사회 전반에 식민지 운영에 유리한 통치이념을 이식하는 동시에 다양한 제도와 기술을 근대문명의 이름으로 이식했음은 잘 알려진 사실이다.[2]

식민지 근대라는 특수성에 더해 이론과 기술의 한계까지 안고 있었던 당시의 건조물 보존 활동에 대한 평가는 어쩔 수 없이 긍정과 부정이 복잡하게 혼재되어 있다. 당시 건조물 보존제도는 총독부의 정치적 영향력 아래 식민지 정책에 호응하였고, 수리공사는 총독부 소속 관원의 지휘 아래 수행되었다.[3] 이런 식민 통치의 영향력 속에서도 오래된 건조물에 근대적인 가치 개념이 도입되었고, 건조물을 보호하기 위한 제도적 장치가 마련되었으며, 본격적인 보존 수리공사가 수행되는 등 건조물 보존의 발판이 마련되기도 하였다. 그 결과 무너질 위기에 처한 건축물이 수리되었지만, 한편으로는 관광정책에 호응한 무리한 정비나, 보존 이론과 수리기술의 한계로 원형이 훼손되기도 하였다.

이처럼 건축문화유산 보존을 바라보는 관점에는 근대성과 식민지성의 혼재로부터 기인하는 혼란함이 존재한다. 관점의 혼란함 속에서 일제강점기 건축문화유산 보존을 바라보는 개인이 나름의 평가를 하기 위해서는 가장 먼저 사실의 확인이 필요하다. 이 때문에 일제강점기 건축문화유산 보존 수리공사를 처음 정리한 신영훈[4]은 무지(無知)에서 야기되는 문제점을 지적하고 적극적인 연구를 촉구하였다.[5] 신영훈의 연구로 조선총독부박물관 문서의 존재와 대략적인 내용이 알려지긴 했지만, 최근까지도 관련 자료가 산일된 채 방치되어 우리 근대기 건축문화유산에 관한 연구는 단편적인 사실을 바탕으로 이루어질 수밖에 없었다.

다양한 학문 분야에서 근대성과 식민지성에 대한 이해가 깊어지는 상황 속에서 단편적인 사실관계만으로 판단한 일제강점기 건축문화유산 보존활동에 대한 평가는 자료의 양과 성격에 따라 상대적으로 편향될 수밖에 없었고, 연구의 위축을 초래하기도 하였다. 하지만 최근 국립중앙박물관의 조선총독부박물관 생산 문서 공개로 인해 자료의 한계를 극복할 수 있게 되었다. 공개된 문서는 일제강점기 건축문화유산 보존활동을 기록한 가장 방대한 기록물이기 때문이다. 이 책이 다루는 사실의 대부분 역시 조선총독부박물관 생산 문서의 내용을 바탕으로 하고 있다.

조선총독부박물관 생산 수리기록물[6]

국립중앙박물관이 공개한 조선총독부박물관 문서는 공식 문서뿐만 아니라 문서 작성을 위한 각종 자료와 원고를 포함하고 있어, 관련된 인물과 조직 및 그 활동 등에 대한 구체적인 내용을 알 수 있다. 조선총독부박물관 문서는 기부, 진열, 구입, 발견, 지정, 고적조사, 보존, 국유림, 도면, 지도 등 10개 항목으로 분류되어 있으며, 그 가운데 보존 항목에 수리공사와 관련된 문서가 포함되어 있다.

공개된 수리공사 기록물은 문서의 종류에 따라 공문서와 공문서에 첨부된 문서, 문서 작성을 위한 참조 자료로 나누어 볼 수 있다. 먼저 수리공사 진행과정에서 생산된 공문서는 조회(照會), 통첩(通牒), 지령(指令), 청원서(請願書)가 주를 이룬다. 조회와 통첩은 대등한 기관이 주고받은 공문으로 조회의 경우는 회답을 반드시 요하는 문서이고, 통첩은 회답을 요하지 않는 공문이다. 조회와 통첩은 수리대상 건조물이 속한 지역의 도청과 소통하기 위해 작성되었다. 한편, 지령은 하위 기관의 질품서(質稟書)나 청원서에 지시하는 공문이다.[7] 수리공사 관련 공문에서 지령은 수리대상 건조물을 소유한 사찰에 지시하기 위해 사용되었고, 청원서에는 사찰이 조선총독부에 보내는 요청사항이 담겼다.

공문서 다음으로 수리공사문서에는 공문서에 붙인 첨부 문서, 그리고 문서 생산과정에서 발생한 각종 참조 자료가 있다. 첨부 문서와 문서 작성과정에서 발생한 각종 자료와 원고는 관련된 인물과 조직 및 그 활

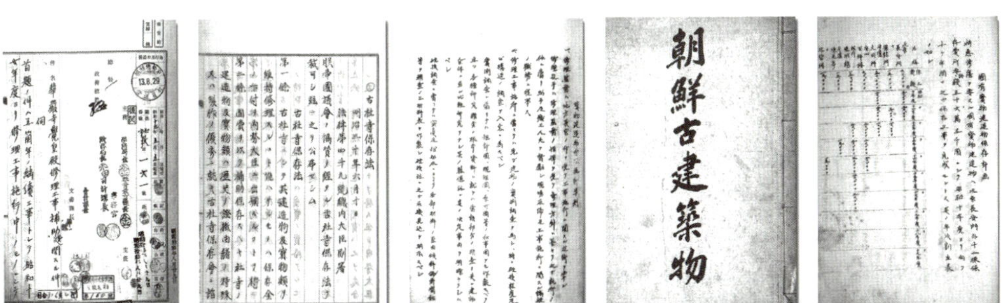

그림 1-1. 조선총독부박물관 생산 수리기록물 - 공문, 법령, 공사지침, 건조물 목록, 사업계획

동 등에 대한 구체적인 내용을 담고 있어 기안문에서는 알 수 없는 수리공사의 세부사항들을 드러내고 있다. 예를 들어, 첨부 문서에는 수리계획서, 현상변경 이유서, 수리비 예산 조서, 공사 내역서, 실시예산 설명서, 공정 시공내역, 공정 진행현황, 목재 명세서 등이 포함되어 있어 공사 청원 사유, 공사 결정과정, 공기, 공비, 공정, 공종 등 수리공사 전반을 상세히 살필 수 있다.

또한, 문서작성 과정에서 참고한 자료에는 관련 법령, 공사수행지침, 현장운영지침, 고건축물 목록, 보조금 지급 목록, 연차별 사업계획 등 당시 건조물 수리공사의 배경을 살필 수 있는 기록물들이 포함되어 있다. 뿐만 아니라, 수리공사 결정을 위한 조사의 보고서, 사진, 도면, 공사과정에서 촬영한 공사 전후 사진 등 개별 공사의 배경을 추정할 수 있는 기록물 역시 포함되어 있다.

한편, 조선총독부 생산 수리공사 기록물을 이해하기 위해서는 우선 총독부의 공문생산 과정을 살펴볼 필요가 있다. 총독부가 관여한 대부분의 사업들이 공문서를 근거로 집행·추진되었고, 사업수행을 위한 지시나 명령, 협조요청이나 회신 등의 의사소통이 모두 공문서를 통해 이루어져, 공문생산과정 자체가 수리공사 진행과정을 파악하는 단서가 되기 때문이다.

조선총독부 공문서 생산은 주무과가 문서를 기안하는 것으로부터 시작되었다. 기안문서는 과장-국장-정무총감-총독으로 이어지는 결재 경로를 따라 회의(回議)되었는데, 문서의 내용에 관계된 부서가 있는 경우에는 관계된 부서로 문서를 보내 합의(合議) 과정을 거쳤다. 국장 선에서 회의와 합의가 완료되면, 문서가 수정 혹은 보완되어 문서과로 보내졌고, 문서과장의 검토를 거쳐 정무총감과 총독의 최종 결재를 받았다. 성안(成案)문서란 합의와 회의를 거쳐 최종 결재를 받은 문서를 이르는 말이다. 따라서 성안문서에는 문서가 작성되는 과정이 드러나는데, 합의 과정에서 관계부서의 과장과 국장의 날인이 추가되고, 회의나 합의의 과정에서 세밀한 내용을 알리거나 의견을 보태기 위해 부전(附箋)[8]이 붙기도 했다.

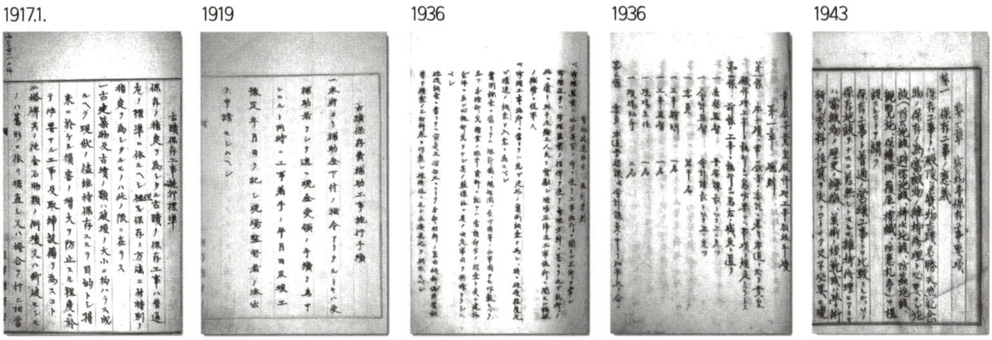

그림 1-2. 조선총독부박물관 문서에 포함된 수리공사 세부지침 (왼쪽부터) 고적보존공사시행표준, 고적보존보조공사시행수속, 보물건조물수리공사시행준칙, ○사 ○전 수리공사취급수속, 보물 등 보존공사 관련 요항

문서의 시행과 발송, 편찬과 관리·보존은 문서과가 맡았으므로 성안문서를 주무과가 정서하여 문서과로 보내졌다. 정서한 문서는 타기관에 발송되거나 시행문이 되어 고시되는 것으로 문서작성 내력이 빠지게 되고, 수기가 아닌 타자기로 작성하였다. 문서과는 정서한 문서를 받아 검열하고 최종적으로 시행 혹은 발송하였다. 이 과정에서 성안문서는 주무과에 보관되었다.[9]

국립중앙박물관이 공개한 조선총독부박물관 문서는 학무국 종교과 등이 주무과가 되어 박물관 업무와 관련해 생산한 문서이다. 조선총독부박물관 업무는 1924년 12월 25일 직제개정을 통해 학무국 종교과가 맡게 되었는데, 이 직제 개정 때, 수리공사 업무도 건축과[10]에서 종교과로 이관되면서 박물관 업무에 조사와 수리가 모두 포함되었다. 이후 건조물 수리공사 업무는 학무국 산하에서 박물관 업무를 담당한 과가 수리공사 관련 문서를 생산하였다.[11] 주무과가 생산한 성안문서는 단위사업이 완료되면 문서과로 이관하여 주무과가 정한 보존 연한에 따라 보관되었다. 하지만, 수리공사는 장기간에 걸쳐 진행되었고, 공사 이력을 수시로 파악할 필요가 있었기 때문에 박물관이 생산한 수리기록물은 문서과로 이관되지 않고 학무국에 가편철된 채 남아 해방 후 국립중앙박물관에 남은 것으로 보인다.[12]

공문서는 수리공사 주체 간의 의사소통 수단으로서 공사의 경과와 배

경을 파악하는데 가장 유용한 기록물이다. 조선총독부박물관 생산 공문서는 성안문서이지만, 시행문서와 다르지 않으며, 오히려 부전(附箋)과 같이 회의와 합의과정에서 의견을 교환한 내용이 반영되어 있어 더 풍부한 정보를 제공한다. 또한, 공문의 내용에는 공사취지, 공사목표, 공사현황, 총예산과 집행예산 등이 간략하지만 일목요연하게 정리되어 있어, 기안일 혹은 발송일 순서로 공문서를 읽어나가면 가장 빠르게 공사의 전모를 파악할 수 있다.

〈그림 1-3〉은 화엄사 각황전 수리공사 진행을 위해 화엄사에 수리비를 하부한 공문이다. 이 공문은 사찰의 수리공사 보조금 요청을 처리한 공문이다.[13] 또한, 공문은 사찰주지, 해당 도의 장관, 재무국장에게 발송되었는데, 사찰에는 지령이, 도의 장관과 재무국장에게는 통첩이 발송되었다.[14] 하나의 수리공사는 적게는 1회에서 많게는 5~6회까지 보조금을 받게 되는데, 그때마다 보조금 지급 공문이 작성되었다.[15] 따라서 보조금 하부 공문의 내용만 모아 살펴보아도 수리공사의 규모와 진행 경과를 파악하는 것이 가능하다.

학무국이 생산한 보조금 하부 문서의 구성을 〈그림 1-3-①〉의 문서를 통해 살펴보면, 먼저 바깥여백[欄外], 오른쪽 상단에는 문서와 관련된 사업의 완결 여부를 표시하는 란이 마련되어 있는 것을 볼 수 있다. 수리공사가 완료되면 완결란에 문서 보존기한[16]을 표기하고 문서과 서고로 이관하는데, 이 문서의 경우 보존기한 표기가 되어 있지 않아, 수리공사가 끝난 후에도 문서과로 이관되지 않았던 것으로 추정할 수 있다. 한편, 문서의 첫 번째 기재란은 '시행월일번호'를 적는 칸이다. 여기에는 발송일부인(發送日附印)을 찍었다. 다음 란은 문서 접수 혹은 기안일을 적는 칸인데, 기안일이 1938년 5월 5일이고 발송일이 8월 29일이므로 문서가 기안되어 회의와 합의, 정서를 거쳐 발송되기까지 4개월 가까운 시간이 걸린 것을 알 수 있다. 기안일과 접수일 밑으로는 발송(發送), 기장(記帳), 영인(鈴印), 교합(校合), 정서(淨書)를 맡은 직원의 날인이 찍혀 있다.[17] 이상의 업무는 문서의 시행 혹은 발송과 관계된 업무로 대부분 문서과에서 진행한 사실을 문서과 직원의 날인을 통해 알 수 있

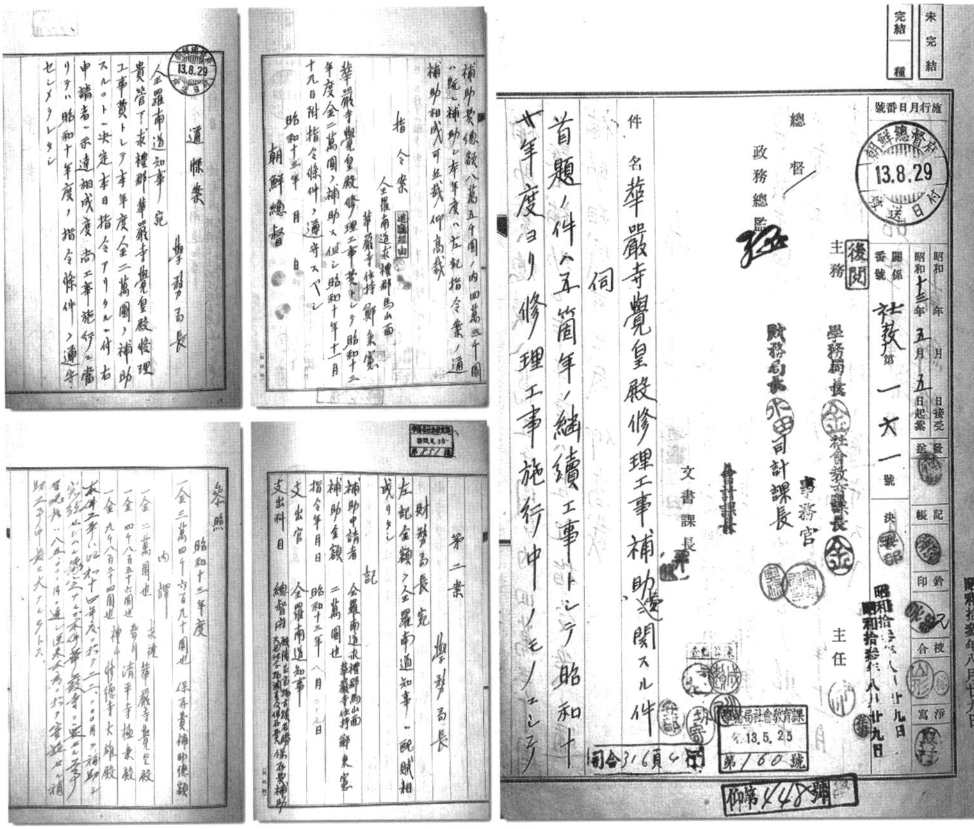

그림 1-3. 화엄사 각황전 보조금 하부 공문

① 발송일부인, 기안일, 관계번호, 결재날인
　건명 / 화엄사 각황전 수리공사보조비에 관한 건
② 화엄사 주지에게 보낸 지령
③ 전라남도 도지사에게 보낸 통첩
④ 재무국에 보낸 통첩
⑤ 참조사항 / 1937년 보조금 하부 내역

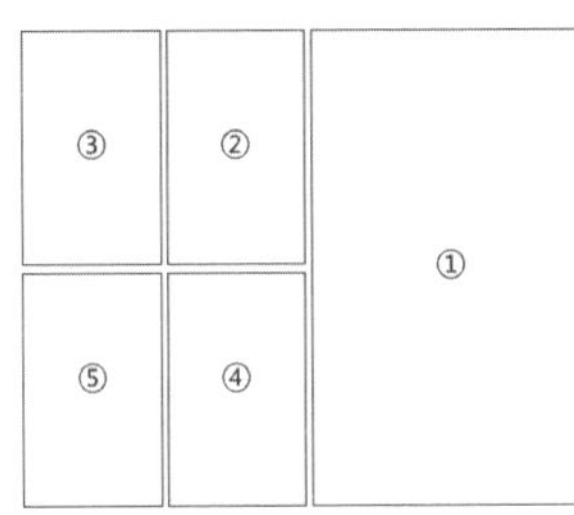

다. 관계 번호는 문서과가 작성하는 「문서건명부」에 적는 번호로 문서 관리를 위해 부여하는 번호이다. 각 주무과의 이름을 약칭하여 구분하고 생산 순서대로 번호를 붙였다.[18] 관계 번호 하단 결재란에는 문서과 직원[19]의 날인이 되어 있는데, 정무총감과 총독의 결재를 받은 사실을 확인하는 란으로 보인다. 날인 밑에는 각인으로 결재일을 기재하였다. 다음으로 주무부서의 과장과 국장의 날인, 합의부서의 과장과 국장의

날인이 이어진다. 날인을 통해 결재선을 살펴보면, 주임 '小川敬吉', 사회교육과장 '金大羽', 학무국장 '鹽原時三郎', 정무총감 '大野綠一郎'로 이어진다.[20] 이 문서에는 당시 총독 미나미지로(南次郎) 날인 대신 사선이 그어져 있는데, 이는 정무총감이 전결(專決)[21]한 문서임을 보여준다. 또한 화엄사 각황전 수리공사 보조금 지급에 대한 합의부서는 재무국 산하 사계과였으므로 사계과장 '奧村重正', 재무국장 '水田直昌'의 날인이 찍혀 있다. 그리고 문서의 최종 결재를 맡은 문서과가 성안문서의 최종 검토를 수행했기 때문에 오른쪽에서 왼쪽으로 이어지는 국장과 과장의 날인란 가장 왼쪽에 문서과장 '井坂圭一良'의 날인이 되어 있다. 이와 같은 날인들은 수리공사 문서가 일반적인 조선총독부 공문서 생산과정을 따르고 있음을 보여줄 뿐만 아니라 수리공사에 관계한 총독부 관원들을 상세하게 알려준다.

한편, 문서의 행정정보 표시란 다음부터는 본격적인 문서의 내용이 기재된다. 가장 먼저 적는 것은 문서의 제목인 '건명(件名)'이다. 건명 이후에는 '伺'라고 적고, 본문(本文) 혹은 전문(前文)을 적었다. 제일 먼저 쓴 '伺'는 상급자에게 지휘를 구할 때 쓰는 문구로 이어지는 내용이 문서의 안건에 대해 상급자의 의견이나 결재를 구하는 것임을 알려준다.[22] 〈그림 1-3-①, ②〉의 문서에는 본문에 앞서 전문이 적혔는데, 수리가 결정되었음을 알리는 결정문과 결정이유, 공사진행 현황을 간략히 적고, 본문의 지령안에 따라 공사를 보조하는 사항을 결재 바란다는 내용이 기술되어 있다.

뒤 이어 본문에 기재된 지령안(그림 1-3-②)의 내용은 수리대상 건조물을 소유한 사찰의 주지에게 보내는 것으로 수리결정, 보조금의 액수, 공사기간 연장 허가 여부, 공사 기한 등을 명시하고 있다. 바로 다음 등장하는 도장관에게 보내는 통첩안(그림 1-3-③)에는 지령안과 동일한 내용이 기재되었고 여기에 더해 도장관이 준수해야 할 사항을 3~4개 항으로 정리해 함께 기재하였다. 당시 사찰은 수리공사의 진행과 보조금 집행에 도장관의 지휘를 받고 있었기 때문에 같은 내용의 지령과 통첩을 작성해 보내고 도청에 발송한 문서에는 보조금 집행과 관련한 준수사항을 적어 보냈다.

도장관에게 보낸 통첩안에 이어 재무국장에게 보내는 통첩안(그림 1-3-④)도 작성되었다. 재무국장에게 보내는 통첩에는 각황전 수리를 위해 예산을 전라남도에 배부해 달라는 내용이 기재되었다. 여기에는 보조신청자, 보조금액, 지령연월일, 지출관, 지출과목을 함께 적었다. 그 내용을 살펴보면 보조신청자는 화엄사 주지, 지출관은 전라남도장관, 지출과목은 「전릉병보물고적명승천연기념물조사급보존비(殿陵幷寶物古跡名勝天然記念物照査及保存費)」[23]로 기재되어 있다. 여기에 더해 참조사항(그림 1-3-⑤)이 기재되었는데, 그 해 지출한 총 보조금의 금액과 지출처가 적혀 있고, 해당 사찰에 지급된 보조금의 내역도 정리되어 있다.

조선총독부는 기안, 회의 및 합의, 성안, 정서, 발송, 보존 과정을 거쳐 문서를 생산하고 관리하였다. 생산과정에서는 각 단계에 맞춰 문서정보가 추가되고, 관련자의 날인이 더해졌다. 때문에 수리공사 공문서는 총독부, 학무국, 주무과, 도청, 사찰로 이어지는 수리 행정체계를 고스란히 드러내고 있으며, 공사 목적, 내용, 기한, 예산 등이 간략하지만 일목요연하게 정리되어 공문서를 생산순서에 맞춰 독해하는 것만으로도 해당 수리공사의 규모와 경과를 파악하는 것이 가능하다.

공문서와 여기에 첨부된 참조문서들은 일제강점기 수리공사 수행을 위한 행정체계부터 공사의 시행체계까지 모두 담고 있는 기록물이다. 이 기록물은 근대기 건조물 문화유산 수리체제의 전반적인 흐름을 읽을 수 있도록 도와줄 뿐만 아니라, 필요한 경우 특정 수리공사의 말단까지 들여다 볼 수 있는 자료를 제공하고 있다. 따라서 이 자료의 공개로 근대기 수리공사 연구에서 사료 부족이라는 한계가 어느 정도 해소되어, 더디게 진행되던 이 분야 연구에 전환점이 마련되었다고 할 수 있다. 조금 과장해 표현하자면 건축문화의 단절이라는 해석의 심층을 살펴, 무엇이 어떻게 단절되었는지, 나아가 희미하나마 전근대 건축문화로부터 무엇이 이어졌는지 살필 기회가 우리에게 주어진 것이다.

조선총독부박물관 생산문서 공개 이전에도 일제강점기 건축 보존활동을 다룬 연구가 이루어진 바 있다. 우선 일제강점기 건조물 수리공사 연구의 필요성은 신영훈에 의해 가장 먼저 제기되었다. 신영훈은 1976년 장기인 선생 회갑기념논문집을 통해 일제강점기 문화재 보존 사업 기록을 정리하여 논문으로 발표하였다.[24] 이 논문이 조선총독부박물관 문서를 대상으로 삼아 일제강점기 건조물 수리공사를 정리한 첫 성과였다. 신영훈은 국립중앙박물관이 소장하고 있던 자료 중 집필 당시까지 그가 파악한 건조물 조사기록과 수리공사 기록을 정리하였다. 그리하여 연도별로 조사지역, 수리공사 대상 건조물, 투입 금액, 참여 인원 등을 밝히고 있다. 하지만 주제별로 수집된 자료의 양의 차이가 커 내용이 산발적이었고, 수리공사의 내용이 1937년까지만 정리되는 등, 자료 수집의 한계를 드러내고 있다.

이후 신영훈은 1992년 다시 한 번 건조물 수리공사의 자료를 정리하였다.[25] 한국문화재보존기술진흥협회가 발간한 「한국문화재보존고(韓國文化財保存攷) 일정기자료집성(日政期資料集成)1」은 신영훈이 협회의 부회장직에 있는 동안 박태수, 양윤식, 전봉희 등과 함께 일본인 수리전문가와 학자들이 남긴 글을 번역하여 묶은 것이었다. 책 구성의 맨 처음인 「한국문화재보존고」라는 제목의 글은 일제강점기 유적과 건조물 조사기록을 정리한 것이다.[26] 다음으로 이어진 「한국건축보존공사회고」가 수리공사와 직접적인 관련이 있는 글인데, 일제강점기 후반 학무국 기수로 수리공사에 참여한 스기야마 노부조(杉山信三)가 집필한 「韓國の中世建築」에 실린 부기(附記) 등 스기야마 노부조의 글 5편을 번역한 것이었다. 특히 부기의 내용에는 스기야마 노부조 도입 후 진행된 수리공사 이력이 회고 형식으로 기록되어 있다. 이 기록은 수리공사에 참여한 감독, 현장주임 등의 해방 이후 행보가 기록되어 있는 유일한 자료이다.

..... 딛고 넘어서야 수준이 향상된다고 하면 내버려둘 일이 아니다. 시시콜콜 파헤쳐서 밝혀야 한다. 그러기 위하여는 우선 그들이 조직적으로 조사하였던 행정성 고적조사보고서의 내용을 파악해야 한다. 우리가 이제 시작하려는 노력의 까닭이 된다.[27]

-「한국문화재보존고-일정기자료집성1」, 신영훈의 서문 中

신영훈은 이러한 번역작업이 일제강점기 수리공사를 바르게 이해하고, 현재의 수리공사의 오류를 바로잡을 수 있는 계기가 되기를 바랐다. 그가 직접 적은 서문에는 그의 바람이 잘 드러난다. 서문을 통해 신영훈은 일제강점기 수리공사의 "내용을 시시콜콜 파악"해, "딛고 넘어서서" 우리 건축문화유산 보존의 수준이 향상되기를 촉구하였다.

하지만 신영훈의 촉구에도 불구하고 일제강점기 건조물 수리공사를 다루는 연구는 2000년대 초반까지 침체되었다. 자료가 산일되어 있었고, 각 기관에서 고문서로 관리했기 때문에 연구자들이 자료에 접근하는 것이 어려웠기 때문이다. 따라서 일제강점기 수리공사 연구는 소장기관의 자료 공개에 영향을 받아 그 흐름이 결정되었다.[28] 침체되었던 연구가 재개된 것은 일본에서의 자료 소개가 계기가 되었다. 교토대가 소장하고 있던 오가와 케이키치(小川敬吉)의 수리공사 기록물의 목록이 공개[29]된 이후 일제강점기 수리공사 기록물에 관한 관심이 커졌고, 다시 본격적인 연구가 시작되었다.

대표적인 국내 연구는 강현과 김재국의 연구를 꼽을 수 있으며, 국외 연구로는 타나카 사다히코(田中禎彦)와 김민숙의 연구가 있다.[30] 강현은 국립문화재연구소가 소장한 자료와 연구소가 조사한 오가와 케이키치 자료를 활용하는 동시에, 관보 등의 조선총독부 생산 기록물, 국가기록원 소장 기록물 등 접근 가능한 자료를 폭넓게 살펴 일제강점기 수리공사 연구의 초석을 놓았다. 그가 수집하여 공개한 일제강점기 건조물 보존활동 관련 자료 목록은 현재까지 가장 상세한 목록으로 후속 연구의 발판이 되고 있다.

한편 강현은 일제강점기 전반의 건축 문화재 보존을 고적조사와 수리공사로 나누어 연구를 구성하였다. 먼저 그는 세키노 타다시(關野貞)가 중심이 되어 수행한 한반도 건조물 조사활동의 내용을 밝혔다.[31] 이후 건조물 보존활동으로서 수리공사를 다루었는데, 법령의 개편에 집중하여 건조물 보존 활동의 시기를 구분하였다.[32] 또한 조사 및 보존 활동의 주체가 되었던 조선총독부의 기구변화를 조선총독부 직제 개편 기록을 추적하여 밝혔다. 그리하여 조선총독부의 기구를 수리공사 수행 조직으로 지목함으로써 수리공사와 통치활동의 영향관계를 간접적으로 증명하는 성과를 거두었다.

또한 강현의 연구는 일제강점기 수리공사가 가진 한계를 사료 검증을 바탕으로 실제 사례 분석을 통해 심도 있게 지적한 첫 연구로서 의미가 있다. 일제의 수리공사에 대해 강현은 조선에서 이루어진 수리가 일본의 수리에 대비한 실험적 성격이 있었음을 한계로 지적하고, 조선인 수리 전문 인력을 양성하지 않았던 것이 해방 후 수리기술 단절로 이어졌다고 주장하였다.[33]

다나카 사다히코는 강현과 비슷한 시기에 일제강점기 한반도에서 이루어진 수리공사를 다룬 연구성과를 일본에서 발표하였다. 그는 일제강점기 전 시기를 대상으로 수리공사의 흐름 정리를 시도하였다. 그 흐름에서 전적지(戰迹地)와 같이 일본 대중의 관심이 큰 유적이 먼저 수리되는 등 일본인의 선호도가 수리대상 선정에 영향을 미쳤음을 발견하였다. 또한, 조선의 수리공사가 실험적인 성격이 있다고 할지라도 일본에서 이루어진 수리공사와 같이 엄밀하게 이루어진 공사였음을 주장함으로써, 강현이 제기한 주장과는 결을 달리하고 있다.[34]

한편, 그는 건조물 수리공사의 시기를 법령을 바탕으로 세 시기로 나누고, 각 시기별로 이루어진 사업의 사례를 간단히 소개하였다. 그의 연구는 수리공사에 투입된 예산을 다룬 첫 연구였다. 그는 통계연보 등을 확인하여 수리공사 관련 예산의 추이를 정리하였다. 그러나 추이 정리에 그치고 있으며, 실제 법령 개편, 기구의 변화, 수리 사업의 실행과의 관련성에 관한 입체적인 연구가 이루어지지는 않았다.

이후 이어진 김재국, 김민숙 등의 후속 연구들은 구체적인 수리 사례에 집중하였다. 김재국은 일제강점기 고려시대 건축물 수리공사를 대상으로 연구를 진행하였다. 일제강점기 수리내용과 조선시대 건축기술 및 근래의 해체 공사에서 알려진 사실들을 대조하여 연구를 진행하였다. 김재국은 원형보존을 목적으로 하는 근대적 제도의 성립에도 불구하고 당시 수리가 조선의 기술, 일본의 기술, 새로운 기술 등이 혼재되어 사용되었음을 주장하였다.[35]

그의 연구는 일제강점기뿐만 아니라 해방 이후에 이루어진 후속 수리공사의 양상도 다루었다. 연구의 시기적 범위를 1900년대 중후반으로 확대하였다는 점은 이 논문의 중요한 의의로 다루어질 수 있다. 그가 연구의 범위를 확대한 것은 후속 시기와 비교하여 일제강점기 수리공사를 해석하려는 시도였지만 이러한 시도가 연구자의 의도를 넘어서 근대기 수리공사를 현재 한국의 수리공사까지 이어지는 연속선상에서 파악하는 관점을 제시하고 있기 때문이다. 또한 김재국의 연구는 건조물 수리공사가 가진 근대적 성격을 조명하고 있다는 점에서도 의미가 있다. 그는 수리기술을 주요 연구주제로 다룸으로써, 제도나 정책적 관점에서 수리공사를 다룬 선행연구들에 비해 상대적으로 건조물 보존 수리공사 자체가 가진 근대적 성격을 조명할 수 있었다.

김민숙은 오가와 케이키치의 일제강점기 수덕사 대웅전 수리기록과 수덕사 소장 수리기록을 세밀하게 살펴보고, 이를 통해 수덕사 대웅전 수리공사의 과정을 고찰하고 그 시기의 공사체계를 상세하게 밝히고 있다. 또한 수덕사 대웅전 수리에서 감독으로 활동하였던 오가와 케이키치의 배경과 경력, 전문성에 대해 조사하고 한반도 수리공사에서 그의 위상을 새롭게 조명하였다.[36]

김민숙의 연구는 일제강점기 수리공사 연구의 흐름에 본격적인 국면전환을 가져온 연구로 평가할 수 있다. 그의 연구는 수덕사 대웅전 수리기록을 통해 수리공사의 실제를 구체적으로 밝힌 최초의 연구이다. 그의 연구는 수덕사 대웅전 수리공사에 적용된 실제 지침, 공정, 수리방침을 밝히고 있으며, 공사에 참여한 조직과 인물을 상세하게 조명하였다. 수리공사에 대해 이와 같은 심도로 다룬 연구는 김민숙의 연구 이전에는 없었다. 이러한 연구가 가능했던 것은 수리기록물의 내용을 원본 그대로 열람할 수 있었기 때문이었다. 개인적인 노력이 컸던 사료의 발굴로 일제강점기 수리공사는 최초로 그 물리적 실제를 드러냈다.

김민숙의 연구는 풍부한 사료 소개가 이루어졌다는 점에서도 큰 의의가 있다. 박사논문의 부록을 통해 기록물의 원본을 필사하여 공개하였으며, 이 시기 한반도 수리공사에 적용된 공사지침의 원문을 도입 내력과 함께 최초로 소개하였다. 또한 일제강점기 수리공사에서 수리전문가로 활동한 오가와 케이키치를 재조명하여 인물 중심의 보존활동 연구의 가능성 또한 열었다.

대표적 연구라고 할 수 있는 이상의 연구들은 일제강점기 수리공사에 대해 구체적인 사실관계를 밝히고, 수리공사의 전체적인 윤곽을 조명하려는 노력이었다. 선행연구들은 일제강점기 건조물 수리공사에 관한 주요 사실들을 밝혀냈으며 연구의 범주를 확장시켰다. 자료의 한계에도 불구하고 수리공사와 관련된 법령과 기구의 변천을 비교적 명확하게 밝힌 것은 선행연구의 가장 큰 성과라고 할 수 있다. 또한 수덕사 대웅전이라는 사례에 국한되어 있지만 수리공사에 적용된 세부지침, 수리원칙, 공정과 투입된 인물의 활동을 밝히는 연구를 통해 수리공사 연구의 심도를 더한 것 역시 큰 성과이다.

이러한 성과에도 불구하고 모든 연구에서 지목될 수 있는 한계는 역시 자료의 한계이다. 가장 상세하고 방대한 수리공사 자료가 연구 수행단계에서 여전히 국립중앙박물관에 수장된 채 공개를 기다리고 있었다. 개별 연구자들은 각자가 입수한 자료만을 사용해 개별 사례를 단편적으로 살펴보았으므로 연구자 스스로도 자료의 한계를 인정하지 않을 수 없었다. 가장 방대한 자료가 공개되지 않은 상황에서 사실관계를 정확히 확인하는 것이 어려웠고 일제강점기 전반의 수리공사의 흐름을 파악하는 작업은 계속해서 진행 중인 작업으로 규정될 수밖에 없었다.

앞선 연구를 발판으로 삼아 이 책은 근대기 우리 건축물 보존활동의 흐름을 조명하였다. 특히, 보존활동이 적극적으로 이루어진 「조선보물고적명승천연기념물보존령(朝鮮寶物古跡名勝天然記念物保存令)」 제정(1933.12.) 이후 보물로 지정된 목조 건축물 수리공사의 체제와 운영을 살펴보았다. 「조선보물고적명승급천연기념물보존령」은 건축물 보존을 명시한 첫 법령으로 건축물 수리공사를 위한 지침이 세부적으로 마련되는 계기가 되었던 법령이다. 법령의 제정으로 보호대상이 된 건축물은 "보물건조물"로 명명되었고, 제정 이후 수리공사의 체제와 현장운영에 큰 변화가 있었다. 그 변화를 살펴봄으로써 한반도 건축문화유산 보존 수리공사의 기원으로서 일제강점기 수리공사를 조명해 볼 수 있을 것이다.

이 책은 구체적인 수리공사 분석에 앞서 조선총독부박물관 문서에서 드러나는 일제강점기 수리공사의 행정체제를 법령, 기구, 예산으로 나누어 고찰하여 선행연구를 보완하고자 하였다. 또한 당시 수리공사에 적용된 세부지침을 살펴봄으로써 일제강점기 수리공사의 제도를 한 걸음 더 들어가 살펴보았다. 한편, 수리공사 공문서는 현장운영, 공사계획, 시공과정과 시공기술 등이 기록되어 있다. 이 기록을 통해 일제강점기 보존 수리공사의 체제와 현장운영의 실체에 다가가기 위해 노력하였다.

한편 이러한 노력을 통해 살펴보고자 하는 첫 번째 주제는 일제강점기 동안 보존 수리공사가 가졌던 위상의 탐색이다. 일제강점기 동안 보이는 보존 수리공사의 부침(浮沈)은 통치주체였던 조선총독부의 보물건조물에 대한 인식에 바탕을 두고 있으며, 이 인식은 일제강점기 정세 변화와 조선총독부의 통치전략 변화에 기인하고 있다. 국책사업으로서 수리공사가 조선총독부의 선택에 의해 선후와 가부가 결정되었던 것은 부정할 수 없는 사실이고 이 선택과 결정의 과정에 반영된 조선총독부의 인식과 태도, 전략은 고스란히 보물건조물 수리공사에 반영되었다.

일제강점기 보물목조건조물의 수리공사의 흐름을 밝히고, 그 흐름에 따라 변화하였던 보존 수리공사의 위상을 탐구하는 일은 지금의 문화재 수리를 이해하기 위한 초석이 될 수 있다는 점에서 중요하다. 일제강점기의 보물건조물 수리는 결국 광복 후 문화재 수리로 계승되었고 이 수리가 현재 문화재 수리공사의 기초를 이루고 있기 때문이다.

두 번째 주제는 일제강점기 수리공사의 실제이다. 수리공사는 공정이 존재하고, 수리전문가와 기술자가 투입되어 공정을 진행하는 건설 활동이다. 수리방침, 현장조직 구성, 공종과 공정, 내역과 시공에 이르는 실제적이고 물리적인 수리공사의 구성요소들이 수리공사의 실제라고 할 수 있다. 수리공사는 건조물 보존의 핵심 활동으로서 수리공사가 이루어지는 과정 자체가 건축문화유산 보존 그 자체로 이해될 수 있다. 조사연구에서 해체, 수리, 보고서 작성에 이르는 수리공사의 전 과정이 도입, 확립되어 수행되는 양상을 살펴 일제강점기 건축 보존 활동의 실체를 조명하고자 하였다.

그간의 연구는 법령, 예산, 기구 등 제도를 중심에 두고 다루어 왔다. 이는 조선총독부가 설정한 제도를 연구하였기 때문에 총독부의 통치이념이 건축 보존활동에 미친 영향에 무게중심을 두고 현상을 해석하는 경향이 컸다. 그리하여 수리공사 연구는 식민지적 성격이 중점적으로 부각되는 일원론적 결론이 주류를 이루게 되었다. 이러한 한계는 수리공사 현장운영, 적용기술 등 그 실체를 살피는 작업을 통해 어느 정도 해소될 수 있다. 통치이념이 아닌 실제 수리공사에 적용된 보존개념과 이론을 잣대로 수리공사를 평가할 수 있기 때문이다.

수리공사의 실제를 들여다봄으로써 제도와 현장을 구분하여 다룰 수 있게 되는 것도 큰 장점이다. 건조물 보존제도는 기존의 주장과 같이 통치이념에 영향을 받아 왔다. 제도의 변화에 따라 현장이 변화하므로, 통치이념은 현장에 영향을 미친 것이 맞다. 그러나 공사 현장에서 모든 판단이 통치이념에 좌우될 수는 없다. 제도가 발휘하는 영향력 바깥에서 이루어진 현장의 의사결정 과정을 살펴 그 과정에 영향력을 발휘한 요인을 탐색한다면, 이것 역시 일제강점기 건조물 보존 수리공사를 객관적으로 성찰할 수 있는 출발점이 될 것이다. 나아가 이는 최초의 연구자가 바랐던 것과 같이 일제강점기 수리공사를 딛고 넘어설 수 있는 계기가 될 것이다.

한편, 이 책에서 주로 다루는 건축 보존 수리공사는 조선총독부박물관 문서에 기록된 보존비보조 수리공사다. 보존비보조 수리공사를 주로 다루는 첫 번째 이유는 각 공사에 대한 상세한 기록이 남아 있기 때문이다. 문서를 살펴보면 당시 보존 수리공사는 관유재산(1936년 이후 국유재산)에 속한 건축물과 사유(私有)재산에 속한 건축물의 수리공사

표 1-1. 보존비보조 수리공사 목록

*보조 시작과 끝 연도는 보조비가 계상된 회계연도 기준

보조대상	보조시작*	보조끝	보조 총액	보조기간	보조 대상건물
부석사	1916	1918	23,063.00	3년/4회	부석사 조사당, 무량수전
금산사	1919	1922	25,253.60	4년/6회	금산사
	1926	1928	18,840.00	3년/4회	금산사 미륵전, 대장전, 대적광전
	1932	1932	2,580.00	1년/1회	금산사 대적광전, 미륵전, 대장전
장안사	1926	1930	37,351.28	5년/5회	장안사 대웅전
성불사	1931	1932	8,210.09	2년/2회	성불사 극락전
관음사	1932	1934	6,300.00	3년/3회	관음사 대웅전
청평사	1932	1932	1,300.00	1년/1회	청평사 극락전, 회전문(수리계획)
	1936	1938	27,856.00	3년/3회	청평사 극락전, 회전문
무위사	1933	1933	1,387.00	1년/1회	무위사 극락전(수리계획)
	1937	1937	1,150.00	1년/1회	무위사 극락전
	1942	1942	346.00	1년/1회	무위사 극락전 - 가설지붕 설치 후 공사종료
성불사	1933	1935	19,797.00	3년/4회	성불사 응진전
장안사	1933	1933	1,205.00	1년/1회	장안사 사성전(수리계획)
	1937	1937	1,500.00	1년/1회	장안사 사성전
	1939	1945	48,842.00	5년/6회	장안사 사성전
신안사	1935	1935	3,200.00	1년/1회	신안사 극락전
심원사	1935	1935	1,364.00	1년/1회	심원사 보광전(수리계획)
화엄사	1935	1939	85,000.00	5년/6회	화엄사 각황전
수덕사	1936	1940	37,918.00	5년/7회	수덕사 대웅전
해인사	1937	1937	1,612.00	1년/1회	해인사 장경판고
	1942	1942	8,469.00	1년/1회	해인사 장경판고 기와교체
개심사	1940	1945	51,500.00	4년/5회	개심사 대웅전

를 구분하였는데, 지급되는 예산의 명칭에 따라 '보존공사'와 '보존비보조공사'로 나뉘어 불렸다. 이 중 보존비보조 공사는 민간에 보조가 이루어진 공사로 그 보조금액과 공사의 내용이 관유재산에 비해 상대적으로 체계적으로 관리되었다. 보조금을 받기 위해서는 총독부가 정한 서류를 구비해야했고, 하부된 예산은 건조물이 위치한 각 도의 장관이 관리하였기 때문에, 민간과 기관, 기관과 기관 사이에 오간 공문이 상세하게 남아있다. 이에 비해 관유재산의 보존수리는 대규모 수리보다 유지보수를 위한 소규모 수리가 꾸준히 이루어진 편이었고, 사유재산 건

조물 수리에 비해 예산 집행절차가 비교적 간단해 그 기록도 간소한 편이었다.

두 번째 이유는 보존을 위한 수리공사의 체제가 보존비보조 공사를 통해 자리 잡았기 때문이다. 보존비보조 공사의 대부분은 사찰 소유 건조물에 대한 것이었다. 일찍부터 보존대상이 되었던 사찰 건조물은 일제강점기 내내 보존수리가 적극적으로 이루어졌다.[37] 부석사, 금산사, 관음사, 성불사, 청평사, 화엄사, 수덕사, 개심사, 장안사 등에서 이루어진 일제강점기 목조건조물 수리공사는 공사체제를 확립해 나간 대표적인 대규모 보존 수리 공사였다.

세 번째 이유는 일제강점기에 이루어진 모든 보존비보조 공사가 목록으로 정리되어 있다는 점이다. 보존비보조 공사의 목록은 조선총독부 박물관이 작성한 「고적보존보조비대장(古跡保存補助費臺帳)」을 통해 파악이 가능하다.[38] 이 목록은 각 공사에 투입된 예산과 예산의 투입시기를 일목요연하게 정리하고 있어 일제강점기 목조 건조물 수리공사의 흐름을 탐색할 수 있는 발판이 될 수 있었다. 「고적보존보조비대장」에 수록된 보존비보조 공사 중 목조건조물 수리공사를 추려 정리하면 〈표 1-1〉과 같다. 이 목록 중 지붕 해체 이상의 대규모 수리공사에 보조가 이루어진 사례는 23건이다.[39]

이 책은 그 시작으로 법령, 기구, 예산의 변화를 통해 일제강점기 전반의 건축 보존제도의 흐름을 살펴본다. 따라서 2장의 내용은 총독부박물관 문서 분석을 통해 밝혀진 법령, 기구, 예산의 변화를 시간 흐름 순으로 탐색한다. 또한, 이를 통해 적극적으로 건조물 수리를 수행했던 1930년대 조선총독부 보존활동의 기반으로 작동한 제도변화를 조명하였다.

3장에서는 조선총독부의 건축보존활동을 한반도 통치활동에 대비해 살펴봄으로써 건축보존에 관한 총독부의 적극적인 태도 변화의 이유를 찾고자 하였다. 이를 위해 동화이데올로기의 창출과 정착과정, 조선총독부의 재정난, 관광산업 육성과 진흥정책 등을 살펴보았다. 3장에서는 건축보존에 관한 조선총독부의 태도 변화에 따라 보호대상 건조물의 명칭이 '특별보호건조물'에서 '보물건조물'로 변경되는 것에 주목하였다. 보호대상 건조물의 명칭 변화에는 "관리"에서 "활용"으로 보존정책의 기조를 전환하였던 조선총독부의 의도가 반영되었다. 특히 조선총독부의 관광산업 육성책과 맞물려 있었던 '보물목조건조물대수선 10개년 계획'의 수립과 시행은 당시 보존활동의 성격을 잘 보여준다.

4장에서는 일련의 정책변화에 따라 적극성을 띠게 된 보물건조물 보존수리공사의 체제가 정비되는 양상을 살펴보았다. 우선 「조선보물고적명승급천연기념물보존령」의 제정으로 현상변경 규제가 강화되고, 이에 따른 세부지침의 도입으로 조사연구가 제도화되어가는 과정을 조명하였다. 나아가 조사연구가 강조되면서 자연스럽게 수리공사를 수행하는 조직의 전문성을 요구하게 되었고, 일제강점기 수리전문가 집단이 형성되는 계기가 되었음을 밝혔다. 또한 수리전문가 집단의 형성과 함께 도입된 「보물건조물수리시행준칙(寶物建造物修理施行準則)」, 「수리공사취급수속(修理工事取扱手續)」 등의 공사 세부지침의 내용을 분석하여, 당시 수리공사 체제의 실체에 대해 고찰 하였다.

5장에서는 제도의 변화, 체제의 개선에 이어 실측조사, 수리기술 등 실제 수리공사의 물리적 변화를 다루었다. 1930년대 조사연구가 수리공사의 핵심과정으로 부상하면서 건축물을 계측·계량하고, 측량한 정보를 종합·정리·비교·분석하는 실측조사가 도입되었는데, 당시 실측조사의 내용과 방법을 유럽과 일본을 거쳐 실측조사가 한반도로 유입되는 과정과 함께 살펴보았다. 한편, 실측조사뿐만 아니라 수리공정과 기술도 다루었는데, 실측조사의 도입이 전체 수리공사의 공정에 가져온 변화를 준비공사 공정의 내용 변화와 준공보고서 작성 공종의 신설 등을 통해 조명하였다. 또한 구조변경을 허용한 수리방침으로 인해 한반도 재래의 고유기술이 아닌 당대(當代)의 기술이 폭넓게 수리공사에 적용된 사실을 밝히고, 일본식 치목기술이 현장에서 혼용되게 된 배경 역시 탐색하였다.

이 책을 통해 다루는 일제강점기는 우리 건축문화유산이 탄생한 배경이 되었다. 오래된 건축물을 수리해 보존하고, 이를 볼거리로 정비하는 문화는 근대에 생겨난 문화다. 일제강점기라는 시대적 배경으로 인해 우리 건축의 보존과 정비가 남의 손에 맡겨지기는 했으나, 그렇다고 우리 건축문화유산의 탄생과정을 외면하고, 모른 채 현재의 건축문화유산 보존을 논의할 수는 없는 노릇이다. 이 책 끝에 간략히 다루는 해방 후 보존 수리공사는 그 내용이나 해석이 부족하기는 하지만 근대기 건축문화유산의 형성과정을 우리 건축문화유산의 역사로 포섭하기 위한 작은 시도이다. 이 책을 통해 밝히는 근대 한반도 건축문화유산 형성의 역사가 현재 우리 건축문화유산 보존을 되돌아보고, 또 발전시키는 계기가 되기를 소망한다.

부석사 무량수전(출처: 국립중앙박물관 소장 조선총독부박물관 유리건판)

02 일제강점기 건축문화유산 보존제도

건조물 보존 법령의 성립 • 44

「보존령」 제정 이전 재산관리 법령과 건조물 보존 • 44

「보존령」 제정 이후 건조물 보존 법령 • 49

건조물 보존기구와 예산의 일원화 • 54

보존기구 일원화와 수리공사 업무 통합 • 54

건조물 보존예산의 통합과 증액 • 61

「보존령」 제정 후 보존 수리공사 시행 • 73

보물건조물 지정과 적극적 보존수리 • 73

일제강점기 건조물 보존 수리공사의 시기 구분 • 78

소결 • 82

건조물 보존 법령의 성립[1]

「보존령」 제정 이전 재산관리 법령과 건조물 보존

일제강점기 건조물 보존은 1933년 「조선보물고적명승급천연기념물보존령(朝鮮寶物古蹟名勝及天然紀念物保存令)」 제정 이후에야 본격적으로 이루어졌다.[2] 법령의 제정이 늦었던 만큼 제도가 자리잡는데 시간이 걸렸기 때문에 건조물 수리공사에 대한 구체적인 방법론 역시 일제강점기 후반에 가서야 정립될 수 있었다.[3]

일제강점기 보존사업은 보통 법령의 제정 시점을 기준으로 삼아 세 시기로 구분된다. 1902년 진행된 세키노 타다시(關野貞)의 첫 고적조사 이후, 시기를 구분하는 기점이 된 법령들은 1916년 제정된 「고적급유물보존규칙(古跡及遺物保存規則)」(이하 보존규칙)과 1933년 제정된 「조선보물고적명승급천연기념물보존령」(이하 보존령)이다. 첫 보존법령이 1916년에 제정되었지만, 이 법령에는 건조물이 보호대상으로 명시되지 않았기 때문에 「보존령」 제정 이전에는 건조물이 법의 보호받지 못했다.

「보존령」 제정 이전 한반도 재래 건조물들은 보존대상이 아닌, 재산으로 분류되어 관리되었다. 당시 건조물들은 관유재산, 사찰소유재산, 향교소유재산에 포함되어 각각의 재산관리법령하에서 관리되었다. 그래서 「향교재산관리규정(鄕校財產管理規定)」(1910년 제정)과 「사찰령(寺刹令)」(1911년 제정)은 일제강점기 한반도 건조물 보존법령의 효시로 꼽힌다.[4] 두 법령은 향교와 사찰에 속한 동산과 부동산의 목록을 만들어 그 재산을 관리하기 위한 것으로 건조물 보존을 취지로 하는 법령은 아니었지만, 재산 목록에 등재된 건조물의 현상변경을 규제했기 때문이다. 하지만 두 법령 모두 재산 관리가 취지였으므로 건조물 보존에 관한 사항이 구체적이지는 않다.[5] 실제로 두 법령에는 건조물 보존을 직접적으로 명령한 내용은 등장하지 않으며, 다만 현상변경을 위해서는 조선총독에게 보고해야 한다는 규정이 포함되어 있을 뿐이었다.

관유재산에 포함된 건조물의 관리 규정에도 보존에 관한 규정은 포함되지 않았다. 당시 총독부 소유 건조물은 「관유재산관리규칙(官有財産冠履規則)」(1911년 제정)에 의해 관리되었다. 일제강점기 이후 총독부 소유가 되었던 관아, 루, 정자, 사당 등이 관유재산에 해당되었지만, 이 규칙 역시 대부, 양여 등에 대한 총독 허가 규정을 명시하고 있을 뿐이었다.

건조물 보존을 위한 규제가 허술했으므로 이 시기에는 건조물에 대한 무분별한 철거나 현상변경이 빈번했다. 1911년 10월 19일 「관유재산관리규칙」이 발표된 지 3개월 만에 정무총감은 각도장관(경기도장관을 제외함) 및 주요 부서 장관[6] 등에게 통첩(通牒)-「관유재산보존 및 취훼(取毁)에 관한 건」을 보내 건조물의 철거를 위해서는 역사적, 학술적 가치가 있는 건조물인지를 상세히 조사하도록 하는 지시를 내렸다.

> 근래 건물 기타공작물 취훼(取毁) 처분의 신청을 위한 것이 적지 않으며 이는 모두 상당조사를 달성한 후 여쭈어주시기 바람.
>
> 이 중 역사상 또는 학술상 특별히 보존을 필요로 하는 것도 있을 것임. 현재 각각 조사 중인 것의 보존방법에 관해서는 추가적으로 따로 지시하겠음. 이 때 각 관에서도 조사 후 이번 조사를 포함해 한층 더 주의하여주시기 바라며 이에 통첩함.[7]

이는 현재까지 공개된 기록물에서 찾아볼 수 있는 건조물 보존에 관해 내린 총독부의 첫 지시다. 관유재산을 관리하는 법령에는 건조물 보존의 근거가 없었기 때문에 별도의 지시를 통해 그 근거를 마련한 것으로 보인다. 그러나 건조물에 대한 구체적인 보존방법이 마련되었던 것은 아니었다. 통첩은 건조물 보존방법을 따로 지시하겠다는 내용을 기재하고 있으며, 실제로 방법에 대해서는 아무런 설명도 없었기 때문이다.

사찰 소유 건조물에 대한 지시에서도 역시 같은 취지의 내용을 찾아볼 수 있다. 1914년 3월 19일 내무부장관이 각도장관에게 보낸 통첩인 「사찰전당등 건축에 관한 건」은 강원도장관이 사찰전당 재건이나 신축에 지켜야할 규정이 없는지에 대한 물음에 관한 회신이었다. 그 내용은 다음과 같다.

화재로 인해 건물이 멸실하여 재건하거나 또는 사무법요의 필요로 인해 건축하는 경우는 가능함
다만, 현존건물 중에는 역사의 증징 또는 미술의 규범으로서 특별보호를 요하는 것이 있으므로 그 개조 또는 수선에 대해서는 임의 처치하지 말고 주의해주기 바람[8]

반면, 향교재산에 대해서는 이와 같은 건조물 보존과 관련된 추가 지시사항을 찾아볼 수 없다. 다만 향교소유 건조물의 대부, 양여, 매매 등에 총독의 허가를 받도록 한 조항만 찾아볼 수 있을 뿐이다. 따라서 일제강점기 향교소유 건조물에 대한 보존은 상대적으로 소극적이었던 것으로 추정해 볼 수 있다. 그래서인지 「보존령」 이후 제정된 보물 지정 목록 중 목조건조물을 추려보면 지정된 목조건조물 총 71건 중 향교 관련 건조물은 명륜당 1동과 대성전 3동 만이 지정되었을 뿐이다.[9]
사찰재산과 향교재산처럼 사유(私有) 건조물에 대한 보호가 행정명령 수준에 머물렀던 것에 반해 관유재산에 속한 건조물에 대한 보호 근거는 구체적이지는 않았지만 법령 수준으로 마련되어 있었다. 1914년(대정3년) 8월 17일 조선총독부 훈령 제42호로 고시된 「조선총독부 및 소속관서 회계사무장정」 10장에는 관유재산 항목이 포함되어 있는데, 제182조를 통해 관유재산의 현상변경 사항은 총독에게 신고하도록 정하고 있으며, 197조를 통해 역사적, 학술적 가치가 있는 것을 보존할 것을 권고하고 있다.

제182조 관유재산의 증축, 개축, 이축, 이전, 취불(取拂) 혹은 모양환(模樣換)을 요할 때 또는 관유재산의 용도의 변경 혹은 불용 중의 관유재산의 사용을 요할 때는 보관자는 좌의 사항을 갖추어 조선총독에 신청해야함

……

제197조 관유재산 중 역사의 징증(徵證) 또는 학술상 참고할 수 있는 것은 보존 및 취체(取締)상 특별의 주의가 될 수 있도록 함[10]

그러나 여전히 건조물 보존에 대한 방법이 구체적으로 정해진 것은 아니었다. 이 시기는 건조물 수리 체제가 완전하지 않았고, 이론과 방법이 실험되었던 시기였기 때문에 보존에 대한 지시가 모호할 수밖에 없었다.[11] 따라서 건조물의 철거, 개축, 불하 등이 빈번히 일어났다.

한편, 1916년에는 「보존규칙」이 새로 제정되었지만, 건조물의 훼손을 막을 수는 없었다. 「보존규칙」은 본격적인 보존법령으로 일본보다 앞선 것이었지만 유물과 예술품을 주요 보호대상으로 삼았고, 건조물은 보호대상에서 빠져있었기 때문이다.[12] 「보존규칙」이 시행된 지 1년 6개월여가 지난 시점인 1918년 1월 28일 내무부장관이 각도장관에게 보낸 통첩은 당시 사찰 소유 건조물에 대한 보존이 매우 취약했음을 보여준다. 이 통첩은 특별보호가 필요한 고건축물의 경우에는 재산대장에 표기하도록 하고 고적조사원의 조사를 받도록 지시하고 있다.

사찰의 당우 기타 건조물로서 자연재해(天災)에 의한 도괴로 손상된 재료의 처분 방법에 관한 건

사찰의 당우 기타 건조물로서 자연재해로 인해 도괴된 손상재의 처분에 관해서는 사찰령 제5조 [13] 에 의해 허가를 받았다고 하더라도, 본부 고적조사원의 조사 결과 특별보호를 요하는 것으로 검정된 건조물에는 설령 손상재라 할지라도 경우에 따라서는 공예상 혹은 사징(史徵)의 참고로서 특별한 보존방법을 지시하는 일도 있을 것이므로, 특별보호를 요한 고건축물의 도괴 등에 의한 손상을 회복하는 것이 가능한 경우에는 사찰령시행규칙 제7조2항 [14] 의 서류(屆書)에 특별보호를 요하는 건조물이라고 부기하여 제출할 것을 귀 관내 각 사찰주지에게 지시할 것을 통첩함. [15]

당시에는 사찰 소유 건조물들이 세월이 흘러 낙후된 경우, 손상 원인을 대개 폭풍우, 폭염 등 자연재해로 돌리고 있었다.[16] 따라서 이 지시는 특별한 자연재해에 의해 도괴된 건조물에 대한 것이 아니라 당시 지어진 지 오래되고 낙후되어, 개축, 이축, 신축 등의 현상변경이 필요한 건조물에 해당하는 내용으로 생각된다. 이 지시에서 눈여겨 볼 점은 앞서 언급한 1914년 「사찰 전당 등 건축에 관한 건」의 지시에서와는 달리 상대적으로 구체적인 보존방법을 제시하고 있다는 점이다. 그것은 본부 고적조사원을 파견하여 해당 건조물을 검정하도록 하는 것으로 보존을 위한 전문가를 투입해 보존 방법을 강구하도록 한 것이었다. 비록 조사원에 의해 지시되는 특별한 보존방법의 내용을 밝히고 있지는 않지만 이 시점에서는 보존을 위해 행해지는 공사가 보통의 공사와는 다르다는 인식이 형성되었다는 사실을 보여준다.

이러한 지시에도 불구하고 「보존규칙」이 운용된 시기에 건조물 보존 상황은 여전히 취약하였다. 1929년 「사찰령」 및 「사찰령시행규칙」의 대대적인 개정이 있었는데도 불구하고 건조물 보존과 관련된 사항은 개정된 「사찰령」에 단 1항도 포함되지 않았다. 총독부 소유 재산으로 비교적 처분이 자유로웠던 관유재산이 1914년 「조선총독부 및 부속관서 회계사무장정」을 통해 법령 수준의 근거를 마련한 것과는 차이가 있다. 이는 건조물이 다른 유물과 달리 재산가치가 컸고, 그 소유권을 제한하는 조치를 하면, 사찰의 재산권을 제한하게 되어 불교계의 반발로 이어질 우려가 있었기 때문으로 생각해 볼 수 있다.

한편, 법적근거가 마련된 관유재산 건조물이라고 해서 보존이 적극적으로 이루어진 것은 아니었다. 지방청에 속한 관유재산들은 여전히 철거가 빈번하게 일어났다. 일제강점기 보존사업의 연혁을 정리한 후지타 료우사쿠(藤田亮策)[17]는 1931년 작성한 건조물 보존의 필요성을 피력한 그의 글에서 건조물이 보존대상에서 빠진 점이 「보존규칙」의 일대 결점이라고 지적하면서 지방장관이 관리하는 국유건조물과 사찰이 관리하는 건조물이 멸실되고 있으므로 이를 보완할 필요성이 있다고 주장하였다.

......ㅁ. **고적유물보존규칙(古跡遺物保存規則)**

고적조사위원회는 「고적급유물보존규칙」에 따라 고적의 조사 및 보존사업을 결정하고 조선총독의 자문에 답신하게 되는데, 이 규칙의 내용에 대해 한마디 하지 않을 수 없다.

고적 및 유물보존규칙은 조선총독부령으로 제령(制令)은 아니다. 그 제1조에 고적유물의 종류와 범위를 정하고 있는데, 목조건축물에 있어서, 그 옛터(遺址)에 있는 현존 건조물을 제외(脫逸)하고 있다. 사찰의 건조물은 사찰령에 의해 개발을 제한하고, 기타 성새, 루정, 관사는 대부분 국유물이므로 법령으로 제한할 필요가 없다는 견해가 있지만 이 점이 이 규칙의 일대 결점이다. 즉 사찰은 종교과의 관리로 고적조사위원회와는 관계가 없어, 자유롭게 개발이 행해지고, 한편 고사사, 고건축물에 대한 보조금으로 이루어지는 수리공사는 하등의 제한도 규정도 없이 임의 행정관의 의지에 따라 행해지고 있다. 또 국유건축물의 관리는 지방장관의 권한에 따라서 자유롭게 폐기 또는 개조되고, 고적조사위원회는 직접 이에 관여하는 것이 거의 없고 지방관의 상신(上申) 또는 조회(照會)만으로 최초의 의견을 발표하는 식이므로, 조선 내의 중요한 건물 다수를 잃고 있다.....[18]

후지타 료우사쿠는 당시 보존 가치가 있는 건조물이 각각 사찰과 국가의 소유물로 관리되고 있어, 고적조사위원회가 관여하는 것이 어려운 상황임을 토로하면서 건조물 보존에 대한 노력이 부족함을 적극적으로 주장하고 있다. 또한 국고 보조금으로 이루어지는 수리공사가 제한과 규정 없이 임의로 이루어지고 있음도 지적하고 있다.[19]

「보존령」 제정 이후 건조물 보존 법령

앞서 살펴본 후지타 료우사쿠의 견해는 적어도 네 가지 점에서 당시 보존제도를 비판하고 있다. 하나는 건조물 보존에 대한 법적 근거가 마련되지 않았다는 점이고, 두 번째는 따라서 보존가치가 있는 건조물이 사찰이나 관의 소유물로서 개발을 목적으로 관리되고 있다는 점이다.[20] 세 번째는 소유주가 행하는 관리에 보존 전문가가 참여할 수 없다는 점이고 마지막으로는 건조물 수리공사를 제어할 제한과 규정이 마련되지 않았다는 점이다. 이 결점들을 보완하기 위해 가장 먼저 이루어져야 하는 것은 건조물을 보존대상으로 삼는 법적 근거를 만드는 것이었다. 건조물이 법적으로 보존대상이 되고 나면 소유권이 제한되고, 총독부 산하의 전문기관이 보존에 참여할 수 있게 되므로 나머지 결점들은 자연스럽게 해결될 수 있었다.

「보존령」은 한반도에서 건조물 보존활동을 위한 법적근거를 구체적으로 마련한 첫 법령이었다. 1933년 8월 9일 고시된 「보존령」은 보물의 종류와 정의를 정한 제1조에 건조물을 포함시켜 후지타 료우사쿠가 지적한

「보존규칙」의 최대 결점을 보완하였다.

조선보물고적명승급천연기념물보존령 명치44년(1911) 법률 제30호 제1조 및 제2조에 의해 칙재(勅裁)를 받아 이에 그를 공포함

소화8년(1933) 9월 9일 조선총독 宇垣一成

제령 제6호 조선보물고적명승급천연기념물보존령

제1조 건조물, 전적, 서적, 회화, 조각, 공예품 기타 물건으로 특히 역사의 증징 또는 미술의 모범이 될 만한 것은 조선총독은 그것을 보물로 지정할 수 있다. 패총, 고분, 절터, 성터, 가마터, 그 외 유적, 경승의 땅 또는 동물, 식물, 지질, 광물 그 외 학술연구의 자료가 될 만한 것으로서 보존의 필요가 있다고 인정하는 것은 조선총독은 그것을 고적, 명승 또는 천연기념물로 지정할 수 있다.[21]

일단 건조물이 보물로 포함되고 나자, 다른 유물들에 적용되었던 것과 마찬가지로 건조물에도 소유권에 대한 제한이 가해졌다. 즉 「보존령」제정 이전에는 건조물이 보존대상으로 명확하게 명시되지 않아 보존 가치가 있는 건조물에 대해 소유자가 소유권을 비교적 적극적으로 주장할 수 있었던 반면 보물로 지정된 건조물에는 그 소유권을 제한함으로써 역사적 가치와 같은 보존가치를 재산으로서의 가치보다 우선순위로 삼을 수 있게 되었다.

이 소유권 제한에 대한 내용은 1933년 발행된 『朝鮮』에 실린 와타나베 토요히코(渡邊豊日子) 학무국장의 「조선보물고적명승천연기념물보존령 발포에 대하여」라는 글에서 살펴볼 수 있다. 이 글은 「보존령」 제정의 취지를 밝히고 있는데, 이 글의 전반부에서는 기존 「고적급유물보존규칙(古跡及遺物保存規則)」) 가지고 있었던 단점을 지적하면서, 「보존령」이 가지는 소유권 제한의 필요성을 설명하고 있다.

(전략)......

조선에 있어서 고적 및 유물의 보존에 관해서는, 대정5년(1916) 「고적급유물보존규칙」을 발포하고 장차 그것으로서 고적과 유물을 등록하고 나아가 등록한 물건의 현상변경, 이전, 처분을 금지해오고 있었지만, <u>그 규정은 실제 소유권에 제한을 가하는 사항이 포함되어 있지 않았다.</u> 부령(府令-총독부령, 역자 주)으로 정한 형식상의 결함이 있을 뿐만 아니라 그 사무의 주관관계가 금일의 시세에 적당하지 않은 규정이 있는 등, 내용상 불비한 것이 있다. 또 이제까지의 상황을 돌아보면 특히 역사의 증징 또는 미술의 모범이 될 유물에 대해 더욱 그것의 보존을 확실히 하기 위해서 소유자에 대해 일정한 의무를 지울 방도를 강구할 필요가 있는 등, 본 규칙은 근본적으로 그것을 개정함이 적당하다고 인정되는 바이다.

......(후략)

이 글을 통해 보존에 있어 소유권 문제가 큰 걸림돌이 되었음을 알 수 있다.[22] 위 글에서 "이제까지의 상황을 돌아보면"이라고 언급하는 것은 이제까지 보존가치가 있었던 유물들이 산일되고 멸실되었던 상황을 함축하고 있다. 더욱이 건조물은 다른 유물들에 비해 큰 재산적 가치를 가지고 있는 데다가, 토지를 점유하고 있어 경제적 가치가 매우 큰 만큼 재산권의 침해도 크므로 보존 법령의 보호 아래 들어가는 것이 어려울 수밖에 없었을 것이다. 관유재산에는 포함되었던 건조물 보존 조항이 향교재산관리규정이나 사찰령에 끝내 포함될 수 없었던 이유나, 1916년 「보존규칙」에 건조물이 포함되지 않고 1933년 「보존령」 제정에 이르러서야 보완된 이유 중 하나가 여기에 있었다.

한편, 관유재산 관련 규정은 발 빠르게 「보존령」에 호응하였다. 1934년 1월 19일 정무총감이 각부속관서 장관에게 보낸 「국유보물고적명승천연기념물 처분에 관한 건」은 국가소유의 물건이나 토지 중 보물이나 고적, 명승, 천연기념물로 지정된 것과 관련된 행위에 대해 총독 본부에 보고한 후 처리할 것을 지시하고 있다.

관통첩 제2호 소화9년(1934) 1월 19일 소속관서의 장관

국유보물고적명승천연기념물처분에 관한 건

소화8년(1933) 12월 11일 부(附) 조선총독부령 제137호로 조선보물고적명승천연기념물보존 및 관련 규정 시행함에 따라 법령 또는 위임에 의해 국가(國) 소유에 속한 물건 또는 토지의 사용허가, 대부, 매각, 양여, 교환 등 그 처분을 위한 경우에 당해 물건 또는 토지가 <u>보물, 고적, 명승, 또는 천연기념물로 지정되어 있는 때는 특히 본부에 품의(稟伺)한 후 처리할 것을 통첩함.</u>

이후 1936년 「관유재산관리규칙」이 폐지되고[23] 1937년 3월 29일 「국유재산법시행규칙(國有財産法施行規則)」과 함께 고시된 「조선총독부소관국유재산취급규정(朝鮮總督府國有財産取扱規定)」은 훈령으로 제정되어 위의 통첩사항을 법령화 하였다.

조선총독부훈령 제9조

조선총독부소속국유재산취급규정을 아래와 같이 정함

소화12년3월29일　　　　　　　　조선총독 南 次郞

.....

제14조 보물고적명승천연기념물 및 이에 준하는 것에 따라서는 유지, 보존 및 취체상 특별의 주의를 행해야함

잡종재산 중 보물고적명승천연기념물에 준하는 것의 범위는 주무국장 및 재무국장 협의로 그것을 정해야함

.....

정리해 보자면, 일제강점기 초반 건조물은 회화, 조각과 같은 다른 유물들과 달리 보존법령에 의해 보호 받지 못하였다. 대신 국가소유 건조물인 경우는 「관유재산관리규칙」에 의해, 사찰 소유의 건조물인 경우는 「사찰령」에 의해 재산으로서 관리되었다. 각 건조물들은 이축, 개축, 철거 등에 조선총독의 허가가 필요하였으나, 유지관리를 위한 취지가 강했으므로 이는 건조물 보존으로 이어지지 못하고 소유자의 자의적인 판단에 따라 철거되는 일이 빈번했다. 이후 행정명령격인 통첩을 통해 역사적 가치 및 미술적 가치가 있는 건조물의 현상변경에 주의하도록 지시하기는 하였지만, 제대로 된 강제력을 갖추고 있지 않았으므로 건조물의 훼손은 1930년대에 이르기까지 개선되지 못했다. 최초의 보존법령이었던 「보존규칙」마저도 건조물을 보존대상에서 제외하였기 때문이었다. 이러한 결점이 보완된 것은 1933년 「보존령」에 제정되고 나서였다. 「보존령」은 최초로 건조물을 보존대상에 포함시켰고, 비교적 상위법인 제령(制令)으로 제정되어 제법 강제력을 갖추고 있었기 때문이다. 이

로써 건조물이 가지는 재산 가치보다 보존 가치를 앞세울 수 있는 법적 근거가 마련되었다.

표 2-1. 일제강점기 건조물 보존 관련 법령 및 행정명령

법령(칙령, 제령, 부령, 훈령) 및 행정명령(통첩)	관보호수	법령 고시일 (관보 발행일)	법령구분	법령호수	관련
향교재산관리규정	-	1910-04-28	학부령	2	재산
사찰 보물 목록첩 조제의 건	135	1911-02-14	관통첩	6	보존
사찰령	227	1911-06-03	제령	7	재산
사찰령시행규칙	257	1911-07-08	부령	84	재산
조선관유재산관리규칙	270	1911-07-24	칙령	200	재산
관유재산보존 및 취훼(取毀)에 관한 건	344	1911-10-19	관통첩	297	보존
고비, 고탑, 석불, 기타 석재에 조각된 건설물 보존방 체체에 관한 건	377	1911-11-29	관통첩	359	보존
사찰전당등 건축에 관한 건	489	1914-03-09	관통첩	99	보존
조선총독부 및 소속관서 회계사무장정	호외	1914-08-17	훈령	42	보존
조선사유(寺有)재산 관리에 관한 건	777	1915-03-09	관통첩	75	재산
고적조사위원회규정	1175	1916-07-04	훈령	29	보존
고적 및 유물에 관한 건	1175	1916-07-04	훈령	30	보존
고적 및 유물보존규칙	1175	1916-07-04	부령	52	보존
고적급유물보존규칙에 관한 건	1217	1916-08-22	관통첩	138	보존
사찰당우기타건조물의 자연재해(天災)에 의해 도괴된 손상재 처분방	1641	1918-01-28	관통첩	15	보존
향교재산관리규칙	2365	1920-06-29	부령	91	재산
사찰령 개정	730	1929-06-10	제령	9	재산
사찰령시행규칙 개정	730	1929-06-10	부령	52	재산
조선보물고적명승급천연기념물보존령	호외	1933-08-09	제령	6	보존
조선총독부보물고적명승천연기념물보존회관제	1978	1933-08-12	칙령	224	보존
조선보물고적명승급천연기념물보존령시행규칙	2072	1933-12-05	부령	136	보존
조선보물고적명승급천연기념물보존령시행수속	2072	1933-12-05	훈령	12	보존
조선총독부보물고적명승천연기념물보존회의사규칙	2072	1933-12-05	훈령	43	보존
국유보물고적명승천연기념물처분에 관한 건	2105	1934-01-19	관통첩	2	보존
국유재산법을 조선에 시행하는 건	2881	1936-08-19	칙령	266	재산
국유재산법 시행규칙	3059	1937-03-29	부령	26	재산
조선총독부소관 국유재산 취급규정	3059	1937-03-29	훈령	9	재산

보존기구 일원화와 수리공사 업무 통합

건조물 보존활동은 조사와 수리로 크게 나누어 볼 수 있는데, 조사업무는 조선총독부박물관[24]이 1915년 설립 당시부터 맡아왔지만 건조물 수리 업무는 토목 관련 기구에서 1924년까지 수행하다가 1925년에 이르러서야 조선총독부박물관이 소속된 학무국으로 이관되었다.[25]
최초의 건조물 수리공사로 여겨지는 평양 보통문 수리공사는 1913년 7월 11일 공사에 착수해 12월 7일 준공하였다.[26] 이 공사는 조선총독부 파견 기술원의 감독으로 이루어졌는데, 그 감독원은 키코 토모타카(木子智隆)였다. 조선총독부 직원록에 의하면 그는 1913년 조선총독부, 관방, 토목국, 영선과 소속이었다.[27] 이를 통해 당시 수리공사 담당기구가 토목국 영선과임을 알 수 있다. 1912년 3월 30일 조선총독부 본부 직제에 의하면 영선과는 건축공사 및 주요한 수선공사의 계획, 시행 및 감독에 관한 사항, 지방영선공사의 감독에 관한 사항, 관유재산의 정리에 관한 사항이 업무사항으로 규정되어 있다. 다시 말해 당시 수리공사는 일반 건축 업무를 맡은 기구에서 전담하였던 것이다. 이러한 상황은 1924년 고적조사과가 폐지되고 학무국 종교과로 조선총독부박물관 업무가 이관될 때까지 계속된다. 국립중앙박물관 소장 조선총독부박물관 문서를 통해서도 수리담당기구의 변천을 추적해 볼 수 있다.[28](표 2-3)

표 2-2. 부석사 무량수전 및 조사전 보존공사에 관한 건

내무부장관

경상북도장관 완

귀 관하 영주군 부석면 대백산 부석사 무량수전 및 조사전은 고려시대 목조건축물로 저명한 것인 바 다년(多年)의 세월(星霜)간에 파손된 부분이 발생하였는데도 사력(寺力)이 빈약하여 자영자존(自營自存)의 방법이 없는 고로 금번 위 보존에 요하는 공사비 취조(取調)를 위해 본부 기수 키코토모타카(木子智隆)가 출장하오니 부석사 주지 및 소관 영주군수에게 이를 통지하여 제반사항과 조사상의 편의를 보아주시기를 바라오며 이를 통첩합니다.[29]

표 2-3. 보존비보조 수리공사 담당 기구

*수리기구는 첫 보존비 보조 하부 공문을 기준으로 정리하였다.

보조대상	보조시작	보조끝	수리담당 기구*	보조금 하부 대상건물
석왕사	1915	1915	토목국-영선과	석왕사 호지문 등 수리
부석사	1916	1918	토목국-영선과	부석사 조사당, 무량수전
해인사	1918	1918	토목국-영선과	대장경각 수선 및 방화설비
금산사	1919	1922	토목부-영선과 토목부-건축과	금산사
	1926	1928	학무국-종교과	금산사 미륵전, 대장전, 대적광전
	1932	1932	학무국-사회과	금산사 미륵전, 대장전, 대적광전
장안사	1926	1930	학무국-종교과	장안사 대웅전
성불사	1931	1932	학무국-종교과	성불사 극락전
관음사	1932	1934	학무국-사회과	관음사 대웅전
청평사	1932	1932	학무국-사회과	청평사 극락전, 회전문(수리계획)
	1936	1938	학무국-사회교육과	청평사 극락전, 회전문
무위사	1933	1933	학무국-사회과	무위사 극락전(수리계획)
	1937	1937	학무국-사회교육과	무위사 극락전
	1942	1942	학무국-사회교육과	무위사 극락전 - 가설지붕 설치 후 공사종료
성불사	1933	1935	학무국-사회과	성불사 응진전
장안사	1933	1933	학무국-사회과	장안사 사성전(수리계획)
	1939	1943	학무국-사회교육과	장안사 사성전
	1937	1937	학무국-사회교육과	장안사 사성전
신안사	1935	1935	학무국-사회교육과	신안사 극락전
심원사	1935	1935	학무국-사회교육과	심원사 보광전(수리계획)
화엄사	1935	1939	학무국-사회교육과	화엄사 각황전
수덕사	1936	1940	학무국-사회교육과	수덕사 대웅전
해인사	1937	1937	학무국-사회교육과	해인사 장경판고
	1942	1942	학무국-사회교육과	해인사 장경판고 기와교체
개심사	1940	1943	학무국-사회교육과	개심사 대웅전

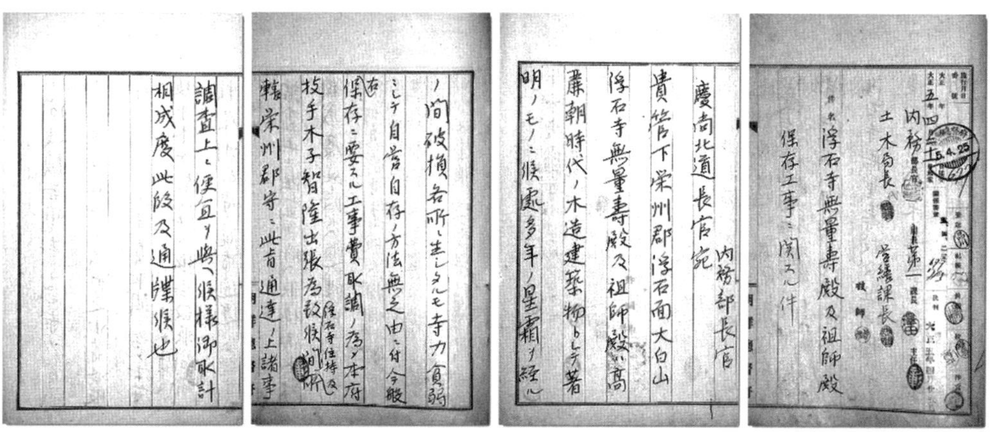

그림 2-1. 부석사 무량수전 및 조사전 보존공사에 관한 건

앞의 공문(표 2-2, 그림 2-1)은 1916년 부석사 무량수전 및 조사당 수리 공사의 공사비 조사를 위한 토목국 영선과 기수인 키코 토모타카의 출장을 경상북도 장관에게 알리는 공문이다. 공문의 내용에 앞서 첫 장에는 주무기관이 표시되어 있는데, 내무부장관과 제1과장의 날인이 되어있다. 그 왼편으로 토목국장과 영선과장의 날인이 이어진다. 이와 같은 날인은 1915년 석왕사 수리공사와 1916년 해인사 대장경각 수리공사에서도 확인할 수 있다.[30]

키코 토모타카와 같은 토목국 영선과 소속 기수가 공사 진행을 맡고 있다는 사실은 문서를 기안한 주무부서인 내무부 제1과가 아닌 토목국 영선과에서 수리공사를 진행하였음을 알 수 있게 해준다. 당시 내무부 제1과는 종교 및 향사에 관한 사항을 업무 중의 하나로 하고 있었다. 즉 사찰이 총독부의 보조를 받아 소유 건조물을 수리하는 경우, 종교업무를 맡은 내부무 제1과(1919년 8월 20일 이후 학무국 종교과)가 주무부서가 되고 토목국 영선과(1919년 8월 20일 이후 토목부 영선과[31])가 실제 수리공사를 수행하는 체제였다.

이 체제는 1921년까지 계속되다가[32] 1921년 10월 21일 "고적, 고사사, 명승, 천연기념물 등의 조사 및 보존"을 주 업무로 하는 고적조사과(古跡調査課)가 신설되면서 개편되었다. 그리하여 고적조사과는 내무부 제1과가 맡아오던 수리공사 주무업무와 총무국 총무과(1915~1919), 서무부 문서과(1919~1921)에서 맡아 오던 고적조사업무 및 박물관 업무를 총괄하여 수행하였다. 고적조사과의 신설은 조사 및 보존업무가 통합되었다는 점에서 의미가 큰 사건이다. 하지만 건조물 수리공사는 1921년에도 여전히 토목부 건축과[33]가 수리공사를 수행하였다.

수리공사의 수행 건조물 보존을 맡은 기구가 진행함으로써 기구가 완전히 일원화 된 것은 1924년 12월 25일 직제 개정에 의해서였다. 이 직제 개정은 1923년 일본 관동대지진의 여파로 조선총독부가 단행한 긴축재정으로 인한 것이었다. 이 개정으로 고적조사과를 폐지하고 종교과로 그 임무를 이관시키는 변화가 있었다. 따라서 고적조사 업무 및 박물관 업무와 고적, 고사사, 명승, 천연기념물 등의 조사 및 보존 업무 등이 그

대로 학무국 종교과 업무에 포함되었다.(그림 2-2)

사실 이 직제 개편 내용만으로는 수리공사 수행업무가 종교과로 이관되었는지는 알 수 없다. 하지만 실제 당시 진행되고 있던 수리공사 공문에 더 이상 토목부가 등장하지 않고, 학무국 종교과가 주무부서로 기재되어 있는 것으로 미루어 수리공사 수행업무까지 모두 종교과로 이관되었음을 알 수 있다.

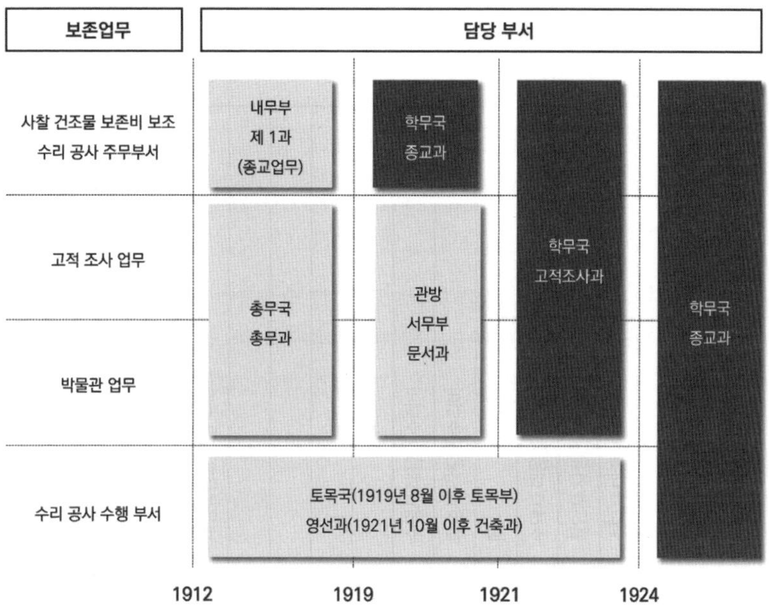

그림 2-2. 1912년~1924년 조선총독부 건조물 보존기구의 변화

표 2-4. 일제강점기 건조물 보존기구의 변화

직제개정 고시일	수리공사 수행기관	수리공사 주무기관	고적조사기관
1912.03.30.	토목국-영선과	내무부-지방국-제1과	
1915.05.01.	토목국-영선과	내무부-제 1과	총무국-총무과
1919.08.20.	토목부-영선과	학무국-종교과	서무부-문서과
1921.10.21.	토목부-건축과	학무국-고적조사과	
1924.12.25.	학무국-종교과		
1932.02.13.	학무국-사회과		
1936.10.16.	학무국-사회교육과		
1942.11.01.	학무국-학무과		

학무국이 수리공사 업무까지 담당하게 되었다는 사실은 부석사 조사당 벽화 보존공사 기록물을 통해 확인할 수 있다. 부석사 조사당 벽화 보존공사는 1924년부터 논의가 이루어져 1927년 4월 25일 준공되었다. 1924년 8월 6일 기안된 「부석사 벽화 보존시설의 건」을 보면 학무국 고적조사과가 주무기관으로 되어 있고, 토목부장과 건축과장이 나란히 날인하고 있다.[34] 그러나 1년 뒤인 1925년 7월 22일 작성한 같은 이름의 「부석사 벽화 보존시설의 건」 문서를 보면 학무국 종교과가 주무기관으로 되어 있고 함께 날인한 기관장이 아무도 없음을 알 수 있다.[35] 이 문서보다 조금 앞서 작성된 1925년 7월 10일 문서는 당시 업무가 이관되고 발생한 변화를 잘 설명해준다. 이 문서의 내용은 일본 문부성으로부터 벽화 보존공사를 계획하기 위해 오는 기수(技手)에 대한 협력을 경상북도에게 학무국이 부탁하는 내용이다. 이 문서를 건축과장이 회의(回議)하고 날인한 이유는 학무국이 일본으로부터 온 기수의 보조를 건축과에 요청하였기 때문이다. 즉 이 시점에서 이 공사는 학무국이 수행하고 있었고, 건축과가 담당하지 않았으므로, 필요한 경우에는 건축과에 기술원을 요청해야만 했던 것이다. 이것은 업무가 이관된 지 얼마 되지 않아 수리공사 수행 업무에 종교과가 투입할 수 있는 전문 인력이 충분치 않은 사정이었음을 보여준다. 학무국 종교과가 건축과에 기술원을 요청한 문서의 내용은 다음과 같다.

표 2-5. 부석사 조사당 고벽화 보존시설에 관한 건

학무국장

경상북도지사 완

부석사 조사당 고벽화 보존시설에 관한 건은 사업(施業)을 주임할 土居川 문부성 기수의 형편이 여의치 않다는 등의 이유로 연기되었는 바 본년 9월, 10월의 2개월간 동 기수가 부석사에 출장하게 될 계획이오니 작업실시의 사항은 그 날에 협의하기 바람.

기안이유

본 건은 7월 7일부로 문부성 종교국장으로부터 본년 9월 10월의 2개월간 土居川 문부성 기수를 부석사로 출장 보낼 것에 대해 그 기일 등을 각각 협의하고 제반사항을 정하려 했으나 이루지 못하고 사업의 착수기일의 대강을 상정하여 차제에 도지사에게 통첩하는 것임.

단 본 건에는 건축과로부터 작업의 보조로 기술견습(技術見習)을 겸한 과원 1명을 파출(여비는 부석사 고벽화보존시설비 중에서 지출하는 것으로 정함.)하는 사항이 있음.[36]

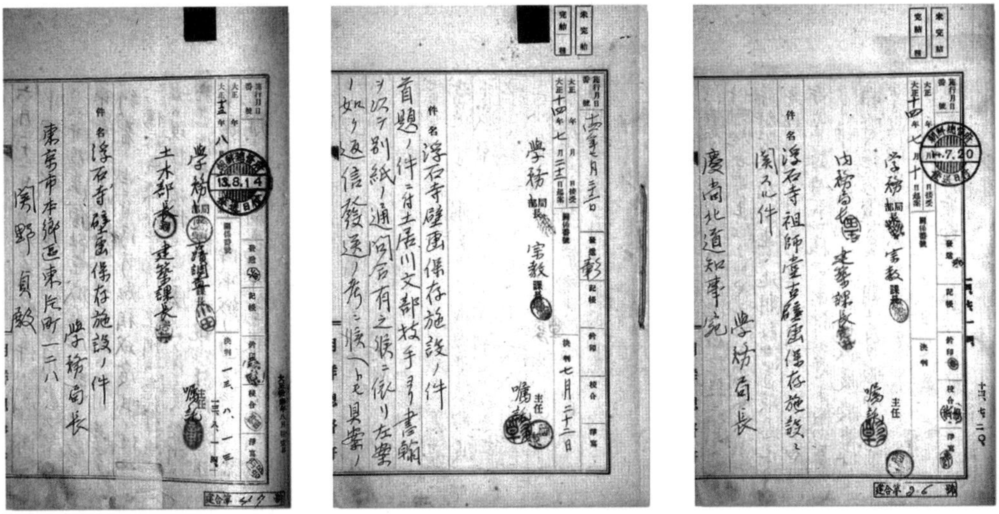

그림 2-3. 부석사 조사당 벽화 보존공사 문서 (왼쪽부터 a, b, c로 표 2-6에 표기)

표 2-6. 부석사 조사당 벽화 보존공사 관련 문서의 내용

구분	기안일	날인	건명
a	1924.08.06.	학무국장 – 고적조사과장 – 촉탁토목국장–건축과장	부석사 벽화 보존시설의 건
b	1925.07.22.	학무국장 – 종교과장 – 촉탁	부석사 벽화 보존시설의 건
c	1925.07.10.	학무국장 – 종교과장 – 촉탁내무국장 – 건축과장	부석사 조사당 고벽화 보존시설에 관한 건

부석사 조사당 사례를 통해 확인한 1924년 12월 25일의 직제개정은 건조물 보존에 있어 매우 중요한 사건이었다. 학무국 종교과로 수리공사 시행업무가 이관되면서 학무국은 조사에서 수리공사까지 건조물 보존과 관련된 모든 업무를 수행하는 기관이 되었기 때문이다. 더욱이 관유재산 이외에 고적의 수리공사는 사찰 소유 건조물이 대부분이었으므로 종교 및 향사 업무까지 포함하고 있었던 학무국 종교과는 명실공히 건조물 보존에 있어서 종합전문기구가 되었다고 할 수 있다.

건조물 보존업무의 일원화에 대해서는 전문가들에 의해 그 필요성이 이전부터 제기되었던 것으로 보인다. 1931년 4월 22일 오후 6시 경성은행구락부(京城銀行俱樂部)에서 열린 조선 고건축 보존에 관한 좌담회(座談會)에 참여한 후지타 료우사쿠[37]는 고적보존수리의 대부분이 보존기구가 아닌 건축과가 맡아 진행하는 바람에 생긴 문제점을 지적하였다.

(전략)...... 고건축의 수리에 대해 제가 말씀드리자면 대부분은 총독부관방의 회계과에서 맡아주었고, 정말 일부분의 돈이 고적조사비로부터 나왔는데, 고적조사에서 알지 못하는 많은 돈이 여러 가지 명목으로 나와 제법 많은 수리가 이루어져 왔습니다.
그런 상태는 대정10년(1921)에 小田(小田省吾, 오다쇼고-역자 주)씨가 과장이 되어 고적조사과가 생긴 후에도 계속되었는데 앞의 종교과장(이창근-역자 주)이 말씀하신 고적보존수리도, 실제는 대부분 건축과 쪽에서 맡아온 관계로 직접 고적조사 쪽에서 수리를 하는 일은 극히 새로운 일로, 한 4~5년 되어 오고 있는 정도입니다.[38] 따라서 고분의 발굴도 대정11년, 12년(1922, 1923)경에는 대정5년(1916) 이래 발굴이 마음대로 되어서 바로 보고서가 나오지 않은 것이 산적해 있는 모양이라서 먼저 이것을 정리하고 보고서를 출간하는 것으로부터 다시 계획하여야 합니다. 앞서 나눈 대화에도 있지만 고적조사가 없어지면 돈도 사라지고 사람도 태반이 없어져 버리는 이유로 그것으로 꿈처럼 끝나게 돼버리니 이후에 진행되는 건축 조사는 정직하게 변명이나 구실 없이 이루어져야 합니다.[39]
..... (후략)

그는 보존기구인 고적조사과가 아닌 건축과가 공사를 맡아 진행하게 되어 생긴 문제점을 고분 발굴 공사를 예로 들어 설명하고 있다. 공사담당자가 조사를 맡았던 전문가가 아니다 보니, 고분이 가지고 있는 역사적, 학술적 가치보다는 공사의 준공이 중요하게 여겨지는 실정이었고, 전문적인 학술내용이 포함되어야 하는 보고서가 작성되기도 힘든 상황이었던 것이다.[40]
후지타 료우사쿠가 예로 든 고분 발굴 공사의 이원화된 수리공사 체제의 단점은 수리공사가 일반 건축 기술자에게 맡겨짐으로써 공사와 관련한 조사나 기록, 보고서 작성이 이루어지지 않고 있다는 점이었다. 수리공사 업무가 학무국 종교과로 이관되면서 수리공사와 관련된 모든 업무를 한 기관에서 시행하게 되었으므로 건조물 보존업무는 효율성과 전문성을 갖출 수 있는 기반이 마련되었다.[41] 이후 1945년까지 건조물 보존과 관련된 업무는 직제개정에 따라 학무국 내에서 이동이나 명칭의 변화가 있었을 뿐 그 체제를 유지하였다.(표 2-4 참고)

건조물 보존예산의 통합과 증액

1913년 평양 보통문 수리공사는 일제강점기 첫 수리공사였다. 이 공사는 총독부 파견원이 감독을 맡은 공사로 비용은 총독부가 부담하였다. 이 수리공사를 위한 비용은 어떤 예산으로 충당되었을까. 이에 대한 답은 바로 앞에서 살펴본 1931년 조선 고건축 보존에 관한 좌담회에 참가한 후지타 료우사쿠의 발언에서 찾아 볼 수 있다. 좌담회에서 후지타는 「고적조사비」로 부터 일부분이 나와 고건축 수리를 진행했다고 언급하였다.

일제강점기 연도별 세출항목을 총독부 통계연보에서 찾아 「고적조사비」 항목을 살펴보면 「고적조사비」는 1912년 세출 항목에서 처음 등장한다.[42] 당시 조선총독부특별회계는 경상부(經常部)와 임시부(臨時部)로 나누어져 있었다. 고정비용이 경상부에 계상되었고, 그 밖에 임시적 성격을 띤 세출 항목이 임시부에 계상되었는데, 「고적조사비」는 임시부에 속한 예산이었다. 이 예산은 1912년 예산 항목표 상에서 「조사비(調査費)」 관(款) 아래 「고적조사비(古跡調査費)」 항(項)으로 포함되어 있으며, 이 항에 5천원이 책정돼 있었다.[43]

이듬해인 1913년에도 역시 「임시부」의 똑같은 관과 항에서 「고적조사비」 5천원이 책정돼 있음을 확인할 수 있다. 그런데 같은 1913년 임시부 예산 안에 설정된 「보조비(補助費)」 관의 세부 항에서 「고적보존비보조(古跡保存費補助)」라는 고적 보존과 관련된 항을 찾을 수 있다. 여기에 책정된 금액은 만 5천원이었다. 이후 이 두 항은 1933년까지 계속해서 꾸준히 책정되었다.[44] (표 2-7)

「고적보존비보조」는 명칭에서도 알 수 있듯이 고적보존을 위한 보조금이었다. 이 보조금은 사찰이 소유한 건조물의 수리공사와 같은 민간이 주체가 되는 사업에 지급되었기 때문에 이 보조금을 지급한 공사만을 정리한 「고적보존보조비대장(古跡保存補助費臺帳)」이 남아 있다.[45] 이 대장은 1913년부터 1942년까지 보조금 내용을 모두 기록하고 있다.[46]

표 2-7. 조선총독부 특별회계 예산 중 고적조사비와 고적보존비 보조

1912년~1933년(단위 : 원)

년도	임시부		년도	임시부	
	조사비*-고적조사비	보조비-고적보존비보조		조사비 및 시험비-고적조사비	보조비-고적보존비보조
1912	5,000	-	1923	29,320	12,000
1913	5,000	10,000	1924	29,215	12,000
1914	14,800	10.000	1925	23,372	12,000
1915	14,800	10,000	1926	29,872	12,000
1916	12,688	10,000	1927	37,872	12,000
1917	12,683	15,000	1928	37,972	12,000
1918	33,688	15,000	1929	37,631	12,000
1919	33,688	15,000	1930	37,631	12,000
1920	42,317	15,000	1931	35,045	11,400
1921	35,897	15,000	1932	28,593	9,690
1922	36,649	12,000	1933	28,593	9,690

*조사비는 1917년 조사비 및 시험비로 개칭된다.

이 「고적보존보조비대장」에는 총 104건의 사업이 기록되어 있다. 그런데 대장을 살펴보면 보조비가 모두 사유(私有) 건조물 수리에 사용된 사실을 알 수 있다.[47] 이로 미루어 후지타 료우사쿠가 언급한 「고적조사비」는 총독부가 소유하고 관리한 관유재산에 속한 건조물 수리에 사용된 예산이고, 「고적보존비보조」 예산은 사유재산에 속한 건조물 수리에 사용되었던 예산이었음을 짐작해 볼 수 있다.

한편, 「고적조사비」가 관유재산 건조물 수리공사 비용으로 사용되었음은 국가기록원에 남아 있는 「대정16년도(1927) 고적조사비 예산 증액요구(임시부)」를 통해서도 확인이 가능하다.[48] 학무국이 제출한 이 요구서에는 관, 항, 목(目)이 차례로 정리되어 있으며, 세부내역까지 모두 정리되어 있다. 예산 요구서에 따르면 「조사 및 시험비」관 아래 「고적조사비」항이 있으며 그 아래 「조사비」목이 있다. 이 「조사비」 아래 증액이 필요한 세부내역이 나뉘어져 있는데, 「공사비」, 「고적도보간행비」가 차례로 기재되어 있다. 증액을 요구한 총액은 27,500원이었다.[49] 이 중 「공사비」 아래 기재된 내역을 살펴보면 「성천 동명관 수리공사 기타 수선비」

표 2-8. 1927년 고적조사비 예산 증액요구서

(단위 : 원)

관(款)	항(項)	목(目)	구별	금액	산출내역		증액내역
조사 및 시험비				27,500			27,500
	고적조사비			27,500			27,500
		조사비		27,500			27,500
			공사비	15,000	성천 동명관 기타수선비		15,000
			고적도보간행비	12,500	제8집 고적도보 500부		12,500
					내역		
					500부 인쇄대	8,000	
					삼색판 4개 2000부대	700	
					제본질대	700	
					사진대	1,500	1,500
					사진 복사대	1,600	1,600

라는 명목으로 1,500원이 요구되었다. 성천 동명관은 당시에도 유명한 고적으로 평안남도 성천군 성천면에 있었던 객사로 관유재산에 속한 것이었다.[50](표 2-8) 「고적조사비」와 「고적보존비보조」 예산은 1933년까지 건조물 수리에 사용된 대표적인 예산이었다. 다만 「고적조사비」는 관유 건조물 수리에 「고적보존비보조」는 사유 건조물 수리에 주로 사용되었다는 점에서 차이를 보인다.

한편, 「고적조사비」 외에도 관유재산 수리공사 예산으로는 「전릉급고적수선비(殿陵及古跡修繕費)」가 있었는데, 이 예산은 「지방청(地方廳)」 예산에 속한 「사무비(事務費)」항에 책정되어 있었다. 「지방청」비는 조선총독부 특별회계 경상부에 속한 예산으로 지방장관의 요청에 따라 지방 운영에 필요한 비용을 총독부가 조달하던 예산이었다.[51] 이 예산은 통계연보 세출 항목에는 기록되어 있지 않아, 국가기록원 소장 조선총독부 문서와 국립중앙박물관 소장 조선총독부박물관 문서의 기록을 통해 예산의 존재와 성격을 가늠할 수 있다.

먼저 국가기록원에 남아있는 「대정16년도(1927) 예산요구에 관한 건」을 통해 「전릉수선비」가 책정되게 된 사유를 알 수 있다. 이 문서는 1926년 8월 14일 학무국이 내무국장에게 기안하여 보낸 예산 요구서

대정16년도(1927) 예산요구에 관한 건 - 전릉수선비증액

전릉수선비증액에 요한 경비

융희2년(1908) 7월 칙령 제 50호 제8조의 규정에 의해 정부 소관에 속한 역대 전릉은 다음(左記)조서와 같이 8전(殿) 98릉(陵)이 있다. 명치43년(1910) 8월 이후 이 전릉을 수리 보존하는 경상비로 매년 500원을 계상하여 파괴가 심한 부분에 대한 응급 처치를 하여 지금에 이르고 있다. 그런데 각 전릉의 파손 정도가 매년 증가하고 현재는 상당 수리를 실시해 그 상태를 유지할 필요가 발생하였고 따라서 즉시 긴급한 사정에 이르렀다. 이에 하나의 전(殿)에 평균 백 원의 수선비를 견적하여 8전 분인 800원을 계상하고, 또 릉은 평균 50원을 요구하는 것으로 견적하여 98릉에 4,900원을 계상하여 합계 57,00원으로써 파손 정도가 심한 부분으로부터 점차 수리를 실시하여 정부의 보관에 속한 전릉의 체면을 유지하고 존속(體面保持存續)하고자 하므로 그 내역에서 이미 책정되어 있는 경상비 500원을 공제하고 부정액(不定額) 5,200원의 경비 증가를 요구하는 바이다.

본부 소관에 속한 전릉 조서

전릉 소재 군부 명		전(殿)의 원수	능(陵)의 원수
경기도	광주(廣州)	1	
	연천(漣川)	1	
	개성(開城)		45
	장단(長湍)		8
	고양(高陽)		1
	강화(江華)		4
경상북도	경주(慶州)	3	36
경상남도	김해(金海)	1	2
평안남도	평양(平壤)	2	1
	중화(中和)		1
계		8	98

표 2-9. 1927년 전릉수선비 예산 증액요구서

<table>
<tr><th>관(款)</th><th>항(項)</th><th>목(目)</th><th>금액</th><th colspan="2">산출내역</th><th>증내역액</th></tr>
<tr><td>지방청</td><td></td><td></td><td>5,200</td><td colspan="2"></td><td>5,200</td></tr>
<tr><td></td><td>사무비</td><td></td><td>5,200</td><td colspan="2"></td><td>5,200</td></tr>
<tr><td rowspan="2"></td><td rowspan="2"></td><td rowspan="2">수선비</td><td rowspan="2">5,200</td><td>1전(殿) 100원 수선</td><td>3</td><td rowspan="2">5,200</td></tr>
<tr><td>1릉(陵) 50원 수선</td><td>98</td></tr>
</table>

다. 이 공문에 첨부된 서류인 「지방청비 요구서」에는 「전릉수선비 증액」이라는 명목으로 5,200원의 증액이 요구되어 있다.[52] 당시는 이미 학무국 종교과로 건조물 보존업무가 통합된 시기로 수리공사 역시 학무국이 담당하고 있었으므로 지방청 예산이긴했지만 학무국이 증액을 요구한 것으로 보인다. 이 요구서는 증액을 신청한 사유를 「전릉수선비증액에 요한 경비」라는 제목으로 정리하고 있다.

문서의 내용에 따르면 1908년에 지정된 8개의 건조물과 98개의 능은 조선총독부가 관리하기로 하였다. 또한 1910년부터는 이 건조물과 능의 유지비용을 지방청 예산에 포함하여 매년 500원을 책정해 왔으나, 파손이 심해져 응급처치만으로는 유지하기 어려워져 건조물과 능을 수리할 비용이 필요하다고 적고 있다. 또한, 문서는 총독부에 속해 있는 8개 건조물과 98개 능의 소재지를 〈표〉로 정리하여 밝히고 있다. 이 중 건조물은 경기도 광주, 연천에 각 1동, 경상북도 경주에 3동, 경상남도 김해에 1동, 평안남도 평양에 2동이 있었다.[53] 문서의 내용은 「전릉수선비」가 관유재산 건조물 수리에 사용된 예산이었음을 알려준다.

한편, 이 문서의 말미에는 증액의 내역을 정리한 〈표〉가 첨부되어 있다. 이 표에 따르면 「전릉수선비」는 「지방청」관(款)-「사무비」항(項)에 속한 예산이었다. 학무국은 건조물 한 동의 수리비로 100원, 능(陵) 한 기의 수리비로 50원을 책정하였고, 전(殿) 3동과 능 98기에 대한 수리비 5,700원을 신청하였다. 문서의 내용과 첨부된 표는 「전릉수선비」가 「고적조사비」, 「고적보존비보조」와 함께 건조물 보존 관련 예산이었음을 보여준다.(표 2-9)

그런데 「전릉수선비」라는 명칭은 앞서 설명한 「전릉급고적수선비」와는 명칭에 차이가 있다. 「전릉급고적수선비」라는 명칭이 사용된 기록은 관유재산이었던 창의문(彰義門)의 수리를 기록한 문서에서 발견할 수 있다. 이 문서의 내용을 통해 명칭의 차이에 대한 추론이 가능하다. 〈표 2-10〉과 〈그림2-4〉는 1930년 창의문 수선공사에 대한 예산 배부 공문의 내용이다.[54]

표 2-10. 건명 고적수선비 예산 증배(增配)에 관한 건(對 5년 2월 26일)

학무국장

경기도지사 완(完)
수제(首題)의 건에 관해 금 425원 배부함
추후 공사 준성 후에 바로 보고할 것

제2안 고적 수선 예산 배부의 건

학무국장

재무국장 완(完)
경기도지사에 대한 아래 내용(左記)에 따라 예산을 배부할 것
일금 사백이십오 원 지방청 – 전릉급고적수선비(殿陵及古跡修繕費)
경성부 청운동 소재 북문(창의문) 수선비[55]

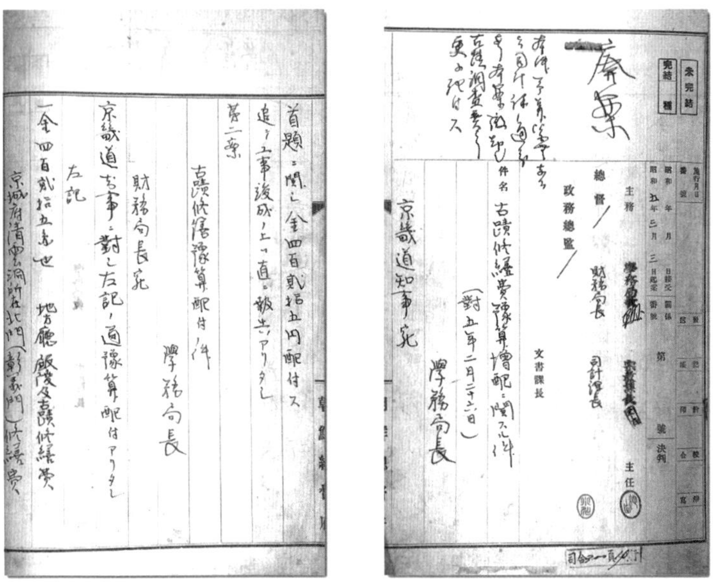

그림 2-4. 창의문 수선공사 증액예산 배부 문서

표 2-11. 「보존령」 제정 이전 건조물 수리공사 예산과목

	부(部)	관(款)	항(項)	목(目)	용도
조선총독부 특별회계	경상부	지방청	사무비	전릉급고적수선비	관유재산 수리비
	임시부	조사비 및 시험비	고적조사비	공사비	관유재산 수리비
		보조비	고적보존비보조	고적보존비보조	관유가 아닌 건조물(사찰 등)의 수리비 보조

공문의 제목은 「고적수선비(古跡修繕費) 예산 증배(增配)에 관한 건」인데 예산이 「전릉급고적수선비」에서 교부되었음을 알 수 있다. 그런데 창의문을 수리하는 데 필요한 예산의 명칭으로 예산 과목의 명칭인 「전릉급고적수선비」가 아닌 「고적수선비」라는 명칭을 제목에 사용하고 있는 점이 이목을 끈다. 앞서 살펴본 것처럼 「전릉수선비」는 조선총독부가 관리하는 능과 건조물에 수리비를 지급한 예산이었다. 엄밀히 따져보면 창의문은 능과 관련이 없고, 관리도 지방도청이 맡은 건조물이므로, 「전릉수선비」의 교부대상은 아니라고 할 수 있다. 따라서 지방관청들이 직접 관리하는 건조물의 수리에 사용할 예산의 명칭은 따로 마련되어 있었다고 보는 것이 타당하다. 아마도 「고적수선비」가 여기에 해당하는 것으로 보인다.

「전릉급고적수선비」는 전릉 및 고적의 수리비라는 뜻이므로 「전릉수선비」와 「고적수선비」가 조합되어 만들어진 것이다.[56] 이 두 명칭이 모두 예산교부와 관련된 공문에서 발견되므로, 둘이 각각 따로 존재하다가 어느 시점에서 통합하여 명칭이 개칭된 것이라는 추론을 할 수 있다. 즉, 「전릉수선비」, 「고적수선비」, 「전릉급고적수선비」는 명칭이 사용된 시기에 차이가 있을 뿐, 모두 관유재산 건조물을 수리하는 예산이었다.[57]

지금까지 살펴본 일제강점 전반기에 건조물 수리공사에 사용된 예산 과목을 정리해보면 〈표 2-11〉과 같다. 건조물 수리공사에 사용된 예산에는 모두 3종류가 있었고, 관유재산에 속한 건조물에는 「고적조사비」와 「전릉급고적수선비」가, 사유재산에 속한 건조물에는 「고적보존비보조」가 사용되었다.

통계연보와 조선총독부박물관 문서를 하나하나 검토해 확인한 이 예산체계는 1912년 「고적조사비」 책정을 시작으로 「보존령」이 제정된 1933년까지 지속되었다. 이 체제가 개편된 것은 「보존령」이 제정된 직후인 1934년이었다. 이는 「보존령」 제정 직후 다음 연도 예산을 계상하면서 개정된 법령에 맞춰 예산 과목이 개정된 것이었다. 이 개정은 그간의 보존관련 제도와 기구의 정비에 마침표를 찍는 중요한 개정이었다.

보존기구의 통합은 이미 1924년 12월 학무국 종교과로 수리공사 수행

업무가 이관되면서 이루어졌지만, 보호가 필요한 건조물들이 모두 재산으로 분류되어 재산관리규정 아래 관리되고 있었다. 유일한 보존법령이었던 「보존규칙」은 재산관리 법령보다 위계가 낮았고, 그나마도 건조물은 보존대상에서 제외하고 있었다. 행정명령 수준의 규정을 통해 소극적인 보존이 이루어졌고, 수리에 필요한 예산은 건조물의 관리주체에 따라 분할되어 계상되었다. 그러나 건조물 보존 업무의 통합으로 하나의 기구가 이를 맡고 있었으므로 쪼개져 있던 예산을 계상하고 집행하는 일은 학무국이 맡고 있었다. 업무의 효율을 위해서라도 같은 성격의 예산이 통합될 필요가 있었다. 「보존령」 제정은 관리주체별로 나뉘어져 있던 예산을 통합하는 계기가 되었던 것으로 보인다.

「보존령」은 보물 등의 보존에 필요한 시설에 필요한 사항을 보조할 수 있도록 했고, 관리에 필요한 비용 역시 보조할 수 있도록 명시하였다.[58] 또한 「보존령」과 더불어 공포된 「조선보물고적명승급천연기념물보존령 시행규칙」을 통해 건조물 수리공사에 보조금이 지급될 수 있는 근거를 명시하였다.

.....

제23조 사찰이 그 소유에 속하는 보물 고적 명승 또는 천연기념물을 유지 관리하는 것이 불가능할 때는 <u>조선총독은 그것에 대해 예산의 범위 안에서 보조금을 교부할 수 있다.</u>

조선총독은 필요하다고 인정할 때는 사찰 이외의 소유에 속하는 보물 고적 명승 또는 천연기념물에 대해 전항의 규정을 준용한다.

전2항의 규정에 의하여 보조금을 교부 받으려는 자는 아래의 사항을 구비하여 조선총독에게 신청하여야 한다.

-보물 고적 명승 또는 천연기념물의 지정번호 명칭 및 원수

-보조를 필요로 하는 사유

-유지수리에 관한 공비예산, 설계사양서, 계획도 및 사진

-착수 및 준공 예정시기 [59]

표 2-12. 1934년 전릉 및 보물고적 명승천연기념물 조사 및 보존비 과목표

소화9년(1934) 경상부			
관(款)	항(項)	목(目)	금액(원)
총독부			
	전릉급보물고적명승천연기념물조사병보존비		58,212
		조사비[60]	26,542
		보존비	18,980
		보존비보조	9,690
		보급금	1,500
		보상금	1,500

이 조항이 언급하는 보조금 교부를 받을 수 있는 유지관리 사항에 건조물 수리공사가 포함되어 있음은 보조금 교부에 필요한 서류로 명시된 "유지수리에 관한 공비예산, 설계사양서, 계획도 및 사진"이라는 문구를 통해 짐작할 수 있다. 조선총독부는 보존기구의 통합에 이은 「보존령」 제정을 계기로 예산의 개편을 단행하였다.

조선총독부가 보존관련 예산개편을 통해 신설한 예산은 「전릉급보물고적명승천연기념물조사병보존비(殿陵及寶物古跡名勝天然記念物調査弁保存費)」였다.[61] 예산의 명칭과 계상된 금액으로 미루어 볼 때, 「전릉급보물고적명승천연기념물조사병보존비」는 앞서 살펴본 「전릉급고적수선비」, 「고적조사비」, 「고적보존비보조」가 모두 통합된 금액이었다.[62]

세 예산이 통합된 것임은 국립중앙박물관 소장 조선총독부박물관 문서에 남아있는 1934년 「전릉급보물고적명승천연기념물조사병보존비」의 예산 과목표에 기재된 예산액을 통해 구체적으로 확인할 수 있다.[63] 과목표에 따르면 통합 신설된 이 예산의 세목에는 조사비, 보존비, 보존비보조, 보급금, 보상금이 있고, 총 58,212원이 책정되어 있다. 건조물 수리공사와 관련된 세목은 조사비 외에 보존비와 보존비보조로 크게 나누어 볼 수 있다.[64] 보존비보조 항목은 '보조'가 붙어있는 것으로 보아 보조금 목적의 예산으로 사유재산에 속한 건조물 수리공사에 사용한 예산으로 보인다. 이는 이전에 책정되었던 보존 관련 예산의 특성을 그대로 계승한 것이었다.(표 2-12)

이 예산은 1934년을 시작으로 일제강점기 내내 지속적으로 책정되었는데 그 금액을 1943년까지 통계 연보를 통해 확인하는 것이 가능하다.[65](표 2-13) 예산 책정의 추이를 보면 1934년까지는 기존 보존관련 예산을 통합한 금액이 계상되었다가 1935년 예산이 두 배 가까이 증액됨을 알 수 있다. 예산체계를 개정하자마자 증액을 하고 있다는 점은 개정과 증액이 어떤 목적을 가지고 수행된 것이었음을 짐작하게 한다. 예산이 급증했던 이유는 당시 학무국 종교과장으로 「보존령」 제정을 이끌었던 이창근(李昌根)이 1931년 「조선고건축 보존을 위한 좌담회」에서 한 발언에서 엿볼 수 있다.

..... 금번 기안된 기념물보존법이 제정되게 됩니다.
경비는 작년 예산을 청구한 것을 조사해 전체 약200개소로 보입니다. 평균 2만원이라면 대략 수리가 가능할 것입니다. 따라서 총액 400만원이라면 적당한 수리가 이루어질 수 있다고 생각합니다......[66]

이창근의 발언을 통해 작년 그러니까 1930년에 이미 건조물 수리를 위한 예산 청구가 200개소에 이르고 있었다는 사실을 알 수 있다. 건조물의 수리비를 충당하기 위한 예산은 이미 1913년부터 책정되고 있었고, 각 청원을 심의하여 예산을 교부하고 있었으므로, 건조물 수리에 대한 보조를 시작한 지 17년여가 지난 시점에서는 총독부에 그 보조를 바라는 청원이 쇄도하고 있었던 것이다.

표 2-13. 연도별 「전릉급보물고적명승천연기념물조사병보존비」 (단위 : 원)

년도	임시부		년도	임시부	
	총독부(款) -전릉급보물고적명승천연기념물조사병보존비(項)	-보존비보조(目)*		총독부(款) -전릉급보물고적명승천연기념물조사병보존비(項)	-보존비보조(目)*
1934	58,212	9,690	1939	121,270	34,690
1935	108,212	34,690	1940	121,270	34,690
1936	108,212	34,690	1941	117,155	34,690
1937	120,131	34,690	1942	117,155	34,690
1938	121,270	34,690	1943	115,361	34,690

*「전릉급보물고적명승천연기념물조사병보존비」 내의 세목

더욱이 「보존령」 제정으로 인해 건조물이 보존대상이 되었음이 공식화 되었고, 보물로 지정된 건조물의 수리에 대한 기대가 높았다.[67] 또한 강화된 현상변경 규제[68]로 인해 소유권에 큰 제한이 발생하여 건조물 소유주의 자발적인 보존 노력은 기대하기 어려웠다. 이에 더해 보물로 지정된 건조물의 경우는 반드시 조사연구를 거치도록 공사 지침[69]이 세워졌기 때문에 소유주가 자비로 보존을 하려고 해도, 전문가의 체계적인 도움이 필요했다.

이에 조선총독부 학무국은 1934년에 1935년부터 10년 동안 시행할 「보물목조건조물 대수선 10개년 계획」을 세우고, 보물건조물 보존비 증액을 요구하였다. 이 요구서의 사본이 국립중앙박물관 소장 조선총독부박물관 기록물에 남아있다.[70] 요구서는 증액 금액을 정리한 과목표로 시작하고 있다. 그 내용은 「보존비」와 「보존비보조」를 각각 5만원과 5만 2천원 씩 총 102,000원을 책정하는 것이었다.[71] 요구서의 내용에 따르면, 기재된 모든 예산이 보물목조건조물 수리를 위해 책정되었다.

과목표 다음으로 요구서에 기재된 사항은 증액의 이유를 적은 사유서이다. 이 사유서는 흥미롭게도 조선의 보물목조건조물 중 응급하게 수선이 필요한 것을 선정하여 1935년부터 향후 10개년간 차례로 수리해 나간다는 계획을 적고 있다. 이 계획에 언급된 건조물들 중 1935년 회계에서 보조금을 지급하기로 한 사찰 건조물에는 강진 무위사 극락전, 황주 성불사 극락전, 구례 화엄사 각황전 등이 있는데 모두 보조금이

표 2-14. 1934년 전릉 및 보물고적명승천연기념물 조사 및 보존비 증액요구서

보물건조물 보존비증액요구				
과목			증액요구액	기정예산액
관(款)	항(項)	목(目)		
총독부				
	전릉급보물고적명승천연기념물조사병보존비		102,000	31,670
		보존비	50,000	18,970
		보존비보조	52,000	9,690
		보급금	-	1,500
		보상금	-	1,500

지급되어 이 계획이 실제로 사업으로 성립되었음을 알 수 있다. 이 사업에 따라 1935년부터 보존예산이 급증하여 평년에 대비해 2배에 달하는 증가를 보이게 되었던 것이다.

이와 같은 1935년 「보물목조건조물대수선 10개년 사업」의 시행은 건조물 보존 관련 법령의 개선, 기구의 일원화, 예산의 통합과 증액에 따른 결과물로서 의미가 깊다. 사업의 존재 자체가 1930년대 조선총독부의 건조물 보존 수리사업에 대한 적극성을 보여주기 때문이다. 「보물목조건조물대수선 10개년 사업」의 내용과 성격에 관해서는 이 책의 3장에서 구체적으로 다루었다.

「보존령」 제정 후 보존 수리공사 시행

보물건조물 지정과 적극적 보존수리

일제강점기 '보물건조물'은 지금의 국가 지정 건축문화재에 해당하며, 1933년 「보존령」의 시행으로 그 지정이 시작되었다. 보물건조물 지정 이전에는 각 도별로 고건축물대장을 작성하여 관리하였는데, 국립중앙박물관 소장 조선총독부박물관 문서에는 각 도별 대장과 함께 『조선고건축물(朝鮮古建築物)』이라는 대장이 남아 있다. 이 목록은 조선총독부가 총독부 및 지방관청 소유로 관리되고 있는 한반도 재래 건조물들을 도별(道別)로 정리한 것이다.[72] 이 목록에는 경복궁 근정전을 비롯해 숭례문, 흥인지문, 동묘 등 조선시대 도성 내 시설을 비롯해, 지방의 루(樓), 정자, 관아, 객사 등 지방 읍치 시설들도 기재되어 있다.[73] (그림 2-5)

하지만 사찰소유 및 향교소유 건축물들은 관련 법령에 따라 재산목록으로 관리되고 있었다. 국립중앙박물관 소장 조선총독부박물관 문서에는 사찰별 재산대장이 남아 있으며, 이 대장에는 건조물도 포함되어 있다. 여기에는 건물의 규모와 연혁, 유래 등이 함께 기재되어 있다.[74]

한편, 「보존령」 제정 이전까지는 보존대상 건조물을 민간이 소유한 것까지 모두 망라해 따로 모아 정리한 대장은 없었다. 「보존령」 제정 이

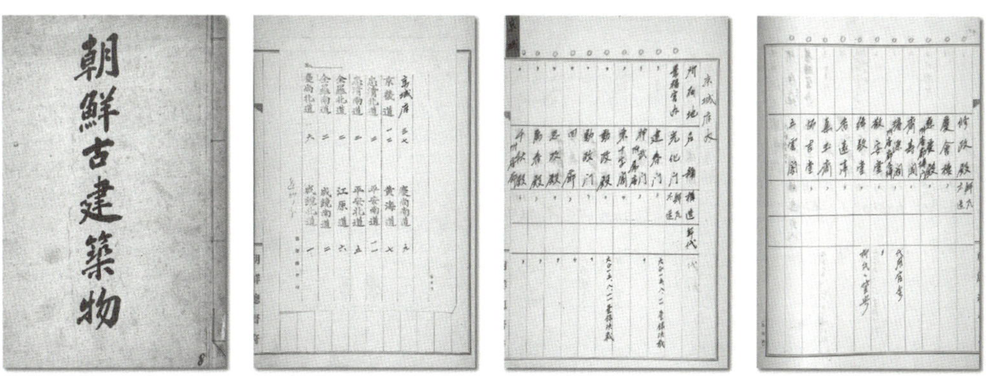

그림 2-5. 『조선고건축물』, 1926년 작성 추정

후 1934년부터 보물건조물을 지정하기 시작하였고, 이때부터 보물건조물 목록이 관보에 기재되기 시작하였다. 총독부는 각 도지사에게 보물 지정을 위한 건조물을 보고하도록 지시하고, 각 지방의 보고에 따라 조사원을 보내 건조물의 가치를 평가하였다. 이 평가를 참고하여 「조선총독부보물고적명승천연기념물보존회」가 심의를 거쳐 보물건조물을 지정하였다. 보물로 지정된 건조물은 총 71건으로 관유재산, 사찰재산, 향교재산이 주로 지정되었고, 개인 소유 가옥[75]이 드물게 보물로 지정되기도 하였다.[76] 또한 71건 중 19건만이 총독부 소유(국유) 건조물이었고, 나머지 52건은 사유재산에 속한 것이었다. 이 중에서도 사찰 소유 건조물이 43건으로 가장 많았다. 나머지 건조물은 향교재산이 4건, 서원재산이 2건, 개인소유의 주거건축이 3건 이다. 첫 지정은 1934년에 이루어졌으며, 일제강점기 동안 보물로 지정된 목조 건조물 목록은 〈표 2-15〉와 같다.[77]

표 2-15. 일제강점기 보물목조건조물 목록

지정일	지정번호	명칭	수	단위	소유자	수리보조여부
1934 (소화9) 08.27.	제1호	경성 남대문	1	-	국	
	제2호	경성 동대문	1	-	국	
	제10호	개성 남대문	1	-	국	
	제12호	관음사 대웅전	1	동	관음사	○
	제67호	무위사 극락전	1	동	무위사	○
	제68호	은해사 거조암 영산전	1	동	은해사	
	제73호	봉정사 극락전	1	동	봉정사	
	제74호	봉정사 대웅전	1	동	봉정사	
	제80호	부석사 무량수전	1	동	부석사	○
	제81호	부석사 조사당	1	동	부석사	○
	제115호	청평사 극락전	1	동	청평사	○
	제120호	장안사 사성전	1	동	장안사	○
	제129호	심원사 보광전	1	동	심원사	○
	제130호	성불사 극락전	1	동	성불사	○
	제131호	성불사 응진전	1	동	성불사	○
	제136호	대동문	1	-	국	
	제137호	부벽루	1	동	국	○
	제138호	보통문	1	-	국	
	제147호	석왕사 응진전	1	동	석왕사	○
	제148호	석왕사 호지문	1	동	석왕사	○
1936 (소화11) 05.23.	제236호	경성문묘	1	곽	국	
	제237호	경성동묘	1	곽	국	
	제238호	수덕사 대웅전	1	동	수덕사	○

	제239호	개심사 대웅전	1	동	개심사	○
	제240호	보림사 대웅전	1	동	보림사	
	제241호	통도사 대웅전	1	동	통도사	
	제242호	심원사 대웅전	1	동	심원사	
	제243호	용문사 대장전	1	동	용문사	
	젠244호	관룡사 약사전	1	동	관룡사	
	제245호	밀양 영남루	1	곽	국	
	제246호	안주 백양루	1	동	국	
	제247호	안변 가학루	1	동	국	
	제248호	도갑사 해탈문	1	동	도갑사	
	제249호	강릉 객사문	1	동	국	
	제250호	성천 동명관	1	곽	국	
	제251호	해인사 장경판고	4	동	해인사	○
1938 (소화13) 5/03	제270호	정수사 법당	1	동	정수사	
	제271호	법주사 팔상전	1	동	법주사	
	제272호	장곡사 상대웅전	1	동	장곡사	
	제273호	관음사 원통전	1	동	관음사	
	제274호	쌍봉사 대웅전	1	동	쌍봉사	
	제275호	송광사 국사전	1	동	송광사	
	제276호	진주 촉석루	1	곽	국	
	제277호	청평사 회전문	1	동	청평사	○
	제278호	강릉 오죽헌	1	동	타키자와마코토(瀧沢誠)	
	제279호	신천 명륜당	1	동	신천군 향교 재산	
	제280호	자혜사 대웅전	1	동	자혜사	
1939 (소화14) 10/18	제297호	경성 사직단 표문	1	동	국	
	제298호	전등사 대웅전	1	동	전등사	○
	제299호	전등사 약사전	1	동	전등사	○
	제300호	신륵사 조사당	1	동	신륵사	
	제301호	장곡사 하대웅전	1	동	장곡사	
	제302호	안동 문묘	1	동	안동군 향교 재산	
	제303호	안동 임청각	1	동	이제형	
	제304호	해주 부용당	1	동	국	
	제305호	강릉 해운정	1	동	심상두	
	제306호	숭인전	1	동	국	
	제307호	의주 남문	1	동	국	
1940 (소화15) 07/31	제336호	회덕 동춘당	1	동	송낙빈	
	제337호	금산사 미륵전	1	동	금산사	○
	제338호	도산서원 교전당	1	-	도산서원	
	제339호	도산서서원 상덕사 附 정문 및 사주(四周)토병	1	-	도산서원	
	제340호	관룡사 대웅전	1	동	관룡사	
	제341호	삼척 죽서루	1	동	국	
	제342호	강릉 문묘 대성전	1	동	강릉군 향교 재산	
1942 (소화16) 06/15	제378호	화엄사 각황전	1	동	화엄사	○
	제379호	개목사 원통전	1	동	개목사	
	제380호	패엽사 한산전	1	동	패엽사	
	제381호	해주 문묘 대성전	1	동	해주부 향교 재산	
1943 (소화17)12/30	제404호	송광사 백설당 및 청운당	2	동	송광사	
	제405호	하사당	1	동	송광사	

지정된 보물건조물 중 총독부의 보조금을 받아 진행한 공사의 대강은 조선총독부박물관 생산 수리기록물 중, 「고적보존보조비대장」에 기록된 보조비 지급내역에서 살펴볼 수 있다.[78] 이 대장은 1913년부터 1942년까지 보존보조비를 지급한 내용을 기록하고 있다. 구체적으로 대장에는 해당 보조비가 속한 회계연도, 지급이 명령된 연도와 날짜, 보조금액, 공비총액, 사업내용, 기공연월일, 준공연월일, 보조받은 자, 그 해 보조비 총액이 표로 작성되어 있다. 지급명령 날짜, 사업 내용, 기공과 준공연월일 등은 대체로 비워져 있지만, 보조회계연도와 보조금액, 보조받은 자는 빠지지 않고 적혀있다. 대장에는 총 104건의 사업이 기록되어 있다.[79]

「고적보존비보조대장」의 목록과 대조하여 보물의 목록을 살펴보면 19건의 보물건조물에 보조가 되었음을 알 수 있다. 하지만 신안사 극락전과 같이 보물로 지정되지 않았는데도 불구하고 수리비를 보조한 경우도 있으며, 화엄사 각황전과 같이 보물지정 이전부터 수리를 시작하여 준공 후에 보물로 지정된 경우도 있다. 대장에서 건조물만 골라 보조 시작 연도를 기준으로 정리해보면 〈표 2-16〉과 같다.[80]

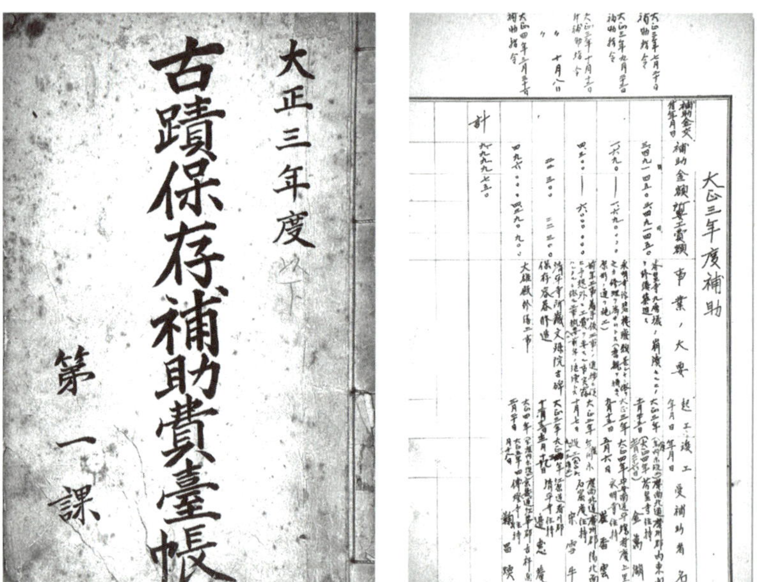

그림 2-6. 고적보존보조비대장

1934년 첫 지정 목록에 포함된 건조물들이 보조금을 받은 경우가 많은데, 대부분 지정 이전부터 수리가 이루어진 건조물들이거나 당시 수리가 진행되고 있었던 건조물들이다. 이 건조물들은 이미 그 가치 검증이 끝났고, 수리를 통해 정비되어 있었기 때문에, 바로 지정이 이루어진 것으로 보인다.

표 2-16. 일제강점기 보존비보조 공사 목록(고적보존보조비대장)

보조시작	보조 끝[81]	보존비보조금	보조기간/횟수	수리대상 건조물
1914	1915	2,096.00	2년/2회	전등사 대웅전
1914	1914	1,690.00	1년/1회	영명사 부벽루
1915	1915	219.00	1년/2회	석왕사 호지문, 대웅전
1916	1918	23,063.00	3년/4회	부석사 조사당, 무량수전
1918	1918	2,755.00	1년/1회	해인사 장경판고
1919	1922	25,253.60	4년/6회	금산사 대웅전
1926	1930	37,351.28	5년/5회	장안사 대웅전
1926	1928	18,840.00	3년/4회	금산사 미륵전 외 2동
1931	1932	8,210.09	2년/2회	성불사 극락전
1931	1931	2,758.00	1년/1회	무량사 극락전
1931	1931	1,440.00	1년/1회	전등사 대웅전, 약사전
1932	1934	6,300.00	3년/3회	관음사 대웅전
1932	1932	2,580.00	1년/1회	금산사 미륵전 외 2동
1932	1932	1,300.00	1년/1회	청평사 극락전, 회전문(수리계획서조제)
1933	1935	19,797.00	3년/4회	성불사 응진전
1933	1933	2,165.00	1년/1회	송광사(전북) 대웅전
1933	1933	1,387.00	1년/1회	무위사 극락전
1933	1933	1,205.00	1년/1회	장안사 사성전(수리계획서조제)
1935	1939	85,000.00	5년/6회	화엄사 각황전
1935	1935	3,200.00	1년/1회	신안사 극락전
1935	1935	1,364.00	1년/1회	심원사 보광전
1936	1940	37,918.00	5년/7회	수덕사 대웅전
1936	1938	27,856.00	3년/3회	청평사 극락전, 회전문
1937	1937	1,612.00	1년/1회	해인사 장경판고
1937	1937	1,500.00	1년/1회	장안사 사성전
1937	1937	1,150.00	1년/1회	무위사 극락전
1939	1943	48,842.00	5년/6회	장안사 사성전
1940	1943	51,500.00	4년/5회	개심사 대웅전
1942	1942	8,469.00	1년/1회	해인사 장경판고
1942	1942	346.00	1년/1회	무위사 극락전

*끝 연도와 시작 연도는 지급된 보조비가 속한 회계연도임

한편, 총 71건이라는 보물건조물 지정 수에 비해 수리공사를 시행한 보물건조물 수는 16건으로 그 수가 작은 편이다. 중일전쟁(1937) 개전 등 빠르게 전쟁국면으로 접어들었고, 개별 건조물의 수리공사는 다년간 이어진 것들이 많아 수리나 정비 속도가 지정 속도를 따라가지는 못했던 것으로 보인다. 건조물 보물지정은 1934년부터 1943년까지 꾸준히 이루어지긴 했지만 지정 건수는 해마다 눈에 띄게 줄었다.[82]

그럼에도, 1930년대 건조물 수리공사를 위한 보조금은 꾸준히 지급되었고, 수리공사 역시 지속적으로 시행되었다. 고적보존보조비대장(표 2-16)에 기록된 1930년대 보조비 지급 내역은 이전 시기에 비해 확연히 늘어난 보조비 지급 상황을 명확하게 보여준다. 특히 「보존령」이 제정된 1933년과 예산이 개편된 1934년을 기점으로 보조비 예산이 적극적으로 배부되었음을 알 수 있다. 이러한 예산 배부의 증가세는 이 시기 조선총독부가 수리공사에 매우 적극적인 태도로 임했음을 보여준다.

일제강점기 건조물 보존 수리공사의 시기 구분

앞서 살펴본 법령의 개선, 기구의 일원화, 예산의 통합과 증액, 그리고 보조금 지급 수리공사 건조물 목록을 통해 일제강점기 보물목조건조물 보존비보조공사의 시기 구분과 시기에 따른 수리대상 건조물을 파악하는 것이 가능하다. 우선 법령과 기구, 예산을 중심으로 시기 구분의 절점이 될 수 있는 사건들을 정리해 연혁을 만들어 보면 〈표 2-17〉과 같다.

이 책에서는 한반도 첫 수리공사로 꼽히는 평양 보통문 수리공사가 진행된 1913년을 시기 구분의 첫 시작점으로 삼았다. 1913년은 수리공사 관련 예산이 처음으로 계상된 해이기도 하다. 그리고 시기 구분의 마지막 시점은 해방을 맞은 1945년으로 삼았다.[83] 일반적으로 건조물 보존 활동을 나누는 시기는 건조물이 보존대상에 포함된 「보존령」 제정을 기점으로 삼아 크게 두 시기로 구분한다. 하지만 건조물 보존에 실제 변

표 2-17. 건조물 보존 수리공사 관련 사건 정리

날짜	구분	내용
1912.	예산	첫 고적조사비 예산 계상
1913.	예산	첫 고적보존비보조 예산 계상
1914. 03. 19.	법령	사찰전당 등 건축에 관한 건 - 사찰 건물 현상변경에 대한 주의 권고
1914. 08. 17.	법령	조선총독부 및 소속관서 회계사무장정 197조 - 첫 건조물 보존조항
1915. 12. 01.	기구	조선총독부박물관 설치
1916. 07. 04.	법령	고적급유물보존규칙 및 제반규정 제정 -첫 보존법령, 보존대상에 건조물 포함하지 않음
1917. 01.	공사지침	고적보존공사시행표준 도입
1918. 01. 28.	법령	사찰당우기타건조물로서 천재에 의해 도괴된 손상재 처분 방법의 건
1919. 08. 05.	공사지침	고적보존비보조공사시행수속 도입
1921. 10. 21.	기구	고적조사과 설치
1924. 12. 25.	기구	고적조사과 폐지 학무국 종교과로 건조물 보존 업무 통합
1933. 08. 09.	법령	조선보물고적명승천연기념물 보존령 및 제반 규정 제정 -건조물 보존대상에 포함
1934.	예산	전릉병보물고적명승천연기념물 조사급보존비 신설 - 건조물 보존수리관련 예산 통폐합
1935.	사업	보물 목조 건조물 대수선 10개년 계획 - 예산 급증
1936.	공사지침	보물건조물수리시행준칙 도입 ○사 ○전 수리공사취급수속 도입
1943. 01. 31.	공사지침	보물 등 보존공사에 관한 요항 - 보존공사요항 / 보존공사사무 / 보존공사현장사무 지침

화가 시작된 것은 3장에서 구체적으로 다룰 1935년 보물목조건조물대수선 10개년 계획이 실행된 이후이므로 그 기점을 1935년으로 잡는 것이 타당하다. 특히 1935년은 일제강점기 최대 규모의 공사였던 화엄사 각황전 수리공사 계획이 수립되고, 이에 따라 「보존령」의 기조에 맞춘 공사지침과 현장운영지침이 마련된 시기이다. 제도에 맞춰 변화한 수리체제가 자리잡은 것도 이 시기였다.

보물목조건조물대수선 계획의 첫 수리공사였던 화엄사 각황전 수리공사 이후로 '보물건조물'이라는 명칭이 일제강점기 보존대상 건조물을 지칭하는 일반적인 용어가 되었다. 이전 시기 즉 「보존령」이 제정되기 이전 「보존규칙」이 작동하던 시기에는 보존 수리가 필요한 건조물에 '특별보호건조물'이라는 명칭을 부여하였다. 이 책에서는 1935년을 절점으로 삼았으므로, 특별보호건조물 시기를 1913년부터 1934년으로 설정하였다.[84]

특별보호건조물 시기는 22년에 이르는 긴 기간으로 이 사이도 기간을 나누어 볼 수 있는데, 공사관리지침인 「고적보존비보조공사시행수속(古跡保存費補助工事施行手續)」이 마련된 1919년이 그 기점이 될 수 있다.

표 2-18. 일제강점기 건조물 보존 수리공사 시기구분

구분	기간	보존비보조 공사 내용
특별보호건조물	1913* ~ 1918 * 고적보존비보조 예산 계상 -첫 건조물 수리공사 예산	전등사 대웅전
		영명사 부벽루
		석왕사 호지문, 대웅전
		부석사 조사당, 무량수전
		해인사 장경판고
	1919** ~ 1934 ** 고적보존비보조공사취급수속 - 보존수리공사 공사시침 마련 일단락	금산사 대웅전
		장안사 대웅전
		금산사 미륵전 외 2동
		성불사 극락전
		무량사 극락전
		전등사 대웅전, 약사전
		관음사 대웅전
		금산사 미륵전 외 2동
		청평사 극락전, 회전문(수리계획서조제)
		성불사 응진전
		송광사(전북) 대웅전
		무위사 극락전
		장안사 사성전(수리계획서조제)
보물건조물	1935*** ~ 1945 *** 보물목조건조물 대수선 10개년 계획 수행	화엄사 각황전
		신안사 극락전
		심원사 보광전
		수덕사 대웅전
		청평사 극락전, 회전문
		해인사 장경판고
		장안사 사성전
		무위사 극락전
		장안사 사성전
		개심사 대웅전
		해인사 장경판고
		무위사 극락전

※건물이 정렬된 순서는 보조비가 지급된 연도 순으로 준공된 순서는 아니다.

이 지침은 공사비를 관리에 중점을 두고 있지만, 1916년 마련된 「고적보존공사시행표준(古跡保存工事施行標準)」과 함께 일제강점기 초기 건조물 보존 수리 공사를 위한 세부지침을 완성하였다는 점에서 가지는 의의가 크다.[85]

따라서 일제강점기 건조물 보존 수리공사의 시기 구분은 특별보호건조물 시기와 보물건조물 시기로 크게 나누어 볼 수 있으며 그 절점은 법령, 기구, 예산의 정비가 끝나고 구체적인 사업이 시작되어 첫 수리가 시작된 1935년으로 삼을 수 있다. 〈표 2-18〉은 시기 구분에 따라 보존비 보조공사의 목록을 삽입한 것이다.

소결

일제강점기 초반 건조물은 회화, 조각과 같은 다른 유물들과 달리 법적 보호대상에서 제외되어 있었다. 대신 조선총독부 등 관청 소유 건조물인 경우는 「관유재산관리규칙」에 의해, 사찰 소유의 건조물인 경우는 「사찰령」에 의해 재산으로서 관리되었다. 따라서 건조물의 훼손이 빈번하게 일어났는데, 최초의 보존법령이었던 「보존규칙」마저도 건조물을 보존대상에서 제외함으로써 건조물의 훼손은 더욱 심각해졌다. 이러한 결점이 보완된 것은 1933년 「보존령」이 제정되고 나서였다. 「보존령」은 당시 법체제상 상위법에 속한 제령(制令)으로 제정되었을 뿐만 아니라 건조물을 보존대상에 포함함을 명확하게 명시하였다. 더욱이 소유권을 제한할 수 있는 근거를 두어 건조물이 가지는 재산으로서의 가치보다 역사적 가치 등의 보존가치를 앞세울 수 있는 근거를 마련하였다.

건조물이 재산관리 법령에서 보존법령의 보호를 받게 되는 제도적 변화는 보존기구의 일원화 과정과 함께 일어났다. 건조물 수리공사 시행기구와 보조금 지급을 맡은 주무부서가 분리되어 있었고, 고적조사업무 역시 별도의 기구가 행해오던 것을 1924년 12월 25일의 직제개정을 통해 모두 학무국 종교과로 통합하였다. 이 개정을 통해 학무국은 조사에서 지정, 수리공사까지 건조물 보존과 관련된 모든 업무를 수행하는 기관이 되었다. 더욱이 관유재산 이외에 건조물 수리공사는 사찰 소유 건조물이 대부분이었으므로 종교 및 향사 업무까지 포함하고 있었던 학무국 종교과는 명실 공히 건조물 보존에 있어서 종합전문기구가 되었다고 할 수 있다.

법령과 기구가 개선된 후 본격적인 건조물 수리사업이 수행되었는데, 이에 앞서 예산 체계의 정비가 이루어졌다. 수리예산은 국유와 사유로 나누어 각각 다른 예산항목에서 지급되어 오던 것을 1934년 「전릉급보물고적명승천연기념물조사병보존비」로 모두 통합하였다. 이 예산은 1935년 예년의 두 배에 이르는 금액으로 증액되는데, 이는 학무국이 계획한 「보물목조건조물대수선 10개년 계획」에 따른 조치였다. 이 계획은 대수선이 필요한 국유 및 사유건조물 31동을 1935년부터 향후 10년 동안 수리해 나간다는 계획이었다.[86]

이와 같은 법령의 개선, 기구의 일원화, 예산의 통합은 보존수리 사업으로 이어졌고, 이에 힘입어 일제강점기 건조물 보존 수리공사는 1930년대에 들어 적극적으로 시행되었다. 본 장은 선행연구의 성과를 기반으로 조선총독부박물관 문서의 기록을 통해 법령의 개선과 기구의 일원화 과정을 세밀하게 살펴보았으며, 기존의 선행연구에서는 살피기 어려웠던 예산의 통합과정을 새롭게 밝힐 수 있었다.

하지만 1930년대 법령, 기구, 예산이 변화하는 현상은 상세히 밝혔지만, 아직 그 배경과 이유에 대해서는 명확히 밝혀진 바가 없다. 기왕의 연구 성과는 본 장에서 어느 정도 종합되었으므로, 다음 장에서는 변화의 주체였던 조선총독부가 펼친 정책을 통해 일제강점기 중후반 건조물 보존에 대한 극적인 태도 변화의 이유를 살펴보았다. 이를 위해서 '보물건조물' 이전 수리대상 건조물에 붙였던 '특별보호건조물'이라는 명칭의 유래에 대해 고찰하고, 「보존령」 제정 취지를 통해 '보물건조물' 개념이 가진 함의에 대해 살펴보기로 한다.

화엄사 각황전(출처: 국립중앙박물관 소장 조선총독부박물관 유리건판)

03 '보물건조물' 성립과 건축문화유산의 형성

특별보호건조물 지정 및 보존의 성격 • 86

특별보호건조물 개념의 도입 • 86
'역사적 증징'으로서 특별보호건조물 • 92
통치시설 확보와 고건축물 유지관리 • 99

보물건조물 개념의 성립 • 105

동화이데올로기의 정착과 고적의 위상 변화 • 105
'보물건조물' 지정과 「보존령」 제정 취지 • 113

보물목조건조물대수선 계획 수립 • 118

조선총독부의 보물건조물 활용정책과 보존활동 • 118
보물건조물 활용정책에 호응한 보존활동 • 123
보물목조건조물대수선 계획의 수립과 시행 • 132

소결 • 142

특별보호건조물 개념의 도입

한반도 문화재 보존 활동은 「보존령」에 앞서 제정된 「고적급유물보존규칙(古跡及遺物保存規則)」(1916년 제정, 이하 보존규칙)의 시행 이후에 본격적으로 시작된 것으로 알려져 있다.[1] 그러나 건조물을 대상으로 한 보존 활동은 「보존규칙」의 제정 이후에도 법령의 보호를 제대로 받지 못했는데, 앞서 밝힌 것과 같이 「보존규칙」이 건조물을 보호대상에 포함하지 않았기 때문이었다. 1933년 「보존령」이 건조물을 보호대상으로 포함한 이후에야 한반도의 목조 건조물은 법령의 테두리 안에서 보호받을 수 있었다.

그렇다고 「보존령」 제정 이전에 건조물에 대한 보존 활동이 없었던 것은 아니었다. 국립중앙박물관 소장 조선총독부박물관 문서는 「보존령」 제정 이전부터 이루어진 수리를 기록하고 있어 이러한 사실을 뒷받침한다. 당시에 이미 보존 가치가 있는 건조물들을 따로 구분하고 있었다는 사실은 앞서 살펴본 「보존령」 제정 이전의 재산관련 법령과 행정지침, 목록 등에서도 확인해 볼 수 있다. 그렇다면 「보존령」에 의해 "보물"이라는 지위가 주어지기 전까지 보존 가치가 있는 건조물에는 어떤 명칭을 붙였을까.

일제강점기 초기에는 "고건축물(古建築物)"이라는 용어가 일반적으로 사용되었다. 당시 "건축물"이라는 용어는 현재와 마찬가지로 인간의 건설 활동으로 인해 지어진 결과물이라는 뜻으로 널리 사용되고 있었다.[2] 건축물에 오래된 것임을 뜻하는 고(古)를 붙여 "고건축물"이라고 부른 것은 이 용어가 일반 건축물과 구별하기 위해 사용된 용어였음을 의미한다. 따라서 "고건축물"로 분류되는 건축물은 이미 어떤 의미를 획득한 상태였음을 알 수 있다.

당시 고건축물이 가졌던 의미는 고건축물이 가진 가치로부터 비롯된 것이었다. 일본에서 「고사사보존법」 제정 전 1895년 1월 16일자 『국회(国

會)』 신문에 실린 「국가는 고건축물을 보존하라(國家は古建築物を保存すべし)」라는 글은 고건축물을 보존해야 함을 주장한 글로, 고건축물이 보존되어야하는 이유와 함께 고건축물이 가지는 가치가 기술되어 있다.[3]

..... 무릇 가람 전당(殿堂)의 보존을 필요로 하는 것은 국가의 문화를 장점(裝点)하기 때문이며, 역사를 증징(証徵) 하는 원료가 되기 때문이다. 우리는 황통을 이어 온 강한 국가인 바 역사의 증인으로 부족하지 않으므로 이를 보존함으로써 세계에 우리나라의 오랜 국가 됨을 자랑하는 것은 얼마나 의미 있는 일인가. 고로 국가는 상세한 설명만이 아니라 천고의 문화를 엿볼 수 있는 역사적 유해와 현재의 사람으로서 선조의 유덕을 흠모하는 물품을 전래해야한다. 따라서 정부는 그 안을 내고, 의회는 이 안을 제출하여 신사와 사찰의 보존을 꾀하여 건축미술의 모범으로서 그 유적을 사라지지 않도록 하는 동시에 국가적 관념을 함양하는 길이 이어지도록 하는 것이 국가의 급무일 것이다.[4]

이 글에 따르면 고건축물이 가지는 가치는 한 국가의 오래된 문화를 엿볼 수 있는 역사적 유해라는 점에 있다. 글은 고건축물이 국가가 오래되었음을 증명하고 세계에 자랑하는 근거가 된다고 설명한다. 또 보존을 꾀하는 고건축물은 건축미술의 모범이 되는 것이어야 한다고 그 자격을 명시하였다. 즉 고건축물이란 단지 오래된 건조물이 아니라 역사적, 예술적 가치를 내재한 건축물이다.

앞서 소개했던 『조선고건축물』 목록 역시 고건축물이라는 명칭이 위 글의 설명처럼 단지 오래된 건조물을 지칭하는 것이 아니었음을 보여준다. 조선총독부와 그 산하 지방통치기관이 소유하게 된 수많은 한반도 재래 건조물 중에 일부가 목록으로 작성되었다는 것 자체가 기준에 의한 선택이 이루어졌다는 것을 전제로 하고 있기 때문이다.[5] 또한 목록에 등재된 건조물을 살펴보면 광화문, 건춘문, 숭례문, 동묘 등 조선의 역사에서 의미 있고, 당대의 건축술을 잘 드러내는 건조물들이 포함되어 있어, 목록의 작성에 윗글에서 설명한 고건축물의 가치가 기준으로 적용되었음을 알 수 있다.

건조물에 내재한 가치가 고건축물로 지칭되는 기준이 되었다는 사실은 독립문, 포열정과 같은 외래 양식의 건조물이 목록에 등재되어 있다는 사실을 통해서도 파악할 수 있다. 독립문은 서양식 석조 건물이었고, 장충단 일곽에 있었던 포열정은 벽돌건물에 함석지붕으로 지은 것이었다. 또 조선식의 기와와 목구조를 사용한 건물이라도 현성묘(賢聖廟, 1901년 건립)[6]나 기념비전(記念碑殿, 1902년 건립)[7]과 같이 대한제국기 건물이 등재된 경우도 있었다. 이들 건물은 목록이 만들어질 당시 지어진지 20여년 밖에 되지 않은 것들이었다.[8] 이처럼 오래된 것도 아니고, 조선 고유의 재료와 기술이 사용된 것도 아닌 건조물에 고건축물이라는 명칭을 붙이고 있다는 사실은 유지된 기간이 아니라 건조물의 가치가 고건축물이라고 지칭하는 기준이 되었음을 방증한다. 고건축물이라는 명칭은 실제 수리기록에서도 발견된다. 『조선고건축물』 목록에도 등재된 보통문은 한반도에서 보존을 위해 이루어진 수리공사의 첫 대상이었는데, 이 공사의 기록물인 『대정2년평양보통문수리기요(大正2年平壤普通門修理紀要)』 역시 보통문을 고건축물(古建築物)이라고 지칭하고 있다.[9] 다음은 보통문의 연혁을 정리한 「평양보통문소사(平壤普通門小史)」(그림 3-1)의 내용으로 수리기요에 포함되어 있는 글의 일부이다.

...... 보통문은 명실공히 존재하는 조선의 고건축물(古建築物) 중 우수한 징고물(徵古物)로 ..... 공학박사 세키노 타다시(關野 貞)씨가 본 건축물 조영시기를 조선 초기로 진단하고 갑(甲)종으로 정하였으며 ..... 건축학상의 참고자료가 되며, 조선의 역사를 연구하는 좋은 자료로 이를 영원히 보존할 필요가 있다고 믿음.....

이 기록은 짧지만 건조물 보존을 목적으로 이루어진 한반도의 첫 수리에 대한 기록으로서 수리공사의 시작 당시 한반도 건조물 보존수리에 대한 인식을 보여주고 있다는 점에서 중요하다. 우선 「평양보통문소사」의 내용은 보통문을 징고물(徵古物)이라고 설명함으로써 고건축물이 건조물 중에서도 오래된 건축물을 지칭하는 것임을 보여주는 한편, 그 오래됨을 증거할 수 있는 능력이 있는 것임을 명확히 하고 있다. 이어서 수리공사의 당위성으로 기술된 "건축학상의 참고자료", "조선역사 연구자료"라는 보통문의 가치는 앞서 『국회』 신문의 글에서 언급한 고건축

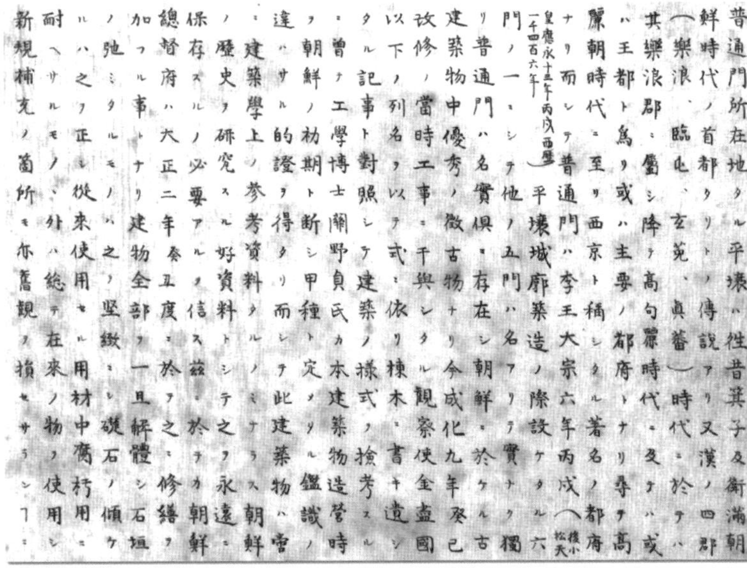
普通門所在地タル平壌ハ往昔箕子及衛滿朝
鮮時代ノ首都タリト傳説アリ又漢ノ四郡
（樂浪、臨屯、玄菟、眞番）時代ニ於テハ
其樂浪郡ニ屬シ降テ高句麗時代ニ及テハ或
ハ王都ト爲リ或ハ主要ノ都府トナリ尋テ高
麗朝時代ニ至リ西京ト稱シタル著名ノ都府
ナリ而シテ普通門ハ李王大宗六年丙戌（後小松天
皇應永十三年丙戌西暦一千四百六年）平壌城廓築造ノ際設ケタル六
門ノ一ニシテ他ノ五門ハ名アリテ實ナク獨
リ普通門ハ名實倶ニ存在シ朝鮮ニ於ケル古
建築物中優秀ノ徴古物ナリ今成化九年癸巳
改修ノ當時工事ニ干與シタル觀察使金盡國
以下ノ列名ヲ以テ式ニ依リ棟木ニ書キ遺シ
タル記事ト對照シテ建築ノ様式ヲ檢考スル
ニ曾テ工學博士關野貞氏カ本建築物造營時
ヲ朝鮮ノ初期ト斷シ甲種ト定メタル鑑識ノ
違ハサル的證ヲ得タリ而シテ此建築物ハ當
ニ建築學上ノ參考資料タルノミナラス朝鮮
ノ歴史ヲ研究スル好資料トシテ之ヲ永遠ニ
保存スルノ必要アルヲ信ス茲ニ於テカ朝鮮
總督府ハ大正二年及五年度ニ於テ之ニ修繕ヲ
加フル事トナリ建物全部ヲ一旦解體シ石垣
ノ弛ミタルモノハ之ヲ堅緻ニシ礎石ノ傾ケ
ルハ之ヲ正シ從來使用セル用材中腐朽用ニ
耐ヘサルモノ、外ハ總テ在來ノ物ヲ使用シ
新規補充ノ箇所モ亦舊觀ヲ損セサラシ了ニ

그림 3-1. 「평양보통문소사(平壤普通門小史)」(국가기록원 소장)

물의 가치와 부합하고 있음을 알 수 있다.

이 기록에서 흥미로운 점은 보통문을 "고건축물 중 우수한 것"이라고 표현하고 있다는 사실이다. 이 표현은 고건축물의 가치가 모두 같은 것이 아니며, 가치에 따라 수리대상으로 선택될 수도, 혹은 되지 않을 수도 있다는 인식을 드러내고 있다. 이는 고건축물 중에서도 수리대상이 되는 고건축물을 구별할 필요가 생겼음을 보여준다.

수리대상을 특정할 필요성은 당시 고건축물에 해당하는 수가 단기간에 모두 수리할 수 있는 양이 아니었다는 사실에서도 찾을 수 있다. 앞서 살펴본 『조선고건축물』 목록에는 총 771건의 건축물이 등재되었다. 전국의 사찰과 향교 재산목록에 등재된 건축물까지 포함한다면 그 수는 막대해질 수밖에 없었다. 더욱이 목록에 등재되었다고 하더라도 그 가치가 제대로 검증되지 않은 것도 있었다. 따라서 고건축물 중에서도 중점 보호대상을 설정할 필요가 생기게 된 것이다.

「평양보통문소사」의 내용에서 또 하나 주목할 점은 세키노 타다시라는 전문가의 평가를 보존의 근거로 삼고 있다는 점과 우수함의 정도를 "甲종"이라는 지표를 설정해 표현하고 있다는 사실이다. 이는 중점 보호대상을 설정하는 방법을 보여주는 것으로 전문가 검증에 따라 건조물의 가치에 순위를 매기고, 순위에 따라 건조물을 수리하는 의사결정 절차가 있었음을 보여준다.

전문가 검토를 거쳐 수리를 결정하는 방식은 일제강점기 전반에 걸쳐 건조물 수리공사에 적용되었다. 첫 보존법령인 「고적급유물보존규칙」이 제정된 당시 조선총독부는 고적조사위원회를 설치하고 조선에 있는 고적, 금석물, 기타 유물 및 명승지 등의 조사와 보존에 관한 사항을 심사하도록 하였다.[10] 「고적급유물보존규칙」은 고건축물을 보호대상에 포함시키지는 않았지만 실제로는 수리가 이루어지고 있었으므로 고건축물의 가치를 검토하고 수리 대상을 선정하는 업무는 「고적조사위원회」에 맡겨졌다.

고적조사위원회 제2회 회의록에는 1916년 고적보존공사대상 건조물이 정리된 문서가 수리청원서 및 수리되어야할 이유와 함께 첨부되어 있어 이러한 사실을 뒷받침한다. 그런데 이 첨부 문서에서 수리대상으로 선정된 고건축물을 부르는 명칭이 변화하였음을 발견할 수 있다. 다음은 문서에 기재된 안주 백상루 수리 사유이다.

> 대정5년(1916)도 고적수선비로 시행할 수리보존공사개소
>
> .....
>
> 안주 백상루 수선공사
>
> 이조후기의 건축으로 乙종에 속한 요보호건물(要保護建物)인데도 점차 파손 개소가 생기므로 구관을 유지하는 수선 공사를 시행함.....[11]

이 문서에서 안주 백상루는 고건축물이라는 명칭 대신 '요보호건물(要保護建物)'이라는 명칭으로 설명되고 있다. 乙종이라는 건물의 등급을 표시하고 있다는 사실로 미루어볼 때 1913년에 시행된 평양 보통문과 마찬가지로 건축물의 가치가 수리공사의 당위성으로 작용하고 있음을 알 수 있다.[12] 그런데 안주 백상루에 대해 그 가치를 일일이 설명하지 않고 '요보호건조물'이라는 간단한 설명만을 붙이고 있는 점이 이목을 끈

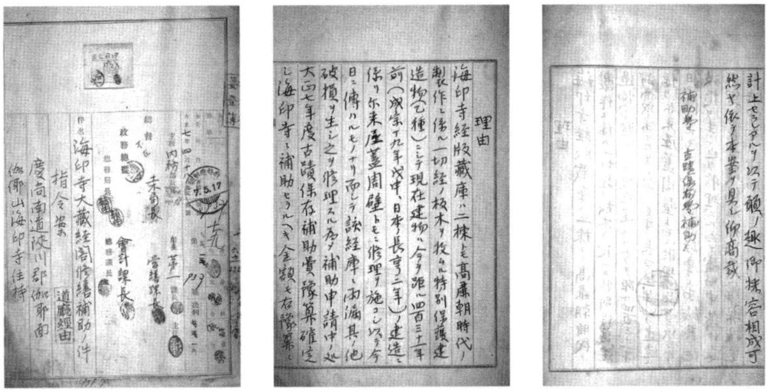

그림 3-2. 「해인사 대장경각 수선 보조 건 海印寺大藏經閣修繕補助ノ件」 국립중앙박물관 소장 조선총독부박물관 문서, 관리번호 A113-041-009

다. 평양 보통문 수리공사에서 그 가치를 세세하게 나열하였던 것과는 확연하게 다른 차이를 보이고 있는 것이다. '요보호건조물'이라는 명칭에 백상루의 가치가 압축되어 있음을 알 수 있다. 이 '요보호건조물'이라는 명칭은 얼마 지나지 않아 '특별보호건조물(特別保護建造物)'이라는 명칭으로 바뀌어 일반적으로 쓰이게 되었다.

조선총독부박물관 문서에서 수리공사 사례 중 가장 먼저 사찰 소유 건조물에 '특별보호건조물'이라는 명칭을 붙인 사례는 해인사 대장경각 수리공사이다. 해인사 대장경각 수리는 1918년에 이루어졌는데, 기와교체와 방화설비, 출입로 정비 등이 목적인 공사였다. 1918년 7월 4일 고적보존비보조금(古跡保存費補助金) 1,755원을 하부하는 공문에는 보조 이유가 다음과 같이 적혀 있다.[13]

이유

해인사 장격판고는 2동으로 고려조시대에 제작되어 내려온 일체경의 판목을 보관한 특별보호건조물(乙종)으로 현재 건물은 지금으로부터 431년전에 건조되어.....

백상루와 마찬가지로 乙종이라는 가치등급을 표시하고 있으며, 장경판고가 가지는 가치를 세세하게 설명하는 대신 '특별보호건조물'이라고 압축하여 설명하고 있어, '특별보호건조물'이라는 명칭이 '요보호건조물'과 같은 뜻으로 사용되었음을 알 수 있다.

'역사적 증징'으로서 특별보호건조물

특별보호건조물이라는 명칭은 해인사 장경판고 수리공사 이후 「보존령」이 제정되어 "보물건조물"로 명칭이 바뀌기 전까지 조선총독부박물관 문서에서 수리대상을 지칭하는 용어로 계속해서 등장한다.[14] 특별보호건조물이라는 명칭은 본래 일본에서 1987년 제정된 법령인 「고사사보존법(古社寺保存法)」에 처음 사용된 용어였다. 특별보호건조물이 명시된 「고사사보존법」 4조의 내용은 다음과 같다.

제4조 사사의 건조물 및 보물류로서 특히 역사의 증징, 또는 미술의 모범이 될 만한 것은 고사사보존회에 자문하여, 내무대신이 특별보호건조물 또는 국보의 자격이 있는 것을 정할 수 있다.
내무내신은 선항의 자격이 부여된 물건은 관보로서 이를 고시한다.

「고사사보존법」은 사찰 및 사사의 소유물 중 역사적, 미술적 가치가 있는 것을 건조물과 유물(보물류)로 구분하고, 이를 내무대신이 자문을 거쳐 특별보호건조물 또는 국보로 지정할 수 있도록 정하고 있다.[15] "특별보호"의 의미가 한반도에서 일본의 「고사사보존법」이 설명하는 것과 다르지 않았음은 앞서 살펴본 바 있는 1914년 3월 19일 내무부장관이 각 도의 장관에게 보낸 통첩인 「사찰전당등 건축에 관한 건」[16]을 통해 알 수 있다.

..... 다만, 현존건물 중에는 역사의 증징 또는 미술의 규범으로서 특별보호를 요하는 것이 있으므로 그 개조 또는 수선에 대해서는 임의 처치하지 말고....

「사찰전당등 건축에 관한 건」은 사찰 건조물에 대한 첫 보존관련 행정명령으로 "역사의 증징", "미술의 규범"이 되는 건조물이 "특별보호를 요하는 것"에 해당된다고 설명하고 있다. 이 설명은 「고사사보존법」이 정의하는 특별보호건조물의 정의와 정확히 일치하고 있으며, 당시 이미 특별보호건조물이라는 개념이 한반도에 통용되고 있었음을 알려 준다.

특별보호건조물로 선정되기 위해 역사의 증징이 되거나 미술의 모범이 되는 건조물이어야 한다는 자격 기준은 「고사사보존법」이 제정될 당시 이미 제시된 바가 있었다. 이 자격의 의미를 이해하기 위해서는 다시 한 번 제정 당시의 고사사 보존의 취지를 설명한 『국회』 신문의 글을 살펴보아야 한다.

..... 무릇 가람 전당(殿堂)의 보존을 필요로 하는 것은 국가의 문화를 장점하기 때문이며, 역사를 증징(証徵) 하는 원료가 되기 때문이다. 우리는 황통을 이어 온 강한 국가인 바 역사의 증인으로 부족하지 않으므로 이를 보존함으로써 세계에 우리나라의 오랜 국가 됨을 자랑하는 것은 얼마나 의미 있는 일인가. 고로 국가는 상세한 설명만이 아니라 천고의 문화를 엿볼 수 있는 역사적 유해와 현재의 사람으로서 선조의 유덕을 흠모하는 물품을 전래해야한다. 따라서 정부는 그 안을 내고, 의회는 이 안을 제출하여 신사와 사찰의 보존을 꾀하여 건축미술의 모범으로서 그 유적을 사라지지 않도록 하는 동시에 국가적 관념을 함양하는 길이 이어지도록 하는 것이 국가의 급무일 것이다.

글에 따르면 건조물을 보존하는 것은 황통을 이어온 강한 국가인 일본이 오래된 국가, 즉 역사가 깊은 국가임을 세계에 자랑하기 위해서이다. 그래서 천고의 문화를 엿볼 수 있는 역사적 유해, 즉 오래된 건조물을 전래해야 한다는 것이다. 또 이를 보존함으로써 국가적 관념을 함양할 수 있다고 주장하고 있다. 국가적 관념에 대한 구체적인 내용은 밝히고 있지 않지만, 글이 지칭하는 국가가 고대 일본이 아니라 근대국가 일본에 대한 관념임에는 틀림이 없다. 따라서 글이 주장하는 바는 오래된 건조물의 보존을 통해 새롭게 "만들어지고 있는" 근대 일본인의 국가관을 키우고, 기를 수 있다는 주장이다.[17]

건조물이 보호되어야 하는 이유를 현재 일본이라는 근대 국가의 정체성과 결부시키는 이와 같은 주장은 당시 일본의 국수주의가 반영된 결과였다. 『국회』 신문(1895.1.16.)에 이 글이 기재된 후 바로 이어진 제국의회 중의원회의에서 건의된 「고사사(古社寺) 보존에 관한 건의안」 역시 국수주의가 반영된 보존론을 피력하고 있다. 다음 글은 1895년 2월 4일 제국의회 제8회 중의원회의의 속기록에 기재된 「고사사(古社寺) 보존에 관한 건의안」의 내용이다.

고사사보존에 관한 건의안 (竹村藤兵衛 군 외 3명 제출)

(좌의 의안은 낭독을 참조하여 기재함)

고사사 보존에 관한 건의

황국의 미술은 만방에 뛰어난 그림(畵圖), 조각, 주조(鑄造), 건축에서 신공영기(神工靈技)가 극에 달하여 스스로 일종의 특색을 갖춘 황국 특유의 기술로서 찬연광휘하고 상고에 이미 그 심오한 경지(蘊奥)가 뛰어나 후세에도 따르기가 쉽지 않는 것이 있어 외인이 황국을 가르켜 미술국이라 한다.

황국 미술의 창발진화(暢發進化)는 기인한 바가 하나가 아니며, 비록 주로 그 힘을 유현고상한 불교에 기대고 있지만 중세신사 역시 불교와 혼화하여 함께 발달하였다. 서로 경쟁하여 함께 미술의 깊은 경지에 들었던 고로 사전사당의 건축, 신상, 불체우모와 화훼의 그림, 조각 등 무수한 공예가 오늘날에 전해지는 것이 모두 미술의 모범이 되었다. 황국 특유의 기술을 장려함이 마땅하고, 황국 미술의 보물고적을 보살피는 것이 마땅함에도 고사사를 내버려두고 다른 무엇인가를 구하면서 황국의 미술을 해외에 자랑한다는 것은 있을 수 없는 일이다. 옛 사선과 사낭의 미술은 근원인 양자가 서로 떨어실 수 없음이 이와 같다. 그런데 현재 사전사당은 비와 이슬을 그대로 맞아 망가지고 썩어 기울어져 겨우 무너지는 것을 면하고 있을 뿐이다. 그림과 조각은 산일을 막을 수 없고, 좀먹어 파괴되어 결국 그 자취를 살필 수 없게 되지만, 사사의 보존에 이바지하고 유지에 힘써야 한다. 금일에 그를 구제하지 않으면 천세의 한이 될 것이다. 종교의 성쇠는 시세에 꺾이는 바가 있을지라도 미술의 근원된 고사사의 존폐와 기물의 산일은 실로 황국광영에 관한 바이다. 국가가 더 이상 방관좌시하지 말고 이 시기에 마땅한 유지보존에 관한 지당한 보존 방책을 수립하고 적당한 비용을 미리 계산하여 의회에 협찬을 구하는 것이 정부의 임무임을 인식하였으므로 함께 이를 건의한다.[18]

건의안의 내용은 신사와 사찰의 건조물 보존을 주장하는 것이다. 건의안은 일본을 황국이라고 표현하고 있으며, 황국의 미술이 세계적임을 주장하고 있다. 그리고 이미 후세에 따라가기 힘들 정도의 경지에 이르렀다며 그 뛰어남을 강조하고 있다. 흥미로운 점은 불교문화의 영향이 오래되었고 그것에 영향을 받은 것을 인정하면서도 신도(神道)문화와 경쟁함으로써 깊은 경지에 오른 것으로 평가하고 있다는 사실이다. 여기에는 불교의 영향을 희석시키고 신도의 역할을 강조하려는 의도가 숨어있다. 신도는 당시 천황이 가지는 권위를 뒷받침하는 중요한 사상 기반이었고, 사찰의 건조물과 더불어 신사의 건조물을 보존을 주장하는 것이 현재 일본의 국가 정체성 형성에 도움이 되는 것임을 주장하고 있는 것이다. "고사사의 존폐와 그 기물의 산일"이 "황국 번영"과 관련된 일이라는 건의안 말미의 내용은 이와 같은 추론을 뒷받침한다.

속기록에는 건의안에 이어서 건의의 취지도 기록되어 있다. 이 취지에는 천황을 중심으로 한 국가체제를 뒷받침하려는 의도가 더욱 적극적으로 드러나 있다. 그 내용을 살펴보면 신무천황(神武天皇), 추고천황(推古天皇), 성덕태자(聖德太子)등 일본의 기원이 된 천황들과 인물을 거론하면서 그들과 관련된 신궁(神宮), 기물(器物)의 보존을 촉구하고 있기 때문이다.

이 연설은 건조물을 포함한 고사사 보존 활동을 위한 위원회를 꾸릴 것을 제안하면서 마치고 있다.[19] 위원회는 9인으로 구성할 것을 제안하였으며, 이는 곧바로 의회에 동의를 얻었고, 의장이 위원을 선정하기로 결의한 후 의회가 마무리 되었다.[20]

이와 같은 국수주의적 보존론이 대두되었던 것은 황실의 보호와 권위를 신장하기 위한 구관보존책(舊慣保存策)이 고사사보존의 배경이 되었기 때문이었다.[21] 잘 알려진 것처럼 일본에 있어서 신에 버금가는 천황의 권위는 국가의 정체성과 같은 것이었고, 천황의 존재는 일본의 동아시아 식민지 통치의 역사적 명분이 되었다. 즉, 당시 일본의 보존정책은 그 자체가 천황을 중심으로 한 근대국가 만들기의 중심에 있었던 셈이다. 이 보존정책은 침략기와 중첩되어 대외적인 식민지배 이념 창출의 역할을 담당하게 되었다.

이러한 일본의 국수주의 보존정책은 일제강점 초기 한반도 건조물 보존이 선택적으로 이루어진 이유가 되었다. 건조물 보존에 붙은 "역사적 증징이 되는" 이라는 단서는 이미 보존이 선택적으로 이루어질 것임을 암시하고 있는데, 여기에 언급된 "역사"는 한반도 운영의 주체인 일본에 의해 선택될 "역사"였기 때문이다. 1923년 조선총독부, 『시정연보』에 실린 「고적과 유물」 편에 실린 다음 글은 건조물 보존의 이유를 '한반도 역사적 사실의 진수라는 가치'를 가지기 때문이라고 기술하고 있다.

..... 조선의 문예, 학술 및 미술은 불교를 중심으로 발달한 것으로 그 한창에 있어서 각종 건조물과 고대 미술을 장래에 소개하고 한반도 역사적 사실의 진수로서 동양 예술의 자료로 귀중한 가치를 가진 것이 적지 않음에도 불구하고 사찰의 자력이 부족하여 보존이 여의치 않고 대체로 황폐한 상태이다. 본부(本府)는 이 건조물에 대해서 상당의 보조금을 급부하여 이의 보존을 도모하려 한다.

이 글은 각종 건조물 중 한반도 역사적 사실의 진수로서 귀중한 가치를 가진 것이 적지 않다고 소개하면서 건조물 보존을 위한 보조금의 하부를 촉구하고 있다. 그렇다면 건조물이 담고 있다는 한반도의 역사적 사실이란 무엇이었을까. 일본 본토에서 그 역사란 앞서 살펴본 것처럼 "천황의 신격화"와 "일본의 오래됨"의 증거로서의 역사였고, "특별보호건조물"의 대표적인 사례는 신사와 사찰의 건조물이었다. 그런데 위 글은 일본에서 신사와 사찰을 함께 강조했던 것과 달리 유독 사찰 건조물의 보존만을 강조하고 있을 뿐이다.

앞서 살펴본 『조선고건축물』 목록에는 사당, 사묘, 문루, 관아, 객사 등 사찰과 관련 없는 건조물이 고건축물로 등재되어 있음을 확인한 바 있다. 그럼에도 불구하고 사찰 건조물의 보존만을 강조하고 있다는 사실은 한반도에서 보존대상이 된 건조물 보다는 제외된 것들을 통해 "역사적 증징"이라는 단서가 어떤 내용이었는지 추측할 수 있을 것임을 암시한다.

고적보존의 요체(중)

..... 조선인의 정신과 조선민족의 생활과 조선문화의 원리에 있어서 이렇게 부동적 지위를 가진 단군을 일본인은 어떻게 관찰하고 처리하였는가. 일본인적 "소갈머리"와 "염치"를 유감없이 보여준 것이 다른 곳보다도 이 단군에 대한 처우에 대한 것이었다. 학자는 들이덤벼 단군의 역사적 근거를 엎질러 버리기에 부심초려(腐心焦慮)하여 마치 사막 내의 무원수(無原水) 같이 출발점 없는 조선 역사란 것을 만들어서 보통학교로부터 자기민족 자기문화에 대한 정신적 반역을 강요하였다. 그런데 이것을 이리 하는 최대 이유는 황당한 신화, 무계한 전설이라 함에 있지만은 이것이 경신존조(敬神尊祖)로 근본을 삼는 일본적 교육의 훈련에서 하는 것인 만큼 더욱이 이러한 교과를 독립으로나 하는 것이 아니라 이른바 유신(惟神) 혹은 수신(隧神)적 사실로 출발하는 일본역사에 관련하여 전시(傳施)하는 것인 만큼 그 모순과 파

탄과 몰도리(沒道理)와 불통일이 딱해서 못 견딜 만치 눈에 띄고 마음에 찔리지 않을 수 없다. 또 일변 군경과 관리는 힘을 어울러서 단군관계의 성적(聖蹟)을 잔멸함으로써 급(急)과 쾌(快)를 삼는 관(觀)이 있었다. "폭도"의 소굴(寓止)이 된다 하여 묘향산의 단군굴은 파괴되고 신신앙 빚기(醞釀)의 효모(酵母)가 된다 하여 구월산의 삼성전은 훼철되고 부벽루에 단청(丹腰)이 새로울 때에 숭령전(崇靈殿)은 초래(草萊)에 파묻히게 되었다. 그런데 이러한 혁거운동만이 단독으로 행한 것이라면 또한 어찌 할까마는 한 옆으로 새로운 신사영묘(神社靈廟)를 영조(營造)하기에 유일불가(惟日不暇)하는 그이의 손에 조선인의 생활원리의 연원이오 신앙지성의 목표인 전민, 전토적 대상은 그 오랜 것까지도 아무 고기(顧忌)없이 잔멸된다 함은 다만 조선인으로 참을 수 없는(所不可忍) 일일 뿐만 아니라 신도의 국민(神道的國民)인 그네의 아슬아슬하여 타기 어려운 줄이 아닐 수 없을 것이었다. 그러나 이만한 무단(武斷)에 동요(動搖)될 박약한 것이 단군사실이 아니며 몇 칸의 사당(祠屋)쯤 허물어 없앰으로서 깨끗이 망실되도록 희미한 것이 단군관념이 아니었다. 단군굴이나 삼성전을 없애버린 이후에 조선인의 단군모앙(檀君慕仰)이 얼마나 가속적으로 증가하였는가를 보면 우리의 말이 결코 헛 말이 아님을 짐작할 것이다.....[22]

이 사설은 1926년 12월 3일에 시린 동아일보에 실린 것이다. 이 사설의 내용은 평양지역의 단군관련 유적과 건조물에 관한 내용으로 묘향산의 단군굴 파괴, 구월산 삼성전 훼철, 낙후되어가는 숭령전을 다루고 있다. 특히 낙후되어가는 숭령전과 단청을 새로 칠해 보호하고 있는 부벽루의 비교는 조선총독부의 선택적 건조물 보존정책의 방향성을 명확히 보여준다. 부벽루는 대동강과 평양이 내려다보이는 모란대에 위치한 정자로, 대동강을 조망할 수 있어 예로부터 경승지였다. 특히 중일전쟁의 전승지인 대동강 건너편 선교리(船橋里)가 내려다보여 조선총독부가 일찍부터 유지관리의 대상으로 지정한 고적이었다.[23] 사설은 일제가 유지관리에 힘썼던 부벽루에 비해 같은 지역 내에 있는 단군과 동명왕을 모신 사당인 숭령전은 방치되고 있음을 사례로 들어 조선총독부가 통치이념에 따라 보존할 건조물을 선택하고 있음을 비판하고 있다. 그들의 의도가 매우 노골적이었음은 단군 관련 유적을 방치·훼손하는 한편으로 신사를 새로 건설하고 있다는 사실에서도 드러난다.

사설은 이러한 선택적 보존의 모순점 역시 정확히 간파하여 지적하고 있다. 일제가 조선인들이 조상신으로 모시는 단군이 신화와 전설에 지

그림 3-3. 정비된 부벽루(左), 방치된 숭령전(右)

나지 않으므로 인정할 수 없다고 주장하지만 정작 일본인들은 신을 그들의 조상으로 삼고 있음을 꼬집고 있는 것이다. 일본인의 시조신은 인정하고, 조선인의 시조신은 인정하지 않는 모순을 통해 보존대상이 되는 건조물을 선택하는 잣대에 왜곡이 있음을 정확히 지적하였다.[24]

이 사설을 통해 "역사적 증징"이 되는 건조물이라는 기준이 일본의 역사관을 바탕으로 적용되고 있었음을 알 수 있다. 당시 일본은 한반도 통치와 대륙 진출의 당위성을 역사적 사실로부터 확보하기 위해 노력하였고, 이를 위해서는 한반도와 일본열도의 관계가 역사적 사실로 증명될 필요가 있었다. 그들은 한반도와 일본이 하나의 뿌리로부터 시작되었다는 일선동조론(日鮮同祖論)을 주장하였고, 이를 위해서는 한반도의 시조로 일컬어지는 단군이 부정될 필요가 있었던 것이다.

앞서 『시정연보』에 기재된 한반도 건조물 보존을 피력한 글에서 유독 사찰 건조물의 보존만을 강조하였던 이유 역시 단군이나 동명왕 등을 모신 한반도 고유의 사당이 한반도 통치를 위해 그들이 만들어낸 역사적 논리에 반하는 것이었기 때문으로 해석해 볼 수 있다. 이렇게 보존대상이 일본의 입맛에 맞게 선택된 사실은 이 시기 건조물 보존활동을 평가하는데 중요하게 고려해야 할 사안이다. 고대사와 민족형성에 관련된 건조물들이 제외됨으로써 그 건조물들은 모두 멸실되거나 훼손되었고, 반면에 제외되지 않은 건조물들은 일본 역사의 흐름에 편입되어 법적 보호를 받게 되었기 때문이다. 즉 일제강점기 건조물 보존의 시작은 정치적 이념과 역사왜곡으로부터 출발하였던 것이다. 현재 한반도의 건축문화유산이 보존될 수 있었던 것이 일제강점기 보존활동 때문이라고 섣불리 평가할 수 없는 이유가 여기에 있다.

"역사적 증징"이라는 기준은 일견 타당하고 합리적인 기준으로 보이지만 역사적 가치를 일제가 판단하는 시대적 상황 속에서 이는 모순된 기준이 되었다. 건조물은 일제 중심의 선택에 따라 보존되었다. 이는 '민족말살'로 까지 일컬어지는 교묘하고 혹독했던 일제의 통치정책 속에서, 배제된 역사와 관련된 건조물들이 보존대상에서 제외되는 현상으로 드러났다.[25] 이는 건조물 보존의 당위성이 배제된 건조물들의 훼손과 멸실이라는 발판 위에서 확보되었다는 사실을 의미한다. 1930년대 건조물 보존이 적극적으로 일어날 수 있었던 이념적 배경이 선택적 보존에 있었다는 점은 일제강점기 건조물 보존 활동을 평가하는 데 빠져서는 안 될 중요한 사실이다.

통치시설 확보와 고건축물 유지관리

건조물이 선택적으로 보호되고 보존대상에서 제외된 이유는 일본 제국주의의 역사적 당위성을 만들기 위한 것뿐만 아니라 실제 통치를 위한 시설을 확보하기 위한 이유도 있었다. 1910년 강제 병합과 함께 관유재산으로 분류된 건조물들은 대부분 해당지역의 중심부에 위치한 조선시대 통치시설들이었다. 따라서 한반도 전역에서 관유재산으로 분류된 고건축물의 불하와 개축, 철거가 일어났다.

앞서 법령의 변화에서도 살펴보았듯이 건조물에 대한 무분별한 개축과 철거는 총독부 역시 이미 인지하고 있었다. 1911년 정무총감이 각도 장관 등에게 보낸 통첩(通牒)인 「관유재산보존 및 취훼(取毁)에 관한 건」은 근래 건조물의 처분 신청이 많다며 "이 중 역사상 또는 학술상 특별히 보존을 필요로 하는 것"은 "각 관에서 조사 후 한층 더 주의하여

(신청)하라"고 지시하고 있다.[26]

이와 같은 건조물 보존에 대한 인식과 통치시설 확보에 대한 필요는 강제 병합 이전부터 충돌하고 있었다. 1937년 11월 조선건축회 창립 15주년을 맞아 발행된 『조선과 건축(朝鮮と建築)』 기념호에는 수리전문가로 활동하던 학무국 기수(技手) 오가와 케이키치의 당시 보존행정에 대한 회고가 기재되어 있다.

...... 러일전쟁이 끝난 후에 한국의 다년간의 폐정(弊政)을 개혁하기 위해 통감부가 설치되었다. 한국 정부 부(部)내에는 대신의 아래에 내지인의 차관이 배치되었고, 점차 기구가 개혁되어 갔다. 그 즈음 중앙과 지방 모두 역소(役所) 사무실의 개량이 필요하게 되었다. 당시 정부의 재무를 맡은 탁지부의 장관은, 현추밀원 고문관 아라이 켄타로(荒井賢太郞)씨였다. 아라이 장관은 건축개선의 고문으로 현재는 고인이 된 공학빅사 츠마키 요리나가(妻木賴黃)씨를 초빙하였다. 츠마키 박사는 조선건축행정의 여명기를 맞아 그 지도를 맡은 대가(大家)이며 은인(恩人)이다. 새롭게 여러 역소(役所)가 필요하게 되자 그는 "무턱대고 재래의 고건축을 개조하거나 파괴하는 일은 장래에 후회를 남길 우려가 있고, 조선은 천수백년의 과거에 일본에 건축기술을 유입시킨 나라이다. 먼저 재래의 고건축의 조사를 시행하고 품위등급을 정하고, 그 중 우수한 것은 힘써 보존을 계획함이 필요하다"고 주장한 바 있다. 아라이 장관은 이에 찬성하여 통감의 승인을 얻어 고건축의 조사계획을 수립하였고, 이를 관계사업의 근원이 되도록 하였다.....

오가와 케이키치는 고건축물 보존을 위한 조사가 이루어진 이유가 통감부 시절 점차 기구가 개혁됨에 따라 관청이 새롭게 필요하게 되었기 때문이라고 밝히고 있다. 그런데 그가 인용한 츠마키 요리나가의 주장을 통해 통치시설 마련을 위해 "무턱대고 재래의 고건축을 개조하거나 파괴하는 일"이 이미 발생하고 있었음을 알 수 있다. 츠마키 요리나가는 우수한 고건축을 보존하기 위해 고건축의 조사를 시행하고 품위등급을 정할 것을 주장하였다.

그의 주장에 의한 고건축물 조사는 세키노 타다시에게 맡겨졌다.[27] 오가와 케이키치의 회고 글에는 이후 조사를 맡은 세키노 타다시의 보고서[28] 내용의 일부가 실려 있는데, 세키노 타다시가 조사한 건조물의 종류는 궁전, 성곽, 관아, 묘사, 서원, 능묘, 탑파 등으로 그의 조사에는 지방 읍치를 구성하는 건조물도 포함되어 있었다. 츠마키 요리나가의 주장대로 세키노 타다시는 건조물의 가치를 판단하여 갑, 을, 병, 정의 네 가지 등급으로 고건축물을 분류하였다. 〈표 3-1〉은 당시 고건축 조사 중 지방 읍치를 구성하는 주요시설을 정리한 것이다.[29]

이 조사는 오가와 케이키치가 회고하는 것처럼 급격한 고건축물 훼손을 막기 위한 것이었지만 실제 이루어진 조사에서 관유재산에 속한 건조물이 우수함을 인정받은 사례는 매우 적었다. 세키노 타다시의 분류 기준에 의하면 '갑과 을은 특별보호가 필요한 것, 그 나머지는 특별보호의 필요가 없는 것'이었는데, 1910년과 1911년 조사한 읍치 시설 139동 중 불과 24동만이 보호 대상으로 분류되었다.[30] 일제강점기에 발간된 읍지(邑誌)의 내용에 따르면, 읍치 시설들 중 객사는 대체로 학교로 사용되었고, 동헌은 군청, 면사무소 등으로 계속 사용되었다. 이 밖에도 헌병분견소, 순사주재소, 재판소 등의 시설에 읍치의 기존 건물들이 사용되었다.[31]

특히 관아는 군청사와 같은 행정관청으로 전용되었는데, '관아구조가 구식으로 집무상 불편하고 비좁다'는 이유로 점차 개축 요구가 늘어났다. 이에 총독부는 13도 218군의 청사를 개축하기 위해 매년 1도 1군

표 3-1. 세키노 타다시(關野貞)의 고건축물 조사 중 지방 읍치시설

			지방 건조물(불교사원 제외)				전체유물·유적 수 (지방)
			객사	관아	문묘향교	성문(루)종각	
1909년 조사	등급	갑	-	-	-	3	289(264)
		을	3	-	3	4	
		병	4	5	9	3	
		정	2	7	2	2	
	소계		9	12	14	12	
	합계		47				
1910년 조사	등급	갑	-	-	-	-	408(394)
		을	5	-	6	-	
		병	14	5	16	4	
		정	5	15	17	5	
	소계		24	20	5	9	
	합계		92				
전체 소계			33	32	53	21	697(658)
전체 합계			139				

씩 19만 5천원을 투입하는 계획을 수립하기도 하였다.[32] 이 가운데 청사를 새롭게 짓는 경우에는 기존 부지에 새로 짓거나, 부지를 따로 매입하여 짓는 방식이 지역별로 다르게 적용되었다. 기존 부지에 관아를 짓는 경우에는 관아가 헐렸고, 다른 부지를 매입하는 경우에는 매입비와 신축 청사 건축비를 충당하기 위해 관아를 매각하였다.

1924년 상주군청사를 이전하기 위한 논의는 당시 신청사의 필요와 관아 보존의 필요가 갈등하는 양상을 잘 드러내고 있다.(그림 3-4) 1924년 2월 3일 동아일보 기사에 의하면 상주군청사는 300여년의 장구한 역사를 가진 구한국시대의 건물로 시가의 요충지에 위치하고 있었다. 도시발전 계획과 상업 장려를 목적으로 신축청사에 대해 관과 민이 수년간 의견을 나누어 부지 2천 평을 따로 마련하여 이전하기로 결정하였다. 그런데 시내 중앙에 입지한 기존 청사의 보존이 시가미(市街美)에 도움이 되고, 상주 발전에 유리하다는 의견이 제기되었다. 하지만 400평의 현 청사 부지를 건물까지 합하여 평당 50원에 매각하기로 해 현 청사를 보존하기 위해서는 2만원에 달하는 금액이 필요했다.[33] 기사는 이 금액이 거액이므로 현 청사를 살 사람이 조선인 중에는 없을 것이어서 누가 매입자가 될 것인지 관심이 모아지고 있다면서 글을 마무리하였다.[34]

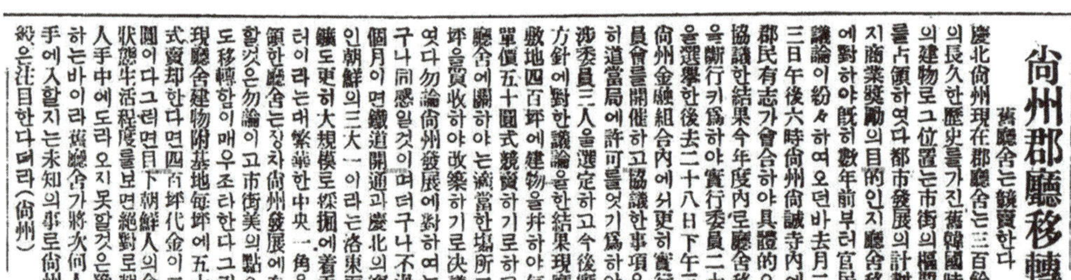

尙州郡廳移轉

舊廳舍는競賣한다

慶北尙州現在郡廳舍는三百餘年의長久한歷史를가진舊韓國時代의建物로그位置는市街의樞要地를占領하엿다都市發展의計劃인지商業奬勵의目的인지廳舍移轉에對하야旣히數年前부터官民間議論이紛々하여오던바去月二十三日午後六時尙州尙誠寺內에서郡民有志가會合하야具體的으로協議한結果今年度內로廳舍移轉을斷行키爲하야實行委員二十名을選擧한後去二十八日下午三時尙州金融組合內에서更히實行委員會를開催하고協議한事項은先히道當局에許可를엇기爲하야交涉委員三人을選定하고今後實行方針에對한議論을한結果現廳舍敷地四百坪에建物을幷하야每坪單價五十圓式競賣하기로하고新廳舍에關하야는適當한場所二千坪을買收하야改築하기로決議되엿다勿論尙州發展에對하여는누구나同感일것이며더구나不過幾個月이면鐵道開通과慶北의寶庫인朝鮮의三大一이라는洛東而今鑛도更히大規模로採掘에着手할터이라는데繁華한中央一角을占領한廳舍는장차尙州發展에有利할것은勿論이고市街美의點으로도移轉함이매우조타한다그러나現廳舍建物附基地每坪에五十圓式賣却한다면四百坪代金이二萬圓이다그러면目下朝鮮人의金融狀態生活程度를보면絶對로朝鮮人手中에도라오지못할것은豫側하는바이라舊廳舍가將次何人의手에入할지는未知의事로尙州一般은注目한다더라(尙州)

상주군청이 구 청사를 경매한다.

상주군청사는 300여년의 장구한 역사를 가진 구한국시대의 건물로 시가의 요충지에 위치…… 도시발전 계획과 상업 장려를 목적으로 신축 청사에 대해 관과 민이 수년간 의견을 나누어 부지 2천평을 따로 마련하여 이전하기로 결정하였다. …… 그런데 시내 중앙에 입지한 구청사가 시가미(市街美)에 도움이 되므로 보존된다면 상주 발전에 유리하겠지만, 400평의 현 청사 부지를 건물까지 합하여 평당 50원에 매각하기로 해 그 총액이 2만원에 달한다. ……(이 금액이 거액이므로)현 청사를 살 사람이 조선인 중에는 없을 것이므로 누가 매입자가 될 것인지 관심이 모아지고 있다. ……(동아일보, 1924.2.3.)

그림 3-4. 상주 관아 불하 기사

기사를 통해 지어진 지 300여년이 넘는 고건축물이 매매대상이 되었다는 사실을 알 수 있다. 또한 관유재산으로 총독부에 의해 유지관리를 받던 건조물이 매매된 후에는 매입자의 손에 그 처분이 맡겨지게 된다는 사실도 알 수 있다. 때문에 매입자가 조선인인지, 일본인인지, 보존의지가 있는 인물인지 아닌지가 관심의 대상이 되었던 것이다. 관아의 보존을 위해서는 비용이 필요했고, 보존을 바라는 조선인들은 비용을 대기가 힘들었다. 또한 실질적인 관리책임을 지녔던 총독부는 보존에 의지가 없었다. 결국, 현재 상주관아는 그 터만 알려져 있을 뿐 현존하지 않게 되었다.[35]

전용, 개축되어 사용되다 점차 불하, 철거되어가는 관아의 사정에서 알 수 있듯이 관유재산으로 조선총독부의 관리를 받던 한반도 재래 건조물들은 보존해야할 대상이라기보다는 조선총독부의 관리 대상이었다. 일부 그 가치가 인정되는 것들 역시 목록화 되긴 했지만 유지관리의 수준을 벗어나지 못했다.

실제로 『조선고건축물』에 기재된 경성 소재 건조물 중 1933년 「보존령」 제정 이후 보물건조물로 지정된 사례는 단 5동 뿐이었다.[36] 조선총독부의 소유 건조물로 국유로 분류된 보물건조물은 통틀어도 19동 밖에 되지 않았다.[37] 『조선고건축물』 목록에 기재된 경성 소재 건조물 건수가 91건에 이른다는 사실을 생각해보면 대부분의 총독부 소유 고건축물이 보존대상에서 제외되었다는 사실을 알 수 있다.[38]

당시 건조물 보존 분야의 전문가들 역시 일제강점 초기 보존활동이 유지관리에 그쳤던 점을 인정하고 있는데, 1931년 고건축물을 보존을 주제로 한 좌담회에서 그 동안의 건조물 보존 활동을 정리한 학무국 종교과장 이창근은 국유재산 건조물이 고적으로 등록되지 않은 점과 철책과 같은 주변 보호시설 정도에 그칠 수밖에 없는 소액의 보존 예산을 근거로 국유재산에 대한 부실한 보존상황을 보고하였다.[39] 뿐만 아니라 앞서 살펴보았던 「보존령」 제정과 함께 개편된 보존예산을 증액하는 사유를 설명할 때도 조선 보물 목조 건조물[40]은 대략 국유(國有) 100동, 사찰 및 기타의 사유(私有) 200동, 합계 300동에 이르는데 이들은 모두 부후파손(腐朽破損)이 심한데도 1913년 이래 2만원 내외의 매우 작은 예산으로 응급수리만을 시행해 왔다는 사실을 인정한 바 있었다.

정리하자면, 일제강점기 '역사의 증징이 되는 고건축물에 대한 특별보호건조물' 지정은 일제 중심적 역사관을 기준으로 보호에서 제외되거나 우선순위에서 밀려나는 방식으로 작동하였다. 또한 이처럼 일제 중심의 선택에 따르는 특별보호건조물 지정 성격은 통치시설 확보에도 도움이 되었다. '300여년의 장구한 역사'를 지닌 고건축물이 '시가의 요충지'에 있어 통치시설로 전용되어 사용되다가, '노후화 되었고, 집무상 불편하며, 비좁다'는 이유로 민간에 불하되거나 철거되었다. 이는 '300여년의 장구한 역사'라도 관리주체인 총독부의 판단에 따라 그 가치가 인정되지 않을 수 있음을 보여주며, 관유재산 목록에 포함되어 '총독부 소유 재산'으로 '보존'이 아닌 '관리'되있던 당시 고건축물의 입지를 명확히 보여준다.

당시 보물로 지정될 가치가 있는 건조물로 인식된 것이 300동이 넘는데도 '모두 부후파손이 심한' 상황이었고 그에 대한 대응이 '응급수선'에만 그쳐 보존보다는 유지에 방점을 둔 관리가 이어지고 있었다. 이는 좌담회에서 학무국 인사가 밝힌 것처럼 당시 고건축물이 보존법령의 보호가 아니라 재산관련법령의 관리를 받고 있었다는 점이 큰 영향을 미쳤다. 앞서 살펴본 고건축물 조사가 촉발된 동기가 통치시설 확보에 있었다는 사실은 고건축물이 재산이라는 인식을 기저에 두고 보존활동이 이루어진 것임을 여실히 보여준다. 이러한 인식을 바탕으로 이루어진 조사는 총독부 입장에서 보면 고건축물의 보존활동이라기보다 철거되어도 되는 고건축물을 고르는 활동이었다고 볼 수 있다. 따라서 건조물이 보존법령의 보호대상으로 포함되지 못한 채 1930년대 초까지 이어진 이유는 고건축물의 처분에 유동성을 두고자 했던 총독부의 의지가 작용했던 것으로 보는 것이 타당하다. 실제로 수많은 고건축물이 전용, 개축, 불하, 철거의 수순을 밟았으며, 고건축물 목록에 이름을 올리고도 통치편의를 위한 개발논리에 밀려 소멸했기 때문이다.

동화이데올로기의 정착과 고적의 위상 변화

1930년대는 일제의 한반도 식민지 통치체제와 이념의 변화기로 꼽히는 시점이다. 당시 유적이나 유물은 통치이념의 증거물로서 활용되었기 때문에 이념의 변화는 유적과 유물의 위상 변화로 이어졌다. 건조물에도 실질적인 위상 변화가 있었는데, 건조물을 법적 보호대상으로 편입시킨 것이 그것이다. 앞 절에서 살펴본 것과 같이 관유건조물의 훼손을 사실상 방치하였던 것을 생각하면 매우 큰 변화라고 할 수 있다.

1930년대는 일방적인 동화정책, 즉 공존공영, 내선일체를 명분으로 한 황민화정책기로 꼽힌다.[41] 1919년 3·1만세운동으로 무단통치에 바탕을 둔 일방적 동화정책이 비판받은 이후, 일제는 한반도의 문화, 역사, 제도가 일본과 차이가 있음을 인정하고 그 차이점을 통치체제에 반영하는 이화정책(異化政策)으로 전환하였다.[42] 이에 따라 식민지 한반도를 이해하기 위한 구관조사(舊慣照查)가 적극적으로 일어났다.

조사의 목적은 통치를 위한 이념과 이론의 생산으로 귀결되었는데, 역사학, 인류학(민속학, 고고학) 등의 분야에서 총독부 촉탁으로 임명된 전문가들이 이념과 이론 생산에 활약하였다. 이를 통해 일제는 일선동조론(日鮮同祖論)과 같은 왜곡된 사실(史實)을 유포하고 교육시킴으로써 한반도 식민지민의 역사인식을 조작하였다.[43] 앞서 1926년 동아일보 사설이 다룬 단군과 관련된 건조물이 헐리거나 방치되는 선택적 보존 사례는 당시 조선총독부의 통치이념과 이를 뒷받침했던 이론의 생산과 관련이 깊다.

1930년대에 들어서 창출된 동화이데올로기는 일제의 일방적 동화정책 전환의 기반이 되었다. 동화이데올로기 창출을 위해 수행된 역사학, 인류학의 지적수탈 성과가 동화정책 전환의 강력한 원동력이 되었던 것이다. 이 시기 정책 전환은 통치의 안정화보다는 본격적인 전쟁기로 접어들면서 일본과 같은 혹은 일본보다 혹독한 부담을 지우기 위한 의도로 이루어진 것으로 평가받는다. 이 시기 동화정책의 대표적인 구호였던 조선인 황민화는 한반도의 식민지민을 전쟁에 동원하기 위한 것이었고, 이를 위해 1936년 부임한 미나미 지로(南次郎) 총독은 내선융화(內鮮融化)라는 이전 동화정책 노선을 더 강화하여 내선일체(內鮮一體)로 바꾸고, 제3차 교육령 개정, 황국신민의 서사 보급 등의 교육 및 사회교화 정책을 추진하면서 조선인을 일본인으로 탈바꿈시켜 전쟁에 동원하기 위한 정책적 노력을 노골화하였다.[44]

동화정책의 실행은 일본과 조선이 하나라는 기치 아래 정책적 차별을 줄여나가는 방향으로 진행되었다. 전쟁기를 맞아 이는 결국 인적·물적 수탈의 극대화로 이어졌다. 이러한 기만적인 성격에도 불구하고 동화정책은 한반도 고적에 그 가치가 새롭게 부여되는 역설적인 계기가 되었다. 조선총독부의 한반도 고적에 대한 태도는 통치이념에 맞춰 변화하였는데, 특히 이 시기 변화가 극적이었다. 통치체제가 어느 정도 안정기에 접어들고, 동화이데올로기에 필요한 조사와 연구가 일단락되어가면서, 그 증거로 삼았던 유적과 유물의 가치가 높아졌고, 이제는 그 유적과 유물들이 식민지민의 애국심을 고취시키는 도구로 사용될 수 있었기 때문이다. 만주사변에서 중일전쟁으로 이어지는 전쟁초기에 해당하는 이 시기에 일제는 적극적으로 통치이념을 선전 교육하였는데, 당시 '고적애호일'의 지정은 한반도 유물과 유적이 선전에 활용된 방식을 잘 보여준다.

> 오늘 9월 10일은 고적애호일이므로 총독부 사회교육과에서는 특히 시국에 바치어 우리 조선의 정신적 물질적 유물인 고적명승의 보존애호와 내선일체의 엄연한 사실을 역사적으로 강조하기로 되어 이에 각 도지사에 대하야 그 취지와 행사진행의 통첩을 발하였다. 그리하여 그날은 팜푸레트의 분포, 강연회 등을 통하여 고적애호운동의 취지철저에 힘쓸 터이라 한다.[45]

기사의 내용은 고적애호일의 취지가 '내선일체의 엄연한 사실을 역사적으로 강조'하기 위한 것임을 설명하고 있다. 이는 '조선의 정신적 물질적 유물인 고적명승'이 '내선일체'의 역사적 증거물로 사용되고 있음을 보여준다. 「보존령」 제정 이전 특별보호건조물이 내세운 '역사적 증징'이라는 조건이 결국 일제가 설정한 역사에 반하는 건조물을 보존대상에서 배제하는 현상으로 이어졌음은 앞서 밝힌 바 있다. 기사 내용이 밝히는 고적애호일의 취지는 일제의 배제작업이 일단락되었음을 보여주며, 「보존령」 이후에는 오히려 선택된 건조물과 고적들이 '일선동조론'과 같은 '내선일체'에 호응하는 역사관을 선전하는 도구로 사용되고 있음을 알려준다. 해당 고적애호일에 경성에서 진행한 사업의 내용은 이 사실을 더욱 명확히 드러내고 있다.

..... 경성부에서는 10일은 고적애호일이므로 각 방면의 인사를 동원시켜 이날을 뜻깊게 기념하기로 되었다는데, 특히 다음과 같은 기념사업을 할 터이라 한다.
1. (경성)부 관계 학교를 동원시켜 종래 수집한 고적연구재료를 정리시키는 동시에 고적애호와 내선동근의 감정을 깊게 할 훈화를 하기로 되었다.
2. (경성)부내에 산재한 고적, 보물, 천연기념물의 일람표를 각 방면에 배포하여 선전키로 되었다.
3. 경선 건아단에 대하여 (경성)부내 소재의 고적의 인식을 깊이하는 동시에 애호정신을 강조하는 목적하에서 고적부근의 정화봉사를 시키기로 되었다.

사업의 내용은 고적애호와 동화정책 노선이 연결되어 있음을 '고적애호와 내선동근(內鮮同根)의 감정을 깊게 훈화하기로' 하였다면서 노골적으로 드러내고 있다. 한반도 식민지민이 가진 고적을 아끼고 사랑하는 마음을 일깨워 식민지를 통치하는 일본이 식민지민과 같은 민족이라는 생각과 이어지도록 훈화할 수 있었다는 사실은 고적들이 상징하는 역사가 한반도와 일본이 하나라는 사실을 대변할 수 있었다는 것을 의미한다.

이와 같은 고적을 활용한 역사왜곡이 가능했던 것은 고적이 선택적으로 보호되었기 때문이다. 특히 건조물은 특별보호건조물을 선별하는 과정을 통해 통치이념, 즉 동화이데올로기에 적합하지 않은 건조물은 배제된 실정이었다. 이 시기에 와서 고적이 당시 개발된 동화이데올로기의 선전도구로 사용되었다는 사실과 건조물이 보물에 포함되어 법적

보호대상으로서 그 위상이 격상된 사실은 건조물의 위상변화가 동화이데올로기 선전도구로서의 활용가치와 관련이 있음을 보여준다. 이 시기 총독부는 고적과 건조물 보존에 매우 우호적인 태도를 보이고 있으며 조선총독 미나미 지로는 조선 고적을 극찬하기도 하였다.

제7대 조선총독 미나미 지로는 당시 적극적인 동화정책을 주도한 인물이었다. 그는 '제3회 조선총독부 보물고적명승천연기념물 보존회'에 참여하여 연설한 인사말을 통해 조선 고적을 극찬하였다. 1937년 동아일보에 「고적보존회 총독인사요지」라는 제목으로 실린 인사말에 따르면 미나미 지로는 조선이 "문물제도가 대비(大備)하고 예술은 찬연히 그 정화를 발휘하였다"라며 고적의 훌륭함을 직접 선전하였다.

..... 일국문화는 그 유래하는 바 극히 오래고 또 근대문화는 고대문화의 공헌에 기인하는 바가 적지 않다. 조선은 그 역사가 극히 오래고 고래중국대륙문화의 영향을 받아 문물제도가 대비하고 특히 불교의 도래로 인해 각종 예술은 찬연히 그 정화를 발휘하게 되고 이 예술품들이 일본 내지에 그 작풍을 전한 것 역시 적지 않다. 우리 일본문화 융흥에 공헌한 바가 많고 큰 것은 역사가 전하는 현저한 사실이다. 삼국정립 이후 신라통일시대에 들어서는 당의 찬란한 문화를 수입하여 예술방면에서도 다수의 우수품을 남기고 우선 조선 지방에서는 한(漢)문화를 직접 재래한 낙랑시대의 유적이 금일 잔존된 것이 많아 이 등은 모두 역사의 증징 혹은 미술 공예의 모범으로 영구보존을 요하는 바이다. 또 조선은 지리적 관계로 보아 도처에 명산이 용립하고 거천이 따라 흐르고 있어 명승이 많고 기후풍토 관계상 진기한 동식물과 광물의 존재가 있어 향토명물로 또 학술연구의 자료로 보존유지를 계획함이 필요하다 .....[46]

이 발언이 고적에 대한 태도와 관련해 얼마나 극적인 변화를 담고 있었는지는 1902년 세키노 타다시가 동경제국대학의 명령을 받고 한반도를 조사한 이후 작성한 보고서의 내용과 비교해보면 잘 알 수 있다. 세키노 타다시는 보고서에서 조선의 건축을 '섬약왜소(纖弱矮小)'하다 라고 평가한 바 있다. 앞서 살펴본 조선총독부를 대표하는 최고위 인사인 미나미 지로의 발언과는 정반대의 의견이었다. 다음은 세키노 타다시의 보고 내용을 발췌한 것이다.

.... 국민의 기질이 사대적이므로 고유의 특색을 가진 건축이 발달하지 못했으며 허례를 좋아하고 형식에 구애하고 수식을 좋아함으로써 건축도 역시 성실성이 결핍하고 무기무력하고 협소해 경건, 웅대한 대건축을 하기에 불가능하였다. 일반적으로 섬약왜소(纖弱矮小)의 평을 면치 못하였다 .....[47]

..... 백두산의 산계가 나라 안을 종단하고 또 도처에 그 지맥을 분출하여 종횡반원함으로써 수백리의 광야, 수천리의 긴 강이 없고, 더욱이 해안선도 또한 적고 조그만 도서가 교차하고 있다. 지세가 국촉(局促)하고 광활 웅대한 기상이 없고 가는 곳마다 소규모 소건곤(小乾坤)이 아닌 곳이 없다. 이 지세가 국민의 정신에 미치는 감화는 현저하여 일반적으로 기개와 도량이 협애(狹隘)하여 고원웅대(高遠雄大)한 자질이 적다. 따라서 고래로부터 반도인에 의하여 경영되었던 거대한 사업은 거의 없고 그 시설은 항상 국소(局小)하였다. 건축술 같은 것도 또한 규모가 협소하다는 비난을 면치 못하였다 .....[48]

세키노 타다시는 뿐만 아니라 지세가 건축에 미친 영향을 서술하면서 한반도의 지리를 설명하였는데, 이 역시 미나미 지로의 발언과는 큰 차이가 있다. 세키노 타다시에 의하면 한반도의 지리는 '좁고, 광활 웅대한 기상이 없는' 것이었지만 미나미 지로가 설명하는 한반도의 지리는 '명산이 용립하고 거천(巨川)이 따라 흐르는' 것이었다. 이 역시 인식에 큰 변화가 있었음을 느끼게 하는 대목이다.

이러한 총독부의 극단적이기까지 한 태도변화에는 동화이데올로기가 그 바탕에서 작용하였다. 이는 미나미 지로의 인사말을 통해 구체적으로 추론해낼 수 있다. 미나미 지로는 '중국대륙문화의 영향'을 받은 조선이 '일본문화의 융흥'에 공헌한 바가 큰 것이 '역사가 전하는 현저한 사실'이라고 설명하면서 조선을 중국대륙과 일본을 잇는 중간자로 설명하고 있다. 또 한반도를 '조선 지방'으로 표현해 일본의 한 지방으로 조선을 표현하고, 많은 유적 가운데 낙랑시대의 유적을 언급하면서 '역사의 증징'으로 '영구보존'을 요한다고 설명하고 있다. 낙랑은 한때 중국대륙의 지배에 있던 지역으로 이를 언급함으로써 은연 중 한반도의 독립성보다는 종속성을 부각시키는 한편 낙랑을 통해 다시 한 번 일본과 대륙을 잇는 매개자로서 한반도의 역할을 강조하였다. '역사적 증징'과 '영구보존'을 언급한 것은 이것이 역사적 사실임을 피력하기 위한 것이었다.

古蹟을 사랑하자

九월十일은 고적애호일(古蹟愛護日)로서 전조선(全朝鮮)一제히 고적애호사상을 일반에게 강조하는 날인데 경성부에서는 부내 초등교생도를 동원시켜 시내각처대소고적、보물、천연기념물에 청소작업(淸掃作業)을 행케하엿다。그리고 예년대로 당일은 총독부박물관과 경주박물관의 입관료를 반감하야 일반에게 공개케되엿다。(사진은탑동공원에서청소작업)

그림 3-5. 고적애호일 '탑동공원에서 청소작업' 활동

「고적을 사랑하자」 9월 10일은 고적애호일로서 전 조선은 일제히 고적애호사상을 일반에게 강조하는 날인데, 경성부에서는 부내(府內) 초등교생도를 동원시켜 시내 각 처소 고적, 보물, 천연기념물에 청소작업을 행하게 하였다. 그리고 예년 대로 당일은 총독부 박물관과 경주박물관의 입관료를 반감, 일반에게 공개하게 되었다.

결국 인사말이 드러내는 한반도 고적에 대한 찬사의 이유는 한반도 고적의 '찬연'함 때문이 아니라 일본 문화에 공헌한 공로 때문이었다. 그 공로를 드러내기 위해 선택된 낙랑유적은 한반도의 독립성을 희석시키는 사례였다. 이 사례를 통해 한반도가 지리적으로 강대국에 종속된 지역이었으며, 역사적으로 중국과 일본의 중간자 역할을 해왔음을 강조하였다. 여기에 더해 한반도를 일본에 속한 '조선 지방'으로 표현함으로써 인사말의 근간이 동화이데올로기에 바탕을 두고 있음을 명확히 하고 있다. '극히 오래된 한반도의 역사'를 통일신라시대로부터 설명하고, 불교의 도래가 각종 예술이 찬연하게 된 계기로 설명하는 것 역시 불교를 전파한 중국대륙과의 종속적인 관계를 강조하는 한편, 단군과 같은 통일신라시대 이전 한반도의 재래 역사를 교묘히 배재하기 위한 것으로 해석할 수 있다.

이처럼 고적애호일이나 미나미 지로의 찬사에서 보이는 이 시기 고적에 관한 위상변화는 동화이데올로기가 정착해 가는 과정에 따른 것이었다. 이념의 정착 과정과 고적의 위상변화의 관계는 이념에 적합한 고적이 보호대상으로 선택되고 선택된 고적이 다시 통치이념을 선전하고 뿌리내리는데 사용된 것으로 간단히 정리해 볼 수 있다. 하지만 이 간단한 사실은 선택된 고적들이 이념의 생산, 선전, 정착의 전 과정에 활용되는 대신 보존의 타당성을 통치권력으로부터 담보받을 수 있었다는 중요한 사실을 내포하고 있다.

이 사실은 1930년대 적극적인 건조물 보존활동의 정치적, 이념적 배경을 설명할 수 있다는 점에서 주목할 만한 것이다. 동화이데올로기는 통치 안정과 전쟁 수행을 위한 기만적인 정책이었지만 한반도 고적 보존의 타당성을 담보해 주었다. 동화이데올로기의 정착에 따른 고적, 유물 등에 대한 총독부의 우호적인 태도 변화가 없었다면 「보존령」 제정과 같은 구체적인 제도 개선은 힘들었을 것이다.[49] 「보존령」은 건조물을 '보물'로 지정함으로써 보호대상으로 편입하였으며, 건조물 보존을 위한 예산 배정의 법적 근거를 담고 있다. 「보존령」이 1930년대 적극적인 건조물 보존활동과 수리공사 시행을 제도적으로 뒷받침하였음은 이론의 여지가 없다.

하지만 동화이데올로기 정착 과정에서 많은 수의 건조물들이 보호대상에서 배제되었음을 간과해서는 안 된다. 이 시기 보존활동의 적극성에만 주목한다면 일제강점기 건조물 보존에 대해 자칫 편파적인 평가를 하는 우를 범할 수 있기 때문이다. 「보존령」은 여전히 보물건조물 보호의 조건으로 '역사적 증징이 되는' 이라는 꼬리표를 달고 있었고, 건조물의 선택적 보존은 보물 지정이라는 형태로 이후에도 이어졌다.[50] 실제로 '보물건조물' 지정에서도 단군 관련 건조물이나 조선의 통치시설들은 보호대상에서 배제되었다.[51]

과거를 이데올로기적으로 이용하려고 하는 경우 과거에 대한 선택이 이루어지고, 현재의 상황을 정당화시키는 데 장애가 되는 과거의 사실은 무시되거나 제외된다.[52] 「보존령」 제정 이후 '보물건조물'의 지정은 '특별보호건조물'의 성격을 더욱 공고히 한 것이었고, 이 시기 동화이데올로기 정착을 돕는 수단이 되었다.

또 하나 주목해야 할 점은 「보존령」 제정 이후에도 특별보호건조물 시기의 건조물 보존 기조가 이어지고 있음에도 불구하고 조선총독부가 건조물 보존활동에 적극적으로 나섰다는 점이다. 새로운 법령이 제시하는 선택적 보존 기조는 별반 달라진 것이 없었는데도 보존활동은 이전 시기에 비해 매우 적극적인 것이었기 때문이다. 1934년 예산개편과 보물목조건조물대수선 10개년 계획 수립, 1935년 예산증액과 첫 수리공사 보조금 지급, 1936년 화엄사 각황전, 수원 장안문과 같은 대규모 신규 수리공사 시행 등은 그 적극성을 여실히 드러내고 있다. 법령의 제정에서 대규모 사업까지 이어진 이와 같은 빠른 대응은 이전 시기와 너무나 큰 차이를 보이고 있다.

이러한 급진적인 변화는 이제까지 살펴본 통치이념의 생산, 선전, 정착 과정에서 변화한 건조물의 위상만으로는 설명되기 어렵다. 동화이데올로기를 앞세운 통치체제에 한반도 재래 건조물이 기여하는 바는 미미했다. 대부분이 조선시대 건조물이었고, 가장 오래된 건조물이라고 해도 고려시대를 넘지 않았다. 내선일체와 같은 동화이데올로기 창출에는 고대의 유적과 유물이 주로 동원되었기 때문에[53] 이 시기 건조물에 대한 적극적인 수리와 정비는 의문스럽지 않을 수 없다. 통치이념에 따른 당시 건조물의 위상변화는 건조물 보존 배경 중 하나로 지목될 수 있지만, 적극적인 건조물 보존활동의 이유로 지목되기는 힘들다. 이어지는 글에서 살펴볼 「보존령」 제정과 함께 발표된 제정 취지문은 당시 건조물 보존 수리공사가 보이는 적극성의 실마리를 제공한다.

'보물건조물' 지정과 「보존령」 제정 취지

「보존령」이 보호가치가 있는 건조물을 '보물'로 지정함을 명시함에 따라 「보존령」 제정 이후 수리가 필요한 건조물은 '특별보호건조물'이 아닌 '보물건조물'로 그 명칭이 바뀌었다. 명칭이 바뀌었음은 조선총독부박물관 수리공사 기록물을 통해 확인할 수 있다. 다음은 황해도 황주 성불사 극란전의 수리공사를 위한 보조금 하부 공문이다.

황해도 황주의 성불사 극락전 수리공사의 보조금은 1932년 하부되었는데, 그해 3월 24일 학무국에서 성불사 및 황해도지사에게 발송한 보조금 하부 공문에는 성불사 극락전을 '특별보호건조물'로 밝히고 있

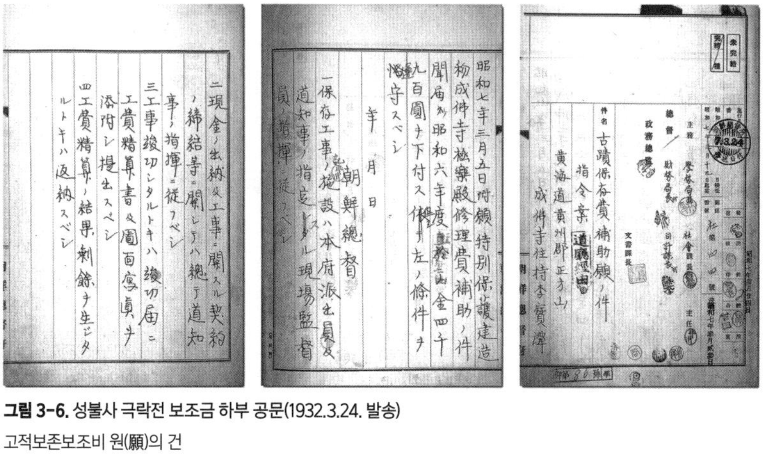

그림 3-6. 성불사 극락전 보조금 하부 공문(1932.3.24. 발송)

고적보존보조비 원(願)의 건

지령안(도청경유)황해도 황주군 정방산 성불사 주지 李 寶 澤

소화7년 3월 5일부로 신청한 특별보호건조물 성불사 극락전 수리비 보조의 건

신청에 대해 소화6년도(1931) 금 사천구백 원을 하부함

단 좌기 조건을 준수할 것

보조공사의 시설은 본부 파출원 ......

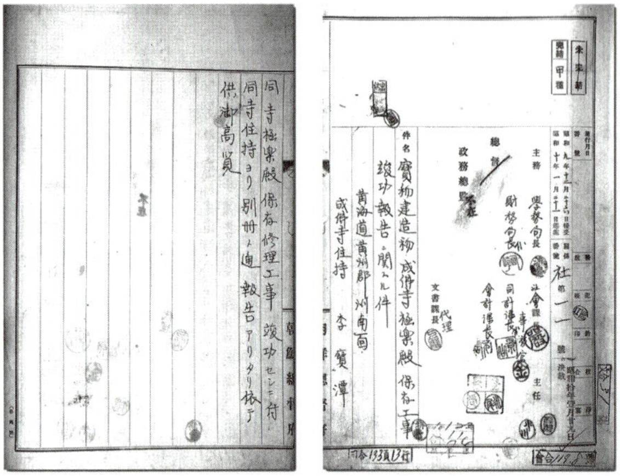

그림 3-7. 성불사 극락전 수리공사 준공 보고 공문(1934.12.25. 접수)
보물건조물 성불사 극락전 보존공사 준공보고에 관한 건
황해도 황주군 주남면 성불사 주지 李寶澤
同사 극락전 보존수리공사가 준공됨에 따라 同사 주지로부터 별책과 같은 보고를 공람함.

다.[54] 또한 1933년 10월 6일에는 성불사 응진전 수리계획서 제작을 위한 보조금 지급 공문도 발송되었는데, 「보존령」이 제정[55]되었는데도 불구하고 응진전을 '특별보호건조물'로 지칭하고 있다.[56] 하지만 1934년 극락전 수리공사가 준공되고 성불사 주지가 보낸 준공보고서를 학무국과 재무국이 공람하기 위해 작성한 조선총독부 내부문서에는 극락전을 '보물건조물'이라고 적고 있다.[57]

성불사 극락전 수리에 이어 진행된 화엄사 각황전 등의 이후 수리공사 관련 문서에서는 수리대상을 모두 '보물건조물'이라는 용어로 통일해 지칭하였다. 이를 통해 수리를 요하는 건조물 문화재의 명칭이 '특별보호건조물'에서 '보물건조물'로 변경되었음을 알 수 있다. 그러나 이것은 단순한 명칭의 변경만을 뜻하는 것은 아니다.

앞 시기의 '특별보호건조물'이란 '고건축물' 중 '역사의 증징이 되는' 것들을 보호하기 위해 도입된 개념이었다. 따라서 특별보호건조물의 선택은 총독부가 왜곡한 역사에 불리한 증거가 되는 건조물이 제외되어가는 방식으로 작동하였다. 이는 '특별보호건조물'의 개념에 실제 현상이 동조하였음을 보여준다. '보물건조물'은 이미 '특별보호건조물'의 선택이 일단락된 상태에서 다시 지정되는 건조물이었다. 이 지정에는 '특별보호건조물'이 그랬던 것처럼 '보물건조물'이라는 개념이 가지는 성격이 기준으로 작용하였을 것임을 생각해 볼 수 있다.

그리고, 그 기준이 '활용 가치'에 있었음을 「보존령」의 제정 취지에서 읽을 수 있다. 「보존령」 제정의 취지는 와타나베 토요히코(渡邊豐日子) 학무국장의 「조선보물고적명승천연기념물보존령 발포에 대하여」라는 글에서 살펴볼 수 있다.[58] 이 글은 1933년 발행된 『조선(朝鮮)』에 실렸는데, 그 취지는 크게 전반부와 후반부가 내용의 결을 달리하고 있다. 전반부에서는 기존 「고적급유물보존규칙(古跡及遺物保存規則)」(이하 「보존규칙」) 가지고 있었던 단점[59]을 지적하면서, 「보존령」이 가지는 소유권 제한의 필요성을 설명하고 있다.[60] 이는 이전 시기 법령과 비교해 강화되는 법안에 대한 당위성을 고적과 유물이 가지는 가치에 기대어 호소한 것이었다.

..... 조선에서 고적 및 유물 보존에 관해서는 대정5년(1916) 「보존규칙」을 반포한 이래 이를 기초로 보존을 요하는 고적 및 유물을 등록하고 함부로 등록된 물건의 현상을 변경하거나 이전하고 또는 처분하는 것을 금지해왔지만 본 규정은 실제에서 소유권에 제한을 가하는 것임에도 불구하고 부령으로써 형식상의 결함이 있으며, 그 사무의 주관 관계에서 금일 시세에 적당하지 않은 규정이다. 내용상 불비함이 있고 또는 종래 보적(寶積)으로 보면 특히 역사의 증징 또는 미술의 규범이 될 만한 유물에 대해서 한층 그 보존을 확실히 함과 동시에 소유자에 대해서도 일정한 의무를 갖게 하는 길을 강구할 필요가 있다.

본 규칙은 근본적으로 이를 개정하기에 적당하다고 인식된다. 또 명승천연기념물의 보존에 관해서는 종래 어떠한 법령으로써 제정을 가한 것이 없으며, 근래 교통의 발달, 내외 관람객의 격증 등으로 인하여 그 훼손 망실이 되는 것이 속출하기에 적당한 법규를 세워 그 보호를 완료할 필요가 있다.

따라서 종래 「보존규칙」은 본령의 시행과 동시에 폐지될 예정이다. 본령의 시행에 의하면 반드시 조선에서 문화상에 한 단계의 효과를 가져올 것이며, 특히 해마다 <u>내외인이 이 땅에 시찰하는 자가 많아지고 특히 만주국의 신흥과 함께 그 수가 배로 증가하며, 유독이 식산공업의 현상도 보이며 더욱이 진보된 고대 반도의 실정에 주목할 때에 그 반포를 하였던 것은 의의가 깊다고 믿어진다</u>.....[61]

먼저 전반부의 내용은 앞 시기 법령인 「보존규칙」의 한계에 대해 서술하면서 새로운 법령 제정의 필요성을 피력하고 있다. 눈에 띄는 점은 소유권에 대한 지적이다. 법령의 위계가 상대적으로 낮아 소유권에 대한 제한이 강력하지 않았다면서 이 때문에 현상변경이 일어나는 등 훼손된 것이 있다는 취지의 발언이었다. 이 지적은 '소유자에게 일정한 의무를 갖게 하는 일의 강구'로 이어지고 있다. 「보존령」 제정 이전, 소유권 문제는 건조물 보존에 특히 큰 걸림돌이 되었었다. 이 취지는 「보존령」이 건조물을 경제적 가치가 우선시 되는 재산이 아니라 공공재로 다룰 것임을 분명히 한 것으로 해석할 수 있다.

「보존령」이 우리나라 건조물 보존 역사에서 중요한 이유가 여기에 있다. 특별보호건조물 시기의 건조물 훼손과 멸실은 대부분 경제적 자산으로서 재산권을 인정하여 건조물의 처분을 소유주에게 맡겼기 때문이라고 할 수 있다. 실제로 총독부가 통치시설 확보를 위해 관유재산으로 분류된 건조물들을 개축, 전용, 매각, 철거할 수 있었던 이유도 여기서 찾을 수 있다. 「보존령」 이후 소유권이 제한됨으로써 소유자의 재산권을 법령으로 억제할 수 있게 되었고, 건조물의 현상변경을 강력하게 규제할 수 있게 되었던 것이다.[62] 하지만 소유권을 제한하는 강력한 법령이 통과되었다는 점은 제정을 반대하는 세력이 적었다는 사실을 의미하기도 함을 기억해두어야 한다. 즉 많은 수의 건조물이 소유자의 필요에 의해 현상변경되어 훼손된 후였던 것이다. 이러한 한계에도 불구하고 「보존령」의 소유권 제한은 건조물을 경제적 자산이 아닌 '문화유산'으로 관리할 수 있는 길을 열었다.

글의 전반부가 법령 개정의 내용을 설명한 것이라면 후반부에 이어지는 내용은 왜 지금 법령을 개정하는 가에 대한 답이 기술되어 있다. 이 내용이 매우 흥미로운데, 와타나베 학무국장은 이 시기를 교통의 발달, 여행객 증가, 만주국의 신흥, 다수 내외인의 조선 시찰 등으로 묘사하고 있다. 그런데 그의 묘사에 사용된 교통과 여행객, 시찰 등의 용어가 모두 관광산업과 연관된 것임을 알 수 있다. 그가 관광산업에 방점을 두고 있음은 이어지는 발언에서 확인할 수 있다.

앞서 소개한 글의 끝 단락에서 그는 이러한 상황이 바탕이 되어 현재는 식산공업(殖産工業), 즉 산업과 공업의 번성으로까지 이어지고 있다고 설명한다. 마지막으로 이 시점이 '고대 한반도의 실정에 주목하는 때'라며 개정의 의의가 깊음을 피력하였다. 즉 와타나베 학무국장이 겨냥한 바는 잘 보호되고 보존된 고적과 유물의 활용이 산업의 육성과 진흥에 기여하게 될 것이라는 점에 있었다.

와타나베 학무국장이 밝히는 제정취지는 「보존령」 제정에 이르는 과정에 조선총독부의 산업 육성책이 작용하였다는 주장을 뒷받침한다. 이는 「보존령」 제정의 배경으로 선행연구들이 그간 지적해왔던 보물 및 유적이 가지는 학술적, 예술적 가치의 보존이라는 설명과는 다른 관점이라는 점에서 흥미롭다. 와타나베 학무국장이 밝히는 「보존령」 제정취지의 후반부는 분명히 고적과 유물이 가지는 활용가치에 주목하고 있다.

「보존령」의 제정으로 인해 '보물건조물'을 새롭게 지정해야 하는 시기였다는 점을 고려하면 제정취지가 주목하는 활용가치는 '보물건조물' 지정의 기준 중 하나로 작용하였을 가능성이 매우 크다. 당시는 목록도 제대로 존재하지 않았던 전국의 특별보호건조물 중에서 '보물건조물'을 공식 지정해야 하는 상황이었다. 건조물의 재선택 과정에서 보물 지정의 우선순위를 결정할 기준이 필요하게 되었던 것이다. 「보존령」 제정취지는 그 기준이 바로 활용가치였음을 말해준다.[63]

이는 1930년대 조선총독부가 행한 건조물 보존활동의 적극성에 대한 이유를 설명할 실마리를 제공해 준다. 특별보호건조물 시기에 형성된 '역사적 증징'으로 대표되는 역사적, 예술적, 학술적 가치들과 더불어 산업 육성에 기여할 수 있는 건조물의 활용가치가 새롭게 '보물건조물' 지정의 기준이 되었던 것이다. 이러한 주장은 소유권 제한이라는 강력하고 진보적인 내용을 담은 법령이 조선을 경영하는 기득권 인사들의 공감을 얻을 수 있었던 배경 역시 설명할 수 있다는 점에서 설득력을 가진다. 이어지는 내용에서는 실제로 건조물의 활용가치가 이 시기 조선총독부 보존활동이 보여주는 적극성의 동인이 되었는지 살펴보았다.

보물목조건조물대수선 계획 수립

조선총독부의 보물건조물 활용정책과 보존활동

「보존령」 제정 취지가 드러내는 건조물의 활용가치는 조선총독부가 추진한 여러 산업 육성책 중에서도 관광산업에 기여하는 것이었다. 1930년대는 조선총독부의 긴축재정이 이어졌고, 만주사변 등으로 인한 철도 관련 사업비 증가를 충당하기 위한 목적으로 철도국이 주체가 되어 관광산업이 육성된 시기였다. 이로 인해 논의된 관광지 개발 및 정비는 당시 고적보존활동과 맞물려 자연스럽게 지역의 볼거리로 꼽히는 건조물의 수리로 이어졌다.

조선총독부의 관광산업 육성은 1920년대 관광목적 철도개통, 사설철도회사의 관광사업 전개 등을 발판으로 1930년대에 본격화 되었다.[64] 일본은 1912년 이미 일본여행협회가 조직되어 외국인 관광객 유치에 힘써 왔는데 그 사업목적은 일본에 대한 인식을 제고하는 한편 하나의 산업으로서 관광산업이 국가경제에 기여토록 하는 것이었다.[65] 당시 일본의 철도원은 일본여행협회의 조직에 호응하여 관광루트 설정과 관광지 정비를 본격적으로 추진하였다. 이러한 철도를 활용한 일본 내의 관광산업 육성 기조는 한반도로 이어졌다.[66]

한편, 한반도 철도는 대한제국 시절 경인선(1899)을 시작으로 경부선(1905), 경의선(1906)이 일본의 지시감독 아래 건설되었다. 한일병합 이후에도 철도 건설이 이어졌는데, 호남선(1914), 경원선(1914), 함경선(1928)이 차례로 건설되어 식민 지배 및 대륙 침략을 위한 간선 철도망이 형성되었다. 이후 '조선철도 12년 계획'에 의해 도문선, 혜산선, 만포선, 경전선, 동해선이 건설되었고, 1930년대에는 평원선, 경경선(중앙선), 백무선이 건설되었다. 그 밖에도 다수의 지선 및 사설 철도가 지속적으로 가설되었다.[67] 특히 1931년에는 금강산전기철도와 같은 관광을 목적으로 하는 철도가 부설되었고, 이즈음 서선식산철도주식회사, 중앙철도주식회사 등과 같은 사설철도회사들의 관광사업이 운영되고 있었다.[68]

철도를 활용한 관광사업을 철도국이 주체가 되어 총독부 차원에서 진행해 나갔던 것은 일제강점기 내내 긴축재정을 이어나갈 수밖에 없었던 조선총독부의 재정상황과 큰 관련이 있다.[69] 일제는 농산물, 광물, 목재 등 자원을 수탈하고 일본에서 그 가공을 수행한 후, 가공된 공산품을 한반도에 파는 식의 일반적인 식민지 경제 경영을 수행해 왔다.[70] 때문에 경제 자립을 뒷받침할 산업화는 한반도에서 요원한 일이었고, 조선총독부 역시 일제강점기 내내 본토의 재정에 기대어 한반도를 경영할 수밖에 없었다.

더욱이 1919년 3·1운동을 계기로 '지금까지 제국정부의 보조를 받게 되어 있던 것을 조선재정의 독립이라는 것으로 공을 쌓고자 했기 때문에 독립운동이 발생했다'라면서 무단으로 수행해오던 재정자립계획을 포기하였고, 문화통치로 정책기조를 전환하면서 단행한 조세개혁(1926)으로 인해 정책경비는 계속 증가하였다. 또한 1923년 관동대지진으로 인한 일본 본토 내 재계의 불황에 따라 개시된 조선총독부의 긴축재정은 일본 경제가 1920년대 말 공황(恐慌)[71]상태에 빠지면서 장기화 될 수밖에 없었다.

일본 본토는 이후 전 국가적인 긴축 노력과 면직 수출의 호황, 중화학공업 등의 발전으로 반등의 발판을 마련하였고, 만주사변(1931), 중일전쟁(1937) 등이 불러온 군수호황으로 경제상황이 공황 이전으로 회복되었다. 하지만 한반도의 경우 만주지역에서 중국으로 확대되는 전쟁 상황 속에서 철도건설 및 개량, 도로·교량·항만의 수축 등 군사 시설에 필요한 토목사업에 거액의 경비를 지출하는 등 여전히 어려운 상황이 계속되었다. 결국, 조선총독부는 긴축재정으로 악화된 재정 건전성을 회복하지 못한 채, 군비확장을 목표로 하는 조세개혁(1934)을 단행하게 된다.[72]

당시 철도사업은 긴축재정을 이어가던 조선총독부의 주요 관유수입원이었는데, 1925년 남만주철도주식회사에 위탁경영되고 있던 조선철도를 총독부가 직접 경영하게 되면서, 철도사업 수입은 조선총독부특별회계 경상부 관유수입 총액의 5할 이상을 차지하였다.[73] 조선철도의 직접경영은 당시 문화정치를 위한 세출경비를 충당할 목적이었으나 정작 이 거액의 철도수입은 철도건설 및 개량에 전액이 충당되고도 부족할 정도였다. 1931년 만주사변 이후로 철도건설 및 개량에 드는 비용이 더욱 증가하였기 때문이다. 따라서, 철도사업을 맡았던 철도국은 수입의 증대를 꾀할 수밖에 없는 상황이었다.

이와 같은 배경 속에서 조선총독부 철도국은 수입증대를 위한 노력의 일환으로 철도를 이용한 관광사업을 진작시키기 위해 노력하였다. 그리하여 철도국은 조선총독부 관광정책의 주체로서 외국 관광객 유치를 위한 관광진흥의 필요성과 관광루트 개발 및 관광지 정비의 필요성을 지속적으로 제기하였다.

당시 철도국의 입장은 1931년 조선총독부 철도국 영업과에 근무하던 사토 사쿠로(佐藤作郎)의 주장에서 잘 드러난다. 사토는 조선철도가 중국과 일본을 연결하는 한편 유럽과 아시아의 주요선로(幹線)로서 외국인 관광객을 유치하는데 중대한 역할을 해왔다고 평가하였다. 또 제국 일본의 정책에 따라 조선철도를 중국, 유럽과 보다 긴밀하게 연결시켜야 한다고 주장하면서 일본-조선-만주-중국-유럽을 잇는 노선 등의 설치를 제안하였다. 또 해운으로는 부산 혹은 인천과 상해를 잇는 노선의 설치를 제안하면서 상해, 홍콩 방면의 관광객들을 해운대와 금강산 등지로 유치할 수 있음을 주장하였다.[74] 이에 더해 명승지 등을 관광지로 개발하자는 제안을 하였는데, 국립공원계획이 진행 중이던 금강산, 역사 유적지인 평양과 경주, 온천으로 유명한 주을 등을 언급하였다.[75]

관광루트 개발과 함께 사토가 주장한 관광지 개발과 정비에 관한 필요성은 조선철도협회회지 등을 통해서도 제안되었다. 1936년 회지에 실린 「조선관광객유정책(朝鮮觀光客誘政策)」이라는 기고에는 조선에 관광객을 유치할 방안으로 조선총독부와 지방청에 관광을 주관한 기구와 관광과 관련 있는 전문가로 구성된 위원회를 설치할 것을 건의하였고, 더불어 관광업 종사자를 중심으로 한 조선중앙관광협회와 보승회(保勝會)를 설치할 것도 건의하였다. 그는 보승회가 관공서·교통기관·여관·요리점·선물가게 간의 연락과 공조 도모, 안내기·지도·그림엽서 발매, 안내자 양성 및 공급 등 서비스 개선을 위한 것뿐만 아니라 관광지 미

화, 관광도로의 개설과 보수 등 직접적인 관광지 개선을 위한 업무도 맡아야 한다고 주장하였다.[76]

그런데 이 기고에서 관광객 유치 방안으로 지방에 설치할 것을 제안한 보승회는 사실 이미 지방에 설치되어 있는 고적보존회의 일반적인 명칭들 중 하나였다. 지방에 설치된 고적보존회는 1910년에 이미 23개에 달했고, 1920년대에 8개, 1930년대에 17개 단체가 새로 설립되는 등 1910년부터 1935년까지 꾸준히 설립된 단체였다. 조선철도협회회지에 이 기고가 실릴 당시에는 이미 총 49개의 단체가 설립되어 있었고 이 가운데 19개 단체가 보승회라는 이름으로 조직되어 있었다. 보승회와 같은 고적보존회가 설립된 목적은 대부분 지역의 역사적 고적 보존수리, 특정 유적지 보존관리를 위한 것이었다.[77](표 3-2)

이러한 보승회의 활동은 기사를 통해 보도되기도 했는데, 밀양의 보승회 설립을 다룬 다음 기사는 보승회의 주요활동 중에 건조물 수리와 관련된 활동이 포함되어 있음을 알려준다.[78]

..... 경남 밀양군에서는 여러해 전부터 영남루(嶺南樓)를 수리하며 그 동산을 공원으로 만들고자 문제되어오던 바, 군수 최두연씨는 그 문제를 해결코저 많은 힘을 쓴 결과 영남루 수선비 팔천원을 총독부에 얻은 고로 그 돈을 기본으로 하고 밀양 전군의 유지에게 동정을 얻어 위험이 조석에 있는 영남루를 수선하며 전군에 흩어져 있는 사명당(四溟堂)유적을 위시하여 모든 고적을 보존관리하기 위하여 지난 이십이일 면장회의를 마치고 보승회를 발기하리고 협의되어 규칙 이십여조의 초안을 통과하였는데 앞으로 전군의 유지와 한자리에 모여 진행방침과 역원을 선거할 예정이라더라.[79]

표 3-2. 지역 보승회의 활동(밀양)

명칭	구역	주요역할(主旨)	설립시기
밀양군 보승회 (회장은 밀양군수)	밀양군 일원 (사무소 밀양군청 내)	밀양군의 명승 및 천연기념물의 보호 관리와 풍치시설을 위함	소화5년(1930) 5월 5일

회계	시설 및 사업	역원	기타
회비, 기부금, 국고보조금	-영남루 및 同 부속 건조물, 백송 보호관리 -영남루 백송 등의 연혁 전설 및 문예상의 조사연구 -영남루, 백송의 선전 소개	회장1, 부회장2 (밀양읍장), 고문 약간명, 간사2, 평의원 약간명, 서기 약간명	회원명부, 재산대장, 현금출납부, 회비수납부

그림 3-8. 일제강점기 발행 밀양 관광엽서(위 2장은 밀양전경과 밀양남문, 아래 2장은 영남루 전경)

이처럼 보승회는 중앙 및 지방 통치기구와 밀접한 관련을 맺고 조직적으로 운영된 단체로 민간기구라기보다 관소속 보존기구에 가까운 단체였다.[80] 이들 단체의 대표는 대개 지역단체장(군수·도지사)이 담당하였고, 국고나 지방비의 보조금이 단체의 경비에 포함되었기 때문이다. 이렇게 통치기구와 관련을 맺고 있던 지방고적보존회는 총독부의 관광 진흥책과 호응하여 점차 조선철도협회회지에 기고된 것과 같은 관광기구의 역할을 수행했던 것으로 보인다. 그 사업 내용을 살펴보면 몇몇 단체의 경우 지역 고적의 홍보를 위해 그림엽서나 고적 안내기 등을 발간하고, 이용자들의 편의를 도모하기 위해 도로를 개수하고, 교통시설, 숙박시설을 마련함으로써 고적 보존의 차원을 넘어 관광상품으로 활성화하기 위한 노력이 보이기 때문이다.[81]

철도관광에 보승회를 활용하려는 시도는 결국 지역의 인적, 물적 자원을 이용하고자 한 시도이며, 보승회의 주요한 활동 중에 건조물 수리 관련 활동이 포함되어 있다는 사실은 관광진흥책과 고적보존정책이 서로 호응하고 있음을 보여준다. 이는 당시 건조물 수리공사가 철도국 직원 사토의 '명승지 등을 관광지로 개발'하자는 제안이나, 철도협회 기관지의 기고가 주장하는 '관광지 미화'의 맥락과 닿아있음을 알려준다.

보물건조물 활용정책에 호응한 보존활동

건조물 문화재 보존 활동에 영향을 미쳤던 조선총독부의 관광진흥정책은 1936년 베를린 국제올림픽회의에서 제12회 하계올림픽을 동경에서 개최하기로 확정된 것을 계기로 더욱 촉진되었다. 올림픽 개최를 위한 일본의 노력은 1930년대 전반에 걸쳐 진행되었고, 이 시기 일본의 관광지 개발과 정비 등 진흥정책의 추진 배경에는 올림픽 개최도 포함되어 있었다. 일본은 1931년 1월 20일 동경시회에 국제올림픽경기대회 개최에 관한 건의안을 제출하여 만장일치로 이를 가결하였고, 1932년에는 유럽과 미국에 특파사절을 보내 각국을 방문해 일본 동경의 올림픽 개최의사를 적극적으로 선전하였다. 그해 국제올림픽위원회와 각 주요국에 올림픽 유치계획을 제출하며 개최 확정을 위해 노력하였지만 결정은 1935년으로 미뤄졌다. 1935년 2월 26일에 개최지 결정을 위한 위원회는 노르웨이 오슬로에서 이루어졌는데, 일본, 핀란드, 이탈리아가 후보지로 논의되다 결국 결정을 보지 못하고 다시 그 결정을 연기하였다. 이에 일본은 외무성, 문부성, 동경시, 일본체육협회, 관광국, 일본상공회의소가 모여 유치위원회를 만들어 국제올림픽위원 등을 초청해 동경의 시설을 시찰시키는 등 노력을 아끼지 않았다. 와중에 이탈리아가 개최를 포기하였고, 뒤늦게 영국 런던이 개최를 선언하였다. 이후 1936년 8월 1일 최종적으로 런던, 헬싱키, 동경이 경합을 벌여 일본 동경이 개최지로 결정되었다.[82]

개최를 위해 구성한 유치위원회에 일본제국 정부의 관광국(觀光局)이 포함되어 있다는 점에서도 알 수 있는 것처럼 올림픽 개최를 위한 노력은 관광정책과 관광산업에도 미치고 있었다. 또 '유럽과 아시아의 간선(幹線)으로서 외국인 관광객을 유치하는데 중대한 역할'을 해온 한반도에도 당연히 영향을 주었다.[83] 조선총독부는 먼저 관광산업 육성을 위한 민간단체를 구성하였는데, 총독부의 주도 아래 1933년 2월 10일에 개최되었던 제1회 '관광사업협의회'에서 설립이 결정된 '관광협회'가 그것이다. 이후 관광협회는 금강산과 경성, 부산에 가장 먼저 조직되었고,

1935년 무렵에는 평양, 1937년에는 경주, 원산 등에 관광협회가 조직되었다. 1936년 일본 철도성은 이들 관광협회를 일본에서 조직한 '일본관광연맹'의 '조선지회'로 통합시켰다. 철도성의 통합조치는 동경 올림픽 준비를 위한 것이었다.[84]

조선총독부는 관광산업 육성을 위한 단체조직과 함께 구체적인 사업도 진행하였다. 올림픽 개최를 위한 건의안이 동경시회를 통과한 1931년, 일본 내 관광진흥을 목적으로 한 「국립공원법(國立公園法)」이 제정·시행되었다. 이 법은 미(美)적인 측면에서 공원을 지정하고, 관광에 의한 지역진흥이 주목적인 법이었다.[85] 조선총독부는 관광진흥과 이를 위한 관광지 개발에 이 「국립공원법」을 활용하였다.

한반도에서 국립공원 지정을 통해 관광지로 개발하려고 했던 대표적인 장소는 금강산이었다. 금강산은 일본 내지에도 알려진 유명한 관광지로 당시 대중들에게 널리 알려진 명소였다. 「국립공원법」 제정(1931)을 위해 내지와 식민지 국립공원 후보지들에 대해 조사와 검토가 이루어졌고, 금강산 역시 후보지로 선정되었다. 당시 금강산은 이미 일본과 한반도에서 전통적인 명승이었기 때문에 철도를 이용한 근대 관광이 시작되자 곧 한반도를 대표하는 관광지가 되었다.

한편, 당시 국립공원 후보지 선정에 주도적 역할을 하였던 타무라 츠요시[86](田村剛)는 1915년 금강산을 방문한 뒤, 이듬해인 1916년 『대일본산림회보』에 「금강산과 그 풍경개발책」을 게재하였다.[87] 이후 타무라는 금강산을 국립공원에 합당한 사례로 꾸준히 언급하였고, 1920년 일본 내무성 위생국의 촉탁으로 임명되어 국립공원 후보지를 조사하는 임무를 맡게 되었을 때, 내지의 16개 후보지와 함께 금강산을 국립공원 후보지로 추천하였다.[88]

타무라에 의해 금강산이 국립공원 후보지로 거론되던 때, 금강산 관광은 금강산 전기철도 개설로 큰 변화를 맞이하고 있었다. 금강산 전기철도는 금강산전기철도주식회사[89]가 1919년 착공하여 1931년 준공한 철도로 철원역에서 내금강역까지 부설된 철도였다.[90] 철원역은 경원선이 지나는 역이었으므로, 이 철도가 부설되면서 경성과 금강산을 오가는

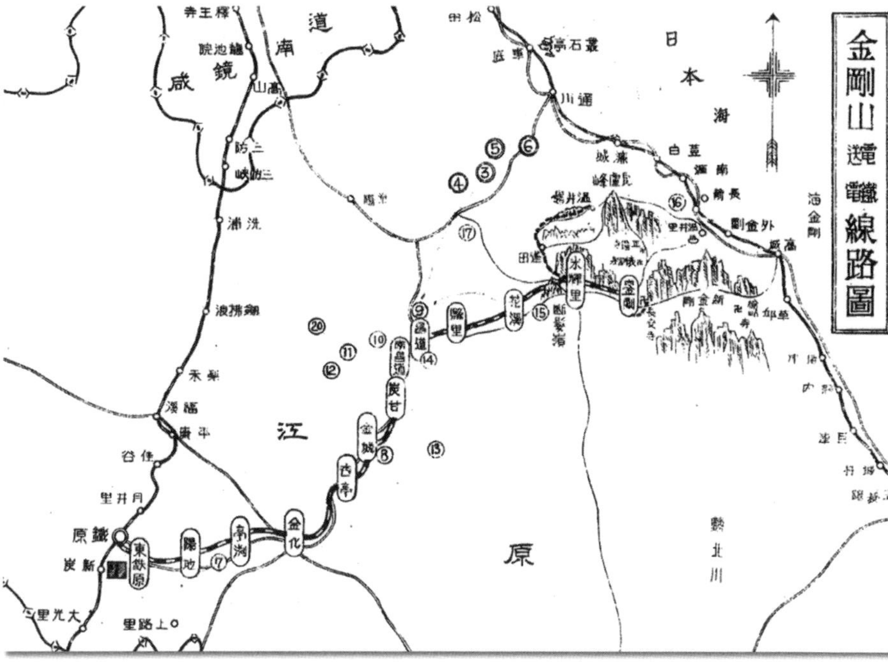

금강산전기철도, 금강산전기철도주식회사20년사, 1939

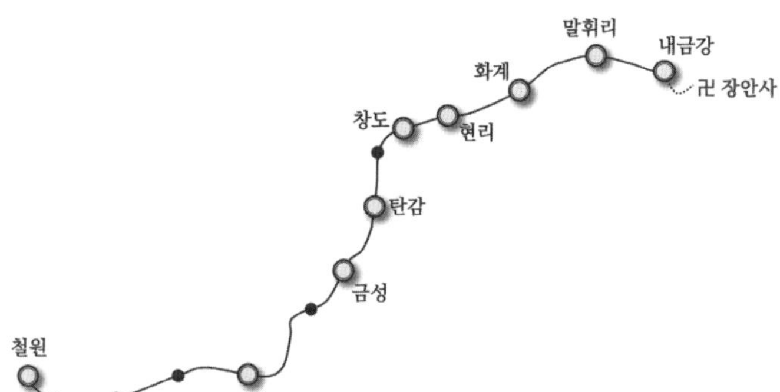

역명	김화	금성	탄감	창도	현리	화계	말휘리	내금강
개통연도 (월.일)	1924 (08.01)	1924 (12.24)	1926 (09.15)	1927 (09.01)	1929 (04.15)	1929 (09.25)	1930 (05.15)	1931 (07.01)

▲ 금강산 연락 버스 운행

▲ 탐승객 4만명 돌파

그림 3-9. 금강산 전기철도 노선도 및 개통일

가장 빠른 경로가 만들어졌다.[91] 기존 경원선을 이용해 원산을 거쳐 배편으로 이동하는 경로는 금강산을 크게 우회하는 데다가 금강산에 도착하는데 이틀 이상을 필요로 하였다. 금강산전기철도는 이 소요시간을 획기적으로 줄였는데, 금강산을 방문하려는 관광객은 경성에서 토요일 저녁 기차를 이용하면 일요일 새벽에 내금강역에 도착할 수 있었다.[92] 금강산 관광객은 전기철도 부설과 함께 큰 폭으로 증가하였다.[93] 하지만 관광객 증가는 철도부설로 인한 금강산 영역 재편에 비하면 부수적인 변화였다. 철도부설 전까지 금강산 탐승의 중심거점은 외금강 영역의 온정리 한 곳이었다. 하지만, 철도가 내금강까지 연결되자 내금강 영역에 위치한 장안사 일대가 온정리와 더불어 금강산 탐승의 중심거점으로 부상하게 되었다.[94] 내금강 영역은 금강산 관광객의 주요 유입로가 되어, 외금강에 버금가는 영역으로 변모하였다. 원래 관광 경로의 끝 지점에 있던 장안사는 어느새 관광 경로의 시작 지점이 되었고, 장안사 앞으로는 호텔과 상점 등 상업 시설이 새롭게 들어섰다.[95] 이로 인해 장안사는 금강산 관광에서 빼놓을 수 없는 중심거점으로 자리매김하였다.

金剛山을世界樂園으로

諸般施設에百萬圓投資

◇장안사부근의오만평디대에, 큰환락댱을시설할예뎡◇

◇금강뎐긔회사는국립공원을만들라고의회에대안해◇

今後五年이면輪環鐵道敷設도完成

1927.08.06 동아일보 2면

「世界の名山金剛山交通案内鳥瞰図」吉田初三郎 画, 金剛山電鉄発行, 1929

金剛山(금강산)을世界樂園(세계낙원)으로 諸般施設(제반시설)에 白萬圓投資(백만원투자)
◇장안사 부근 오만 평 지대에 큰 환락장을 시설할 예정 ◇금강산전기회사는 국립공원을 만들라고 국회에 제안

그림 3-10. 장안사 지역 개발계획 기사와 장안사 일대가 묘사된 관광지도

장안사가 중심거점으로 부상하기 시작한 무렵인 1927년, 고성군은 금강산 국립공원지정을 총독부에 청원하였다.[96] 이 시점은 금강산 전기철도 주식회사가 철원과 창도를 잇는 구간을 개통하고, 창도역과 내금강을 버스로 연계하여 본격적으로 관광객을 유치하던 때였다. 금강산 관광사업은 금강산 전기철도 주식회사의 수익과도 직결되어 있었기 때문에, 회사 중역들은 고성군의 청원에 호응하여 금강산 국립공원화에 주력하였다. 고성군이 금강산 국립공원지정을 촉구한 1927년, 금강산 전기철도 주식회사는 조선총독부로부터 국유지 5만 평을 불하받아 장안사 인근에 골프장, 경마장, 야구장 등의 위락시설 단지를 조성하는 계획을 발표하였다.[97]

내금강 개발 분위기가 고조되는 가운데, 철도 노선이 내금강 바로 앞 말휘리까지 개통되자, 1930년 금강산 탐승객은 4만 돌파를 바라보게 되었다.[98] 관광수익 역시 폭발적으로 증가[99]하였고, 1930년에는 총독부가 직접 나서 산림부, 철도국, 학무국을 중심으로 「금강산보승회」를 조직하여 금강산 국립공원계획을 추진하였다.[100] 금강산보승회는 조직된 바로 그 해에 발 빠르게 금강산 국립공원설계[101]를 위한 조사를 타무라에게 의뢰하여 국립공원계획의 초안을 잡았다.[102] 타무라는 조선총독부 촉탁으로 금강산을 직접 조사하여 「금강산 조사보고서」[103], 「금강산 탐승 계획안」[104], 「금강산 풍경 계획안」[105] 등을 작성하였다. 그의 계획안을 살펴보면, 장안사가 위치한 탑거리(塔巨里)가 중심 개발거점의 하나로 설정되어 있으며, 이곳에 관광객 유치를 위한 시설을 집중할 것을 제안하고 있다.

이후 금강산 국립공원화 계획(1931)이 수립되었고, 금강산 개발이 급격한 물살을 탔다.[106] 그런데 흥미롭게도 이 계획은 교통로와 여관 등의 관광지 정비계획과 함께 사찰 보존 계획을 포함하고 있었다.

세계의 절승, 금강산 공원

경치와 사찰보존에 주력 [총독부에서 계획 중]

천하명승금강산의 승경을 보존하며 널리 세상에 소개하여 금강산의 명성을 떨치고자 총독부에서는 산림부를 중심으로 하여 금강산 보승회를 조직하고 이제 철도, 학무, 내무 각국에서 위원을 선정하여 장차 "내쇼널 패크", 즉 국립공원을 조성할 계획으로 우선 소화5년도(1935)에 조사비로 약간의 예산까지 계상하였는데 조성사업비는 도로개착에 삼백만원, 여관기타시설에 이백만원 최소 오백만원은 들어야 할 터인데 대개 십년간 계속사업으로 진행할 터이라 한다. 금강산 국립공원은 자연을 그대로 상하지 말면서 교통을 편하게 하고 여관을 정비하며 사찰을 보존하게 하자는 것이 주안으로 산림부에서는 수목의 정리보호, 풍치를 보존하고 금강산의 특유한 고산식물을 보호하며 내무국에서는 내외금강의 연락도로를 신풍리로부터 한하계를 경유하여 온정리에 이르게 만들되 이 도로로 말미암아 부근 일대의 풍경을 손상치 말게 하고 학무국에서는 사찰이 궁하여 수목을 남벌하니 약간의 승려의 생계비를 주어 풍치를 못하게 하며 사찰을 유지하고 철도국에서는 여관의 설비를 확장하고 철도교통을 편리케하자는 것인데 이후 계속하여 회의를 거듭하여 확정된 안을 얻은 후 다시 일본의 유명한 조원학자를 초빙하여 의견을 구하기로 되었다.[107]

위 동아일보 기사는 국립공원계획의 주도는 산림부가 맡고 여기에 철도국, 학무국, 내무국이 함께 참여함을 알리고 있다. 그런데 산림부 외에 나머지 기관이 하는 사업은 모두 관광지 개발과 정비에 관련된 일임을 알 수 있다. 당시 학무국은 문화재 보존의 핵심기구로서 휘하의 종교과에서 보조비 보조금 집행, 수리공사 시행, 고적 및 고사사 조사 및 보존 업무를 수행하였다.[108]
위 기사의 내용 중 학무국의 역할은 금강산의 사찰들에 보조금을 지급한다는 것인데, 그 보조금의 명목은 풍경을 해치는 것을 막고 사찰을 유지한다는 것이었다. 이 사찰 유지에는 사찰 소유 건조물의 수리도 포함되어 있었다. 학무국은 이미 금강산의 대표적인 명승으로 꼽혔던 장안사의 대웅전 수리를 위한 보조금을 1926년부터 기사가 나간 1930년까지 총 37,351원 28전을 지급하고 있었다.(표 3-3) 이 기간은 회계연도를 표시한 것으로 실제로 지급된 연도가 1927년부터 1931년까지임을 감안하면 고성군이 금강산 국립공원화 계획을 제안하고 금강산 전기철도 주식회사가 철도를 개통한 시점과 정확히 일치하고 있음을 알 수 있다. 이는 앞서 고찰한 것과 같이 관광지 개발과 정비가 건조물의 보존 수리로 이어지는 현상을 명확하게 보여주며, 관광정책과 건조물

보존정책이 호응하고 있음을 알려준다.

한편, 이후 1938년 금강산은 국립공원이 아닌 보승구역으로 지정되는데, 이는 만주사변으로부터 1937년 중일전쟁 개전까지 계속해서 이어진 재정문제와 전쟁 물자 충당을 위한 금강산 중석 채굴 개발을 허용하기 위한 조치였다. 보승구역 지정이란 국립공원화계획의 취소를 동반한 조치로 국립공원으로 지정될 경우 개발이 어려워지는 점을 미리 차단한 것이다. 또한 국립공원계획을 완전히 백지화하지 않고 보승구역으로 지정한 것은 관광지 개발을 위한 최소한의 보호조치로 풀이될 수 있다.[109] 이 조치는 당시 침략 전쟁 수행과 평화 올림픽 개최라는 모순된 과제를 안고 있던 일제의 딜레마를 고스란히 담고 있다.

1936년 올림픽 개최가 확정되고 이듬해인 1937년 중일전쟁이 발발했기 때문에 시기상 1938년 국립공원화 계획이 백지화되지 않고 보승구역으로 지정된 것은 올림픽 개최 확정으로 추진되던 관광지 개발의 진행 과정으로 생각하는 것이 가능하다. 어쨌든 올림픽 개최 확정과 보승구역 지정은 학무국이 다시 사찰 건조물 수리에 보조금을 지급하는 계기가 되었던 것으로 보인다. 지급이 재개된 시점이 올림픽 개최 확정된 후 금강산이 보승구역으로 지정되는 시점과 일치하고 있기 때문이다. 금강산 장안사 수리공사 보존비 보조내역을 보면 장안사의 중층 불전인 사성전 수리를 위한 보조금이 1938년(회계년도 1937년)에 지급되었는데, 1933년 수리계획서 제작을 위해 보조금이 하부된 이후 4년 만에 다시 보조금 지급이 재개되고 있음을 알 수 있다.

표 3-3. 일제강점기 금강산 장안사 수리공사 보존비보조금 상세

보조시작	보조 끝	보존비보조금	보조기간/횟수	수리대상 건조물
1926	1930	37,351.28	5년/5회	장안사 대웅전
1933	1933	1,205.00	1년/1회	장안사 사성전(수리계획서조제)
1937	1937	1,500.00	1년/1회	장안사 사성전
1939	1943	48,842.00	5년/6회	장안사 사성전

*끝 연도와 시작 연도는 지급된 보조비가 속한 회계연도임

금강산 개발의 사례는 올림픽 개최 확정으로 가속화된 관광지 개발이 보물건조물 수리공사로 이어지는 양상을 잘 보여준다. 금강산 외에도 올림픽 유치 결정 이후에는 구례 지리산과 제주 한라산의 국립공원화 계획(1937)이 발표되었다.[110] 특히 구례 지리산은 금강산 이후 처음으로 구체적인 계획이 수립된 국립공원화 추진사례였다.[111] 지리산 개발 분위기 속에서 금강산의 장안사 대웅전과 사성전이 그랬던 것처럼 화엄사 각황전 수리가 결정되었다.

화엄사 각황전은 구례의 명승으로서 1936년 구례 우편소가 유적과 명승을 활용한 우편소인(통신일부인)에 지리산과 화엄사의 모습을 넣어 사용하였을 정도로 구례군의 대표 보물, 명승이었다.(그림 3-11) 이 우편소인은 조선총독부가 관광진흥을 목적으로 각 지역의 보물과 명승을 도안으로 만들어 사용하라는 지시에 의해 만들어진 것이었다. 이 우편

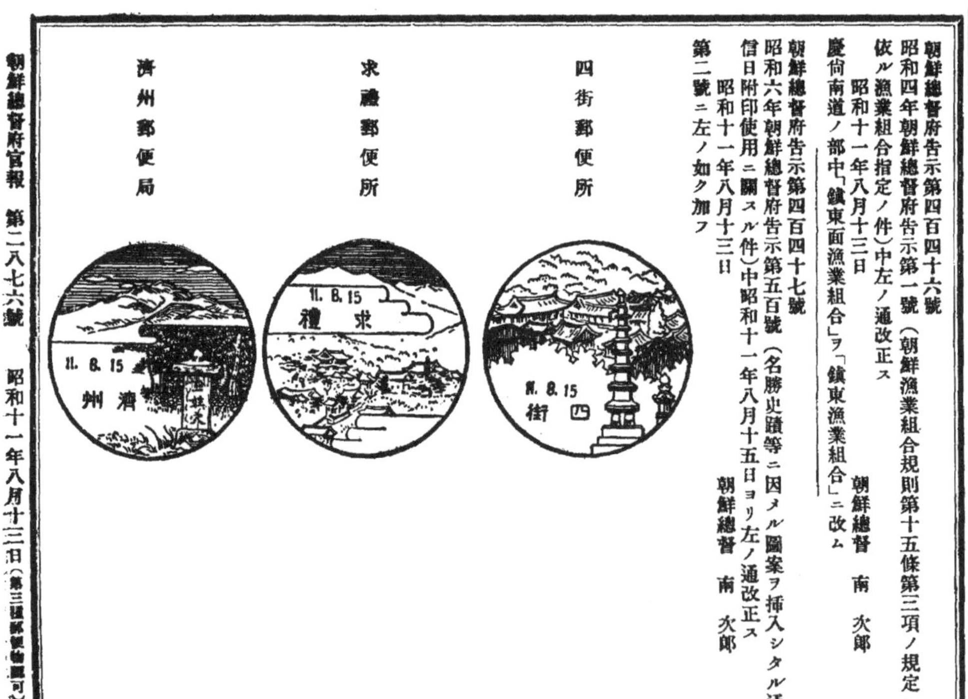
朝鮮總督府告示第四百四十六號
昭和四年朝鮮總督府告示第一號（朝鮮漁業組合規則第十五條第三項ノ規定ニ依ル漁業組合指定ノ件）中左ノ通改正ス
昭和十一年八月十三日　朝鮮總督　南　次郎
慶尙南道ノ部中「鎭東面漁業組合」ヲ「鎭東漁業組合」ニ改ム

朝鮮總督府告示第四百四十七號
昭和六年朝鮮總督府告示第五百號（名勝史蹟等ニ因メル圖案ヲ挿入シタル通信日附印使用ニ關スル件）中昭和十一年八月十五日ヨリ左ノ通改正ス
昭和十一年八月十三日　朝鮮總督　南　次郎
第二號ニ左ノ如ク加フ

四街郵便所

求禮郵便所

濟州郵便局

朝鮮總督府官報　第二八七六號　昭和十一年八月十三日（第三種郵便物認可）

그림 3-11. 화엄사를 소재로 만든 구례 우편소 통신일부인(가운데)

소인이 만들어진 1936년 화엄사 각황전 수리공사 사무소가 설치되고 각황전 보존 수리공사가 시작되었다.

이상에서 살펴본 것과 같이 1930년대 일제의 관광진흥책은 한반도의 건조물 보존수리로 이어졌다. 조선총독부는 부족한 재정을 충당하기 위해 관광진흥책을 적극적으로 시행하였다. 이후 만주사변 등 중국과의 전쟁이 확장일로를 걷게 되면서 철도 신설, 개량, 관리를 위한 비용의 증가를 가져왔고, 그 비용을 감당하기 위해 철도국이 중심이 되어 철도 관광산업을 육성하였다. 관광진흥책은 자연스럽게 관광지 개발과 정비로 이어졌는데, 총독부는 보승회와 같은 지방의 고적보존회와 연계하여 보조금을 지원하는 방식으로 지역을 대표하는 건조물의 관리와 수리를 진행하였다.

한편, 1930년대 일제는 올림픽 유치를 위해 노력을 기울여 오다 1936년 결국 동경올림픽 개최를 확정하게 된다. 올림픽 개최 노력은 관광지 개발과 정비를 더욱 적극적으로 수행하는 이유가 되었는데, 올림픽 개최 확정에 맞춰 국립공원화 계획을 수립하거나 추진한 사례가 여기에 해당한다. 이 과정에서 금강산 장안사 사성전이나, 구례 지리산 화엄사 각황전과 같은 고건축물이 명승으로서 수리되었다.

1933년 제정된 「보존령」에 건조물이 보호대상으로 포함된 것에는 1930년대 관광진흥책에 힘입은 관광지 개발과 정비를 통한 관광산업 육성이라는 조선총독부의 정책과 목표가 크게 작용하였다. 시기적으로 당시는 동화이데올로기가 정착하고 이데올로기 조작을 위한 건조물 선택이 완료된 시점이었다. 한반도의 문화를 보여주는 건조물들은 관광에서 빼놓을 수 없는 요소였고, 속속 훼손되어 가는 고적들에 여론의 우려도 커져갔다. 이에 일제는 「보존령」에 건조물을 보호대상을 포함시키기에 이른 것이다. 이후 조선총독부는 「보존령」에 근거해 화엄사 각황전, 장안사 사성전 등 관광지 개발에 동조하는 수리 사업에 보조금을 지급함으로써 관광진흥 정책에 호응하는 건조물 보존 정책을 실시하였다.

보물목조건조물대수선 계획(1934)의 수립과 시행

1930년대 들어서면서 급선회한 조선총독부의 건조물 보존정책은 법령의 개선(「보존령」의 제정), 기구의 일원화(학무국 종교과), 예산의 통합과 증액(전릉급보물고적명승천연기념물조사병보존비)이라는 구체적인 현상으로 드러났다.[112] 이와 같은 총독부의 적극적인 태도 변화는 동화 이데올로기의 정착, 관광산업 진흥정책을 배경으로 한 보물건조물 활용 정책의 일환이었다. 특히 1930년대 초반부터 노력해오던 동경 올림픽 개최가 확정되면서 관광지 개발이 탄력을 받았고, 이에 따라 건조물의 활용가치가 높아졌던 것이 건조물 보존활동의 적극성을 이끌었던 가장 큰 동인이었다고 할 수 있다. 이처럼 유지관리에 그쳤던 보존정책 기조가 적극적인 보존활용으로 선회하면서 법령과 기구, 예산이 일신되었고, 일신된 보존제도와 총독부의 정책이 호응하여 수립된 계획이 바로 「보물목조건조물대수선 10개년 계획」이었다. 1934년에 수립된 이 계획은 보물건조물 보존비를 증액하는 요구서와 함께 제출되었다. 요구서에는 계획의 취지가 증액사유서를 통해 기술되어 있다.

조선의 보물목조건조물의 대략적인 수는 국유(國有) 100동, 사찰 및 기타의 ~~사유(私有)~~ 寺有 [113] 200동, 합계 300동 정도이다. 이들은 거의 고대(古代)의 건축물인 관계로 부후파손(腐朽破損)이 심하여 대정2년(1913) 이래 2만원 내외의 매우 작은 금액의 보존비로 응급수리를 시행해 왔다. 좌(右)(의 건물 중-역자 주) 부후파손이 극에 달해 궤멸에 처해있는 것의 일부에 대해 일시적 응급수리를 실시하였으므로 나머지 대부분은 미수선(未修善)으로 되는 대로 방치되고 있다. 현재 상태로 방치해두어서는 가까운 장래에 도괴멸실에 처하게 되므로 그중에서도 최고로 부후가 심한 것으로서 국유건조물 수원성 장안문 외 12동 및 ~~사유(私有)~~ 사찰유(寺刹有)[114] 건조물 강진 무위사 극락전 외 17동 계 31동에 대해 별지계획서에 따라 소화10년도(1935)부터 향후 10년간 총공비 1,192,000원을 투입하여 대수선을 시행하는 것이 매우 절실하다. 이에 본년도 소요액 12,000원의 증액을 요구하게 되었다. [115]

사유서의 내용은 300여 동에 이르는 보물목조건조물이 훼손되어 멸실의 위기에 있으므로 이중 파손이 심한 것을 골라 수리공사를 향후 10

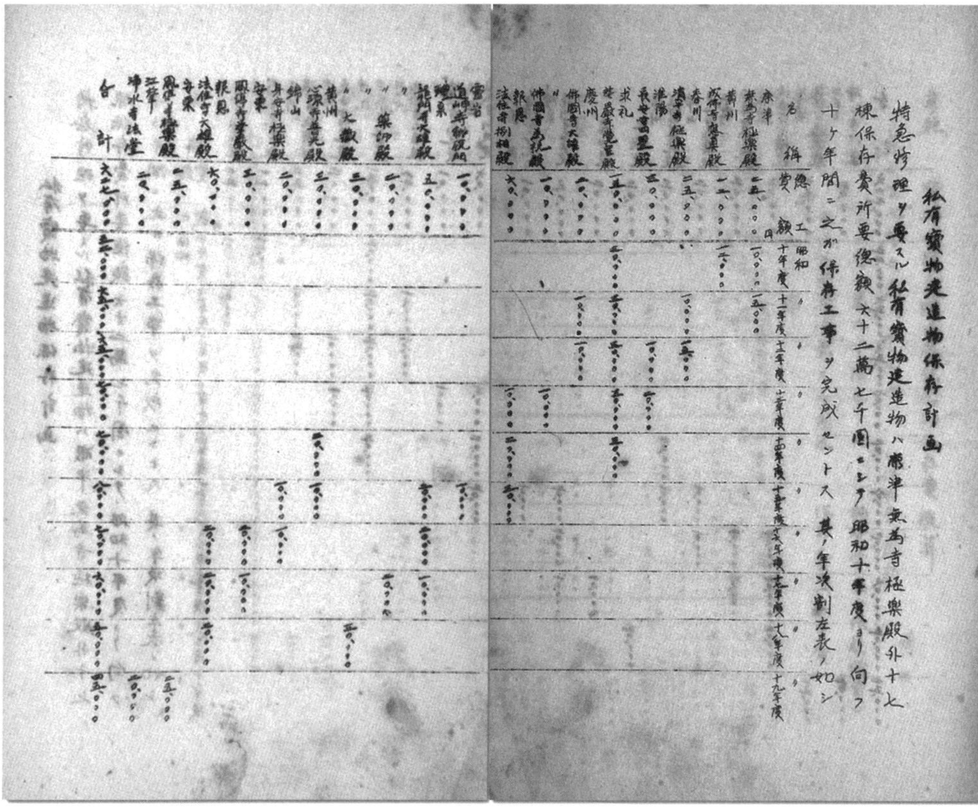
私有寶物建造物保存計畫

特急修理ヲ要スル私有寶物建造物ハ康津無爲寺極樂殿外十七棟保存費所要總額六十二萬七千圓ニシテ昭和十年度ヨリ向フ十ヶ年間ニ之ガ保存工事ヲ完成セントス其ノ年次割左表ノ如シ

그림 3-12. 대수선 10개년 계획에 첨부된 「사유(私有) 보물건조물 보존계획」

제목 다음에 기술된 글의 내용은 '지급(至急) 수리를 요하는 사유보물건조물은 강진 무위사 극락전 외 17동 보존비 소요 총액 627,000원으로 소화10년(1935)도부터 향후 10개년간 이에 대한 보존공사를 완성할 것임. 그 년차 분할은 다음 〈표〉와 같음' 이다. 다음에 기재된 〈표〉의 내용은 〈표 3-4〉를 참고.

년간 진행하겠다는 내용이다. 이에 선택된 건조물은 국유 건조물이 13동, 사유 건조물이 18동이다. 사유 건조물에 포함된 것이 모두 사찰의 소유였으므로 '私有'를 '寺有'로 고쳐 적고 있다. 이상의 내용은 1931년 조선고건축 보존을 위한 좌담회의 내용이나, 「보존령」 제정의 취지를 설명한 와타나베 학무국장의 발언의 전반부 내용과 그 맥락을 같이하고 있다. 이즈음 멸실되어 가는 한반도 재래 목조건조물에 대한 우려가 한반도 내외의 전문가를 중심으로 퍼져나가고 있었던 것이다.

하지만 10년간 백십구만이천원이라는 거금[116]을 들여 진행하는 사업의 계획이 반드시 보물건조물의 "도궤멸실"의 우려 때문만은 아니었다. 계획에 의해 수리공사가 결정된 건조물은 대부분 철도노선을 따라 위치하고 있으며, 당시에도 이미 유명한 금강산, 속리산, 태백산, 지리산, 월악산 등의 명승지에 위치한 건조물들이었다. 〈표 3-4〉는 보물건조물대수선 계획에 의해 결정된 수리대상 건조물의 목록과 공사비용이다.

수리대상 보물건조물이 있는 지역은 모두 21개 지역이다.[117] 이 지역들을 철도노선이 표시된 1930년대 관광엽서에 표시해보면 〈그림 3-13〉과 같다. 관광엽서에 표시된 지역을 살펴보면 대부분이 철도노선을 따라 위치한 지역임을 알 수 있다. 철도노선과 떨어진 지역은 춘천, 보은, 영암, 강진으로 춘천은 소양강과 청평사가 유명한 명승으로 꼽혔고, 강원도의 도청소재지로 교통이 편리한 곳이었다.[118] 보은과 영암, 강진 역시 속리산, 월악산 등 당시에 이미 유명했던 명승지역에 위치한 지역으로 자동차를 운행할 수 있는 도로가 정비된 곳이었다.

〈그림 3-13〉을 통해 수리를 계획한 건조물들이 철도노선을 따라 금강산, 지리산, 속리산, 모란대, 경주 불국사 등 관광엽서에 표시된 명승지에 위치한 것들임을 알 수 있다. 1931년 종교과장 이창근은 「조선고건축 보존을 위한 좌담회」에서 1930년 보조를 청구한 건조물이 200여 건에 이른다고 발언한 바 있었다. 실제로 전국에는 수리가 필요한 고건축물들이 허다했던 것이다. 200여 건에 이르는 보조신청에도 불구하고 「보물목조건조물대수선 10개년 계획」을 통해 향후 10개년 동안 중점 보호를 받을 건조물을 선택한 결과가 철도노선과 유명 관광지에 있는 건조물이라는 점은 이 사업의 성격을 보여준다.[119]

「보물목조건조물대수선 10개년 계획」의 표면적인 목적은 멸실 우려가 있는 건조물의 보존에 있었다. 이는 당시 여론과 전문가들을 중심으로 형성된 분명한 기류였다. 1930년대 조선총독부는 이 기류에 편승하여 관광진흥책에 호응하는 건조물 활용정책을 펼쳤다. 이 시기에는 1920년대와는 다르게 이념의 이식이나 왜곡이 주요 목적이었다기보다는 관광지 개발을 주요 목적으로 하는 보물건조물 보존활동이 행해졌다.

표 3-4. 「보물목조건조물대수선 10개년 계획」-국유 및 사유 보물건조물 보존 계획 (단위 : 천원)

명칭＼년도	1935	1936	1937	1938	1939	1940	1941	1942	1943	1944	합계
국유건조물											
수원 장안성	30	30									60
수원 창룡문		5	10								15
평양 대동문	20	20	10								50
안주 백상루			20	20	20						60
성천 동명관			20	30	30	40	30				150
평양 연광정				15							15
평양 부벽루					15						15
수원 팔달문						20	20	30			70
의주 남문							10	20	10		40
진주 촉석루								10	20		30
영변 만노문									20		20
안변 가학루										20	20
춘양 태백산사고										20	20
합계	50	55	60	65	65	60	60	60	50	40	565
사유건조물											
강진 무위사 극락전	10	15									25
황주 성불사 응진전	12										12
춘천 청평사 극락전		10	15								25
진양 장안사 사성전			10	20							30
구례 화엄사 각황전	30	30	30	30	30						150
경주 불국사 대웅전		10	10								20
경주 불국사 무설전				10							10
보은 법주사 팔상전				10	20	30					60
영암 도갑사 해탈문						10					10
예천 용문사 대웅전						20	20	10			50
예천 용문사 약사전								20			20
예천 용문사 대장전									30		30
황주 심원사 보광전					20	10					30
금산 신안사 극락전						10	10				20
안동 봉정사 화엄전							20	10			30
보은 법주사 대웅전							20	20	20		60
안동 봉정사 극락전										25	25
강화 정수사 법당										20	20
합계	52	65	65	70	70	80	70	60	50	45	627

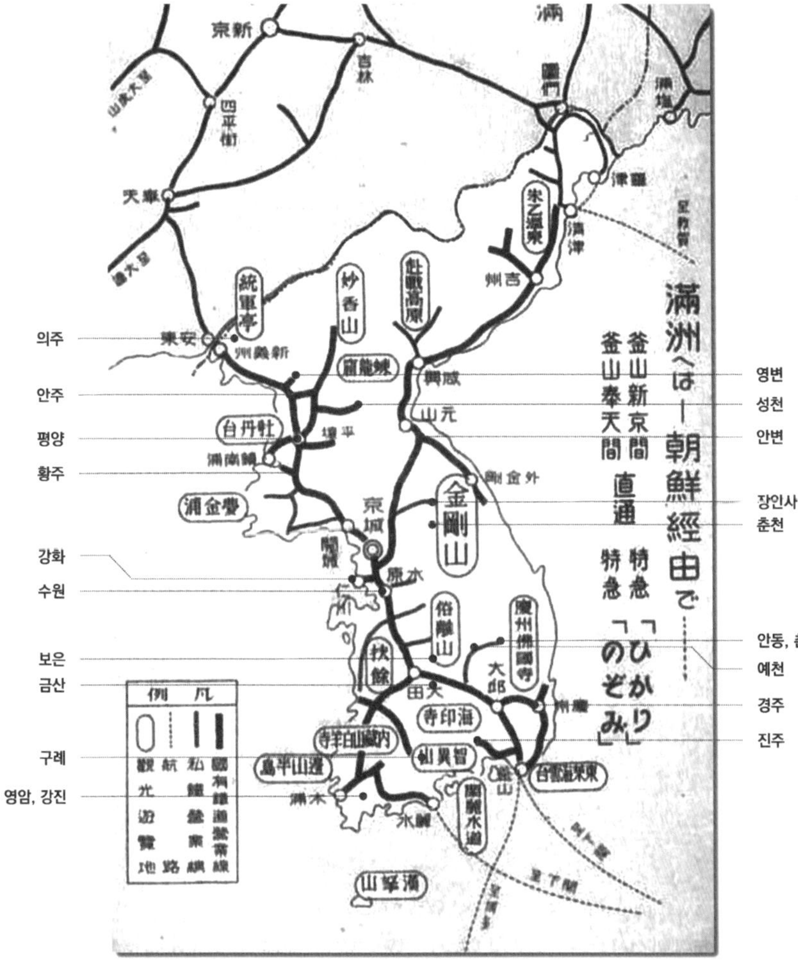

그림 3-13. 1930년대 조선관광지 약도(엽서, 발행연도 미상)

그림 3-14. 수원 장안문 수리공사 전/후 사진

한편, 「보물목조건조물대수선 10개년 계획」의 시작은 1935년으로 국유 건조물은 수원 장안문, 평양 대동문을 수리하는 것이었고, 사유 건조물은 무위사 극락전, 성불사 극락전, 화엄사 각황전을 수리하는 것이었다. 조선총독부박물관 문서에는 이 수리공사들을 기록한 문서가 남아 있어 사업이 실제로 시행되었음을 확인할 수 있다.

먼저 수원 장안문은 1935년 10월 4일 학무국이 경기도지사에게 발송한 「수원성 장안문 수리공사 시행에 부친 예산배부의 건」을 통해 계획된 금액과 같은 만오천원이 지급된 사실을 확인할 수 있다.[120] 수원 장안문 수리공사는 1934년 11월 이미 만천삼백원이 지급된 상황이었으므로, 대수선 계획이 예정한 삼만원에 가까운 금액이 지급되었다.[121] 준공보고에 의하면 장안문 공사는 1935년 3월 12일에 착수하여 1937년 3월 31일에 준공하였다.[122] 국유 건조물을 대상으로 한 수리공사의 시행이 대수선 계획에 맞춰 진행되었음을 알 수 있다.

사유 건조물의 경우 계획에 포함된 건조물은 모두 사찰 소유 건조물이다. 사찰 소유 건조물의 수리공사는 「고적보존비보조대장」[123]에 모두 기록되어 있으므로 대장의 내용과 계획을 비교해보는 것이 가능하다.

〈표 3-5〉는 계획이 시작된 1935년 대장에 수록된 내용을 정리한 것이다. 계획에 의하면 1935년에는 강진 무위사 극락전, 황주 성불사 응진전, 구례 화엄사 각황전의 수리공사에 보조금이 지급되어야 하지만 1935년도 예산은 성불사 응진전, 신안사 극락전, 심원사 보광전, 불국사, 화엄사 각황전 수리에 사용되었다. 수리계획서 조제와 응급수선 비용을 제외하면 강진 무위사 대신 신안사 극락전에 보조금이 지급된 것을 알 수 있다. 신안사는 1940년부터 보조금이 투입될 예정이었는데, 당시 이미 반파에 가까운 파손에 이르러 있어 대수선 계획이 제시한 것과 달리 먼저 수리가 이루어진 것으로 보인다.(그림 3-15) 이 밖에 성불사 응진전, 화엄사 각황전 수리공사에는 금액에 차이는 있지만 계획과 같이 보조금이 지급되었다. 성불사 응진전은 1933년도 예산부터 보조금이 지급된 공사였으므로, 사실상 화엄사 각황전 수리공사가 대수선 계획의 본격적인 시작을 알린 공사라고 할 수 있다.

그림 3-15. 금산 신안사 수리공사 전/후 사진

표 3-5. 1935년 보존비보조공사의 내역(고적보존보조비대장)

보조자	사업대요	대수선 계획예정년도/금액	보조비
성불사	성불사 응진전 수리비 전년도(계속) 부 조액 전부	35년 / 12,000	11,120
신안사	신안사 극락전 수리비	40년 / 10,000	3,200
심원사	심원사 보광전 수리계획서조제비	-	1,364
성불사	성불사 응진전 설계변경을 위한 증액	-	1,213
불국사	경상북도 불국사 응급수선	-	2,784
화엄사	화엄사 각황전	35년 / 30,000	15,000
합계			34,681

표 3-6. 보물목조건조물대수선 10개년 계획 이후 보조금이 지급된 수리공사의 목록

보조시작	보조 끝[124]	보존비보조금	보조기간/횟수	수리대상 건조물
1933	1935	19,797.00	3년/4회	성불사 응진전
1935	1939	85,000.00	5년/6회	화엄사 각황전
1935	1935	3,200.00	1년/1회	신안사 극락전
1935	1935	1,364.00	1년/1회	심원사 보광전
1936	1940	37,918.00	5년/7회	수덕사 대웅전
1936	1938	27,856.00	3년/3회	청평사 극락전, 회전문
1937	1937	1,612.00	1년/1회	해인사 장경판고
1937	1937	1,500.00	1년/1회	장안사 사성전
1937	1937	1,150.00	1년/1회	무위사 극락전
1939	1943	48,842.00	5년/6회	장안사 사성전
1940	1943	51,500.00	4년/5회	개심사 대웅전
1942	1942	8,469.00	1년/1회	해인사 장경판고
1942	1942	346.00	1년/1회	무위사 극락전

*끝 연도와 시작 연도는 지급된 보조비가 속한 회계연도임

그런데 이후 이루어진 보조금 하부 내역과 대수선 계획을 비교해 보면 화엄사 각황전, 장안사 사성전, 청평사 극락전 정도가 계획의 내용과 일치하고 있음을 알 수 있다.(표 3-6) 특히 1937년 이후로는 10개년 계획이 유명무실해진 상황이었음을 알 수 있는데, 이는 중일전쟁 개전과 이로 인한 동경올림픽 개최 무산 등으로 총독부의 관광정책이 동력을 잃었던 탓도 있을 것으로 추정된다. 1940년대에 들어서는 태평양전쟁 발발로 완전한 전시체제에 들어갔고, 석유의 사용을 제한하고, 불필요한 이동을 제한하는 등 관광뿐만 아니라 산업계 전반이 침체되었기 때문이다. 이러한 침체에도 불구하고 수리공사는 해방 직전까지 이어졌다. 대수선 계획에는 들어있지 않았던 수덕사 대웅전, 해인사 장경판전, 무위사 극락전 등의 공사가 1940년대 초반까지 이어졌고 개심사 대웅전의 수리공사가 1944년 11월에, 장안사 사성전 수리공사가 1944년 12월에 준공되었다. 이는 우선 제도의 관성으로 풀이하는 것이 가능하다. 청원과 심의, 수리 결정에 이르는 절차가 법령에 따라 보장받고 있었고, 예산 역시 1943년까지 배정되었다. 절차를 진행하고 예산을 집행하는 기구 역시 여전히 존재하였다. 뿐만 아니라 오가와 케이키치와 스기야마 노부조[125] 등 총독부 소속 수리전문가의 활동도 이어지고 있었다. 법령 개선, 기구 통합, 예산 일원화로 1930년대 중반 자리잡은 보존제도는 전시체제 아래 극심한 물자동원에도 불구하고 수리공사가 이어질 수 있었던 요인이 되었다.

제도가 가진 운영 관성은 제도가 자리잡아 나감에 따라 사업관계자들의 역할이 고착된 것으로도 해석해 볼 수 있다. 학무국은 총독부의 소속이었으나, 보물건조물의 가치를 인증하는 기관이었고, 수리공사를 진행할 의무를 지닌 기구였다. 수리전문가에게는 현장에 상주하면서 담당한 건조물의 가치를 보존하기 위한 임무가 주어졌다. 건조물을 소유한 사찰은 낙후되어 가는 건조물에 대한 청원을 꾸준히 이어갔다. 각자의 의무와 임무가 법령으로 정해져 있었고, 보존제도의 취지상 수리공사에 참여한 주체들의 역할은 각 주체의 의도와 상관없이 건조물 보존이 그 중심에 있을 수밖에 없었다. 이러한 제도에 의해 의무지워진 임무는 전쟁이 한창인 상황 속에서도 제도를 운영하는 관계자들에 의해 건조물 수리공사가 이어질 수 있었던 요인이 되었다.

보물건조물 수리공사가 전시 상황에서도 이어졌다는 사실은 보존제도가 통치기구의 사정에 호응하면서도, 실제 보물건조물의 가치를 보존하기 위한 목적으로도 운영되었음을 보여준다. 먼저 수덕사 대웅전은 대수선 계획에는 포함되지 않았지만 1936년부터 1940년까지 총독부의 보조금을 받았다. 수덕사 대웅전의 경우 고려시대 건조물로 세키노 타다시의 초기 조사로부터 그 가치가 인정되어 왔던 건조물이었다. 만주사변을 일으켜 중일전쟁을 수행하고 있었던 총독부 입장에서 수리공사에 물자가 소진되는 것이 달가운 일은 아니었을 것이다. 하지만 소속 기구인 학무국이 주축이 되어 법령에 근거해 인정한 보물건조물의 가치를 무시할 수 없었고, 그 건조물을 방치할 명분도 없었다.

한편, 총독부는 낙후되어 멸실될 위기에 처한 보물건조물에 대한 응급수리에 보조금을 지원하기도 하였다. 개심사 대웅전 수리공사는 기울어짐이 너무 심해 무너질 위기에 놓이자 사찰의 긴급 청원을 받아들여 이루어진 수리였다. 이 수리는 5년여에 걸쳐 이루어지면서 개심사의 물자를 통제하는 수단이 되긴 하였지만 무너져 가던 개심사 대웅전이 현재까지 남아 있을 수 있었던 결정적인 수리였다.[126] 개심사 대웅전뿐만 아니라 무위사 극락전 역시 지붕을 구성하는 구조가 썩어 지붕이 무너질 위기에 처해 있었다. 총독부는 무위사의 청원을 받아들여, 보조를 결정하였다. 물자와 자금의 부족 때문에 원래 지붕 위에 가설지붕만을 설치하여 공사를 마무리하였으나, 전시에 보조금이 투입되었다는 사실은 보존제도가 본래의 목적에 맞게 건조물을 보존하는 방향으로도 운영되었음을 보여준다. 「보물목조건조물대수선 10개년 계획」의 시행은 법령의 제정, 기구의 통합, 예산의 일원화 및 증액, '보물건조물' 지정 등 제도 개선의 결과물이었다. 하지만 대수선 계획에 의해 수리대상이 된 건조물들이 주로 교통로를 중심으로 형성된 관광지에 있다는 점은 제도개선의 취지가 단순히 건조물 보존에만 있었던 것은 아니었음을 알려준다. 대수선 계획이 조선총독부의 산업 육성에 의한 관광진흥책과 관련 있음을 드러내기 때문이다. 또한, 앞서 살펴본 「보존령」의 취지나 지역 보승회의 선전 활동은 총독부가 수리공사와 관광산업의 연계를 일찍부터 염두에 두었다는 사실을 보여준다. 화엄사 각황전이나 장안사 대웅전 수리공사는 실제로 국립공원계획 수립 단계에서 관광지 정비의 일환으로 진행된 공사였다. 그러나 수덕사 대웅전이나 개심사 대웅전의 사례와 같이 모든 수리공사가 관광진흥책에 호응하여 이루어진 것은 아니었다. 보물건조물 수리공사를 뒷받침하였던 1930년대 제도의 개선은 물자동원이 극심했던 1940년대 전시 기간에도 공사가 이어질 수 있었던 기반이 되었다.

이와같이 전시체제 속에서도 공사를 이어갈 수 있었던 것은 사실 제도 개선으로 이루어진 수리체제의 변화 때문이라고 할 수 있다. 「보존령」이 명시한 현상변경허가제나 「보물건조물수리시행준칙(寶物建造物修理施行準則)」으로 제도화된 공사시행 전 조사연구는 수리체제를 직접적으로 변화시킨 요인들이다. 이로 인해 수리전문가의 위상이 새롭게 정립되었으며, 수리전문가 집단이 형성되게 되었다. 이어지는 글에서는 이 시기 수리체제 변화의 내용을 살펴보고 변화의 필요성을 제기한 주장들을 통해 그 성격을 고찰하였다. 또한 당시 수리체제에 적용된 실제 공사 지침들의 내용을 구체적으로 다루었으며, 수리공사에서 수리전문가의 역할과 한계에 대해 조명하였다.

소결

일제강점기는 한반도 건축문화유산이 형성된 시기다. 특히, '특별보호건조물'에서 '보물건조물'로 변화한 보존대상 건조물의 명칭과 그 변화에 담긴 조선총독부의 보존정책 기조는 한반도 건축문화유산 형성과정의 굴곡을 잘 보여준다.

우선 '특별보호건조물'은 일제강점 초기 동화이데올로기가 창출한 역사관이 기준이 되어 수리가 결정된 고건축물이었다. '특별보호건조물'은 동화이데올로기가 창출한 왜곡된 역사에 반박의 증거가 될 만한 건조물을 제외하는 방식으로 선택되었다. 따라서 단군을 모시는 사당이나 일제강점 이전의 통치시설들이 훼철되거나 방치되었다. 더욱이 이 시기는 아직 건조물이 재산으로 취급되던 시기였기 때문에 건조물의 보호보다는 '유지관리'에 방점을 두고 보존활동이 전개되었다.

이렇듯 1920년대 통치이념 이식을 위해 소극적으로 펼쳐졌던 조선총독부 건조물 보존정책은 1930년대에 들어 적극적인 방향으로 선회하였다. 이는 통치의 안정화와 산업 육성 정책 시행을 그 배경으로 들 수 있다. 1919년 3·1 독립운동이 계기가 되어 일선동조론과 같은 동화이데올로기가 정밀하게 발명되었고, 여기에 맞춰 보존대상 건조물의 선택이 1920년대 내내 진행되었다. 1930년대 동화이데올로기의 정착으로 통치가 안정기로 접어들고 건조물 선택이 일단락되자, 1933년 「보존령」 제정을 통해 건조물을 법적 보호대상으로 정하고, 기구의 일원화, 예산의 통합 및 증액을 시행하였다. 이 시기에 '특별보호건조물'이라고 불리던 보존대상 건조물은 「보존령」에 의해 '보물건조물'로 새롭게 명명되었다.

이러한 적극적인 건조물 보존정책은 조선총독부의 보물건조물 활용 기조와 맞닿아 있다. 당시 이미 훼손되고 방치된 건조물에 대한 여론의 비판이 거셌고, 전문가들에 의해 보존수리의 시급함이 논의되고 있었다. 이 기류에 편승해 총독부가 적극적으로 펼친 보물건조물 보존활동의 이면에는 수리된 건조물의 활용을 통한 관광지 개발이 있었다. 조선총독부는 강점 초기부터 재정난에 시달렸고, 이를 해결하기 위한 관광산업 육성에 힘을 쏟았다. 실제로 법령, 기구, 예산의 개선 등의 결과로 세워진 '보물목조건조물대수선 10개년 계획'이 선정한 31동의 건조물은 대부분 철도노선을 따라 위치한 지역의 것이 선택되었고, 이 건조물들은 당시 유명했던 명승지의 건조물이었다.

한편, 1930년대 중반 관광산업 육성 기조에 기름을 부은 것은 동경올림픽 개최 소식이었다. 일제는 올림픽 개최지에 선정되기 위해 계속된 노력을 기울이고 있었고, 1936년 8월, 4년 뒤에 개최될 제12회 올림픽의 동경 개최가 결정되었다. 일제는 개최가 결정되자 주요 외국인 유입 경로 중 하나인 한반도를 본격적으로 정비하기 시작하였다. 철도국을 중심으로 한 관광산업 육성 기조와 올림픽 준비를 위한 볼거리 정비라는 사회 분위기 속에서 '보물건조물'은 단순한 역사적 증거물이 아닌 관광산업의 활용물이 되었다. 남대문이 한양도성의 출입문이라는 물리적인 의미를 완전히 잃고, 주위에 철책을 둘러 보호하고, 관람하는 "골동품"이 된 것도 이 시기에 벌어진 일이다.(그림 3-16)

第五千八百四十六號

"東京올림픽"압두고 京城運動場改築 三十萬圓의豫算計上

白衣의勇士 四十七名、明日到着

骨董品된"南大門" 鐵網치고交通禁止

年末年始贈答品 會合廻禮도廢止

그림 3-16. "골동품 된 남대문" 기사와 나란히 실린 동경올림픽 준비기사(동아일보, 1937. 12. 05.)

'특별보호건조물'에서 '보물건조물'로 이어지는 조선총독부의 건조물 보존활동은 지금의 한반도 건축문화유산이 형성된 과정이었다. 일제강점기 건조물 보존활동은 유지관리에서 정비활용으로 그 기조가 바뀌면서, 보존 수리공사가 활발하게 일어날 수 있는 환경이 조성되었다. 이러한 적극적인 보존활동의 이면에 비친 조선총독부의 야심은 당시 우리 건조물이 처한 환경의 식민지적 성격을 적나라하게 드러내고 있다. 1930년대 수리공사의 적극성은 얼마 가지 않아 사그라들었다. 중일전쟁(1937)의 발발과 태평양으로의 전선 확대(1941) 등으로 올림픽 개최가 무산되고, 연료가 통제되는 등 관광산업이 침체되었기 때문이다. 관광산업 육성에 방점을 두고 진행되었던 수리공사는 비교적 큰 비용과 물자가 소모되었으므로 전시체제 아래에서는 점차 그 시행동력을 잃어가게 되었다.

장안사 사성지전(출처: 국립중앙박물관 소장 조선총독부박물관 유리건판)

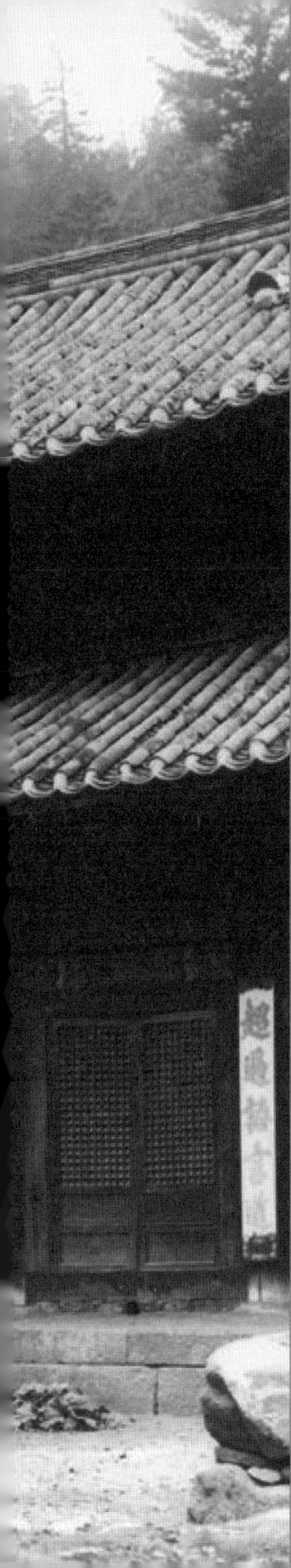

04 보존 수리체제 확립과 수리전문가 집단의 활동

현상변경허가제 실시와 수리공사의 특수성 • 148

「보존령」 이전 수리체제의 한계와 현상변경허가제 실시 • 148

조사연구 기반 수리공사의 특수성과 전문성 • 155

세부지침 도입과 수리전문가 집단의 형성 • 162

화엄사 각황전 수리공사 시행과 공사지침의 개선 • 162

「시행준칙」에 의한 실시계획 수립의 제도화 • 166

「취급수속」에서 보이는 수리공사사무소 조직과 위계 • 171

전문가 중심 수리체제 성립과 '보물고적보존공사사무소' 설립 제안 • 176

수리전문가 집단의 형성과 위상 • 176

조선총독부 소속 수리전문가의 한계 • 179

전시체제 돌입과 일제강점기 수리체제의 한계 • 189

'보물고적보존공사사무소' 설립 제안• 199

소결 • 205

「보존령」 이전 수리체제의 한계와 현상변경허가제 실시

일제강점 초기 '특별보호건조물' 수리공사의 체제는 건조물의 보호보다는 공사 관리에 중점을 두고 있었다. 이 시기 수리공사의 기록을 살펴보면 수리공사의 시행부서가 영선과, 건축과와 같은 토목부서였고, 그 내용이 건조물의 보존보다 보조금 집행의 성실한 이행을 강조하고 있다는 사실을 알 수 있다.

한편, 수리체제가 공사 관리에 중점을 두었다는 점은 보조금 하부 공문에 적은 지침사항을 통해 구체적으로 확인해 볼 수 있다. 이 지침은 건조물 수리공사 보조비 지급 공문에 적어 준수하도록 한 최소한의 지침으로, 4개항 밖에 되지 않지만, 당시 수리체제의 특성을 반영하고 있다.

표 4-1. 부석사 무량수전 및 조사당 보존공사비 보조에 관한 건

1916.9.11. 발송

(결재)주무 내무부장관 –제1과장 – 주임
(공결)총독, 토목국장 – 영선과장, 정무총감, 총무국장 – 총무과장·회계과장

건명 부석사 무량수전 및 조사당 보존공사비 보조에 관한 건
......

지령안
경상북도 영주군 부석면 부석사 주지 姜震海
부석사 무량수전 및 조사당 보존수선공사비로 금 9,787원을 하부하므로 다음의 조건을 엄격히 지킬 것
1. 보존공사의 시행은 모두 본부 파출공사감독자의 지휘에 따를 것
2. 보존공사 보조비로 하부한 현금의 출납 및 정산에 관한 사항은 모두 경상북도장관의 지휘에 따를 것
3. 공사가 준공된 때에는 즉시 공사준공계에 공사정산서를 첨부하여 제출할 것
4. 공사정산의 결과 보조금의 잉여가 발생한 때에는 반납 할 것
년 월 일 총독 ......

통첩안
내무부장관
경상북도장관 완
귀관하 영주군 부석사 무량수전 및 조사당 보존수선공사비로 보조금 하부의 건은 본일 별지에 따른 지령이 있은 바 해당 공사는 별지 사양서에 의해 시공할 의무가 있으므로 당 공사 시행에 관해서는 대정4년(1915) 7월 27일부 지(地) 1 제710호로 통첩된 분황사구층탑 보조공사 시행순서에 맞춰 시행하여주시기를 명령 및 통첩합니다......[1]

조선총독부박물관 문서에서는 부석사 무량수전 및 조사당 수리공사 기록물에서 이 지침을 가장 먼저 발견할 수 있다. 이 공사의 첫 보조금은 1916년에 지급되었는데, 그 지급 공문에 수리공사를 진행하면서 지켜야 할 지침을 적고 있다.[2](표 4-1)

지침을 살펴보면 조항들이 보조금과 관련된 사항에 집중되어 있음을 알 수 있다. 우선 지침은 공사감독을 총독부 파출원에게 공사비 집행을 지방장관에게 맡겨 공사감독과 공사비 집행관을 분리해 지정하고 있다. 이어지는 조항에서는 준공된 때에 제출해야 할 자료로 '공사비정산서'를 유일하게 정하고 있다. 또 공사비가 남은 때에는 반납할 것을 마지막 조항으로 명시하였다.

조선총독부가 공사비 관리에 주의를 기울였다는 사실은 2년 뒤 작성된 1918년 해인사 대장경각 수리공사의 보조금 하부 공문을 통해 다시 한 번 확인하는 것이 가능하다. 공문에 실린 지침사항을 살펴보면 공사비 관리에 관한 조항이 보강되었는데, 그 조건은 보조금 출납 장부를 작성하고, 출납과 관련된 영수증을 모아 준공서류에 포함하는 내용이다.(표 4-2) 이어지는 조건은 부석사 수리공사와 마찬가지로 잉여금 반환을 지시한 내용인데 공문이 지령안으로 명령의 형식이었고, 일제강점기 내

표 4-2. 해인사 대장경각 수선보조의 건

1918.5.17. 발송

건명 해인사 대장경각 수선보조의 건

지령안

경상남도 합천군 가야면 가야산 해인사 주지 이해광

대정5년(1916) 12월 23일에 청원된 해인사 대장경각 수선비 보조의 건에 대해 금 2,755원을 하부함. 다음(左)의 조건을 엄격히 준수할 것

1. 수선공사의 시설(施設)은 본부 파출기술원의 지휘를 따를 것
2. 공사설계를 변경하게 된 때는 사유를 갖추어 조선총독의 허가를 받을 것
3. 보조금의 출납은 일일이 장부에 기입하여 그를 명확하게 하고 지출하고자 할 때는 정당한 수취인의 영수 증서를 요구하여 갖추어 둘 것
4. 공사 준공 후에는 완성된 정산서 및 보조금 지불에 관한 증빙서류를 첨부한 준공계 서류를 제출할 것
5. 보조금 지불 후 잉여가 있는 때는 그를 반납할 것

조선총독 .....[3]

내 긴축재정을 운영하였던 총독부의 사정을 생각해보면 이 조건들은 방만한 운영을 막는 것에서 나아가 지출된 공사 보조금의 절약을 주문한 것이나 다름 없었다.[4]

한편, 두 공문에서 총독부가 감독원을 파견한다는 조항은 단 하나의 조항이지만 조선총독부가 공사비 외에, 공사의 품질에도 신경을 쓰고 있었음을 보여주는 단서다. 그리고 해인사 장경판각 수리공사 공문을 살펴보면 부석사 무량수전 및 조사당 수리공사의 지침과 비교해 한 개 조항이 추가된 것을 확인할 수 있다. 지침의 두 번째 조항이 추가되었는데, 공사설계 변경이 총독의 허가사항임을 명시하고 있다.(표 4-2) 설계 변경을 총독의 허가사항으로 한 조치는 변경에 따르는 비용 증액의 타당성을 검토하겠다는 취지로 읽힐 수 있지만, 무리한 변경을 규제하려는 의지로 읽힐 수도 있다는 점에서 건조물 보존을 목적으로 한 수리공사의 성격이 반영된 것이라고 할 수 있다.

1913년 대동문 수리 이래로 건조물 수리공사가 수행되고 있었고, 재래 건조물 개축이나 철거에 대한 문의와 청원이 증가하였으므로 총독부 내부에서는 구체적인 공사지침을 마련할 필요성이 고조되었다. 그리하여 총독부는 1916년 11월 29일 열린 제4회 고적조사위원회를 통해 첫 수리공사지침을 정하였다. 당시 회의의 첫 번째 의결 안건으로 상정된 「고적보존공사시행표준(古跡保存工事施行標準)」(이하 시행표준)은 2개 조항 이루어진 간결한 지침이었다.[5] 「시행표준」 1조는 고적 및 유물의 보존공사 방법을 설명하고 있다. 1조의 1항과 3항이 건조물 수리공사와 관련된 조항이며, 수리공사의 목적과 방법을 적고 있다.(표 4-3) 이 지침은 한반도에서 제정된 첫 번째 건조물 수리공사를 위한 세부지침이라는 점에서 의미가 크다.

우선 1조 1항이 명시한 수리공사의 목적을 살펴보면 '현상에 의해 당초의 구조형식을 유지보존'하는 것이다. 그런데 이 목적이 전제하고 있는 바는 현재 상태를 기초해 당초(當初) 그러니까 최초 혹은 초기의 구조형식을 상정한다는 것이다. 이 전제가 중요한 이유는 이 인식이 건조물 보존 수리공사의 특성을 반영한 것이기 때문이기도 하지만 이러한 인식

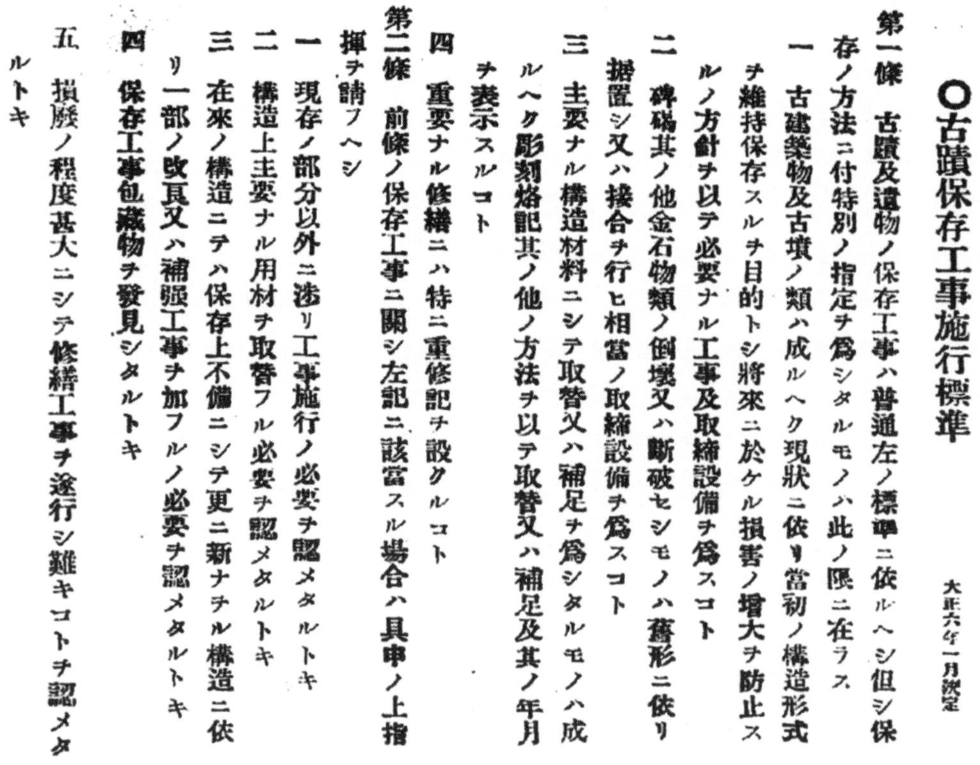

○古蹟保存工事施行標準

大正六年一月決定

第一條　古蹟及遺物ノ保存工事ハ普通左ノ標準ニ依ルヘシ但シ保存ノ方法ニ付特別ノ指定ヲ為シタルモノハ此ノ限ニ在ラス

一　古建築物及古墳ノ類ハ成ルヘク現狀ニ依リ當初ノ構造形式ヲ維持保存スルヲ目的トシ將來ニ於ケル損害ノ增大ヲ防止スルノ方針ヲ以テ必要ナル工事及取締設備ヲ為スコト

二　碑碣其ノ他金石物類ノ倒壞又ハ斷破セシモノハ舊形ニ依リ据置シ又ハ接合ヲ行ヒ相當ノ取締設備ヲ為スコト

三　主要ナル構造材料ニシテ取替又ハ補足ヲ為シタルモノハ成ルヘク彫刻烙記其ノ他ノ方法ヲ以テ取替又ハ補足及其ノ年月ヲ表示スルコト

四　重要ナル修繕ニハ特ニ重修記ヲ設クルコト

第二條　前條ノ保存工事ニ關シ左記ニ該當スル場合ハ具申ノ上指揮ヲ請フヘシ

一　現存ノ部分以外ニ涉リ工事施行ノ必要ヲ認メタルトキ

二　構造上主要ナル用材ヲ取替フル必要ヲ認メタルトキ

三　在來ノ構造ニテハ保存上不備ニシテ更ニ新ナヲル構造ニ依リ一部ノ改良又ハ補强工事ヲ加フルノ必要ヲ認メタルトキ

四　保存工事包藏物ヲ發見シタルトキ

五　損廢ノ程度甚大ニシテ修繕工事ヲ遂行シ難キコトヲ認メタルトキ

그림 4-1. 『조선토목법규』에 실린 「고적보존공사시행표준」(1917.1. 결정)

표 4-3. 고적보존공사시행표준(1917.1. 결정)

제1조 고적 및 유물의 보존공사는 보통 다음(左)의 표준에 의하고 다만 보존의 방법으로 특별의 지시가 있는 것은 제외한다.

1. 고건축물 및 고적류는 가능한 현상에 의해 당초의 구조형식을 유지보존하는 목적으로하고 장래의 파손을 방지하는 방침으로서 필요한 공사 및 단속(取締) 설비를 할 것
2. 비석 기타 금석류의 도괴 또는 단파(斷破)된 것은 옛 모습으로 그대로 두거나(据置) 또는 접합을 시행하고 상당의 단속(取締)설비를 할 것
3. 주요 구조재료로서 교체 또는 보족(補足)하는 것은 되도록 조각이나 낙인(烙記), 기타 방법으로 교체 또는 보족 및 그 년 월을 표시할 것
4. 중요한 수선에는 특히 중수기(重修記)를 만들 것

제2조 전조의 보존공사에 대한 다음 사항(左記)에 해당한 경우는 보고 후에 지시를 요청할 것

1. 현존의 부분 이외에 더해 공사시행의 필요가 인정되는 때
2. 구조상 주요한 용재를 교체할 필요가 인정되는 때
3. 재래의 구조에서는 보존상 불가피하게(不備) 변경하여 새로운 구조로 일부 개량 또는 보강공사의 필요가 인정되는 때
4. 보존공사 포장물(包藏物)을 발견한 때
5. 손폐(損廢)의 정도가 시대하여 수선공사를 수행함이 어렵다는 것이 인정되는 때[6]

으로 인해 향후 세부지침이 개선되어 가는 방향을 예상해 볼 수 있기 때문이다.

'당초 구조형식을 유지보존'이라는 문구가 가지는 의미를 찬찬히 생각해보면 현상변경이 반드시 필요하다는 점을 알 수 있다. '당초 구조형식'이란 이미 '현재 상태의 구조형식'과는 다르다는 것을 의미하며 '유지보존'하려는 대상은 '현상'이 아닌 '당초'이기 때문이다. 이는 앞으로의 건조물 수리공사의 방향이 '복원' 공사로 이어지게 될 것임을 보여준다. 또한 지침은 건조물의 구조변경을 허용하는 조항을 두고 있다. 1항에서 이어지는 내용은 '장래의 파손을 방지하는 방침으로 필요한 공사'를 수행하도록 명시한 것이다. 이는 구조와 재료의 보강을 의미하는 것으로 자세한 내용이 3항에서 이어진다. 3항은 재료의 교체나 보강을 허락하는 내용으로 주요 구조재료의 경우로 한해 교체날짜를 표시하도록 정하고 있다.[7]

「시행표준」은 지침 수준의 규정이었지만 건조물을 보호대상으로 인식하고 보호의 구체적인 방법을 제시하고 있다는 점에서 중요하다.[8] 또한 이 규정은 복원 수리[9], 구조변경 허용 등으로 압축되는 일제강점기 수리공사의 성격을 모두 담고 있다. 당시 건조물이 법령의 보호범위에서 벗어나 있었고, 수리를 위한 조사나 기록이 제대로 이루어지지 않는 등, 건조물 보존 수리에 관한 전문가들의 발언에서 실제 보존 활동은 불성실한 것으로 평가되었다. 하지만 그러한 비판과는 별개로 「시행표준」은 총독부내 전문가 집단에서 건조물이 보호대상으로 인식되고 있었고, 건조물 수리를 위한 합의된 원칙이 존재하였음을 보여준다.

또한 「시행표준」은 일제강점기 법령집에서 발견되는 첫 번째 건조물 수리공사 관련 지침이라는 점에서 의미가 있다. 1917년 마련된 이 지침의 존재는 총독부가 1933년에 이르러서야 건조물을 법적 보호대상으로 편입한 것이 건조물 보존인식의 부재 때문은 아니라는 점을 확실하게 해주고 있다. 나아가, 「시행표준」에 기재된 '복원' 수리 원칙은 「보존령」 제정 이후의 수리공사 지침인 「보물건조물수리시행준칙(寶物建造物修理施行準則)」으로 이어져 일제강점기 건조물 보존 수리의 주요 원칙으로 자리잡게 된다.

한편, 이 시기 수리공사 지침은 「시행표준」 외에도 「고적보존비보조공사시행수속(古跡保存費補助工事施行手續)」(이하 시행수속)도 있다. 「시행표준」이 수리공사의 목적을 정의하고 준수해야할 일반사항을 정했다면, 1919년 제정된 「시행수속」은 공사를 관리하기 위한 지침이었다. 주로 공사비 집행에 관한 건을 22개 조항으로 명시하고 있는데 이 지침이 제정되게 된 경위의 일부가 조선총독부의 기록물로 남겨져 있다.

고적보존비보조공사시행수속을 정하는 건(1919.5.29. 기안)

고적보존비보조공사의 시행에는 종래 수보조자의 처무능력을 감안해 공비의 현금출납은 도장관의 편의로 처리하고 현장 감독은 본부로부터 기술원을 파출하여 처변(處變)함으로써 시공상의 유루(遺漏) 조략(粗略)함 없이 처리해 왔으나 각 주관자 상호 간에 교섭하여 처무수속을 일정하게 할 필요가 인정됨 대정4년(1915) 7월 중에 질의하여 정한 개조별 기록의 공통의 것을 합친 후 실험 후 수정증보가 필요한 것을 금번에 변경안을 갖추어 품의함

본 건 재정 후에는 고적보존보조비 하부 지령 송달시에 공사시행수속서로서 도장관에 송부하려 하오니 결재 바랍니다.[10]

내무부 제1과가 작성하여 총독의 결재를 받은 이 공문을 통해 「시행수속」이 공사 관리의 일관성을 꾀하기 위해 마련된 지침임을 알 수 있다. 또한 1915년 7월부터 의견을 모아 수정과 보완을 거쳐 제정되었다는 사실도 알 수 있다. 마침 이 공문이 속한 문서철에는 1915년 의견을 모아 만든 초기 공사 운영지침도 포함되어 있다. 「분황사구층탑보조공사시행순서의 건」[11]은 1915년 7월 20일 내무부장관이 경상북도 도지사에게 보낸 문서인데, 여기에 첨부된 「공사시행순서(工事施行順序)」(이하 시행순서)가 「시행수속」의 모태가 되었던 것으로 보인다.

「시행순서」에서 「시행수속」[12]으로 이어지는 공사 관리지침의 수정보완 과정은 한반도에서 이루어지는 건조물 수리공사 과정이 일본제국정부가 아닌 조선총독부에 의해 정리되었다는 점에서 중요하다. 이는 당시 건조물 보존 수리공사 체제를 구축하려는 노력이 한반도 내에서 독자

적으로 이루어졌음을 보여주기 때문이다. 또한 수리공사 시행과 관련한 지침을 따로 두고 있다는 사실은 조선총독부가 수리공사를 일반공사와 구분하고 있다는 사실도 알려준다.[13]

1917년 「시행표준」과 1919년 「시행수속」이 차례로 제정되고 특별보호건조물 시기 수리공사는 이 두 지침을 통해 시행·관리된 것으로 보인다. 하지만 한반도 수리공사의 첫 지침이라는 의의에도 불구하고 수리공사가 가지는 특성을 모두 담지 못했다는 한계가 있었다. 특히 「시행수속」은 고적보존비보조를 받는 공사만을 대상으로 한 지침이었기 때문에 관유재산에 속한 건조물에는 적용되지 않았다. 적용 범위의 한계를 차치하고라도 이 시기 지침은 현상변경에 관대했고, 조사연구에 관한 규정이 빠져 있는 등 건조물의 보호를 목적으로 하는 수리공사의 특성을 제대로 반영하지 못하였다.

특히, 「시행표준」이 제기한 건조물의 '당초 구조형식'의 '유지보존'을 위해서는 '당초 구조형식'을 알아내기 위한 조사와 연구가 필요했다. 수리 전에 정밀한 실측조사가 선행되어야만 당초 구조형식에 대한 정보를 구체적으로 밝힐 수 있기 때문이다.

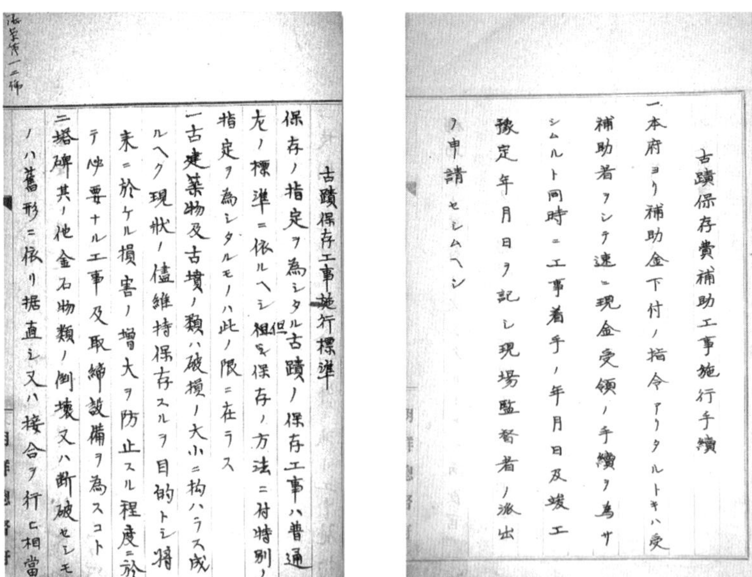
古蹟保存工事施行標準
保存ノ指定ヲ為シタル古蹟ノ保存工事ハ普通左ノ標準ニ依ルヘシ但シ相当保存ノ方法ニ付特別ノ指定ヲ為シタルモノハ此ノ限ニ在ラス
一 古建築物及古墳ノ類ハ破損ノ大小ニ拘ハラス成ルヘク現状ノ儘維持保存スルヲ目的トシ将来ニ於ケル損害ノ増大ヲ防止スル程度ニ於テ必要ナル工事及取締設備ヲ為スコト
二 塔碑其ノ他金石物類ノ倒壊又ハ断破セシモノハ旧形ニ依リ据直シ又ハ接合ヲ行ヒ相当

古蹟保存費補助工事施行手續
一 本府ヨリ補助金下付ノ指令アリタルトキハ受補助者ヲシテ速ニ現金受領ノ手續ヲ為サシムルト同時ニ工事着手ノ年月日及竣工豫定年月日ヲ記シ現場監督者ノ派出ヲ申請セシムヘシ

그림 4-2. 조선총독부박물관 문서에 남아 있는 「시행표준」과 「시행수속」

지침이 제기한 '유지보존'의 뜻은 현재 건조물의 상태(原狀)를 지키자는 것이 아니었고, 당초의 모습으로 복원하는 것임을 뜻한다. 지침이 가리키는 '유지보존'을 위해서는 복원을 위해 철거할 범위와 새롭게 복원될 범위가 정해져야만 했다. 이 두 범위 모두 조사와 연구 없이 설정하는 것은 불가능하며, 따라서 지침이 '당초 구조형식의 유지보존'을 목적으로 삼으면서 조사와 연구를 명시하지 않은 것은 지침이 가진 명백한 한계로 지목될 수 있다. 조사와 연구 없이 이루어지는 수리공사는 근거 없는 무리한 현상변경으로 이어질 수 있기 때문이다.

건조물 현상변경에 대해 주의가 필요함은 「관유재산보존 및 취훼(取毁)에 관한 건」(1911)[14], 「사찰 전당 등 건축에 관한 건」(1914)[15], 「조선총독부 및 소속관서 회계사무장정」 제182조와 제197조(1914)[16]등을 통해 꾸준히 제기되어왔다. 하지만 이들은 '특별한 주의'를 명시하였을 뿐 그 주의할 내용에 대해서는 언급한 것이 없었다. 다시 말해 보호의 필요성을 인지하고, 그에 맞는 공사가 수행되어야 한다는 인식은 있었지만, 구체적인 방법은 제시되지 않은 상태였다.

1933년 제정된 「보존령」은 건조물을 보호대상으로 포함시키고, 보물건조물의 현상변경을 총독의 허가사항으로 명시하였다. 또한 총독은 현상변경을 허가할 때 「조선총독부보물고적명승천연기념물보존회」(이하 보존회)의 자문을 받도록 정하여 보물 현상변경에 대한 규제를 강화하였다. 이러한 규제 강화는 현상변경에 대한 근거를 성실하게 작성하게 되는 실질적인 수리체제의 변화를 가져왔다. 변화된 수리체제가 조사와 연구를 강조하였음은 두말할 나위가 없다.

조사연구 기반 수리공사의 특수성과 전문성

「보존령」의 현상변경허가제 도입이 가져온 수리체제의 가장 큰 변화는 조사와 연구가 강조되었다는 점이다. 조선총독부가 지침을 따로 정함으로써 이미 일부 인정하고 있었던 수리공사가 가지는 특수성은 건조물을 '보존'한다는 데 있었다. 파손상태의 건조물을 정비하여 보존하기 위해서는 파손상태를 조사해야 할 뿐만 아니라 원래 상태도 연구해야만 했다.

따라서 수리공사의 계획을 수립하기 위해서는 조사와 연구가 필수적이었다. 먼저 실측조사가 이루어져야 했고, 실측도면이 작성되어야 했다. 또한 파손된 부분의 '당초 구조형식'을 추론하기 위한 연구도 진행되어야 했다. 이러한 조사와 연구는 계획수립단계에서 이루어져야 했기 때문에 실제 시행에서 수리공사가 지니는 특수성이란 다름 아닌 조사연구를 기반으로 한 계획수립에 있었다. 그러나 「보존령」 제정 이전 지침에는 계획수립을 위해 조사연구가 이루어져야 함이 명시되지 않았다.

이러한 수리공사의 특수성과 이전 수리체제가 가진 한계에 대해서는 당시 수리전문가들 역시 인지하고 있었다. 1916년부터 1941년까지 조선총독부 소속 관원으로 수리공사에 관여한 오가와 케이키치는 보물건조물의 수리가 특수한 공사라고 밝히면서 조사연구를 통한 공사계획 수립이 전문가에 의해 이루어져야 한다고 주장하였다. 그는 「보물건조물보존수리요지(宝物建造物保存修理の要旨)」를 통해 다음과 같이 밝히고 있다.

..... 보통 건축물의 수선이라 하면, 쓰러지지 않도록, 비가 새지 않도록, 천장과 바닥이 떨어지지 않도록, 수선할 수 있다면 그 수선의 목적은 이룬 것이다. 그런데 보물건조물 보존수리라고 하면 간단할 것 같지만, 예상 외로 어려운 것으로 신축 이상의 어려움이 있다. 왜냐하면 보물건조물에 지정된 것은 모두 그 시대의 문화를 대표하는 것, 기술의 모범이 되는 귀중한 보물로서 일대(一代)의 명장이 심혈을 기울이고 고심참담한 결과 세상에 나온 주옥(珠玉)이기 때문이다.

다시 얻을 수 있는 값싼 것이 아닌 보통의 평범한 작품과는 의장, 구조, 장식에 차이가 있고 우수한 외관과 훌륭한 기공(技工)을 완전히 후세에 전해야 보물 보존의 취지에 따르는 것이다. 만약 이 보물의 장점을 정밀 조사·연구도 않고 옛 건축에 대한 인식이 충분하지 않은 자가 보통의 수선 공사와 마찬가지로 생각하고 보존 공사를 시행한다면 옛날 명장이 고심한 흔적을 알지 못해 없애버린 채 졸작으로 개조하여 보물의 가치를 없애고 법령의 취지에도 위반하는 결과가 된다. 보물로 지정된 건조물은 모두 오랜 세월을 거쳐서 노후 파손되어 여러 번의 수선을 거듭해 상당히 원형이 훼손된 것이다. 이를 수리하여 원형의 우수한 자태를 갱생(更生)시키는 것은 매우 어려운 일이다. 예를 들자면 노인 병자가, 병을 수술하고 치료하여 완쾌하고 장년 같은 건강한 몸으로 회생하는 것과 같은 것이다 ...... 보물건조물은 노인의 중병자와 같이 쾌유가 너무 어렵다. 그저 열심인 전문가의 노력을 기대하는 것 밖에 방법이 없는 것이다. 의사가 내과, 외과, 부인과, 안과 등 여러 분과 전문으로 나뉘어 있는 것처럼 건축가도 동양 건축, 서양 건축으로 크게 나뉘며 또한 그 안에 의장, 도안, 구조, 재료 등 각종 전문 분과로 나뉘어 연구되고 있다. 서양 건축을 전공한 건축가가 동양 건축을 설계하면 불충분한 것이 되는 것은 당연하다. 내과 전문 의사가 안과 치료를 할 경우 할 수 없는 것은 아니지만 불충분한 것은 면치 못하는 것과 같다.

그리고 공사비용의 많고 적음에 의하여 공사의 난이도를 계산하는 사람이 있다. 일의 쉽고 어려움은 금액에 기대어 결정될 것이 아니다. 소공사라 할지라도 매우 어려운 경우가 있고, 대공사도 비교적 편한 것이 있다. 창고 건축 따위는 많은 공비를 요하는 것이나 설계 감독은 비교적 편한 반면에 기념 건축 따위는 적은 공사비용의 것이지만 설계 감독은 매우 어렵다.

보물건조물 보존을 위한 수리 공사는 이처럼 매우 어려운 공사에 속한다. 보물의 보존 공사는 전술한 바와 같이 그 수리 목적이 보통 건축의 수선과 전혀 다르다. 건축을 구성하는 재료를 해체(解放)하고 양식 형상의 조사 연구를 추진한다. 또한 노후하고 교체를 필요로 하는 재료의 형상수량 등을 정밀조사하고, 그 결과에 의해서 실시도와 시행사양서의 작성하는 것으로부터 공사의 실시 예산이 확립되는 것이다.

여기까지 준비 공사가 끝나면 공사의 대부분은 끝난 것으로 이 초반의 조사 공사가 보물 보존 공사의 가장 어려운 점이며 또한 가장 중요한 점이다. 보존 목적을 달성하기 위해서는 오랜 경험을 가지는 전문가를 필요로 하며, 또 도급 공사로는 어려운 이유이다. 만약 청부 공사로 이루어진다면 이 중요한 준비 공사는 충분히 시행되지 못하고 불충분하게 진행되어 수리가 불완전하게 끝나 많은 국비를 소비하고 보존의 취지에 위반하는 결과가 될 것이다.

후반의 공작 조립 공사는 전반의 조사 공사에서 얻은 결과를 실행하는 것으로 보통과 다른 점은 고재(古材)를 존중하고 계속 사용하는 것이며, 구조 장식도 종전과 다르지 않도록 건물을 갱생하는 것이다.

국내의 국보 보존 수리가 직영 공사로 청부에 맡기지 않고 감독비도 비교적 많이 사용되는 이유가 여기에 있다. 문부성 내에 있는 국보 건조물 보존 사업은 중심에 보존과장 및 주임기사를 두고, 책임촉탁 및 상임 보존위원 아래에 촉탁, 속(屬), 기사를 배치하여 보존 사무를 총괄한다. 또 지방청에 국보 수리 기사 및 기수를 두고 보존 공사 실무를 맡기고 있다. 이들 관계 직원은 대부분 일본 건축 전공의 기술인으로 그 총수가 약 백 명에 이르고 있다.

그런데 조선총독부에서는 이 보물건조물 보존 사무를 단 한 명의 기사와 한 명의 촉탁에게 맡기고 있다. 이래서는 도저히 보존 사업이 완전히 집행되지 않는다.....[17]

글에서 오가와 케이키치는 보물건조물 수리공사가 일반공사와 달리 특수한 것임을 설명하고 있다. 한 시대의 문화를 대표하고 기술의 모범이 되는 건조물을 후세에 전해야 한다는 점을 전제로 하고, 정밀한 조사와 연구가 이루어져야 함을 글의 전반부에 토로하고 있다. 이러한 주장을 바탕으로 실제 시행에서 드러나는 수리공사의 특수성을 초반의 '준비공사'와 후반의 '공작조립공사'에서 각각 찾고 있다. 먼저 준비공사에서는 재료의 해체, 양식형상의 조사연구, 교체재료의 형상수량의 정밀조사, 실시도면과 시행사양서의 작성, 실시예산의 확립 등이 이루어진다고 밝히고 있으며, 이 공정이 끝나면 수리공사가 끝나는 것과 다름없을 정도라면서 그 중요성을 강조하고 있다. 이 중요성은 다시 두 가지 주장으로 이어지는데 하나는 준비공사가 전문가에게 맡겨져야 한다는 점이고, 또 하나는 청부공사, 즉 민간에 수리공사가 맡겨져서는 안 된다는 점이다. 다음으로 '공작조립공사'가 가지는 특수성에 대해 설명하였는데, 공작조립공사가 조사연구의 결과에 따라 이루어진다는 점을 들어 준비공사와의 관계를 강조하면서 설명하고 있다. 또 다른 특수성으로는 고재를 계속 사용하는 점, 구조장식을 종전과 같게 시공하는 점을 들고 있다. 이 특수성 역시 수리공사가 도급공사로 이루어지면 안 되는 이유라고 주장하고 있다.

이상에서 살펴본 오가와 케이키치가 주장한 수리공사의 특수성은 두 가지 방향으로 귀결되고 있다. 하나는 전문가에 의한 수리이고 다른 하나는 총독부에 의한 직영공사다. 이러한 오가와 케이키치의 주장은 실제로 수리전문가가 수리공사의 중추가 되어 공사를 수행하는 일제강점기 일반적인 수리체제에서 일정 수준의 전문성이 담보된 공사가 수행됨으로써 그의 주장이 옳은 것이었음이 검증되었다. 하지만 총독부가 직접 수리공사를 운영해야 한다는 그의 주장은 실제 수리체제 운영 과정에서 한계를 드러내게 된다. 확실히 총독부에 의한 직영공사는 이윤을 추구하는 민간 청부공사 조직에 비해 건조물의 보존이라는 취지에 적합하다는 장점은 있었다. 그러나 수리전문가 양성이 총독부에만 맡겨지고, 총독부의 사정에 따라 수리공사가 영향을 받는다는 단점이 존재했다.[18]

당시에 이미 총독부가 수리체제에 미치는 영향력이 수리공사에서 단점으로 작용하고 있었다는 사실을 오가와 케이키치의 글을 통해 확인할 수 있다. 오가와 케이키치는 글의 말미에 일본 본토의 보존조직 인원과 총독부의 인원을 100명 대 2명으로 비교하면서 인원 충당이 되지 않고 있는 총독부의 사정을 비판하고 있다. 또한 글의 중반에 공사비의 많고 적음에 따라 공사의 난이도를 판단하지 말아야 한다고 주장하고 있는데, 이는 총독부가 공사비 절약에 중점을 두고 공사를 운영해 온 것을 비판한 것으로도 풀이할 수 있다.[19] 당시 수리공사는 총독부의 재정 상태에 영향을 받고 있었고, 수리체제에 있어서도 체제를 유지하고 운영할 인적 구성이나 인력 양성에 어려움이 있었다.

한편, 청부공사로 인해 생기는 수리공사의 폐해도 빈번했던 것으로 보인다. 오가와 케이키치가 이처럼 긴 글을 통해 수리공사의 취지를 밝힌 것 자체가 건조물 수리가 청부공사로 이루어져 건조물이 훼손되는 경우가 있었음을 시사한다. '특별보호건조물' 수리 시기에는 준공서류에 정산서와 공사비 지출 증빙서류를 첨부해 제출하는 것이 전부였기 때문에 수리공사의 계획서나 사양서는 물론 준공보고서도 작성되지 않았다. 때문에, 민간업체에 의해 청부로 수리공사가 진행되더라도 그 업체는 전문성에 대한 특별한 검증 없이도 수리공사를 수행할 수 있었다.

「보존령」은 보물건조물의 현상변경을 총독의 허가사항으로 명시하고, 「조선총독부보물고적명승천연기념물보존회」의 자문을 받도록 하는 등 현상변경 규제를 강화하였다. 그리하여 오가와 케이키치와 같은 전문가의 의견을 수렴하고 이전 시기의 단점을 보완하였다. 전문가의 의견이 수렴되었음은 「보존령」 제정에 잇따라 마련된 「보물건조물수리공사시행준칙(寶物建造物修理工事施行準則)」과 같은 공사지침의 내용을 통해 확인할 수 있다. 이 지침은 공사의 지휘를 지방장관에 맡겨 총독부 산하의 지방관청이 직접 수리공사를 주도[20]하도록 하였고, 해체공사의 결과를 반영한 실시계획을 수립하도록 하였다. 또한 준공보고서를 작성하도록 하여 실측도면, 사진, 탁본 등을 제출할 것을 명시하였다.

그러나 이러한 지침이 갖추어졌음에도 불구하고 오가와 케이키치의 주장이 조선총독부 내부에서 완전한 지지를 받고 있는 것은 아니었다. 1935년 계획이 수립되어 1936년 4월부터 수리가 이루어진 화엄사 각황전 수리공사는 1936년 7월 재무국이 진행한 회계실지검사에서 본 공사가 시작 전이고, 조사가 진행되고 있을 뿐인데 공사비가 집행된 점을 지적받았다.[21] 이에 대한 회신으로 화엄사 각황전 수리공사사무소는 특수 기술자 초빙에 시일이 걸렸으며, 재료 구입과 운반으로 실시계획 수립이 늦는 등의 사유를 공문으로 설명하였다. 그런데도 재무국은 다시 실시 중인 공사의 실시설계계획사본과 공사공정표 사본을 제출할 것을 요구하였다.[22]

이에 학무국은 이전의 사유 대신 수리공사가 특수한 공사이며, 수리공사 준비가 진행 중인 것이라고 해명하면서, 조사연구의 필요성과 함께 직영공사의 취지를 설명하고, 실시계획서, 도면, 공정표, 공비지불장부, 공사일지 등 111매에 달하는 증빙 서류를 첨부하여 회신하였다.[23] 이 해명은 수리공사에 대해 오가와 케이키치가 가지고 있던 인식과 일치한다. 7월에 시작된 회계실지검사에 대한 재무국과 학무국의 공방은 10월이 되어서야 끝을 맺었다.

재무국과 학무국 사이의 충돌은 건조물 수리공사에 대한 총독부의 관심이 건조물의 보호에만 집중된 것이 아니었음을 보여준다. 특히 수리공사를 준비하는 과정에 대해 '조사가 진행되고 있을 뿐인데 공사비가 집행되었다'라고 꼬집는 재무국의 지적은 조사연구의 방법이나 가치를 인정하면서도, 한편으로는 회의적인 총독부의 입장을 대변한다고 할 수 있다. 총독부의 이런 이중적인 태도에도 불구하고 건조물을 보호대상에 포함하고, 현상변경허가제를 도입하는 등 그 규제를 강화한 「보존령」이 제정되었고, 이에 따라 오가와 케이키치와 같은 수리전문가의 바람대로 조사연구가 강화되었다.

이 시기 조사연구 수행의 필요가 수리공사가 가진 특수성의 하나로 인정되었고, 건조물의 해체과정에서 실측조사가 도입되는 등 실질적인 수리체제의 변화가 있었다. 동시에 조사연구를 수행하는 조직과 구성원의 전문성이 강조되면서, 수리전문가 집단이 수리체제의 중추에 자리잡게 되었다. 하지만 당시 수리전문가 집단이 총독부 소속 직원으로서 총독부의 사정에 동조할 수밖에 없었다는 점은 변화한 수리체제의 한계로 지목될 수 있다. 이어지는 절에서는 새롭게 도입된 공사지침의 내용을 통해 변화한 수리체제를 살펴보고, 수리전문가 집단의 활동과 그 한계에 대해 차례로 짚어 보았다.

화엄사 각황전 수리공사 시행과 공사지침의 개선

수리전문가 중심으로 수리체제가 전환될 수 있었던 것은 수리공사의 특수성과 시행조직의 전문성이 인정되었기 때문이었다. 여기에는 현상변경 규제를 강화한 법령의 변화, 그리고, 이로 인한 계획수립의 체계화와 조사연구의 강화 기조가 그 요인으로 작용하였음을 앞서 밝혔다. 조사연구 강화 기조는 자연스럽게 조사역량과 설계도서 작성 능력 등을 갖춘 전문가를 갖춘 조직 구성으로 이어졌다.

이러한 수리체제 전환 기점에는 「보물목조건조물대수선 10개년 계획」의 수립과 시행이 있었다. 대수선 계획에 의해 본격적인 공사가 시작되면서 변화된 기조에 발맞춘 구체적인 지침이 마련되었기 때문이다. 대수선 계획에 의해 시행된 첫 공사는 화엄사 각황전 수리공사이며, 이 수리공사는 전환된 수리체제의 완전한 적용을 받아 이루어진 공사였다. 화엄사 각황전 수리공사는 1935년 6월 본격적인 수리계획이 수립되

그림 4-3. 수리공사 전 화엄사 각황전

어, 1941년 4월까지 공사가 진행되었다. 화엄사는 1934년 7월 수리비 보조를 청원한 공문에 전라남도 기수(技手) 김순하(金舜河)[24]가 작성한 화엄사 각황전 현황조서, 수선공사 계획서, 실측도, 사진을 첨부하였다.[25] 이 청원이 받아들여지지 않자 화엄사는 그 해 11월 다시 수리 보조를 청원하였고, 12월에는 계획 수립을 위한 전문 기술원 파견을 요청하였다. 이에 따라 학무국 사회과 조선총독부박물관 소속 기수에 의해 1935년 6월부터 수리계획이 수립되었고 10월 「수리설계서」 작성이 일단락되었다.

조선총독부의 보존비 보조금의 지출을 기록한 「고적보존보조비대장」에 의하면 화엄사 각황전 수리공사는 대장에 기록된 수리공사 중 가장 큰 규모의 공사였다. 대장이 기록하고 있는 화엄사 각황전 수리공사의 보조금 지급은 5년 동안 끊이지 않고 6회나 이루어졌다. 또한 수리기록물에 남아 있는 예산조서에 기록된 사찰 및 구례군기성회가 부담한 금액까지 합치면 공사에 투입된 공사비 총액은 12만원에 이르렀다.[26] 화엄사 각황전 수리공사는 1936년 2월 첫 보조금 15,000원이 지급되었고, 4월부터 수리사무소가 설치되어 현장운영이 시작되었다. 5개년 계획으로 1940년 2월 종료 예정이었던 공사는 1941년까지 이어졌고 4월 낙성식과 함께 6년 만에 종료되었다.

화엄사 각황전 수리공사 논의는 「보존령」 제정 직후 시작되어 「보물목조건조물대수선 10개년 계획」 시작과 함께 수리계획서가 작성되었다. 수리체제 전환의 시작점이 되었던 화엄사 각황전 수리공사 기록물에는 새로운 지침의 전문이 포함되어 있다.[27] 화엄사 각황전 수리공사에 새롭게 적용된 지침은 「보물건조물수리시행준칙(寶物建造物修理施行準則)」(이하 시행준칙)과 「화엄사각황전수리공사취급수속(華嚴寺覺皇殿修理工事取扱手續)」(이하 취급수속)이다.[28] 두 지침은 각각 보물건조물 수리공사에서 준수해야 할 일반사항과 현장운영에 관한 내용을 다루고 있다.

앞서 밝힌 것과 같이 「보존령」 제정 이전에도 이 두 지침과 비슷한 규정으로 「고적보존공사시행표준」(1917, 이하 시행표준)과 「고적보존비보조공사시행수속」(1919, 이하 시행수속)이 마련되어 있었다. 하지만 이 시

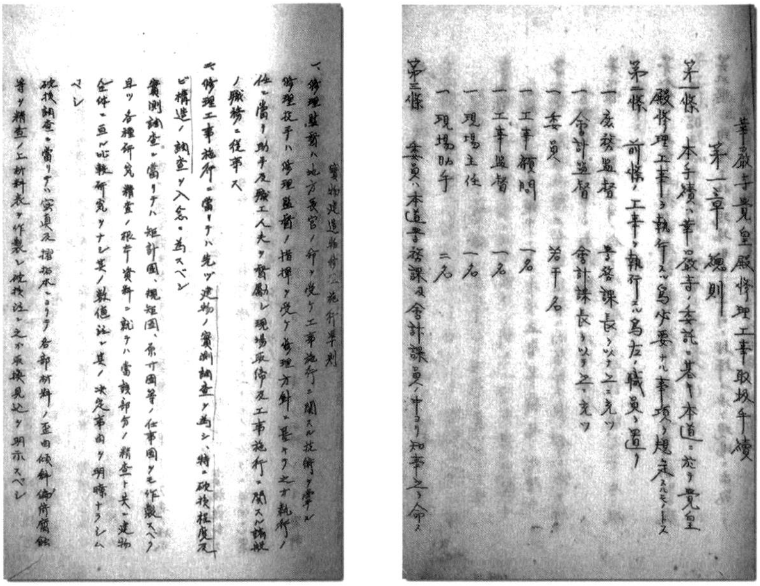

寶物建造物修理施行準則

華嚴寺覺皇殿修理工事取扱手續

第一章 總則

그림 4-4. 「시행준칙」과 「취급수속」

기 지침은 관유 건조물에는 적용되지 않았고 성실한 수리공사 수행보다는 보조금 집행과 관리에 방점을 두었다는 한계를 지니고 있었다. 따라서 조사연구가 선행되어야 하는 수리공사의 특수성이 지침에 제대로 반영되지 않았고, 근거가 부족한 현상변경이 빈번했다.

하지만, 화엄사 각황전 수리공사는 「보존령」 제정으로 현상변경허가제가 도입된 가운데 실시되었다. 총독부는 대규모 사업을 앞두고 앞 시기 지침의 한계를 개선하기 위해 「시행준칙」과 「취급수속」을 마련하였다. 새롭게 마련된 지침이 '고적보존공사'나 '고적보존비보조공사'라는 모호한 범위 대신 '보물건조물'과 '○사 ○전 수리공사'라는 명확한 적용 범위를 설정하고 있다는 점은 앞 시기 지침을 개선하기 위한 취지를 잘 드러낸다.

한편, 새롭게 개선된 지침은 일본에서 먼저 만들어진 지침을 바탕으로 하여 일부 조항을 한반도의 실정에 맞게 고쳐 마련한 것이었다. 먼저 「시행준칙」은 일본에서 1935년에 만들어진 「국보건조물수리시행준칙(国宝建造物修理施行準則)」의 규정을 바탕으로 하고 있다.[29] 화엄사 각황전 수리공사의 청원이 1934년에 이루어졌고, 계획수립이 1935년, 공사시작이 1936년이었으므로, 늦어도 1936년에는 지침이 만들어진 것으로 볼 수 있다.

또한 「취급수속」은 일본의 「○사○당(탑)수리공사위원부규정(○寺○堂(塔)修理工事委員部規程)」을 참고하여 정한 것으로 보인다. 조선총독부박물관 문서에는 일본 와카야마현(和歌山縣) 아리타군(有田郡) 죠묘지(淨妙寺) 다보탑(多寶塔) 수리공사 기록물이 남아 있는데, 수리설계서, 공사 설명서, 개산서(槪算書), 명세서와 함께 「정묘사다보탑수리공사위원부규정(淨妙寺多寶塔修理工事委員部規程)」(이하 위원부규정)이 포함되어 있다.[30] 「위원부규정」은 '총칙', '조직', '서무', '회계'의 4장으로 구성되어 있고 총 34개 조항으로 이루어져 있으며 여기에는 「화엄사각황전수리공사취급수속」 내용이 대부분 포함되어 있다.[31]

공사 현장별로 따로 마련되었던 「취급수속」은 현재까지 화엄사 각황전 외에 수덕사 대웅전, 장안사 사성전 수리공사의 것도 확인되며, 이중 화엄사 각황전 수리공사의 것이 가장 시기가 빠르므로 「취급수속」 역시 「시행준칙」과 마찬가지로 화엄사 각황전 수리를 계기로 마련된 것으로 추정된다.[32]

한편, 이러한 지침과는 별도로 수리공사의 내용과 방향을 적은 수리방침은 「화엄사각황전수리설계서(華嚴寺覺皇殿修理設計書)」(이하 수리설계서)와 「화엄사각황전수리공사실시설계서(華嚴寺覺皇殿修理工事實施設計書)」(이하 실시설계서)로 정리되었다. 수리설계서는 수리 결정전에 작성된 계획서이고, 실시설계서는 수리시공에 앞서 실측조사, 해체공사와 함께 작성된 실시계획서이다.[33] 계획서에는 수리방침과 공사내역, 공정표, 도면 등이 포함되어 있다. 이상의 화엄사 각황전 수리공사 시행과 진행에 적용된 법령과 지침을 정리해 보면 〈표 4-4〉와 같다.

수리공사와 관련된 세부지침의 마련이 「보물목조건조물대수선 10개년계획」의 본격적인 첫 수리인 화엄사 각황전 수리공사 시점에 맞춰져 있다는 사실은 보존제도 개선과 대수선 계획이 수리체제 전환의 기점 중 하나였다는 사실을 보여준다. 특히, 화엄사 각황전 수리공사는 사실상

표 4-4. 화엄사 각황전 수리공사 적용 법령과 지침

법령과 지침		도입년도	적용범위
수리공사 관련 법령	朝鮮寶物古跡名勝天然記念物 保存令	1933.08.	모든 공사 적용
	朝鮮寶物古跡名勝天然記念物 保存令施行規則	1933.12.	
	朝鮮寶物古跡名勝天然記念物 保存令施行手續	1933.12.	
심의 관련 법령	朝鮮總督府寶物古跡名勝天然記念物保存會官制	1933.08.	
	寶物古跡名勝天然記念物保存會 議事規則	1933.12.	
수리공사지침	寶物建造物修理施行準則	1936(추정)	
	華嚴寺覺皇殿修理工事取扱手續	1936.10.	해당 공사 적용
	華嚴寺覺皇殿修理工事修理設計書	1935.10.	
	華嚴寺覺皇殿修理工事實施設計書	1936.04.~	

첫 '보물건조물' 수리공사였다. 각황전 수리공사 직전에 수행된 관음사 대웅전이나 성불사 응진전 수리공사는 「보존령」 제정 이전에 이미 수리공사가 시작되었기 때문에 계획과 시행이 「보존령」이 정하는 바와 관계없이 '특별보호건조물' 지위로 시작되었기 때문이다. 화엄사 각황전 수리공사는 청원부터 계획, 시행, 준공까지 모두 「보존령」이 정하는 절차와 새롭게 마련된 지침에 의해 진행된 공사였다.[34]

「시행준칙」에 의한 실시계획 수립의 제도화

「시행준칙」은 화엄사 각황전 수리공사 시기에 도입된 지침으로 그 내용은 당시 수리공사에 대한 인식과 수리체제의 변화를 반영하고 있다. 「시행준칙」을 통해 알 수 있는 수리공사지침의 구체적인 변화는 ① 실측조사 시행, ② 실시계획 수립, ③ 수리보고서 작성이다. 모두 1917년의 「시행표준」에는 명시되지 않았던 사항이며, 특히 실시계획 수립은 지침의 핵심내용이다.

수리를 위한 계획은 공사범위와 예산을 결정하기 위해 수리 청원과 허가의 과정에서 수립되게 된다. 하지만 수리공사는 해체과정에서 수리범위가 변경되는 경우가 많고 이에 따라 예산의 증액, 공기의 연장이 일어나는 등 설계변경이 동반되게 된다. 이 과정을 하나의 공정으로 인정한 것이 실시계획 수립 제도화의 큰 의의라고 할 수 있다. 이것은 조사연구

표 4-5. 보물건조물수리시행준칙(寶物建造物修理施行準則)

1. 수리감독은 지방장관의 명을 받아 공사시행에 관한 기술을 관장함
수리기수는 수리감독의 지휘를 받아 수리 방침에 기초하고 그 집행 임무에서 조수와 직공인부를 독려하고 현장단속(取締)과 공사시행에 관해 청부받은 제반(諸般)의 직무에 종사함

2. 수리공사 시행에 앞서 건물의 실측조사를 하고 특히 파손 정도 및 구조 조사에 주의할 것
실측조사에는 거계도(矩計圖), 규구도(規矩圖), 원촌도(原寸圖)의 작업도면도 작성해야 하고 또한 각종 연구 정밀 조사의 근본자료에 대해서는 당해 부분의 정밀조사와 함께 건물 전체에 걸쳐 비교 연구하여 그 수치와 함께 그의 결정사유를 명료하게 해야 함
파손 조사에서는 사진과 탑탁본으로 부분 재료의 왜곡, 경사, 편의(偏倚), 부식등을 조사하고, 재료표를 작성하고 파손 등의 것의 교체 계획(取換見込)을 명시할 것
구조조사에서는 재질 및 구조법의 조사, 파손 왜곡 등에 대한 복원적 조사를 실시하고 기준(規矩)과 용척(木割) 등의 조사연구를 엄밀히 해야 함. 특히 구조법에 있어 용척(목할), 처마구조(軒構造)의 기준(규구)에 대해서 각각의 구성에 필요한 부재의 치수(寸法), 형상 등의 사진, 탑탁본, 도면을 정밀하게 갖추고 그 결정에 이른 경과와 함께 사유를 명료하게 할 것
우(右)에 관해 끝내 결정하기 어려운 때에는 조선총독에게 보고(具申)하고 지시를 기다릴 것

3. 상술의 조사연구를 실시한 후 수리의 근본 방침을 확립하여 실시계획을 정할 것. 실시계획에서 설계 변경된 것에는 상세한 실시공정표를 첨부한 후 조선총독의 허가를 받을 것
현상변경을 동반하는 때는 그 요지를 게제하고 사유를 명료히 하고 각각의 자료를 갖추어 조선총독의 허가를 받을 것

4. 수리가 끝난 후에 조선총독에게 제출할 수리보고서는 좌기의 요항을 구비할 것
ㄱ. 실측, 파손 및 구조의 조사서
ㄴ. 수리공사의 경과의 상세
ㄷ. 실시사양서
ㄹ. 정산서
ㅁ. 수리전실측도, 각종 작업도(仕事圖), 수리준성도
ㅂ. 탑탁본, 필요 모형, 또는 모본
ㅅ. 수리전사진, 각종자료사진, 수리준성사진

표 4-6. 「시행준칙」 2조가 명시한 조사의 종류와 내용

조사	내용	작성 설계도서	수리보고서 구비사항[35]
실측조사	-정밀조사 -치수산정 근거 연구	거계도, 규구도, 원촌도 등 작업도면[36]	ㄱ. 실측, 파손 및 구조의 조사서 ㄴ. 수리공사의 경과의 상세 ㄷ. 실시사양서 ㄹ. 정산서 ㅁ. 수리전실측도, 각종 작업도 수리준성도 ㅂ. 탑본, 모형, 모본 ㅅ. 수리전사진, 각종자료사진, 수리준성사진
파손조사	-재료의 왜곡, 경사, 편의(偏倚), 부식 조사 -교체 계획수립	사진, 탁본, 재료표	
구조조사	-복원적 조사 -규구, 목할 조사 연구 -목할, 지붕구조 규구를 규명하는 부재의 규격과 형상	사진, 탁본, 도면	

가 중시되는 수리공사의 특수성이 공식적으로 인정되었음을 의미하기 때문이다.

한편, 「시행준칙」은 보물로 지정된 건조물 수리에서 준수해야 할 사항을 4개 조항으로 나누어 정하고, 이 4개 조항에 덧붙여 수리비내역서의 작성 방법을 첨부한 지침이다. 「시행준칙」 1조의 내용은 보물건조물 수리공사의 지휘를 지방장관에게 맡긴다는 것이었는데, 화엄사 각황전 수리공사에서 지방장관은 전라남도지사였다. 도지사는 총독부의 지방행정 책임자이므로 이는 수리공사를 정부 행정조직 관리하에 둔다는 사실을 명시한 것이라고 할 수 있다.

한편, 「시행준칙」 2조의 내용은 수리공사시행에 앞서 건물을 실측조사하며 특히 파손정도와 구조형식을 주의 깊게 조사하도록 명시한 것이었다. 또한 조사의 내용에 따라 도면작성, 각종 연구 및 정밀 조사, 비교연구, 계획 수치의 결정사유를 밝히고 파손 조사 및 구조 조사의 방법과 그 결정에 이른 경과 및 사유를 밝히도록 정하고 있다. 이처럼 제2조는 공사 수행자에게 수리대상의 구조와 시공에 대해 높은 이해도와 전문성을 요구하고 있으며, 성실한 수리를 위한 조사연구의 필요성과 이를 수행할 전문성의 담보가 이 지침의 중요한 도입 취지 중 하나였음을 알려준다.

「시행준칙」이 이전 지침과 크게 다른 점은 2조에 명시된 조사연구 지시와 조사연구의 내용을 구체적으로 정하고 있다는 점이다. 조사연구는 3종류로 나뉘어 있는데 실측조사, 파손조사, 구조조사이다. 실측조사는 도면작성, 파손조사는 수리범위 설정과 계획수립, 구조조사는 복원을 위한 수리방침 설정과 관련되어 있다. 조사별로 성격을 나누고 계획수립의 과정에 순차적으로 적용될 수 있도록 구분하고 있는 점은 조사연구의 필요성이 강조되는 단계를 넘어 구체적으로 체계화되고 있다는 사실을 보여준다.(표 4-6)

이어지는 3조는 조사의 내용을 바탕으로 실시계획을 수립하도록 정하고 있다. 실시계획의 수립을 제도화한 것은 해체과정에서 일어나는 설계변경을 인정하고 그 과정을 하나의 공정으로 공식화한 것이나 다름 없었다. 수리공사가 일반 공사와 다르다는 인식이 구체적인 지침으로 귀결된 것이므로 특수성이 인정된 것이며, 이에 따라 수리전문가의 입지와 권한은 더욱 확대되었다.

3조의 내용에서 또 하나 주목해야 하는 조항은 현상변경이 총독의 허가사항임을 명시한 것이다. 「보존령」이 현상변경에 대해서는 「조선총독부보물고적명승천연기념물보존회」의 자문을 얻도록 하고 있었으므로 사실상 현상변경은 보존전문기구의 심의사항이 되어있었다. 이렇게 현상변경을 강화한 법령의 기조는 「시행준칙」에도 그대로 반영되었다.

「시행준칙」 4조는 이상의 조사연구 내용을 갈무리하기 위한 조항이다. 정산서와 증빙서류 등 공사비 관리에만 치중하던 내용에서 벗어나, 실시계획, 설계 및 현상변경에 대한 사유서, 공정표, 수리보고서 등 수리공사 자체를 기록하여 제출하도록 함으로써 현장에 임하는 직원의 성실한 수리공사 운영을 담보할 수 있도록 하는 내용을 명시하고 있다.

위에서 살펴본 「시행준칙」이 명시한 사항이 실제 수리공사에서 그대로 준수되었음은 화엄사 각황전 수리공사 과정을 통해 확인할 수 있다. 〈그림 4-5〉는 화엄사 각황전 수리공사 경과를 살펴본 것이다. 주목할 점은 수리시공이 일어나기 전에 수행된 과정들이다. 수리청원 이후 총독부 소속 수리전문가에 의한 현장조사가 있었고, 1935년 수리계획서가 총독부 파견 기술원에 의해 작성되었다.[37] 이후 1936년 수리가 결정되고 현장 사무소가 설립되자 다시 실시설계서가 작성되었다. 즉 「시행준칙」이 명시한 것과 같이 공사 전 실시계획 수립이 수행된 것이다. 1934년 수리 청원을 위한 수리계획서가 작성된 바 있으므로 화엄사 각황전 수리공사를 위한 계획수립은 총 3번에 걸쳐 이루어졌다.[38]

또한 「시행준칙」이 본격적인 공사에 앞서 실시설계서라는 명목으로 다시 계획서를 작성하도록 한 취지는 화엄사 각황전 수리공사사무소에 대한 1936년 10월 회계실지검사에서 오가와 케이키치가 작성한 답변서를 통해 구체적인 추론이 가능하다.

.....보존건조물의 수리는 특종공사로서 일반청부보다 어려운 관계로 인해 직영공사로 된 것임. 먼저 덧집과 비계 등의 가설공사를 시행한 후에 해체공사를 하고 그 조사연구 뒤에 실시설계를 결정하며 그 후 본 공사를 착수하게 되므로 본 공사는 아직 실시설계 작성 중에 있음.....[39]

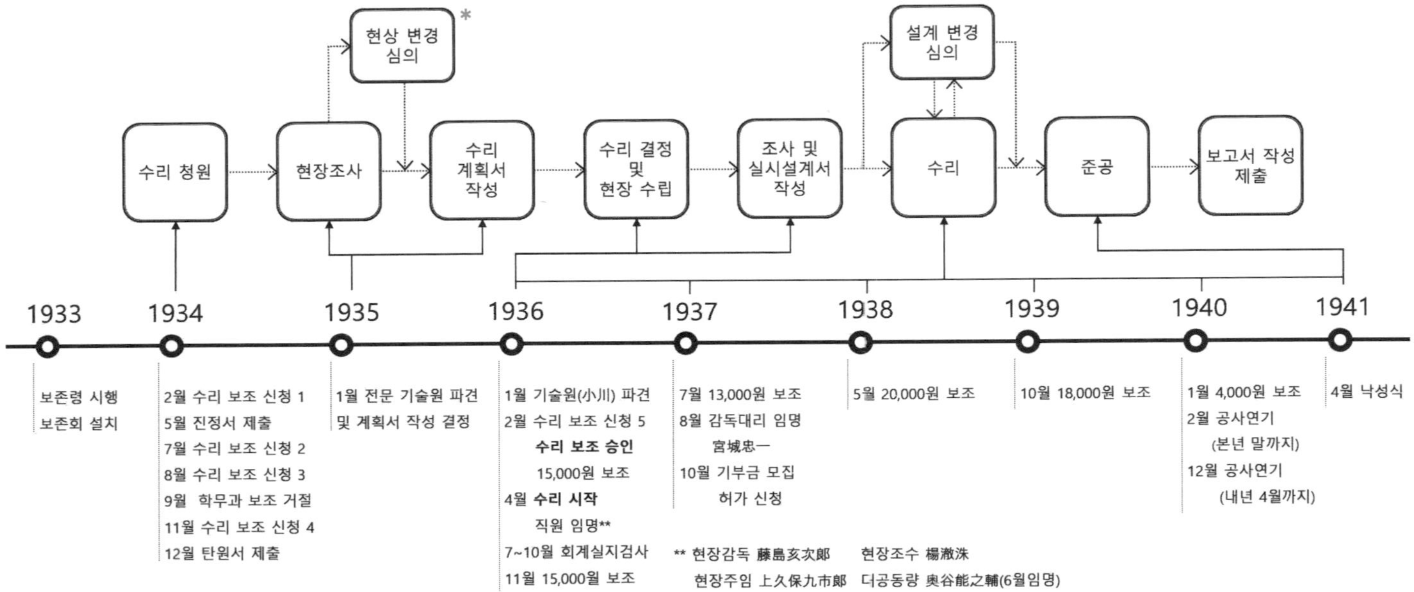

그림 4-5. 화엄사 각황전 수리의 경과 및 수리공사의 공정

* 현상변경과 설계변경은 모두 총독의 허가사항이었다. 「조선총독부보물고적명승천연기념물 보존회」(이하 보존회)는 총독의 자문을 맡았으므로, 심의는 「보존회」가 진행하였다. 현상변경이 허가사항임은 「보존령」에, 설계변경이 허가사항임은 「시행준칙」에 명시되어 있다.

오가와 케이키치가 설명하는 실시설계서 작성과정은 해체공사-조사연구-실시설계-본 공사 순서이다. 즉, 실시설계서는 해체 실측조사를 거친 이후에 작성되었다. 따라서 실시설계서는 해체 이전에 수립한 계획과 차이가 있을 수밖에 없었다. 실시설계서가 아직 작성과정에 있었던 것은 해체 실측조사와 연구에 의해 수리범위와 방침이 변경되기 때문이었다.[40] 그러니까 실시설계서 작성은 해체조사를 통해 건조물의 상태를 정확하게 파악하여 수리방침과 수리범위, 수리내역과 시공방법 등을 정하기 위한 것이었다. 따라서 실시설계서 작성을 본 공사에 들어가기에 앞서 작성하도록 정한 지침은 조사연구를 강화한 이 시기 수리체제 전환의 일환으로 평가할 수 있다.

「시행준칙」은 「보존령」의 현상변경 규제 강화 기조와 조사연구가 강조되는 시류를 반영한 지침으로 수리공사가 일반공사와 다른 특수한 공사임을 공식화하였다. 이에 따라 조사연구의 내용이 설계서에 구체적으로 명시되었고, 실시계획 수립이 제도화되는 등 수리체제에 실질적인 변화를 가져왔다. 이 과정에서 수리공사 시행자에게 전문성이 요구되었음은 물론이며 공사를 맡은 수리전문가의 입지와 권한은 더욱 커지게 되었다. 법령과 지침에 따라 실측조사와 연구가 가능한 수리전문가가 현장을 지휘하고 운영할 수밖에 없게 되었기 때문이다.

「취급수속」에서 보이는 수리공사사무소 조직과 위계

법령과 지침의 개선으로 수리전문가의 역할이 중요해졌고, 수리공사에서 조사연구가 가지는 비중이 커졌던 만큼 수리공사 조직도 수리전문가 중심으로 구성되었다. 화엄사 각황전 수리공사 조직은 1936년 4월 4일 전라남도 도지사가 화엄사 각황전 수리공사사무소의 직원을 임명하면서 갖춰지게 되었다.[41] 현장운영을 위한 구체적인 사항은 「화엄사각황전수리공사취급수속」(이하 「취급수속」)으로 정했는데, 「취급수속」은 총칙, 서무, 회계 3장으로 구성되어 있었다. 총칙과 서무는 주로 도지사,

내무부장, 서무감독, 회계감독, 위원, 공사고문, 공사감독, 현장주임, 현장조수, 대공동량(大工東梁)의 직무를 명시하고 있으며, 회계는 공사비의 출납과 직공의 임금, 직원의 급여 및 출장에 대한 사항을 다루고 있다.[42] 「취급수속」이 정하는 공사 관련자들은 전라남도 소속직원과 현장직원으로 크게 구분되며, 현장직원은 다시 비상근 겸임직과 상근 전임직으로 나눠 볼 수 있다.(그림 4-6)

먼저 도지사의 임무는 공사 지휘로 「취급수속」에 명시되어 있다. 하지만 다른 세부업무로 직원의 임명과 촉탁만을 정하고 있어 구체적인 지휘 권한은 명시되어 있는 것이 없다. 대신 내무부장에게 공사 집행에 관한 사무를 총괄하는 임무를 부여하고, 현장의 보고와 품의(稟議) 등을 받도록 하고 있어 내무부장에게 실질적인 공사 지휘 권한을 부여하고 있음을 알 수 있다. 「취급수속」상에서 도지사와 내무부장은 공사 지휘부의 역할을 하지만 공사 현장의 직급을 겸임하지는 않았다.

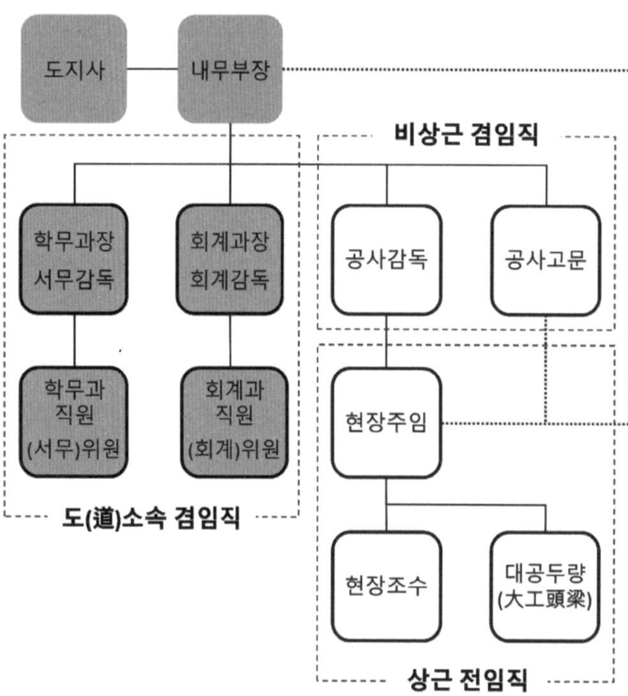

그림 4-6. 화엄사 각황전 수리공사사무소 조직구성

내무부장 휘하의 감독 임무는 서무·회계·공사 세 가지로 나누어 두고, 서무와 회계 감독을 전라남도의 학무과장과 회계과장이 겸하도록 하였다. 서무와 회계의 관련 실무는 학무과와 회계과의 직원 중 위원을 정해 맡겼으므로 이 역시 겸임직이었다. 서무와 회계 등 현장 지원 성격의 업무는 전라남도 소속 직원이 맡도록 했지만 실질적인 수리공사 현장업무를 진행하는 공사감독과 고문, 현장주임 등은 도지사가 초빙하여 외부 인사를 임명하였다.[43]

직무별 구성원의 차이는 두 업무의 성격이 뚜렷하게 구분되고 있다는 사실을 보여준다. 또한 현장직원을 전문가로 구성하고 있다는 점은 전문성을 요하는 수리공사의 특수성을 반영한 것이었다. 하지만 이는 수리공사에서 도청의 지휘 권한이 현장지원 사무에 한정된 것이었다는 사실도 보여준다. 도청에 소속된 수리전문가가 없었기 때문에 도청은 현장에서 결정한 사항에 대해 옳고 그름을 판단하기 어려웠고, 도청의 업무는 「취급수속」이 공사를 지휘한다고 정한 것과는 다르게 공사비 관리·집행 업무에 그쳤다.[44] 따라서 실질적인 공사 진행은 현장직원에게 맡겨졌다.

공사감독은 공사 집행을 책임지는 자리로 실질적인 수리방향 결정자였다. 하지만 화엄사 각황전 수리 공사감독으로 취임한 후지시마 가이지로(藤島亥治郎)는 감독으로 재직하는 1936년 4월에서 10월까지 단 한 차례 현장을 방문했을 뿐이었다. 「취급수속」에 따라 1달에 최소 1회만 출근하면 되었지만, 후지시마 가이지로는 동경제국대학 교수를 겸하고 있었기 때문에 여름에만 임무수행이 가능했다.[45] 현장이 수립되고 6개월이 지나 가을로 접어들자 학무국 측 담당 주임으로 공사고문 역할을 맡았던 오가와 케이키치가 감독 대행으로 공사를 진행하였고, 1937년 8월 오가와 케이키치가 수덕사 대웅전의 감독에 임명되면서 새로운 감독을 선임하였다.[46]

공사감독에 경험이 많은 연구자를 임명한 것은 현상변경의 규제를 강화하고, 조사와 연구를 강조한 「보존령」 제정 취지에 맞는 것이었지만 겸임직이었기 때문에 현장에서 「취급수속」이 정하는 임무를 수행하기에는 한계가 있었다.[47] 화엄사 각황전 수리공사의 계획수립과 방향설정은 대부분 학무국 주임이자 고문이었던 오가와 케이키치에 의해 이루어졌다. 그는 수리결정에 앞서 「수리설계서」를 작성한 바 있었고, 수리 진행과정에서 실시 계획 수립에 참여하였다. 현장주임이었던 카미쿠보 큐우시로(上久保九市郎)[48]는 조사과정에서 수리계획에 변경이 필요하거나 공사 진행에 영향을 미칠만한 사항을 오가와 케이키치에게 편지를 써 직접 보고하였다.[49]

한편, 「취급수속」에 따르면 현장주임은 현장조수와 대공동량을 휘하에 두고 공사를 진행 할 수 있었다. 대공동량은 직공의 우두머리로 직공과 인부를 관리하였기 때문에 수리사무소의 운영을 현장조수가 보조하고 공사현장의 운영은 대공동량이 보조하였음을 알 수 있다. 화엄사 각황전 수리공사의 현장조수는 양철수(楊澈洙)로 1936년 4월 4일 현장주임과 함께 임명되었다. 이는 「취급수속」이 정한 현장 구성원 중 유일하게 조선인이 맡은 직책이었다. 대공동량은 오쿠타니 쿠마노스케(奥谷熊之輔)로 그해 6월 17일부터 현장에 임하였다. 오쿠타니 쿠마노스케는 당시 교토에서 오쿠타니구미(奥谷組)라는 건설사의 대표였다. 오쿠타니구미는 일본 사사(寺社)건축을 전문으로 건설하는 회사였으며, 그는 회사의 대표로 일본식 목조 건조물 시공 전문가였다.[50]

한반도의 보물건조물 수리공사에 오쿠타니 쿠마노스케가 대공동량이 되었던 것을 단순히 일본인 목수에게 일감을 몰아 준 것이라고 보기는 어렵다. 화엄사 각황전 수리공사가 시작된 1936년 그의 회사는 12건이라는 대량의 사사건축 건설실적을 기록하고 있기 때문이다. 일본인 사사건축 전문 시공자에게 일을 맡겼던 것은 설계도서를 작성하는 수리전문가가 한반도의 목조 건조물을 일본 목조 건조물을 바탕으로 이해하고 있었다는 사실과 무관하지 않을 것으로 보인다. 잘 알려진 것처럼 수리를 위한 설계도서에 표현된 건축 용어들은 모두 일본식 목조 건축 용어였고, 이를 이해하고 시공할 목수가 일본인이 되는 것은 공사 진행상 효율적인 것이었다.[51]

표 4-7. 취급수속이 정한 직급과 직무

직급	직무
도지사 (지방장관)	공사지휘 -위원 임명, 공사고문·공사감독·현장주임·현장조수 촉탁
내무부장	공사 집행 사무 총괄 -공사 관련 신청 및 보고에 대한 결재 -도지사에게 준공 보고 -건물인도기일 결정 및 건물인도 -사찰에 준공 보고서 교부
학무과장 (서무감독)	서무감독 -내무부장 부재 시 직무대리 -소관사무 및 부하직원 지휘감독
회계과장 (회계감독)	회계감독 -소관사무 및 부하직원 지휘감독
위원	서무 및 회계에 관한 사무
공사고문	공사고문 -공사 준공 확인 -건물인도시 입회
공사감독	공사 집행 감독 -매월 1회 이상 현장 근무 -설계사양서 관련 서류 작성 -공사 준공 확인 -건물인도시 입회
현장주임	공사 진행과 취체(取締) -대공동량 고용(내무부장 품의사항) -직공인부 독려 -공사감독 지시에 따라 공사 진행, 공정 보고 -공사 진행 및 공정상황 보고서 제출(내무부장) -공사용 재료 물품 구입(내무부장 품의사항) -불용고재, 불용품 매각(내무부장 품의사항) -직공인부 임금 지불 관리 -준공서류 작성 및 제출 -공사 준공 확인 -건물인도시 입회
현장조수	직공인부 독려, 공사의 진보와 취체
대공동량	직공 취체

수리전문가 집단의 형성과 위상

수리전문가들은 「보존령」, 「시행준칙」 등의 법령과 지침에 의해 일제강점기 보존활동의 핵심 주체가 되었으며 수리공사에서 빠질 수 없는 직군으로서 하나의 집단으로 자리잡았다. 「보존령」 제정(1933) 이후 법령과 지침은 계획서 및 설계서를 수리공사의 청원, 결정, 시행 과정에서 반복적으로 작성하도록 정하고 있었다. 이는 조사연구를 강화한 수리체제 전환의 법적 기반이었으며, 수리전문가의 역할과 권한은 법령과 지침에 의해 확대되었다.

그들이 건조물 보존활동의 핵심주체로서 집단화하였음은 화엄사 각황전 수리공사를 통해 확인할 수 있다. 이 수리공사의 계획단계에서만 전라남도 기수, 학무국 기수, 현장주임 등 세 명의 수리전문가가 참여하였다. 그리고 그들이 작성한 설계서는 수리공사가 청원, 결정, 시행되는 각 과정에서 빠져서는 안 되는 핵심요소였다.[52]

화엄사 각황전 수리공사에서 이루어진 수리전문가들의 계획서 작성과정은 이 시기 형성된 수리전문가 집단의 위상을 보여준다. 먼저 각황전 수리공사의 계획서 작성과정을 살펴보면, 당시 「보존령」은 현상변경에 대한 규제를 강화하여 보물건조물을 현상변경하고자 하는 사람은 설계사양서, 설계도, 사진 등을 제출하도록 되어 있었다.[53] 그리고 현상변경에 대한 총독부의 보조를 받고자 하는 사람 역시 공사비 예산 설계사양서 및 계획도를 제출하도록 규정하고 있었다.[54]

화엄사는 1934년 7월 수리비 보조를 청원한 공문에 전라남도 기수 김순하가 작성한 화엄사 각황전 현황조서, 수선공사 계획서, 실측도, 사진을 첨부하였다. 이 청원이 받아들여지지 않자 화엄사는 그 해 11월 다시 수리 보조를 청원하였고, 12월에는 계획 수립을 위한 전문 기술원 파견을 요청하였다. 이에 따라 1935년 6월부터 총독부 파견원인 오가와 케이키치에 의해 수리 계획이 수립[55]되었고 그해 10월 「수리설계서」

작성이 일단락되었다.[56]

「보존령」이 정하는 바와 달리 「수리설계서」 작성을 청원자에게 맡기지 않고 총독부가 직접 인력을 파견하여 작성한 것은 청원자가 가진 전문성의 한계에서 기인한 것이기도 하지만 정확한 수리비용 산정과 적절한 수리범위 선정을 위한 조치였다. 이 수리공사에는 총독부의 막대한 재원이 투입될 예정이었으므로 비용 산정에 엄격한 기준과 절차가 적용될 필요가 있었다.

오가와 케이키치의 설계서 작성 과정에서 수리비는 증액과 감액이 반복되었다. 화엄사가 처음 제출한 계획서에서 수리범위가 수정되어 수리비가 4만5천원에서 12만원으로 증액되어 예정되었다가 다시 15만원으로 증액되어 그 마련 방법이 논의되었다. 하지만 최종적인 예산 산정 논의가 끝나고 1936년 2월 첫 수리 보조비가 지급될 때는 다시 그 금액이 12만원으로 축소되었다.[57] 이러한 수리비의 변화 과정은 공사 결정에 앞서 수립되는 수리계획의 목적이 수리범위와 예산산정에 있었음을 알려준다. 동시에 수리전문가에게 수리비를 산정하여 예산을 수립할 권한이 있었음을 보여주는 것이기도 하다.

전문성과 비용지출에 한계가 있었기 때문에 도의 기수가 작성한 첫 수리계획은 현황보고 수준에 그칠 수밖에 없었다. 총독부 학무국 소속 기수 오가와 케이키치는 「수리설계서」를 작성하면서 전라남도 소속 기수 김순하가 정한 수리규모를 세 배 가까이 늘려 놓았다. 이때 오가와 케이키치가 작성한 「수리설계서」는 8개 내역에 100개의 세부항목이 포함된 매우 상세한 것이었고 그 내역에는 전라남도 기수가 작성한 공사 내역에서는 보이지 않는 조사비와 전문 기술원의 여비 등이 포함되어 있어 각황전 수리공사를 위한 현실성 있는 계획이 수립되었음을 알 수 있다.[58] 수리전문가의 소속에 따라 역량과 권한에 차이가 있었음을 보여주는 대목이다.

한편, 화엄사 각황전 수리공사의 현장운영을 맡았던 카미쿠보 큐우시로는 현장을 수립하자마자 실측조사와 실시계획 수립에 착수하였다. 실시계획 수립은 공사에 앞서 마련하도록 「시행준칙」이 정한 사항이었다. 그리하여 화엄사 각황전 수리공사에서 실시계획의 내용이 「실시설계서」로 정리되었다. 「시행준칙」은 화엄사 각황전 수리공사에서 도입되었기 때문에 공사 진행에 앞서 「실시설계서」를 작성한 사례로는 첫 사례였다.[59]

현장주임 카미큐보 큐우시로는 학무국 기수 오가와 케이키치에게 설계서 작성 과정을 보고하고, 지시를 받아 설계서를 완성해 나갔다. 카미쿠보 큐우시로는 1936년 7월 3일 오가와 케이키치에게 보낸 편지에 실시 설계서 수리방침 초안을 13번까지 번호를 붙여 적고 의견을 구하였다. 이후에 비로소 같은 달 27일 실시 설계서와 공사 공정표 각 2통 그리고 실측도를 오가와 케이키치에게 송부하였다.[60]

이상의 계획과정은 당시 수리체제 안에서 수리전문가가 하나의 집단으로 자리매김하였다는 사실을 보여준다. 수리전문가가 실제적인 직군 및 지위가 되어 구체화된 집단이 되었다는 사실이 중요한 이유는 전통적인 건설 환경에 변화를 보여주는 증거가 되기 때문이다. 수리공사의 대상은 한반도의 목조건축으로 본래 한반도 재래목수에 의해 수리계획과 설계, 시공이 이루어졌다. 수리공사는 중창, 중건, 중수 등의 이름으로 한반도에서도 널리 이루어졌음은 이미 잘 알려져 있는 사실이다. 하지만 일제강점기 근대수리기술의 도입으로 수리공사에 '보존' 개념이 도입되면서 전통목수는 계획가와 감독자의 지위를 수리전문가에게 내어줄 수밖에 없게 되었다. 따라서 목수의 지위는 자연스럽게 수리전문가의 부하가 되었는데, 여기에는 관청에 속한 수리전문가의 사회적 지위도 작용하였을 것이다.[61] 수리전문가 계층의 형성은 총독부가 수리공사를 시작한 이래로 꾸준히 진행되어 왔겠지만, 「보존령」 제정과 「보물목조건조물대수선 계획」의 시행 이래로 확대된 수리전문가의 입지와 권한의 확대가 그 집단을 공고히 하는 계기가 되었다.

수리공사 과정에서 수리전문가의 권한은 막대한 것이었다. 계획수립에서 지휘감독까지 수리공사 전반을 책임지고 있었기 때문이다. 특히 계획수립 과정에서 예산을 결정하는 것 역시 수리전문가의 역할이었고, 수리비의 대부분이 총독부의 세출예산에서 보조되는 만큼 수리공사 과정에서 총독부 소속의 수리기술자의 입지는 매우 큰 것이었다. 수리공사에 참여하는 수리전문가가 총독부 소속이었기 때문에 수리전문가 간의 위계도 존재하였는데, 수리가 이루어지는 동안 총독부 학무국 소속 기수인 오가와 케이키치가 수리공사 절반을 조율하는 위치에 있었다. 실제로 오가와 케이키치는 도의 기수가 수립한 계획의 대략 3배에 가깝게 수리공사 규모를 확대해, 그 권한이 도의 기수에 비해 훨씬 컸음을 알 수 있다. 또한 현장 수리전문가인 현장주임 역시 오가와 케이키치에게 실시계획의 주요 내용을 상의하고 조언을 받고 있어 학무국 소속 전문가의 권한과 위상을 알 수 있다.

「시행준칙」 1조는 지방장관이 수리공사를 지휘하도록 정하고 있으므로, 총독부-지방장관-수리전문가-직공인부로 이어지는 수리공사 지휘계통이 설정되었음을 알 수 있다. 이전 시기에 지방장관에게 공사비 관리를 맡기고 본부 파출 감독원에게 현장운영을 맡기는 구성에서 벗어나 공사 현장의 위계질서를 완성하고 있다는 점은 수리조직이 변화하는 수리체제 환경에 맞춰 전반적인 전환을 꾀하고 있음을 보여준다.

「시행준칙」이 제도화 한 실시계획수립 과정이 보여주는 수리체제 전환기의 양상은 일제강점기 새롭게 형성된 수리전문가 집단이 전문성을 발판으로 수리공사에서 주도적인 위치에 공고히 자리잡아가는 양상을 보여준다. 또한 이러한 양상의 기저에는 당시 건조물 보존 정책의 적극성이 반영되어 있었다.

조선총독부 소속 수리전문가의 한계

현상변경 규제와 조사연구 강화는 결국 수리전문가가 중심 수리체제로의 전환과 수리전문가 집단의 형성으로 이어졌다. 수리전문가가 수리체제의 중추가 되고 하나의 집단으로 성장할 수 있었던 요인은 법령과 지침에 있었지만, 더 근본적인 원인은 수리공사가 그 시행에 근대적 건축지식을 요했기 때문으로 생각해 볼 수 있다. 준비공사 과정에서 이루어지는 실측조사와 실측도면의 작성, 복원 연구 등은 근대적 교육을 받은

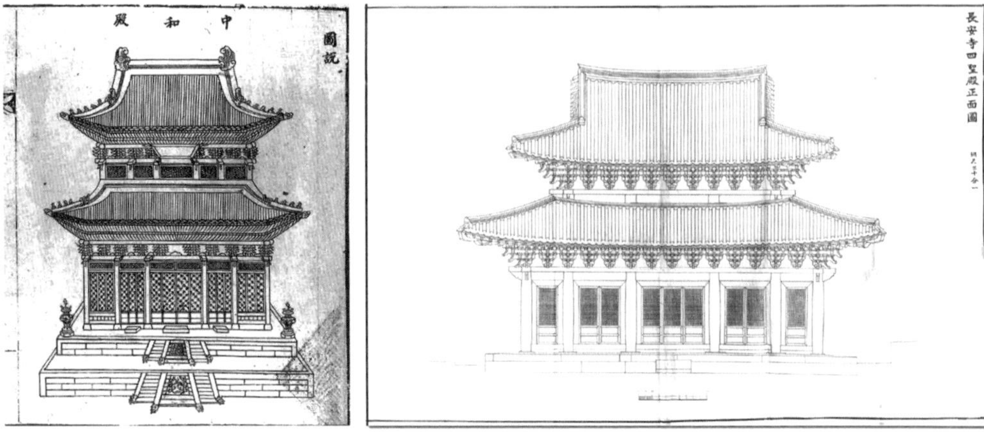

그림 4-7. 중화전 영건도감의궤도설(1904, 좌)과 장안사 사성전 정면도(1940년대, 우)

전문가만 수행할 수 있는 영역이었다. 특히 도면 작성은 3차원 형상의 실제 건조물을 평면, 입면, 단면, 앙시와 같은 평면적인 형태로 해체하여 제도하는 과정에 대한 이해가 필요했다. 나아가 시공을 위해서는 이를 다시 입체적으로 이해해야만 했다. 근대 도면을 통한 의사소통에는 매우 전문적인 지식을 필요로 했기 때문에 근대 건축교육을 받은 사람만이 이 의사소통에 참여하는 것이 가능했다.

동아시아 목조 건축물에 대한 조사 방법론 자체가 이제 논의되어 개발되어가는 과정에 있었기 때문에 전문가는 한정될 수밖에 없었다. 또한 조선총독부가 수행하는 조사 대상이 일본의 건조물이 아니라 한반도의 건조물이었던 만큼, 이에 대한 이해가 필요했고, 조사 방식이나 도면작성 방식 역시 한반도 건조물의 사정에 맞춰 새롭게 정립될 필요가 있었다.

이처럼 수리공사 수행에 전문성이 요구됨에 따라 공사를 수행할 수리조직과 그 구성원의 역할이 매우 중요하게 되었다. 계획을 수립하는 수리전문가의 역할은 곧 공사 시행을 감독하는 역할로 확대되어 수리전문가는 공사현장 전체를 실제로 지휘, 감독하는 지위를 가지게 되었다.

하지만 오가와 케이키치가 밝혔던 것과 같이 총독부 소속으로 한반도에 상주하는 수리전문가는 단 2명에 지나지 않았고, 수리전문가를 양성하는 제도적 장치도 없었기 때문에 한반도 수리공사는 소수의 전문가에게 맡겨질 수밖에 없었다. 전문가가 부족했기 때문에 총독부에서 현장감독을 파견하거나 총독부의 추천을 받아 지방장관이 일본 내지로부터 초빙한 촉탁이 감독에 임명되는 등 현장을 지휘하는 수리전문가는 모두 총독부의 관원이었다. 따라서 수리전문가는 총독부의 사정에 동조할 수밖에 없었고 수리공사 역시 총독부의 영향력에서 자유로울 수 없었다. 또한 소수의 수리전문가 대부분이 일본인이었다는 사실 역시 중요하다. 그들의 한반도 건조물에 대한 이해는 일본의 목조 건조물에 대한 이해가 바탕이 되었으며, 그 이해를 바탕으로 수리계획서와 사양서가 작성되었고, 다시 이 설계도서들에 맞춰 공사가 시행되었다. 이 과정은 한반도 고유 건축 용어와 개념이 소실되고, 수리기술이 혼용되는 결과로 이어졌다.

수리전문가 중심 수리체제를 통해 조선총독부가 수리공사에 미친 영향력은 일제강점기 후반 전시체제에 들어서면서 특히 뚜렷하게 드러난다. 이 시기 조선총독부의 영향력은 수리 대상 건조물을 소유한 사찰 물자를 통제하는 것에까지 미치고 있었다.[62] 이 시기 수리공사는 수리전문가 중심 수리체제와 관주도의 수리공사가 어떤 방식으로 중앙권력 기구의 사찰 물자 통제도구가 되었는지를 보여준다.

그 구체적인 사정을 전시체제 속에서 이루어졌던 개심사 대웅전 수리공사의 경과와 참여 주체들의 역할을 통해 살펴볼 수 있다. 개심사 대웅전은 일제강점기 수리체제 전환이 일단락되고 수리전문가 중심 수리체제가 본격적으로 작동하는 가운데 수행된 수리공사였다. 때문에 전시체제 속에서 선명하게 드러났던 수리체제의 한계를 살펴볼 수 있는 적당한 사례이다.

개심사 대웅전 수리공사는 중일전쟁(1937)과 태평양전쟁(1941)의 여파로 수리 활동이 적극성을 잃어가기 시작할 무렵 진행되었다. 이 공사는 1941년 1월 공사를 시작해 해방 직전인 1944년 11월 완료하였다.[63] 대웅전의 수리가 단일 건물에 대한 공사임에도 47개월 동안이나 지속되었던 것은 공사 시작 1년여 무렵인 1941년 12월 일제가 전선을 태평양으로 확장함으로써, 전쟁으로 인한 물가의 상승과 자재 운송이 원활치 않게 된 결과였다.[64]

그림 4-8. 개심사 대웅전 가설덧집 설치 전경

한편 개심사 대웅전 수리가 결정된 것은 1940년 개심사 주지가 조선총독에게 보낸 개심사 대웅전에 대한 응급조치 신청에 의해서였다. 개심사는 그해 9월 27일, 「국보 건조물 수선비 국고보조 신청」 문서를 작성하여 도청에 제출하였다. 이 문서에서 개심사는 대웅전의 기울어짐이 심해 무너질 위험이 있음을 이유로 들어 수리를 신청하였다. 이에 대해 학무국은 1940년 11월 8일 수리 보조금 1만원을 책정하는 문서로 답하고 있어 수리가 허가되었음을 알 수 있다.[65] 이후 3년을 계획한 수리는 연장 신청을 거듭하여 1944년 11월 열린 낙성식을 끝으로 공식적으로 종료되었다.[66]

개심사 대웅전 수리에 참여한 주체는 크게 관리조직과 현장조직으로 나눌 수 있다. 조선총독부 학무국과 충청남도가 관리조직에 해당하였고, 개심사와 수리현장사무소를 현장조직으로 나눌 수 있다. 학무국은

개심사 대웅전의 수리공사가 진행되는 동안 수리현장의 상황을 도청, 현장주임으로부터 보고받아 이에 따른 조치를 지시하고 개심사의 청원을 접수하여 승인하는 등 의사결정 기구의 업무를 수행하였다. 실제로 개심사 대웅전 수리공사 문서 중 학무국이 작성하고 발송한 공문의 주요 내용은 공사 승인, 예산 배정 및 증액 결정, 공사기간 조정, 현장 조사 등에 관한 것이며 이는 현장의 보고와 청원에 따른 학무국의 지시와 승인을 위해 작성된 것들이었다.

또 학무국은 보물건조물 수리공사와 관련해 총독부 내부의 의견을 조율하는 역할도 수행하였다. 보조비 지원 관련 문서에는 대개 재무국장과 내무국장의 날인이 찍혀있어, 학무국의 문서가 재무국과 내무국에 공람되었음을 알 수 있다. 특히 보조비 지원 결정 문서에는 재무국장과 내무국장의 결재와 함께 보조비 지출 요청 공문(通牒)이 첨부되어 있

표 4-8. 수리공사 참여주체별 역할

주체	역할
학무국	공사승인, 국고 보조비 배부, 공기조정, 현장조사
도청	공사사무 위탁관리, 국고 보조비 집행
개심사	수리공사 청원, 보조비 신청 및 모금, 재료 수급
현장주임	공사감독, 설계도서 작성, 공사보고서 작성

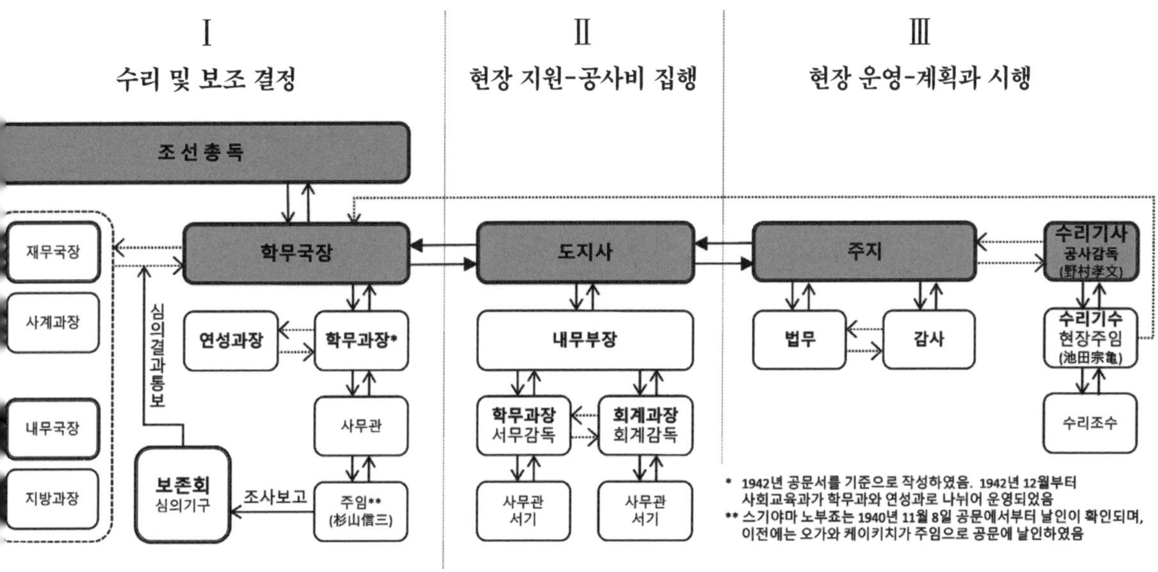

그림 4-9. 개심사 수리공사의 주체와 시행체계

어 학무국이 수리공사 사안에 대한 의견조율 기구였음을 보여준다.[67] 한편, 지방청인 도청은 공사 집행을 위탁 받아 공사 전반을 관리하였다. 학무국은 「개심사 대웅전 보존공사비 보조에 관한 건」[68]을 통해 대웅전 수리비 만원(萬圓)을 지원하는 한편, 도지사에게 보존공사와 관련 사무를 위탁하도록 지시하고 있다. 개심사 대웅전 수리와 함께 시작된 장안사 사성전(四聖殿) 수리공사의 취급수속(取扱手續)의 총칙(總則) 역시 장안사가 강원도에 공사 집행을 위탁한다고 밝히고 있어 도청이 공사를 사찰로부터 위탁받아 관리하는 것이 일반적이었음을 알 수 있다.[69]

이처럼 도청이 수리공사 집행을 위탁받아 수행한 것은 국고로 지급되는 보조금의 집행 관리를 위한 것이었다. 당시 수리를 위한 보조금은 사유 건물인 경우 건축주에게 직접 지급되었다. 보조금의 관리가 민간인의 손에 맡겨지는 상황에서 국고 보조금의 통제력을 담보하기 위해 도청에 그 집행을 위탁했던 것이다.[70] 한편, 학무국과 공사 현장조직 사이의 의사전달 역시 도청의 주요 역할이었다. 개심사 주지가 작성한 문서들을 살펴보면, 문서 내용의 시작에 앞서 "朝鮮總督 殿"이라고 적혀 있어 총독을 수신자로 하여 보내는 문서들임을 알 수 있는데, 이 문서들은 충청남도 도지사의 공문에 첨부되어 총독부로 발송되었다. 개심사에서 작성한 문서는 도청을 거쳐야만 총독부로 발송될 수 있었던 것이다. 총독부 역시 공문으로 지령을 보내는 경우에 충청남도지사를 공문의 수신자로 지목하고 있다.

도청은 개심사뿐만 아니라 현장주임인 수리기수와 총독부 사이의 의사소통 역시 담당하였다. 1941년 12월 10일에 작성된 문서는 도청의 내무부장이 현장주임에게 벽화 보존과 관련된 총독부의 지령을 전달하는 공문이다. 당시 현장주임이었던 이케다 소우키(池田宗亀)는 지령에 대한 의견과 학무국의 결정을 바라는 공문에 직접 날인하여 회신하였다.[71] 이는 현장주임 역시 도청을 거쳐 학무국과 소통하였음을 보여주며, 학무국-도청-현장주임이라는 개심사를 제외한 보고계통이 갖춰져 있었음을 보여준다.

학무국은 공사 전반에 걸친 결정권을 가진 기구로서 도청을 통해 현장

조직을 관리한 기구였다. 도청은 개심사로부터 공사를 위탁받아 공사비 집행을 담당하였고 개심사와 현장주임의 청원과 보고를 학무국에 전달하였다. 일견 합리적으로 보이는 공사체계는 학무국의 수리공사에 대한 통제력이 강화될 수 있도록 조직되어 있었다. 도청에 수리사무의 위탁을 맡겨 공사비 지출을 담당케 하였고, 현장주임과 바로 연결될 수 있는 보고체계를 갖춰 소유주인 개심사의 개입 여지를 최소화하고 있기 때문이다. 소유자인 개심사는 권리보다는 의무를 가졌다. 실제로 개심사는 수리공사를 이유로 소유 산림을 벌채하고 농지를 저당잡히는 등의 사안을 신청하고 있으며, 수리를 결정한 1940년의 7월에는 지방도로 공사를 위해 토지를 무상으로 양여하기도 하였다.[72]

1935년 개심사 사유지 벌채 허가 관련 기록은 사찰 물자 유출 정황을 구체적으로 보여준다. 개심사 주지가 소유 산림의 벌채를 신청한 것은 1934년 7월이었다. 이 신청에 대해 학무국은 1935년 2월 벌채로 생기는 소득을 개심사 대웅전의 수리비로 사용하는 조건으로 벌채를 허락하였다. 당시 사찰 소유의 산림 벌채는 총독부의 허가가 필요한 사항이었으므로, 벌채를 위한 명분으로 대웅전 수리를 지목했던 것이다. 하지만 당시는 개심사 대웅전의 보물 지정 전으로 대웅전의 가치가 완전히 확정되기 전이었다. 학무국 내 기수로 근무 중이던 오가와 케이키치가 대웅전이 가치 있는 건물이라는 평가 의견서에 날인을 찍어 증명한 것은 이러한 맥락 속에서 이루어진 것이었다.

개심사 대웅전에 대한 첫 평가기록인 오가와 케이키치의 의견서는 보물 지정에 2년 앞서 작성되었다. 이 기록은 1934년 12월 22일 작성한 개심사 대웅전과 심검당에 대한 의견서(貴見錄)로 오가와 케이키치의 필체로 적혀있고 '小川'이라고 세긴 도장이 찍혀 있다. 이 보고의 흥미로운 점은 벌채 허가를 위한 문서에 첨부된 기록물이라는 것이다. 해당 보고가 수록된 문서는 개심사 소유 산림의 벌채 허가를 위한 것이다. 산림 벌채를 위한 허가를 받기 위해 문서가 제시하고 있는 이유는 개심사 대웅전의 수리를 위한 비용마련이었다. 따라서 문서에는 개심사 대웅전의 가치를 밝히기 위해 개심사의 연혁, 대웅전의 건축적 가치, 현재의 상

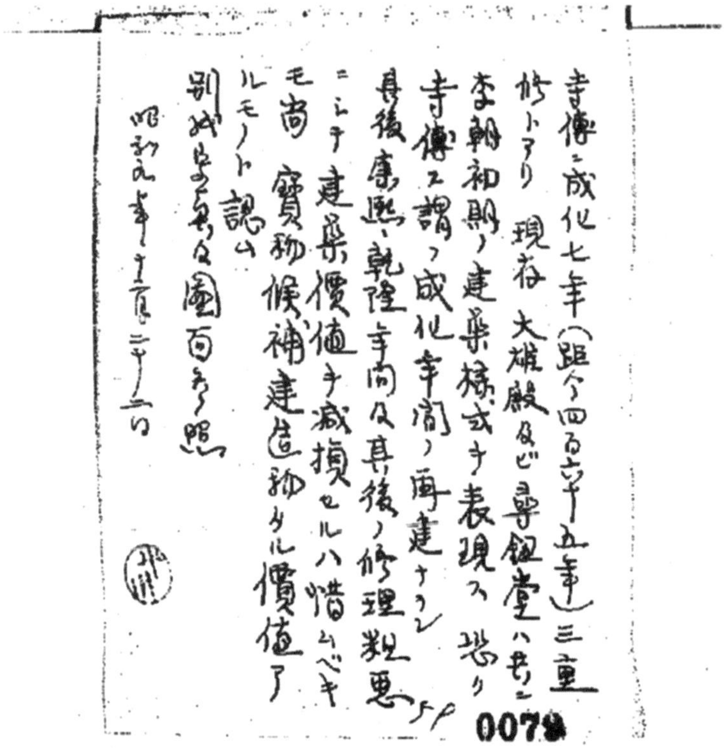

寺傳ニ成化七年（距今四百六十五年）三重
修トアリ 現存 大雄殿及ビ尋劒堂ハ共ニ
李朝初期ノ建築様式ヲ表現ス 恐ラク
寺傳ニ謂フ成化年間ノ再建ナラン
其後康熙、乾隆年間及其後ノ修理粗悪ナル
ニヨリ建築價値ヲ減損セルハ惜ムベキ
モ尚 寶物候補建造物タル價値ア
ルモノト認ム
別紙見取図面參照
昭和九年十月二十二日

0078

그림 4-10. 오가와 케이키치(小川敬吉)의 의견서

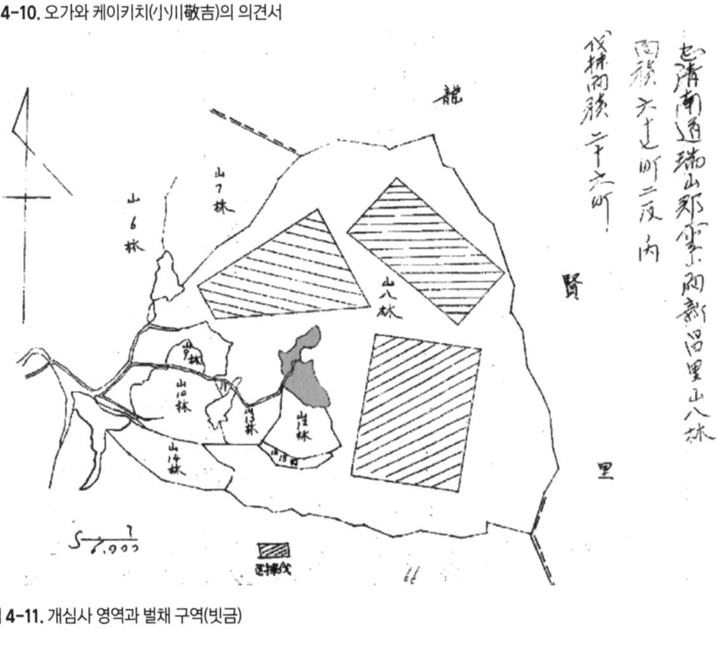

그림 4-11. 개심사 영역과 벌채 구역(빗금)

태, 파손의 현황 등을 간략한 도면 및 사진과 함께 첨부되어 있다. 그런데 오가와 케이키치의 평가는 개심사를 직접 방문하여 내린 결정이 아니라 첨부된 보고서를 보고 작성한 것이었다.[73]

개심사 대웅전에 대한 첫 평가기록으로서 의미가 있는 이 기록물은 보물건조물의 수리가 벌채 허가 사유가 될 수 있었다는 사실을 알려주는 매우 중요한 기록이다. 보물건조물 수리라는 명목으로 산림 자원의 유출이 이루어진 정황을 보여주는 단서가 될 수 있기 때문이다.[74] 애초 사찰 소유의 산림은 사찰령에 의한 보존 대상이었다. 사찰령은 사찰 소유 산림의 벌채를 금지하였는데, 총독부는 그 목적을 사찰 주변의 풍치(風致)를 보존하기 위한 것이라고 설명하였다.[75] 이러한 사찰령의 취지에도 불구하고 벌채의 규모는 개심사 소유 산림 중 1/3이 넘는 78,000평[76]이라는 대규모 면적에 달하고, 30년 이상 수령의 길이 20尺(자), 직경 5寸(치)의 나무 2,000본, 60년 이상 수령의 길이 25尺, 직경 1尺의 나무 1,000본을 벌채하는 막대한 것이었다.

더욱이 이 벌채는 개심사 대웅전 수리에 사용될 목재를 마련하기 위한 것도 아니었다. 문서의 말미에는 벌채 허가를 위한 공사비 명세서와 수리계획서 등이 첨부되었는데, 대웅전 수리에 사용할 주요 목재는 기둥재 8본, 도리재 30본, 서까래 20본, 판재 100평(坪)이었다.[77] 이들 재목의 단가는 각각 20원, 5원, 1원, 3원으로 벌채할 목재의 단가를 큰 것을 1원, 작은 것을 5전으로 정했던 것과는 큰 차이가 있다.

또한 벌채를 통해 마련한 돈 역시 개심사 대웅전 수리에 쓰이지 않았던 것으로 추정된다. 1941년 개심사는 대웅전 수리를 위해 사찰 토지를 담보로 조선식산은행 홍성지점으로부터 3,000원을 빌리고 있는데, 이는 개심사가 대웅전 수리를 위해 부담한 3,090원 29전의 전액에 가까운 금액이기 때문이다. 벌채를 통해 마련한 돈이 개심사 대웅전 공사에 사용되지 않았다는 점은 벌채의 목적이 공사비용 마련에 있었던 것이 아니라 벌채 자체에 있었다는 정황을 짙게 만든다.[78]

한편, 개심사가 토지를 담보잡혀 돈을 빌린 것은 학무국이 개심사측 수리 부담금을 책정했기 때문이었다. 이 부담금은 수리공사를 사유로 사찰 물자가 유출되는 빌미가 되었다. 개심사 수리공사에 투입된 금액은 54,590원 29전이었다. 이중 총독부가 보조한 금액은 51,500원이었고 나머지 개심사가 부담하는 금액은 3,090원 29전이었다.[79] 전체 공사비에 비해 작은 금액이었고, 총독부의 재원으로 충분히 충당 가능한 금액이었다. 하지만 이 금액은 개심사에 부담지워졌고 경제적 여력이 없었던 개심사는 부담금을 마련하기 위해 개심사 소유의 물자를 소진해야 했다.

개심사는 토지 11,051평을 담보로 1940년 11월 주식회사 조선식산은행 홍성지점으로부터 3,000원을 빌렸다. 개심사는 15년간 토지에서 나오는 소작료 수입으로 식산은행에 원금과 이자를 상환키로 하였다. 상환의 구체적인 내용은 상환금을 각 해 6월과 12월 연 2회 납부하여 총 30회에 걸쳐 납부하고, 한 회당 납부 금액은 158원 4전으로 총액은 4,741원 20전으로 하였다. 이로 인해 개심사는 한 해에 300원이 넘는 금액을 15년간 부담하게 되었다.[80] 당시 조선인 평균 임금이 1년에 130원 정도였다는 사실을 감안하면 이는 결코 적지 않은 금액이었다. 이처럼 개심사는 수리비를 빌미로 한 학무국의 통제 아래 소유 산림을 벌채하고 토지를 저당잡히는 등 사찰 소유 물자를 소진하면서 공사를 진행하였다.

조선총독부는 개심사 대웅전이라는 보물건조물 수리를 빌미로 벌채나 토지저당 등의 부담을 개심사에 지울 수 있었다. 당시 수리체제는 관리조직이나 현장조직 모두 학무국 영향력 아래 둠으로써 총독부의 사찰 물자 관여에 조력하였다. 이러한 학무국에 의한 사찰물자 통제에는 오가와 케이키치와 같은 수리전문가도 역시 일조하였다. 전환된 수리체제에서 중심적인 역할을 수행하였던 수리전문가는 총독부 소속 관원으로 학무국의 사정에 동조할 수밖에 없었다. 수리전문가 중심 수리체제는 수리공사가 총독부의 재원을 보조받아 운영되고, 그 운영을 맡은 수리전문가가 대부분 총독부 소속 관원이었다는 사실에서 한계를 찾을 수 있다. 총독부 사정에 동조하였던 수리전문가들은 보존에 큰 비용이 든다는 이유로 수덕사 대웅전이나 개심사 대웅전의 벽화를 모사만 한 채

헐거나 방치하였고, 무위사 극락전을 양철지붕으로 덮어 공사를 마무리하기도 하였다.[81]

전시체제 돌입과 일제강점기 수리체제의 한계

전시체제 아래에서 수행된 수리공사는 개심사 대웅전 외에도 장안사 사성전 수리공사가 있다. 장안사 사성전 수리공사는 조선총독부가 운영한 수리체제의 한계를 선명하게 드러냄으로써 수리전문가 사이에서 인력양성환경, 물자 수급체계, 보조비 관리체계 개선 등의 필요성을 인지시킨 수리공사였다. 사성선 수리공사 역시 개심사 대웅전 수리공사와 마찬가지로 인력과 물자 부족으로 공사 수행에 난항을 겪었다. 강원도가 사성전의 수리를 청원한 1937년은 중일전쟁이 발발한 해였고, 수리가 시작된 1941년은 중일전쟁의 전선이 확대되어 태평양전쟁 발발이 코앞이었던 시기였기 때문이다. 1938년 5월부터 시행된 국가총동원법은 1941년 봄에 이르러 생활물자 통제로까지 확대되고 있었고, 태평양전쟁이 시작된 1941년 12월에는 공업원료와 생활필수품에 대한 전표제, 배급제를 법으로 정한 물자통제령이 제정되었다. 장안사 사성전 수리가 본격화되었던 무렵은 전시경제로 인해 물가가 말 그대로 폭등하고 있었다.[82] 장안사는 조선총독부의 금강산 개발에 힘입어 주요 건물의 수리를 보조받고 있었으나, 국가총동원법으로 인해 점차 관광이 불필요한 행위로 취급되었다. 이에 따라 금강산 전기철도 노선에 대한 사철보조금이 중단되는 등 조선총독부는 금강산 개발에 관한 동력을 점차 잃고 있었다. 거기에 더해 금강산에 매장된 광물에 대한 수요가 증가하자 금강산 채굴을 허용하는 등 총독부의 금강산 보존 기조는 더욱 희미해지게 되었다.[83] 급기야 1944년에는 금강산 전기철도 노선 중, 창도~내금강 구간이 전시 선로공출 구간으로 지정되어 철거되기에 이르렀다. 결국, 장안사 사성전은 인력과 물자 부족을 토로하며 2년의 공기 연장과 2배에 달하는 공사비 증액 끝에 1944년 12월 준공되었다.

그림 4-12. 장안사 사성전 파손현황과 해체현황

1. 사성전 정면 파손현황(유리건판 사진 pan014126)
2. 사성전 서측면 파손현황(유리건판 사진 pan014132)
3. 정면 파손현황 상세(유리건판 사진 pan014158)
4. 서측면 파손현황 상세(조선총독부박물관 문서 A113-075-005-001)
5. 하층 지붕 해체현황(유리건판 사진 pan018851)
6. 상층 공포 해체현황(유리건판 사진 pan018849)

사실 장안사 사성전은 1933년 첫 수리계획이 수립되었다.[84] 하지만 수리공사는 계획수립에도 불구하고 시작되지 못했다. 1933년은 보존 수리가 전성기에 접어들기 시작한 시기로 성불사, 관음사, 석굴암, 불국사, 송광사, 무위사, 보림사 등 전국적으로 많은 수리공사에 보조금이 투입되고 있었다. 이에 더해 1935년부터는 지리산 국립공원화 계획에 영향을 받아 총공사비 120,000원에 달했던 화엄사 각황전 수리공사에 보조금이 투입되기 시작[85]하였고, 수덕사 대웅전과 청평사 극락전 및 회전문 수리가 잇따라 시작되었다. 특히 청평사는 춘천에 위치하여 수리공사의 지휘와 보조금 관리를 강원도 도청이 맡고 있었다. 강원도 도청은 공사관리에 부담을 느낀 탓인지 장안사 사성전 수리공사를 청평사 수리공사 준공 후로 연기하였다.[86]

사성전 수리 기회를 보던 장안사는 사성전 수리공사 보조 청원서를 1936년 12월 강원도에 제출하였고, 강원도는 이 문서를 이듬해인 1937년 1월 15일에 총독부로 발송하였다.[87] 1936년은 1940년에 개최될 올림픽 장소로 동경이 결정된 해로, 조선총독부가 외국인의 일본 입국 경로인 한반도 정비에 전력을 기울이던 시기였다. 총독부는 올림픽 동경 유치를 계기로 국립공원 지정 무산과 함께 한풀 꺾여 있던 금강산 정비사업을 학무국을 앞세워 다시 수행할 계획을 수립하였다.[88] 장안사는 이러

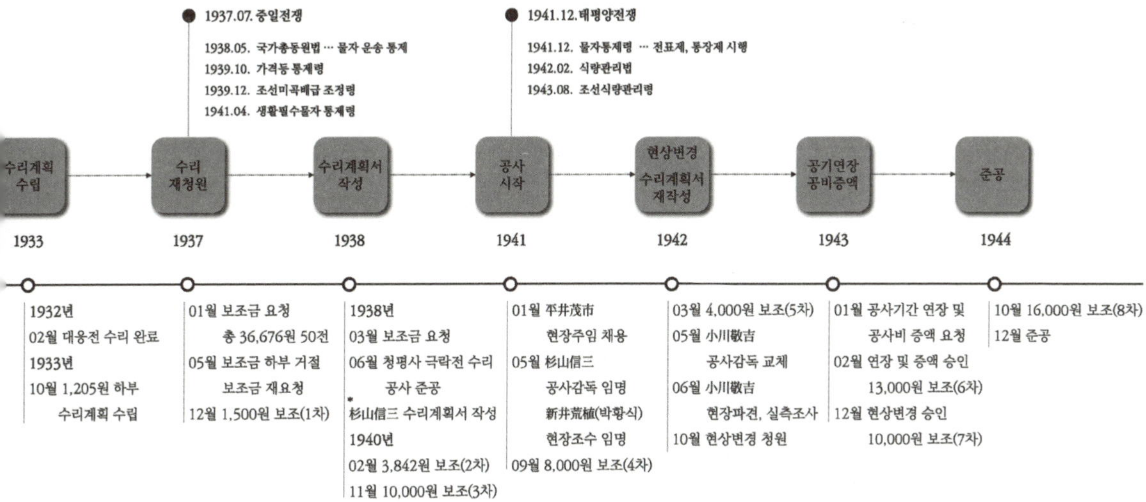

그림 4-13. 장안사 사성전 수리공사 경과

한 기조에 기대를 걸고 청원서를 제출한 것으로 보인다. 그러나 장안사가 보낸 청원에 학무국은 수리의 필요성은 인정되지만, 예산 경리상의 이유로 당분간 보조가 어렵다는 사실을 공문을 보내 알렸다.[89]

이후 총독부는 청원이 있은 지 근 1년만인 1937년 12월 1,500원을 하부하여 급한 대로 수리공사 시작을 허가하였다. 그러나 공사비 하부만으로는 수리공사가 시작될 수 없었다. 공사감독, 현장주임, 현장조수 등 공사현장을 꾸릴 적임자를 찾지 못해 공사는 다시 연기되었다. 1937년은 특히 총독부가 지원한 수리공사가 많았던 해로, 화엄사 각황전, 수덕사 대웅전, 청평사 극락전 및 회전문, 해인사 장경판고, 무위사 극락전 수리현장이 운영되거나 계획되고 있었다. 또한 총독부 소유 건축물이었던 평양 대동문, 의주 통군정 수리도 진행[90]되었으므로 장안사 사성전에 투입될 공사감독과 현장주임, 현장조수 등의 수리전문가를 선임하기 어려웠다.

공사비만 받고 전문가를 기다리던 강원도는 1938년 3월 현장운영을 위한 적임자를 배치해 달라는 의견을 학무국에 전달하였다.[91] 마침 그해 6월은 청평사 극락전 및 회전문 수리 준공이 예정되어 있어, 강원도는 관내 청평사 수리가 끝나는 대로 사성전 수리가 시작되어야 한다는 사유를 달았다. 한편 강원도의 요청에 호응하여 당시 청평사 수리공사 감독이었던 스기야마 노부조가 청평사 공사의 주요 공정이 마무리되자마자 장안사 사성전 수리계획서를 보완 작성하였기 때문에 현장운영 인력이 인선되면 바로 공사가 시작될 수 있는 상황이었다. 하지만 강원도와 스기야마의 노력에도 불구하고 총독부는 1940년 2월과 11월 2회에 걸쳐 13,842원의 보조금을 더 하부하였을 뿐 여전히 적임자를 알선하지 못하였다. 결국, 강원도는 1940년 12월 다시 한 번 청원서를 제출하였다. 그 청원서의 내용은 다음과 같다.[92]

장안사 사성전 수리공사는 지시에 따라 장안사의 위탁을 받아 도에서 집행하는 것으로 되어 별지 공사취급수속에 의해 실시하려고 소화13년(1938) 3월 25일 아래[左記] 기술원 알선을 의뢰하였는데 시절이 시절인지라(時節柄) 적임자 물색이 곤란하여 일단 계획중지에 그친 사정인데, 본 공사집행은 다년의 현안임을 감안하여 빠른 실시가 되어야 하는 현황으로 차제에 아무쪼록 실시될 수 있도록 좌기 기술직원 최적임자 물색 후, 알선하여 주시기 바랍니다.
또한, 이 공사에 대한 총공사비 견적은 소화12년(1937)도에 산출된 것인데 그 후 물가가 등귀(騰貴)하고 대부분 증고(增高)를 면하지 못하여, 이 역시 기술원 파견과 동시에 재계획을 하려고 하며, 공사비 중 장안사의 보담(補擔)액 일만원은 이미 납부되었으니 그 잔액은 국고 보조를 바랍니다.
아래[記] 공사감독 1명, 현장주임 1명, 현장조수 1명

청원서는 장안사 사성전 수리공사 계획이 중지된 이유가 공사감독, 현장주임, 현장조수와 같은 공사를 수행할 적임자를 찾지 못한 것에 있음을 알려준다. 긴 기다림 끝에 1941년 1월 가장 먼저 공사현장에 채용된 것은 현장주임 히라이 시게이치(平井茂市)였다.[93] 그는 일본에서 활동하던 사사(寺社)건축 수리업자로 스기야마 노부조가 일본 수리전문가들의 추천을 받아 강원도에 소개한 인물이었다. 현장주임은 공사가 종료될 때까지 수리현장에 상주하면서 공사현장을 지휘해야 했기 때문에 도면작성에서 시공까지 수리공사 전반에 대한 이해가 필요하였다.
일본에서 활동하던 수리업자를 사성전 수리공사 현장주임으로 인선했던 이유는 이와 같은 전문가를 한반도 내에서 찾기가 힘들었기 때문이었다. 당시 수리계획서 작성과 현장 운영이 가능한 조선총독부 직원은 오가와 케이키치와 스기야마 노부조, 노무라 요시후미(野村孝文)[94] 정도였다. 총독부 내에는 수리전문가를 교육하기 위한 인력양성체계가 존재하지 않았고, 이한철과 같이 근대건축 교육을 받고, 보존 수리에 뜻을 품었던 인물들은 열악한 현장 상황이나, 임금 차별 속에서 수리현장을 떠나고 있었다.[95] 따라서 주요 수리공사의 현장주임이 일본에서 활동한 경력직 수리업자에게 맡겨졌고, 일본인 수리업자는 수리공사가 종료되면 일본으로 돌아갔다.
한편, 공사감독으로 스기야마 노부조가 내정되었다. 스기야마는 오가와와 함께 총독부가 보조하거나 발주한 수리공사 업무를 책임진 인물이었다. 스기야마는 1938년 준공된 청평사 극락전 수리공사의 감독을 맡았었고, 장안사 사성전 수리공사 계획을 수립하였으며, 사성전과 같

은 시기에 수리가 이루어진 개심사 대웅전 수리공사에도 관여하고 있었다. 스기야마는 여러 직무를 겸직하고 있었던 탓에, 1941년 5월에서야 자신이 계획한 수리공사에 가까스로 감독에 임명되었다.

감독을 맡은 스기야마와 함께, 현장주임을 도울 조수로 조선인 박황식

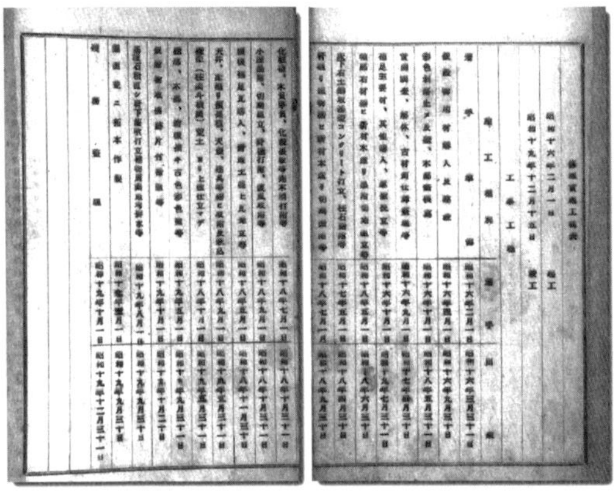

공사준비 가설공사 | 실측조사 해체공사

	공정	1941(소화16)															
		1	2	3	4	5	6	7	8	9	10	11	12	1	2	3	4
1	착수준비		■	■													
2	가설물 재료 구입 및 건설				■	■	■	■	■	■							
3	채색 박락 막음 및 벽, 목부 그림 모사										■	■	■	■	■	■	■
4	실측조사, 해체, 고재 못 정리 정비등									■	■	■	■	■	■	■	■
5	주요재 보충, 기타재료 구입, 운반, 재단										■	■	■	■	■	■	■
6	축부 석재 수선, 신재 치목 조립																
7	바닥지정, 기초 콘크리트 타설, 초석 설치																
8	처마 시공, 공포 수선, 신재목 치목 조립																
9	부연, 초매기, 이매기, 개판 등 치목																
10	지붕 조립, 서까래 설치, 박공설치																
11	보충 기와 구입, 보토깔기 후 기와깔기																
12	천정, 바닥마감, 수미단, 가구 등 수선 및 반입																
13	벽 미장, 초벌에서 정벌마감까지																
14	단청 묘사 및 채색																
15	가설물철거, 정리정돈, 청소																
16	기단석 적치, 처마 (방수)칠, 건물주위 대지 고르기, 배수 등																
17	도면 및 탑본 제작																
18	잔무정리																

그림 4-14. 1943년 1월 청원서에 첨부된 장안사 사성전 수리공사 실시공정표

(朴滉植)이 임명되었다. 박황식[96]은 평안남도 중화군 출신으로 1919년 출생하여, 1939년 평양공립공업실습학교 건축과를 졸업하였고, 그해 평양 대동문 수리공사, 성천 동명관 수리공사에 종사한 인물이었다. 그는 1941년 5월 24일에 장안사 사성전 수리현장에 채용되었다.[97] 이 날짜는

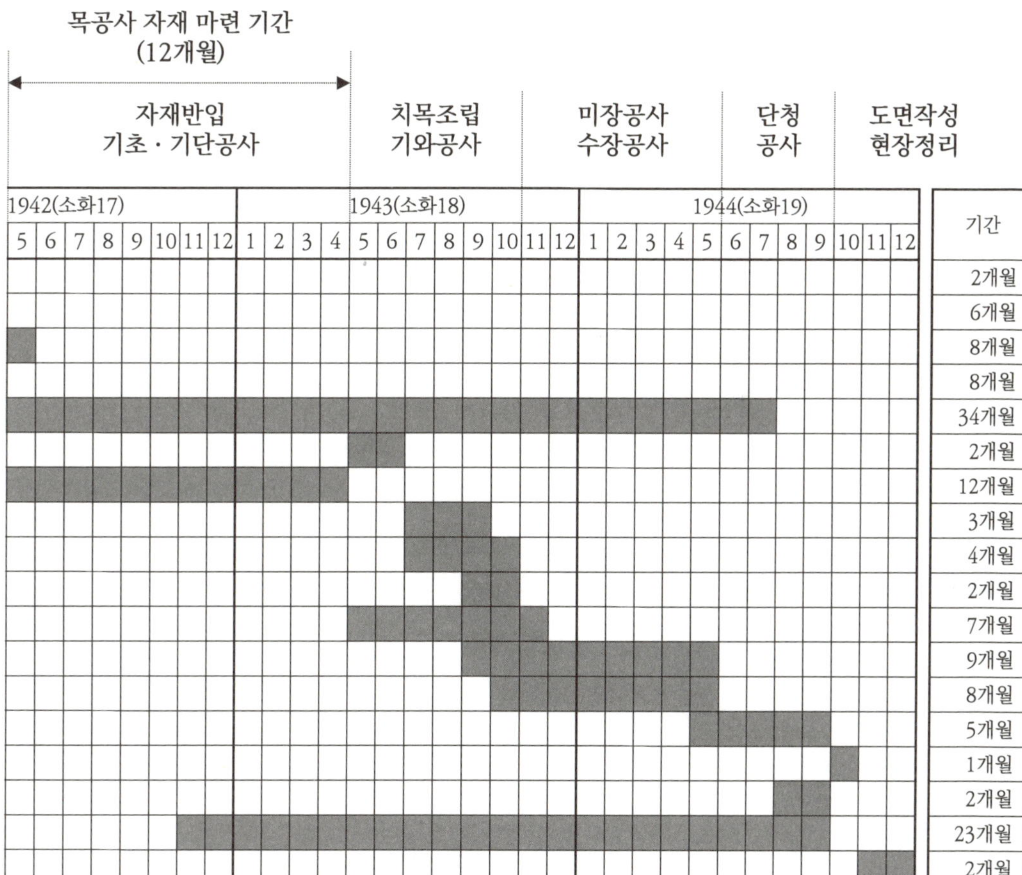

그가 바로 직전에 참여하였던 성천 동명관 수리공사가 종료된 지 고작 4일 밖에 지나지 않은 시점이었다.[98] 장안사 사성전 수리공사 현장은 주임 1명만으로 1월에 개시되었고, 5월 동명관 수리공사가 끝나자마자, 동명관 현장에서 근무하던 인력을 현장조수로 채용한 것이었다. 박황식이 현장이 종료된 지 4일 만에 사성전 현장으로 이동한 사실은 박황식의 채용이 예정되어 있었던 것임을 보여준다. 그러니까 이 시기 전문인력수급 상황은 다른 현장이 종료되어야 또 다른 현장이 운영될 수 있을 정도로 크게 경직되어 있었다.

이처럼 장안사 사성전 수리현장의 전문인력 인선은 공사 연기의 사유가 되었을 정도로 난항을 겪었다. 인선 과정에 긴 시간이 필요했던 직접적인 이유는 인력양성이 되고 있지 않았던 당시 수리체제의 현실에서 찾을 수 있다. 인력이 양성되지 않는 현실 속에서 전문 인력은 부족할 수 밖에 없었다. 따라서 현장 구성에 책임이 있었던 지방도청은 현장운영에 필요한 전문 인력을 확보할 수 없었다.

도청은 어쩔 수 없이 총독부에 인력 인선을 의뢰하였다. 하지만 총독부 역시 몇 되지 않는 전문 인력을 한반도 전역에 벌린 수리현장에 투입하고 있었다. 따라서 전문 인력은 일본으로부터 충원되거나, 다른 현장의 일정에 맞춰 수급될 수밖에 없었다. 일본에서 채용된 인력은 단기간 고용되어 현장에서 쌓은 경험을 전수하지 못하고 일본으로 돌아갔기 때문에, 당시 수리체제가 가진 인력양성과 관리가 가진 허점은 계속해서 커질 수밖에 없었다.

한편, 앞서 소개한 1940년 12월 청원서는 물가가 급등하여 공사비 증액이 필요하다고 적고 있다. 공문이 지적하고 있듯이, "시절이 시절인지라[時節柄]" 물가가 급등하였던 것인데, 1940년 12월은 중일전쟁이 3년째 이어지면서 전선이 확대되고, 1938년부터 시행된 국가총동원법이 1941년 물자통제령으로 심화되어 가는 와중이었기 때문이다. 전시체제 한가운데 공사가 시행된 사성전 수리는 공사 물자 공급에 큰 어려움이 있었으므로, 물자 공급 안정화를 위한 물자 관리체계 개선의 필요성이 인지된 계기가 되었다.

사성전 수리공사는 현장운영진 인선 과정과 공사준비 기간을 거쳐 1941년 9월 해체공사에 들어갔다. 하지만 이후 공정에서는 물자 사정이 공사 진행의 발목을 잡았다. 이는 해체공사 이후 목공사를 시작하기 전 자재 마련 기간에만 1년이 걸렸다는 사실을 통해 확인할 수 있다.(그림 4-14) 사성전 수리공사는 1942년 12월 준공을 목표로 삼고 공사를 진행하였는데, 목표한 준공 시기인 1942년 12월까지 실질적으로 진행된 공사는 기초공사뿐이었다.[99] 결국 1943년 1월 공기 2년 연장과 수리비 39,321원 69전 증액을 요청하는 청원서가 학무국에 제출되었고, 학무국은 이를 받아들였다.[100] 다음은 청원서 내용의 일부다.

이 수리공사는 ..... 소화16년(1941) 1월 부터 2개년 계획으로 총공비 46,676원 50전(장안사 10,000원 잔액 국고부담)을 들여 공사착수가 진행되어 지난해 12월 말에 기간 만료되었는데도 자재 및 직공 등의 입수에 어려움에 봉착하여 공사 진보가 되지 않아 해체 후 가설물 공사가 근근이 완료되었고 잔여 공사는 별지 실시공정표에 따라 금후 2개년의 기간을 요하게 됨에 따라 기간연장을 승인 바랍니다.
본 공사비는 소화13년(1938) 설계에 기초한 견적액으로 ..... 물가 급증[物價高騰]으로 별지 비교대조표에 따라 국고보조를 신청합니다.[101]

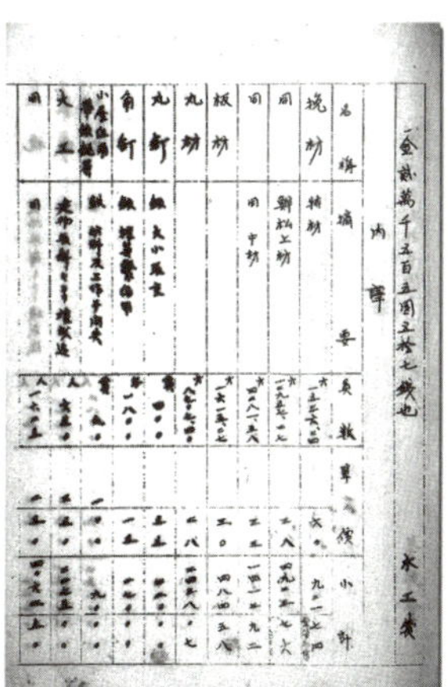

1938년 작성 목공비 내역

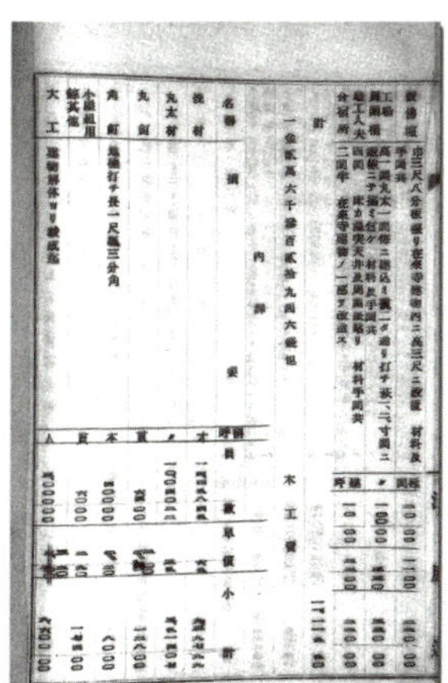

1942년 작성 목공비 내역

- 1938년 제재목 단가 내역

	원수	단가
특재	1,536.24材	60錢
선송상재	12,957.27材	38錢
선송중재	4,281.58材	33錢
물량 합계 : 18,775.09材 재당매입평균 : 38錢		

총 7,258원 43 전

▼

- 1942년 작성 제재목 단가 내역

	원수	단가
제재목(挽材)	14,458.45材	65錢

총 9,398원 00 전

- 둥근 못[丸釘] 단가 변화 : 55전 → 2원 / 약 360% ▲
- 기와 못[瓦釘] 단가 변화 : 12전 → 30전 / 약 250% ▲

그림 4-15. 공사비 증액 전후 재료 단가 비교

공사비 증액으로 총공사비는 82,412원 6전이 되었고, 이는 처음 공사비의 두 배에 가까운 금액이었다. 공사비 증액의 가장 큰 원인은 전쟁에 따른 물가 급등에 있었다. 당시 자재 물가는 크게 올라 있었다. 변경 전과 후의 내역서를 살펴보면 제재목[挽材]은 원래 재(才)당 단가 평균 38전 하던 것이 단가 65전으로 올랐다. 또한, 못[丸釘]의 단가는 원래 55전에 판매되었던 것이 2원으로 올랐고, 기와 못[瓦釘]의 단가는 12전에서 30전으로 뛰었다.[102] 내역을 통해 재료에 따라 단가가 두 배에서 세 배 정도로 급증한 것을 알 수 있다.(그림 4-15)

현장으로 공급되는 물자 사정이 나빠진 것은 전시체제에 가동된 물자 통제를 가장 큰 원인으로 꼽을 수 있으나, 당시 수리현장 운영체제에서도 물자 수급이 어려워진 이유를 찾을 수 있다. 당시 총독부가 보조금을 지원한 건조물 수리공사는 공사별로 현장이 독립적으로 수립되었다. 이 때문에 다른 현장의 물자를 공유할 수 없어, 공사비 절감이나, 재료 절약에 취약한 구조였다. 이는 각 도청이 총독부에서 받은 보조금을 따로 관리하여, 회계경리가 분리되어 있었던 이유가 가장 크다. 그리하여 같은 시기에 여러 현장이 운영되더라도 이 현장들이 서로 연계하여 물자를 조달하고 인력을 교환하는 것은 불가능에 가까웠다.

이러한 도별 개별 현장 수립체제는 물자가 낭비되고, 인력을 탄력적으로 활용하기 어렵다는 단점에도 불구하고 오랜 기간 유지되었다. 총독부 입장에서는 이 체제가 총독부 대신 도청이 현장관리 업무를 맡아, 총독부의 업무 부담을 줄이고, 행정력을 아낄 수 있다는 장점이 있었기 때문이다. 하지만 1930년대 중반 수리현장이 확대되자 그 장점은 현실에서 크게 발휘되지 못했다. 도청은 전문 인력을 갖추고 있지 못해 공사 수행 능력이나 현장을 지휘할 능력이 없었고, 총독부 소속 관원이 현장 감독으로 파견되어야 했기 때문이다. 결국, 이는 총독부 행정력이 소모되는 결과로 이어졌다.

또한, 지방 도청은 수리공사 수행능력뿐만 아니라 관리능력도 떨어졌다. 도청은 총독부로부터 공사비를 받아 공사비 지출과 같은 관리업무를 맡았는데, 수리공사에 전문성이 없었던 탓에, 현장에서 물자가 낭비

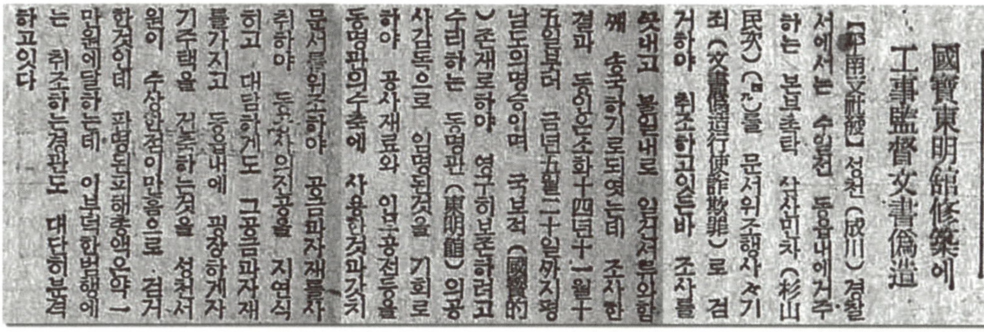

國寶東明館修築에
工事監督文書僞造

【平南支社發】성천(成川)경찰서에서는 수일전 동읍내에거주하는 본보촉탁 삼산민차(杉山民次)([illegible])를 문서위조행사 사기죄(文書僞造行使詐欺罪)로 검거하야 취조하고잇든바 조사를 맛치고 불일내로 일건서류와함께 송국하기로되엿는데 조사한 결과 동인은소화十四년十一월十五일부터 금년五월二十일까지 평남도의명승이며 국보적(國寶的)존재로하야 영구히보존하려고 수리하는 동명관(東明館)의공사감독으로 임명된것을 기회로하야 공사재료와 인부공전등을 동명관의수축에 사용한것과갓치 문서를위조하야 공금과자재를사취하야 동인차의진공을 지연식히고 대담하게도 그공금과자재를가지고 동읍내에 굉장하게자기주택을 건축하는것을 성천서원이 수상한점이만흠으로 검거한것인데 피해총액은약一만원에달하는데 이부덕한범행에는 취조하는경관도 대단히분격하고잇다

그림 4-16. 성천 동명관 수리공사 현장감독 비리 기사

되거나 현장운영진이 저지르는 비리에 제대로 대응하지 못했다. 실제로 박황식이 근무했던 동명관 수리공사(1939.1.15.~1941.5.20.)에서는 공사감독이 문서를 위조하여 공사비와 자재를 빼돌려 자신의 주택을 짓는 비리가 벌어졌다. 이 비리는 수리현장 감독이 굉장한 건물을 짓는 것을 수상하게 여긴 경찰에 의해 덜미가 잡혔다.[103] 문서 위조로 공사 자재를 빼돌릴 수 있었던 것은 도청의 감시가 얼마나 느슨한 것이었는지 알려준다. 도청은 수리공사에 대한 전문성이 떨어졌으므로, 현장감독이 요청하는 사안의 옳고 그름을 판단하기 어려웠다.

'보물고적보존공사사무소' 설립 제안

개심사 대웅전과 장안사 사성전 수리공사를 통해 드러난 인력수급과 물자관리, 지방관청의 역량 부족 등의 한계는 전시 상황에서 더 선명하게 드러난 것이었을 뿐 본래 수리체제에 내재해 있던 근본적인 문제점이었다. 스기야마 노부조는 장안사 사성전 수리공사에 참여해 그 한계를 몸으로 직접 체험하고, 1943년 1월 「보물 등 보존공사에 관한 요항」을 작성해 수리체제를 보완할 것을 건의하였다.[104]

그 내용을 요약해보면 재료 구입과 보관이 각 현장별로 이루어져 개별 현장의 사정에 따라 재료의 수급에 문제가 있다는 점과 현장원이 현장에 일시적으로 고용되어 수리전문가를 양성할 수 없다는 점을 들고 있다. 이에 따라 현행제도는 물적, 인적 통합이 이루어질 필요가 있음을 주장하고 있다. 이 요항을 작성한 시점에서 수행되고 있었던 개심사 대웅전과 장안사 사성전 수리공사 모두 재료 조달의 어려움과 인력 부족으로 인해 정해진 공기 내에 수리를 마치지 못할 상황에 봉착해 있었다. 제시한 현행제도의 결점은 전쟁이 아니더라도 충분히 지목될 수 있는 문제점이었다. 당시 수리체제는 시행된 지 10년여가 흘러 부족한 점들이 드러나고 있었고, 스기야마 노부조는 수리전문가로서 현장을 운영하며 경험한 문제점이나 한계를 요항을 작성하는 과정에서 지목한 것으로 생각된다. 당시 스기야마 노부조는 학무국 기수로서 건조물 보존 분야에서 가장 큰 권한을 가진 인물이었다. 또한 스기야마 노부조의 자리에 오랜 기간 근무하였던 오가와 케이키치 역시 총독부 내에 함께 근무하고 있었다. 스기야마와 오가와는 함께 의견을 나누었을 것이므로 요항의 내용은 작성자만의 의견이 아니라 당시 건조물 수리체제에 대한 수리전문가들의 의견이 반영된 것이었다. 요항이 밝히는 현행제도의 개선안이 수리체제 안에서 해당 도의 장관을 배제하고, 새로운 수리조직을 총독부 내에 신설하는 조직 개혁의 중대한 제안을 할 수 있었던 것도 여기에 수리전문가들이 공감하고 있었기 때문이었을 것이다.

요항의 개정안에 따르면 수리전문가들은 학무국 내에 「보물고적보존공사사무소」를 신설할 것을 제안하였다. 이 사무소의 소장이 모든 보물건

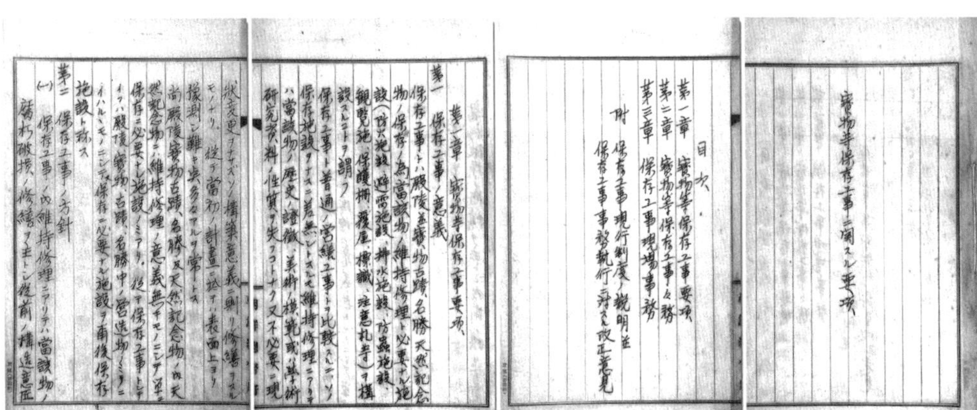
寶物等保存工事ニ關スル要項

目次
第一章 寶物等保存工事要項
第二章 寶物等保存工事ノ事務
第三章 保存工事現場事務
附 保存工事現行制度ノ説明並
保存工事事務執行ニ對スル改正意見

第一章 寶物等保存工事要項

그림 4-17. 보물 등 보존공사에 관한 요항

조물 수리공사를 위탁하여 수행하도록 제안한 이 건의는 사실상 도지사의 공사 지휘권을 「보물고적보존공사사무소」 소장에게 넘기는 개혁안이었다. 개정을 요구하는 이유는 도지사에게 위탁하는 현행제도에서 도지사가 그 역할을 제대로 수행할 수 없다는 점을 들고 있다.

지방관청에는 수리전문가를 두고 있지 않아 수리집행 능력이 없어 결국 학무국에 의해 실제적인 수리공사 지휘가 일어나게 된다는 것이다. 장안사 사성전 수리공사에서 살펴본 것처럼, 도청은 수리공사 지휘업무를 맡고 있음에도 인력 인선이나, 현장감독 업무에 모두 학무국의 지원을 받고 있었다. 또한, 성천 동명관 비리에서 드러난 것과 같이 전문성 부재로 사업관리 능력 역시 현저히 떨어졌다. 거기다 도청은 물적·인적 자원 통합의 걸림돌이기도 했다. 공사비 관리가 도청에 맡겨져 있는 점이 공사별로 회계가 분리되는 원인이 되었기 때문이다. 이에 따라 제안된 수리공사의 시행체제는 현장운영과 현장지원을 학무국과 도청이 각각 나누어 맡았던 기존 체제를 총독부 학무국 산하 수리공사 전담기구가 일원화하여 담당하는 체제로 현실에 맞게 일신하자는 제안이 담기게 되었다.

정리하자면, 개정 제안은 두 가지 사안으로 압축될 수 있다. 하나는 수리조직을 하나로 통합하자는 것이고, 다른 하나는 그 조직을 중앙 즉, 학무국 내에 두자는 것이다. 또한 이는 수리현장을 수리대상 건조물이 있는 지역 관청에 각각 맡기는 체제에서 조선총독부 산하 기구가 통합하여 수행하는 체제로 전환하자는 제안이다. 실제로도 공사현장의 책임은 학무국에서 인선한 감독이 맡고 있었으므로 이를 현실에 맞게 제도화 하자는 제안이기도 했다. 한편 수리현장의 통합관리는 현행제도의 문제점인 재료낭비, 인력양성을 해결할 수 있는 방안이기도 했다. 학무국 산하 기구에서 인재를 채용해 전문인력을 장기적으로 양성하고, 물자를 체계적으로 관리하여 재료낭비를 최소화 할 수 있었기 때문이다. 특히 지방관청의 역량 부족이 이와 같은 해결방향을 제시하는 결정적인 지표가 되었다.

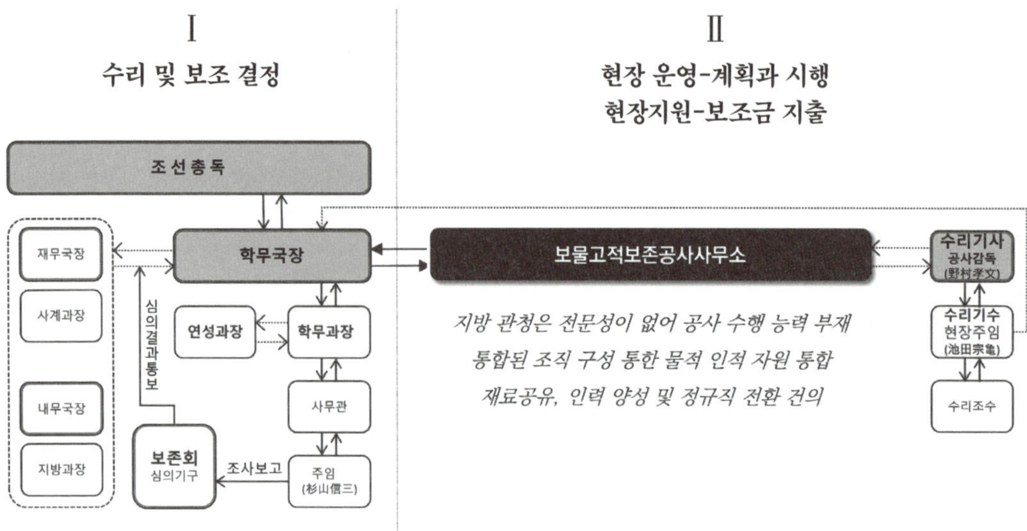

그림 4-18. 보물고적보존공사사무소 설립 제안과 수리공사 시행체계의 변화(개심사 대웅전 수리공사 시행체계에 대입)

사실 이와 같은 해결책이 제시되게 된 근본적인 원인은 수리현장의 개별적 구성에 있었던 것이 아니라 수리전문가가 양성되지 않았다는 점에 있었다고 할 수 있다. 당시 한반도에서 활동한 수리전문가들은 거의 일본에서 초빙되는 경우가 많았고 총독부가 수리전문가를 직접 양성하려는 시도는 거의 없었다.[105] 경성고공 등 전문 교육기관을 졸업한 인물들은 계약직으로 열악한 현장에서 생활해야 하는 수리전문직을 선택하지 않았다.[106] 수리인력이 부족하였음은 도청에 지휘 권한을 주었음에도 불구하고 도청 소속의 수리전문가가 아닌 조선총독부의 파견 기술원이 현장에 투입되었다는 사실에서도 확인할 수 있다.

전시체제 속에서 수리공사 수행 환경은 더욱 악화되었기 때문에 수리전문가들은 보존활동을 지방으로 이양하는 방향이 아닌 중앙기관 중심의 집중적 보존활동으로 수리체제를 구축하기 위해 노력했다. 총독부 직영 건조물 수리공사 전문기구의 신설은 각 현장별로 계약직 촉탁으로 채용되었던 현장 수리전문가들의 고용을 안정화 할 수 있는 장점이 있었다. 따라서 인력유출을 막는 한편 새로운 인력을 양성할 수 있는 기반이 될 수 있다는 점에서 긍정적이었다. 그러나 일제강점기 수리체제 전환의 마지막 지점이라고 할 수 있는 이 건의는 그 장점에도 불구하고

표 4-9. 보존공사사무 및 직제 등의 시행제도의 설명과 개정의견 제1항

(보존공사 관련요항) 부록.

제1 보존공사사무 및 직제 등 현행제도

(1) 현행제도의 사무계통.(별지 계통표 제1과 같음)[107]
(2) 현재착수중인 보존공사 및 그 직원(소화18년(1943) 1월 31일 현재)
- 국유보물(유지수리 갑종만)
1. 경남진주 촉석루 공사 담당 吉川孝次(본부촉탁)
- 사찰소유보물(유지수리 갑종만)
1. 강원 강안사 사성전 공사감독 杉山信三(본수기수)
현장주임 平井茂市(도 촉탁)
현장조수 新井滉植(도 촉탁)
2. 충남 개심사 대웅전 공사감독 野村孝文(고공교수)
현장주임 池田宗龜(도 촉탁)
현장조수 결원(缺員) 중

(3) 현장제도의 결점
ㄱ. 재료의 구입 보관에 관해 각 현장이 별도의 회계를 함으로써 전반적인 기획을 할 수 없으며 함께 그것을 융통하여 상호현장의 장단을 보완할 수 없음. 현재와 같이 물자가 적은 때에 한 지방으로서 구입할 수 없는 것이 있다는 것이 구입에 다대한 불편이 발생하고 또 일수를 필요로 하는 공사에 지장을 초래하는 것이 많음
ㄴ. 현장원은 그 공사마다 촉탁과 같은 것을 고용하는 것으로서 그 공사용제(工事用済)의 때에 항상 약간의 기간 일시적으로 직을 주어 생계상의 곤혹에 빠짐에 따라 우수한 기술원은 다른 곳으로 이직하기 쉽상이라 현장원의 양성도, 연습이나 숙달도 될 수 없음
ㄷ. 이상의 결과, 인적으로나 물적으로 통합함이 부득이한 것이므로, 현재 상태에 즉시 응할 것이 아니라, 전쟁수행에 최대목적을 두고 소극적으로 최소의 경비와 인원으로 최대의 능력을 발휘할 수 밖에 없다.

표 4-10. 보존공사사무 및 직제 등의 시행제도의 설명과 개정의견 제2항

(보존공사 관련요항) 부록.

제2 개정의견

1. 개정안의 사무계통 (별지 계통표 제2와 같음)[108]

2. 개정안의 요점
ㄱ. 학무국 내 보물고적보존공사 사무소를 설치하는 것
ㄴ. 전릉 및 보물고적명승천연기념물의 보존에 관해 그 유지수리 및 보존시설을 하게 된 때에는 그의 소유자 또는 관리자 등이 공사를 보물고적보존공사사무소장에게 위탁하게 하는 것
ㄷ. 소장이 그 위탁을 받은 때는 소규정에 근거해 집행하는 것

3. 개정안의 이유
ㄱ. 현행제도로서 유지수리를 할 때 피보조자는 그 집행을 도지사에 위탁하는 것으로서 위탁을 받는 지사는 현장원에게 적당한 사람을 (임명해야 하지만) 보통은 학무국장의 추천을 요청하여 집행위원회를 조직하고 공사를 집행하게 된다. 즉 학무국장의 지시에 의한다는 점이다.
ㄴ. 이 현행제도로 국유보물에 유지수리 혹은 보존시설을 하게 될 때 도지사가 시행해야 한다. 하지만 도에는 그와 같은 공사를 집행할 특수한 기술원이 없고, 그 공사 기술방면의 지도를 할 학무국원을 파견하는 것으로서 그 기술 방면뿐만 아니라 직공의 고용, 재료의 구입 및 검수까지 위임하고 있어 그 한계가 구분이 되지 않는다. 즉 학무국의 공사시행이 실질적인 시행으로 바뀌어 있다는 점이다.
ㄷ. 현행제도는 공사 집행 능력이 없는 도지사에게 집행을 강요하는 점이 인정된다고 할 수 있다.
ㄹ. 따라서 학무국 내에 집행기관을 설치하여 적임자를 위임하는 것이 타당하다.

4. 개정안의 이점 현행제도의 결점을 배제함

전쟁으로 인해 수리공사가 더 수행되지 않자 제안 단계에서 끝나게 되었다. 그럼에도 이 건의는 일제강점 말기 기존의 수리체제 한계를 극복하고자 중앙으로 역량을 집중시키는 체제 전환 시도였다는 점에서 의미를 찾을 수 있다. 이러한 조직개편을 담은 적극적인 건의가 수리전문가 집단에서 제안될 수 있었던 것은 전시 상황에서 수리공사의 한계가 선명하게 드러난 탓도 컸지만, 수리전문가 집단이 일제강점기 내내 수리공사의 특수성과 공사시행의 전문성을 꾸준히 강조한 결과였다.

소결

1920년대 비교적 소극적이었던 건조물 수리공사는 1930년대 조선총독부가 보존정책의 기조를 건조물 활용에 방점을 두면서 적극적이고, 활발하게 수행되었다. 하지만 중일전쟁(1937)이 발발하고 전선이 태평양으로 확대(1941)되자 올림픽 개최가 무산되고, 연료가 통제되는 등 관광산업이 침체됨에 따라, 비교적 큰 비용과 물자가 소모되는 건조물 보존 수리공사는 점차 그 활기를 잃어가게 된다.

한편, 일제강점기 내내 보존 수리체제는 조선총독부 정책에 맞춰 변화하였다. 일제강점 초기 조선총독부는 공사비 관리에 중점을 둔 공사운영 체제를 수립하였다. 하지만 건조물 보존정책 기조가 활용으로 바뀌는 '보물건조물' 시기에는 현상변경허가제를 도입하고, 수리 전 반드시 조사연구를 수행하도록 하는 등 건조물 보존에 방점을 둔 수리체제로 전환하였다. 일견 긍정적으로 보이는 이러한 변화는 사실 관광산업 육성정책과 건조물 보존정책이 서로 호응한 결과였다. 조선총독부의 야심에 보존정책이 호응할 수 있었던 이유는 수리공사가 총독부의 보조금으로 수행되었고, 학무국이 인선한 현장감독에 의해 운영되었기 때문에 가능한 것이었다. 총독부는 보조금 지원과 총독부 소속의 공사감독을 통해 수리공사 운영을 통제하였다.

총독부의 적극적인 정책 기조와 함께 '보물건조물' 시기로 이행해감에 따라 수리체제는 수리공사의 특수성과 전문성이 강조되는 방향으로 정비되었다. 일제강점기 수리공사 방침은 조사연구 기반 수리 및 복원 수리 그리고 구조 교체 허용 등으로 압축해 볼 수 있는데, 이 방침은 수리공사들이 수행되어 나감에 따라 보물건조물 수리공사가 특수한 것임을 인정받는 이유가 되었다. 특수성의 인정은 자연스럽게 수리공사를 운영하는 집단의 전문성 요구로 이어졌다. 따라서 1930년대 수리공사 체제는 수리전문가에게 현장의 지휘를 맡기는 방식으로 자리 잡아갔다. 변화한 수리공사 체제는 지침으로 제도화 되었다. 「보존령」 제정을 계기로 도입된 「시행준칙」과 같은 공사지침은 조사연구를 명시하고, 실시계획 수립을 지시하는 등 바뀐 수리체제의 제도적 기반이 되었다고 할 수 있다. 지침에 의해 수리공사의 특수성과 시행의 전문성이 공고히 됨으로써 수리전문가가 현장에서 결정권을 가지고 운영하는 수리체제가 성립되었다. 수리전문가는 계획을 수립하는 과정에서 그 전문성을 발휘하였으며, 공사범위와 비용을 조정하는 등의 막대한 권한을 가지고 수리공사에 임하였다.

수리전문가가 중추가 된 공사수행은 관주도 공사체제의 성립에도 일조하였다. 전문가를 보유하거나 고용하는 기관은 총독부의 산하기구들이 유일했으므로 결과적으로 현장의 운영은 총독부 소속 수리전문가의 지휘를 받게 되었다. 총독부에 소속된 수리전문가는 총독부의 사정에서 자유로울 수 없었으므로 수리공사 또한 총독부의 영향력에서 자유로울 수 없었다.

이러한 사실은 당시 수리전문가 중심 수리체제의 한계로 지목될 수 있다. 이는 수리공사가 총독부의 영향력 아래 놓이는 상황으로 이어졌다. 큰 비용을 국가가 부담한다는 점에서 총독부 내 재무담당기구 보존담당기구의 마찰은 피할 수 없는 것이었다. 이는 '보존'이라는 수리공사의 본래 목적을 위협하는 잠재적인 요인이 되었다. 결국 식민지 운영의 혹독함이 극에 달했던 전시 기간에는 총독부의 영향력과 통제력이 선명하게 드러나게 되었다. 이 시기 수행된 개심사 대웅전 수리공사에서 조선총독부는 보조금을 빌미로 산림을 벌채하고 토지를 저당잡히게 하는 등 사찰의 물자를 잠식하는 한편, 보조금 하부에는 소극적인 태도를 보였다.

한편, 수리체제의 전환은 현장운영의 변화 역시 동반하였다. 화엄사 각황전 수리공사를 계기로 도입된 「취급수속」은 수리공사 현장운영 방침을 규정한 것이었다. 「취급수속」은 해당 도의 장관을 지휘자로 하여 내무부장, 공사감독, 현장주임, 현장조수로 이어지는 지휘체계를 명시하고 있었다. 하지만 당시 공사기록과 비교해 보면 실제로는 공사수행이 도의 장관이나 내무부장의 지휘보다는 학무국이 인선한 공사감독과 현장주임의 지휘를 받아 이루어진 사실을 확인할 수 있다. 도청은 전문성

부족으로 공사를 수행할 수 있는 역량이 떨어졌으므로, 보조비 관리와 같은 지원업무를 수행할 수밖에 없었다.

규정과 실제의 괴리 속에서 학무국 소속 수리전문가를 중심으로 1943년 작성된 「보물 등 보존관련 요항」은 「보물고적보존공사사무소」의 신설을 제안하였다. 요항의 작성을 맡은 스기야마 노부조는 전쟁 기간 장안사 사성전 수리공사의 감독을 맡았던 인물이었다. 이 경험을 바탕으로 스기야마 노부조는 보물건조물 수리공사 현장운영이 수리공사별로 구성된다는 점을 문제점으로 지적하고, 수리현장을 현장이 속한 지역의 도청에 맡기는 체제에서 조선총독부 산하 기구가 통합하여 수행하는 체제로의 전환을 모색하였다.

일제강점기 보존 수리체제는 조선총독부의 정책에 호응하는 한편, 전쟁으로 인해 드러난 한계를 극복하기 위해 꾸준히 전환을 모색했다. 전환 모색의 마지막 단계에서 그 핵심 전략은 역량을 중앙으로 집중하는 것이었다. 사실 일제강점기 내내 수리공사는 중앙 통치기구의 강력한 영향력 속에서 수행되었다. 이로 인해 수리공사는 통치이념과 정책에 호응할 수밖에 없었고, 수리전문가는 식민지 경영의 일부로 작동할 수밖에 없었다. 하지만 수리전문가 개개인은 총독부 소속 관원일지라도 건조물 보존을 위해 노력한 편이었고, 그들의 노력은 한반도에 보존수리를 위한 조사 방법과 기술이 도입되는 계기가 되었다.

관음사 대웅전(출처: 국립중앙박물관 소장 조선총독부박물관 유리건판)

05 실측조사 도입과 수리공사 체제의 진보

건축문화유산 보존과 실측조사의 관계 • 210

유럽 건조물 보존개념의 발생과 전개 • 210
일본의 근대적 실측조사 실시 • 215
한반도의 실측조사 도입• 221

실측조사 실시와 복원중심 수리원칙 적용 • 226

목조 건축물 실측의 내용과 방법 • 226
한반도 목조 건축의 특징과 기법 발견 • 240
설계도서에 반영된 복원중심 수리원칙 • 245

수리공사 체제의 진보와 수리기술의 혼용 • 254

준비공사의 확립과 공종의 세분화 • 254
시공방법 명시와 시방서(示方書) 등장 • 260
구조변경 허용원칙과 당대(當代) 재료·기술의 혼용 • 264

전후 수리공사 재개와 수리체제 전승 • 274

전후 한반도 수리전문가의 활동 • 274
수리체제 전승과 무위사 극락전 수리공사 • 280

소결 • 284

유럽 건조물 보존개념의 발생과 전개

1930년대 수리체제 전환이 가져온 가장 큰 변화는 수리공사에서 조사연구가 강화되었다는 점이다. 수리전문가들이 체제 전환을 위해 제시한 의견들은 대부분이 조사연구의 필요성과 중요성을 그 기반에 두고 있었다. 앞서 3장과 4장에서는 건조물 보존제도의 변화와 사회배경, 수리체제 전환의 구체적인 내용을 다루었다. 이번 장에서는 그 체제 전환의 핵심 내용 중 하나였던 조사연구에 대해 다룬다.[1] 조사연구는 수리전문가 중심 수리체제를 구축하고 수리전문가 집단이 형성되게 된 근거가 되었다. 수리전문가는 조사연구 능력을 갖추어야 했으며, 조선총독부박물관 문서에는 그들이 기록한 조사연구의 내용, 범위, 방법 등이 남아 있다. 본 장에서는 먼저 한반도로 조사연구가 도입된 경로를 살펴보았다.

문화유산 보존(Conservation)개념은 유럽에서 먼저 형성되었다. 유럽의 보존개념은 고대에 대한 존중으로서, 각 민족의 역사를 전달하는 증거물로서, 혹은 파괴행위(Vandalism)에 대한 고대유적의 보호를 위해 시작되었다. 그리고 유럽의 문화유산 보존개념이 구체화되고 보존활동이 적극적으로 변화한 변곡점으로는 르네상스시대와 신고전주의시대를 꼽을 수 있다.

르네상스시대에는 근대적 역사학과 미학의 기초가 마련됨에 따라 시대가 이상으로 삼았던 그리스 고전시대의 유적과 유물이 연구되기 시작했고, 그리스 조각과 회화를 중심으로 한 수복(修復, Restoration) 활동이 전개되었다. 르네상스 이후 절대왕정 시기로 접어들면서 적극적인 수복활동이 일어났는데, 이는 유럽 각국이 그리스와 로마의 고대 유적을 발굴하여 유물 수집 경쟁을 벌였기 때문이었다. 이 시기 역시 자국으로 반출을 위해 이동이 가능한 조각상이나 벽화가 수집과 수복의 주요 대상이 되긴 했지만, 폼페이와 같은 로마 도시들이 발견됨에 따라 건조물을 포함하는 유적에 대한 수복 논의가 본격적으로 일어났다.

이 당시 수복이란 훼손된 유물과 유적을 원래의 모습으로 되돌려 놓는 기술이었다. 예를 들어 조각상의 수복을 맡은 조각가는 그 조각의 남은 부분을 관찰하고, 조각상이 존재했을 당시의 모습을 추정하여 완전한 조각상으로 되돌려 놓는 작업을 수행했다. 이때 유물이나 유적의 본래 형상(original)과 수복된 부분이 구분되지 않도록 정교한 작업이 이루어졌다. 하지만, 이러한 수복 작업은 곧 비판을 받게 되었는데, 수복 작업으로 인해 유물이 가진 본래 형상이 훼손되고, 후대 사람들에게 혼란을 초래했기 때문이다. 곧 수복에 있어서 발견 당시 가지고 있던 본래 형상의 중요성을 강조하는 분위기가 형성되었다.

이와 더불어 고대 작품의 연구와 작품에 대한 역사적·예술적 평가를 위해 과학적인 방법을 사용하고자 하는 기류도 형성되었다.[2] 본래 당시 수복을 맡은 조각가나 건축가에게는 유물이나 유적이 속한 그리스나 로마시대의 미(美)에 대한 심도 깊은 이해가 요구되었다. 그리스나 로마는 고전으로서 이상적인 미를 가진 것으로 여겨졌기 때문에 이를 다시 구현하기 위해서는 철저한 고증이 필요했기 때문이다. 따라서 발견된 유물들이나 유적들에 대한 실측과 기록이 이루어지기 시작했고, 서로를 비교하는 연구가 수행되기에 이르렀다.

한편, 프랑스혁명과 산업혁명으로 근대국가가 탄생한 유럽의 신고전주의 시대는 자국 중세건물의 수복에 관심을 기울인 시기였다. 새로운 정치체제와 경제체제의 도래로 인해 절대왕정 시기를 과거로 규정하는 새로운 역사 인식이 등장하였고, 무분별한 훼손과 파괴행위로부터 과거의 예술품, 기념비를 보호하고자 하는 국가적인 노력이 이루어졌다. 각 국가의 기념비적 건조물은 국가의 정체성을 보여주는 대표적인 유산이었고, 이 시기 각국의 "자랑스러운 과거" 발굴은 적극적인 건조물 보호로 이어졌다. 이 보호가 이전 시기와 다른 점은 예술품과 기념비가 왕이나 몇몇 특권계층이 아닌 시민의 공공재산으로 여겨진 것이었다. 각 국가의 기념비적 건조물 보호는 후대에 그 가치를 전하고자 하는 교육적인 목적이 강하게 반영되었다.

그리스와 로마의 유적과 유물을 다루면서 틀이 잡힌 수복 활동은 각각 정치적 혁명과 경제적 혁명의 중심지였던 프랑스와 영국에서 활발한 논의와 함께 전개되었다. '양식적 수복(stylistic restoration)'과 '보존(conservation)'으로 대표되는 두 나라의 기념물 보호에 대한 태도는 현대의 보존이론을 정립하는 기반이 되었다. 두 개념의 가장 큰 차이점은 양식적 통일성에 있었다. 19세기 초반 건조물 수복 활동을 이끌었던 아돌프 나폴레옹 디드론, 장 바티스트 라수스, 비올레 르 뒥 등이 포함된 프랑스 '수복' 그룹은 후대에 부가된 구조물이나 조각이 건조물 양식의 통일성을 명확히 저해하는 경우 철거를 적극적으로 실행하였다. 대신 건조물의 양식을 통일하기 위해 철거된 부분을 제거하거나 훼손된 부분을 새로 복원하는 경우에는 철저한 과학적 지식(Scientific Knowledge)이 필요함을 피력하였다.[3] 이처럼 양식의 통일에 중점을 두고 철거와 복원에 적극적이었던 '양식적 수복' 이론은 프랑스를 중심으로 19세기 초반 유럽의 건조물 보호 활동을 이끌었다.

반면, 조지 길버트 스코트, 존 러스킨, 윌리엄 모리스 등으로 대표되는 영국의 '보존' 운동 그룹은 양식적 수복이 유물과 유적의 파괴를 초래한다고 주장하였다. 존 러스킨은 시간의 흐름이 유물과 유적에 고유의 미를 부여하며, 이 역시 기념비 건조물 등에서 보호되어야 할 가치라고 주장하였다. 이는 낭만주의에 호응한 픽처레스크(Picturesque)가 유행했던 당시 사회 분위기와도 궤를 같이한 흐름이었다. 존 러스킨은 보호해야 할 대상을 단순한 기념비에 한정하지 않고, 과거에서 현재로 이어지고 있는 현상 자체로 확장하고 있었고, 따라서 그가 보호하고자 하는 대상은 주택건축과 역사적 도시를 포함한 '경관'에 해당하는 광범위한 것이었다. 그는 "더 이상 보호할 수 없을 때에는 그것을 손질하기 보다는 조금씩 소멸해 가는 대로 내버려 둘 것"을 주장하였다. 그의 생각은 이후 윌리엄 모리스 등으로 이어져 '반 수복(Anti-restoration) 운동'으로 전개되었다. 반 수복 운동에서 내세운 '보존' 개념은 양식의 통일성이나 완전성을 확보하기 위해 변경됨으로써 유물이나 유적이 훼손되는 것을 강력히 비판하였다. 이에 따라 발견되었던 당시의 원래 상태

(原狀)가 유지될 것이 강조되었고, 최소한의 수리가 주장되었다.

'보존'을 강조하는 그룹에서도 '수복'그룹과 마찬가지로 과학적 조사연구는 역시 중요하게 여겨졌다. 1865년 영국에서 왕립건축가협회(RIBA)가 발표한 「오래된 기념물과 유적의 보존(Conservation of Ancient Monuments and Remains)」이라는 보존 실천규칙을 담은 제안집은 건조물 수리에 대한 권고를 담고 있다. 이 제안집은 건조물에 어떠한 변경이 있더라도 그것을 결정하기 전에는 신중한 고고학적·역사적 조사, 실측도 작성 및 사진 촬영을 권고하고 있다.

유럽의 건조물 보호활동의 전개는 '양식적 수복'에서 '보존'으로 흐름이 점차 변화하였고, 변화의 방향은 건조물의 원상을 보호하고, 수리를 최소화하는 것이었다. 이는 양식의 통일을 목적으로 복원을 전제하는 수복 작업이 오히려 건조물의 진정한 가치를 훼손시킨다는 공감이 점차 확대되었기 때문이었다.

흥미로운 점은 두 입장 모두 철저한 조사와 연구를 강력히 권고하였다는 점이다. '양식적 수복'의 경우에는 수복에 의해 이루어지는 현상변경의 당위성을 확보하는 것이 중요했다. 또한 변경된 부분이 전체 건조물의 양식과 통일된 것임을 고증해야 했기 때문에 조사와 연구는 반드시 필요한 것이었다. 수복에 반대했던 보존 그룹의 경우에는 시간이 흘러 건물에 더해진 아름다움의 가치를 실증적으로 증명해야했다. 즉, 건물에 설치된 후대의 부가물이나 구조물이 보호될 가치가 있음을 입증하기 위해 조사연구가 필요했다. 또한 '보존' 역시 물리적인 수리행위가 동반되는 활동이었으므로, 현상 유지의 중요성을 강조했던 만큼 보존행위가 이루어지는 시점의 대상물에 대한 기록에 더욱 철저할 수밖에 없었다.

사실 거슬러 올라가자면 유적에 대한 조사와 연구는 그리스와 로마 유적이 새롭게 조명된 르네상스시대부터 강조되어 온 것이었다. 르네상스의 수복가이든, 근대 유럽의 보존가이든 훼손된 유적의 회복과정에서 불가피하게 발생하는 현상변경을 유적이 가지는 가치에 가는 흠이 최소가 되도록 결정하려면 철저한 조사연구가 필요할 수밖에 없었다. 또한 그것은 현상변경에 대한 공감을 수복이나 보존을 지켜보는 이들로부터 이끌어내는 거의 유일한 수단이었다.

한편, 근대 유럽의 건조물 보호활동에서 이루어진 조사와 연구에 '과학적(scientific)'이라는 수식어가 붙었다는 사실은 조사연구가 최적의 현상변경 방향을 찾는 것뿐만 아니라 변경의 당위성을 확보하기 위한 것이었음을 보여준다.[4] 당시 과학이란 근대의 지식체계를 아우르는 복합적인 개념이었다. 근대성은 합리적 사유를 기본 바탕으로 하고 있었고, 합리성이 뒷받침 될 때 과학적이란 수식어를 붙일 수 있었다.[5] 즉 새롭게 공공의 재산이 된 건조물의 보호를 위해 취하게 될 조치에 대해 그 건조물의 주인인 근대 시민들로부터 공감을 이끌어 내기 위해서는 합리적인 근거가 필요했고, 그 근거를 마련하는 구체적인 방법이 '과학적 조사연구'였다.

이 과학적 조사연구의 구체적인 방법은 논문 발표와 실측도면 작성이었다. 라수스와 비올레 르 뒥은 노틀담 성당을 수복하기 위해 수행한 조사연구에서 자신들의 제안이 합리적인 것임을 뒷받침하기 위해 논문을

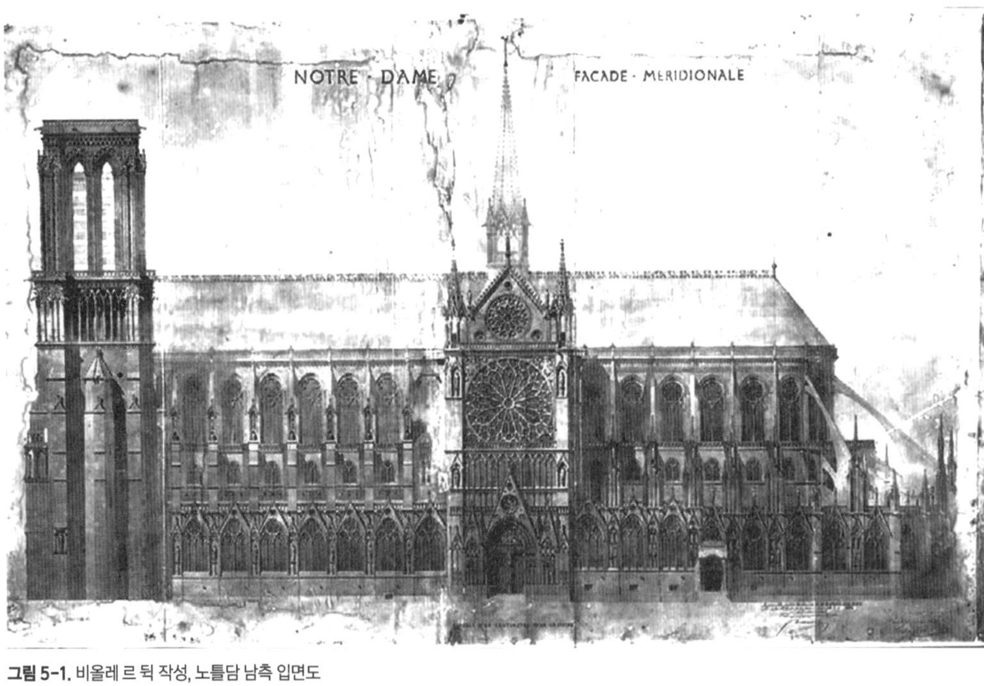

그림 5-1. 비올레 르 뒥 작성, 노틀담 남측 입면도

발표하고, 실측도와 복원도를 작성하였다. 앞서 밝힌 것과 같이 1865년 영국의 왕립건축가협회(RIBA) 역시 건조물의 현상을 변경할 때는 신중한 고고학적·역사적 조사, 실측도 작성 및 사진 촬영을 권고하였다. 조사와 도면 작성을 통해 당시 건조물이 분석, 계량, 계측되고, 계측된 정보를 바탕으로 논문이 발표되고, 현상변경 방향이 결정되는 과정은 건조물 수복·보존 활동의 합리성을 확보하는 과정으로서 근대성을 내재한 '과학적'인 것이었다.

정리해보면, 유럽에서 강조된 과학적 조사연구의 실제는 결국 실측 조사에 있었다고 할 수 있다. 실측을 통해 얻은 지식은 수복이나 보존 활동을 위한 비교연구의 바탕이 되었다. 실측 조사방법은 고고학적 조사 방법론을 기초로 건축가들에 의해 구체화되었다. 실측조사는 "수복"이든 "보존"이든 어떤 경우라도 철저한 시행이 권유되었다. 유럽에서 진행된 보존담론의 핵심은 현상변경 범위와 수리 방법론이었다고 할 수 있는데, 실측조사는 현상변경의 범위와 수리의 방법이나 방향의 당위성을 설명하는 구체적인 증거가 되었다. 또한 실측조사에 '과학적'이라는 수식어가 붙을 수 있었던 것은 실측과 실측을 통해 이루어진 연구의 합리성에 있었다. 따라서 실측이라는 도구를 통해 얻은 조사연구 결과는 사실의 진위여부를 떠나 합리적인 결론 도출 과정으로 받아들여졌다.

일본의 근대적 실측조사 실시

일본의 건축보존개념은 영국으로부터 많은 영향을 받아 형성되었다. 일본 건축교육의 토대를 다진 인물 중 한 명인 다쓰노 긴고(辰野金吾, 1854~1919)[6]는 건축가들을 중심으로 건조물 보존에 대한 논의가 뜨거웠던 당시 런던의 분위기 속에서 유학생활을 보내고 있었다. 그는 1880년에 영국으로 유학해 1883년 일본으로 귀국하기 까지 런던대학교와 윌리엄 버제스(William Burges, 1827~81) 사무소에서 수학하였다. 윌리엄 버제스 사무소는 당시 일본에 정부고용 외국인(お雇い外國人) 신

그림 5-2. 왼쪽부터 윌리엄 버제스, 조사이아 콘돌, 다쓰노 긴고, 이토 추타

분으로 메이지 정부의 건물을 설계하고 일본의 근대 건축가를 육성하였던 조사이아 콘돌(Josiah Conder, 1852~1920)이 근무했던 사무소이기도 했다. 다쓰노 긴고는 일본에서는 조사이아 콘돌로부터 사사하고, 영국에서는 조사이아 콘돌을 가르친 윌리엄 버제스에게 교육받았다.

윌리엄 버제스는 영국 고딕 리바이벌의 선구자로 평가받는 건축가로 중세 건축에 대한 이해가 출중했고, 카디프 성(Cardiff Castle), 코흐 성(Castell Coch) 재건축 등 중세 건조물의 재건축 경험도 겸비한 인물이었다. 고건축(古建築)에 관심이 많았던 윌리엄 버제스가 다쓰노 긴고에게 일본에는 어떤 오래된 건축물이 있는지 묻고, 이에 대한 대답이 궁했던 다쓰노 긴고가 일본에 전통건축학의 필요성을 통감하고 강좌개설을 결심한 것은 이미 잘 알려진 사실이다.[7] 다쓰노 긴고는 영국에서 돌아와 1884년 코부대학교(工部大學校)[8]의 교수가 되었다.[9] 1886년 코부대학교가 제국대학교 공과대학으로 편입되자 다쓰노 긴고는 제국대학교 교수로 임명되었다. 그 이듬해인 1887년 제국대학교 공과대학 조가(造家)학과에서는 「일본 건축학」 강좌가 열리게 되었다.

이 수업은 궁내성에 소속되어 화풍(和風, 일본식) 건축의 설계를 맡았던 키코 세이케이(木子淸敬)[10]가 강사로 초빙되어 진행하였다. 수업은 신사(神社), 주택, 사원(寺院) 건축을 대상으로 목할술(木割術)과 설계 및 제도, 실제 고건축의 견학 등으로 이루어졌다.[11] 그는 대대로 이어져 내려온 궁궐목수(禁裏大工) 집안의 자손이었기 때문에 수업의 내용 역시 목수의 관점에서 이루어졌다. 그가 교재로 준비한 실측도 역시 목수가 그런 것들이었다.[12] 수업은 '일본건축'을 근대적 관점에서 정립한 것이라기보다 과거의 인식과 기술을 그대로 학습하는 수업에 가까웠다.[13]

이러한 한계를 극복하고 '일본건축'이라는 개념을 논리적으로 정립하기 위해 노력한 인물이 이토 추타(伊東忠太)였다.[14] 그는 『법륭사건축론(法隆寺建築論)』을 통해 '건축전파론'을 피력하고 서양-동양-일본이라는 지리적 인식을 바탕에 두고 일본건축의 개념을 재정립하였다.[15] 이를 위해서는 일본에 존재하는 건조물이 서양의 건조물과 비교 가능한 가치가 있다는 사실이 뒷받침되어야 했다. 이토 추타는 실측을 통해 이를 제시하였다. 그의 법륭사 실측은 1893년 4월에 이루어졌는데, 목할술뿐만 아니라, 비례, 구조형식, 세부장식까지 조사하였다.

이 시기 일본에서는 동복사(東福寺), 인화사(仁和寺)의 화재를 계기로 고건축의 도면을 보존해야 한다는 주장이 제기되고 있었다.[16] 학회를 설립하고, 「일본 건축학」 강좌를 개설한 다쓰노 긴고 역시 이 주장에 공감하여 기왕의 도면 보존뿐만 아니라 도면이 없는 고건축에 대한 실측을 실시하고자 하였다. 이토 추타의 법륭사 실측은 이러한 다쓰노 긴고의 권유에 의해 이루어진 것이었다. 1893년 이토 추타의 법륭사 실측 이후로 제국대학 조가학과에는 고건축 실측이 하나의 과목으로 개설되었고, 이에 따라 제국대학 학생들은 2년차 여름방학에 교토와 나라에서 실측조사와 제도를 수행하게 되었다.

이토 추타의 법륭사 실측은 동아시아 건조물 보존 역사에서도 매우 중요하게 다루어질 만하다. 이토 추타에게 실측은 일본의 고건축을 서구적 잣대, 즉 근대적 관점으로 재평가하는 도구였다. 이토 추타는 법륭사를 실측하는 자신을 법륭사를 농락하는 괴물의 모습으로 묘사했는데, 일본의 고건축이 서양의 거대한 힘에 복종한 행위라는 생각을 표현한 것이었다.(그림 5-3) 그만큼 새로운 시도였던 이토 추타의 실측은 그가 학교에서 학습한 고고학적 조사 방법론을 사용해 건조물을 계측, 계량하고 분석하는 작업이었다. 일본의 전통적인 실측법이 간략한 도면에 목할술을 기입하는 방식이었던 것에 비하면 매우 상세한 방법이었고, 이는 "해부"에 비견될 만한 것이었다.[17]

그림 5-3. 법륭사 가람을 실측한 이토 추타 자신을 묘사한 풍속화 (1893년 이토 추타 필드 노트 No.74「奈良」)

이토 추타가 작성한 실측도는 그가 작성한 『법륭사건축론』과 함께 『동경제국대학기요(東京帝國大學紀要)』, 공과(工科), 제1책(第壹册), 제1호(第壹號)에 실렸다. 실측도는 부록도면(附圖) 별책을 만들어 출판했는데 70매의 도면과 23매의 사진으로 구성되어 있다. 도면에는 배치도, 평면도, 입면도, 단면도 뿐만 아니라 공포, 기둥, 장식의 상세도도 포함하고 있다. 도면에는 각 부분의 치수들이 기입되어 있는데, 일본의 전통적인 실측도가 간략한 도면에 각 부분의 비율을 글로 써서 표현하는 것에 지나지 않았다는 사실을 고려하면 큰 차이가 있는 도면이었다.

이처럼 이토 추타가 그린 실측도는 건조물의 현상을 사실 그대로 묘사하고, 건축가, 연구자, 목수 등이 모두 공유할 수 있는 도면으로 객관화한 것이었다. 이토 추타의 실측도는 건조물을 건설의 대상이 아닌 관찰과 연구의 대상으로 바라 볼 수 있는 길을 열었다. 이토 추타가 미술건축론이나, 건축전파론을 제시할 수 있었던 발판은 실측을 통해 밝혀진 기법의 발견에 있었다. 밝혀진 기법의 미적 가치는 서구건축과의 비교연구를 통해 탐구되었다.

대표적인 예가 법륭사와 에트루스칸(Etruscan) 신전을 비교한 시도였다. 이 시도를 담은 『법륭사건축론』은 1893년 본격적인 논문에 앞서

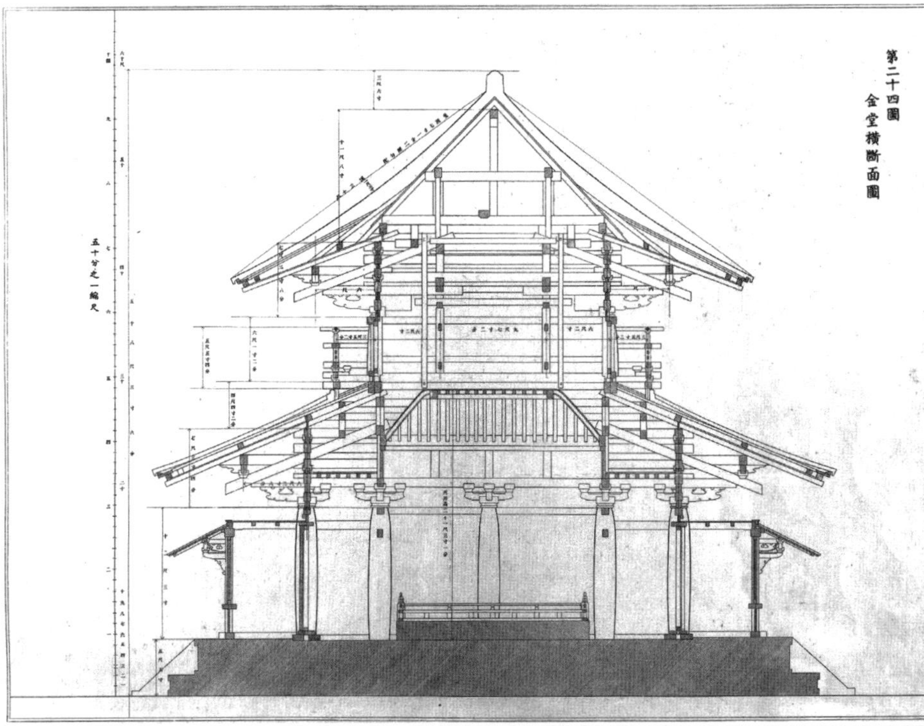

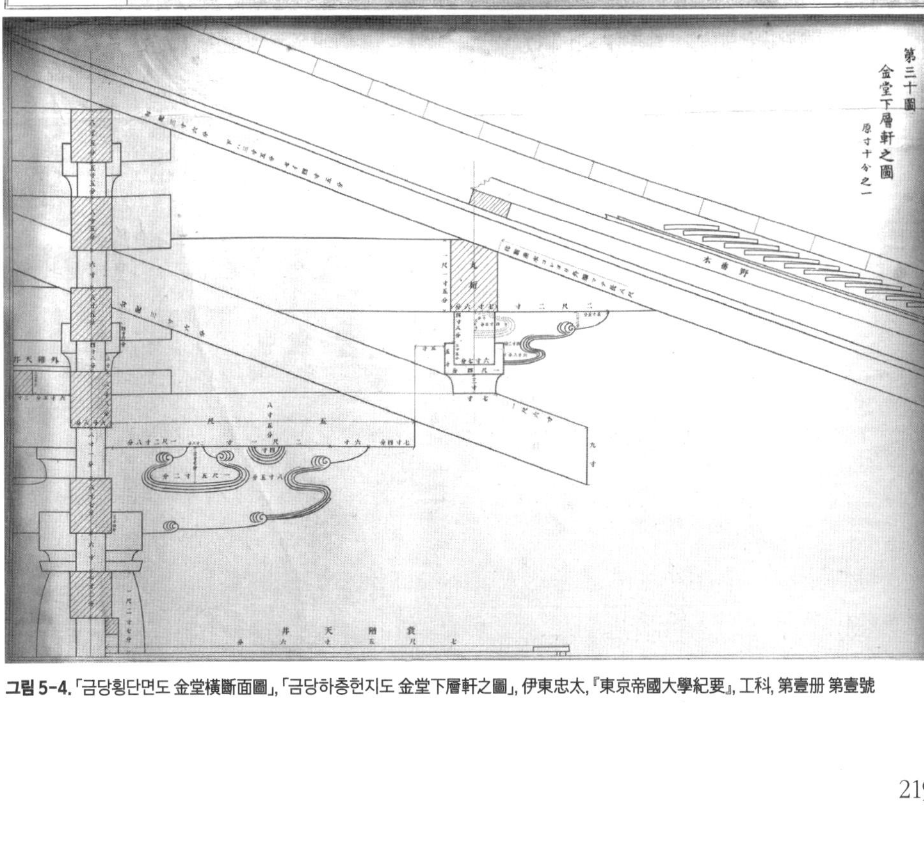

그림 5-4. 「금당횡단면도 金堂橫斷面圖」, 「금당하층헌지도 金堂下層軒之圖」, 伊東忠太, 『東京帝國大學紀要』, 工科, 第壹册 第壹號

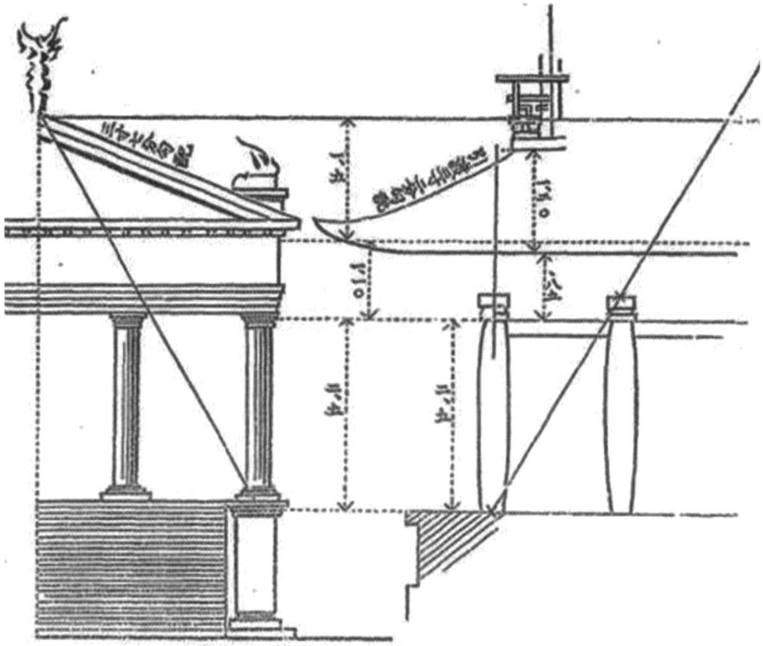

그림 5-5. 이토 추타의 에트루스칸 신전과 법륭사 건축 비례 비교

『건축잡지(建築雜誌)』에 소개되었다.[18] 이토 추타는 그가 실측조사를 통해 발견한 법륭사 건물의 비례가 에트루스칸 신전의 비례와 유사하다는 사실을 보이기 위해 분석도를 그렸다. 그는 분석도에서 기단과 기둥, 공포, 지붕의 비율, 입면 한 칸의 비율, 지붕의 기울기 등을 서구의 고대 신전과 직접 비교하였다.(그림 5-5)

눈여겨 보아야 할 점은 분석도를 통해 밝히고자 한 내용의 진위여부 보다 이 분석이 실측조사에 의해 드러난 법륭사 건축의 비례에 기반을 두고 있다는 점이다. 유럽에서 발생한 고고학적 실측을 기반으로 한 과학적 조사연구는 일본에 도입되어 일본의 고건축을 계측, 계량할 수 있는 도구가 되었다. 그 결과 일본의 고건축에 베풀어진 기법들이 밝혀졌고, 학술연구의 대상이 되었으며, 그 가치가 새롭게 조명될 수 있었다. 이토 추타는 서구의 건축과 일본의 건축을 비교함으로써 다소 과장된 결론에 도달해 점차 그의 주장은 힘을 잃었지만[19], 그가 시도한 연구방법론 만큼은 이후 연구자들에게 지대한 영향을 미쳤다. 실측을 토대로 얻

어진 지식들은 곧 일본 내 고건축 사이의 비교연구, 동아시아 목조 건축과의 비교연구로 이어졌고, 일본 건축을 객관적으로 정의하는 토대가 되었다. 이 시기 발전한 일본의 실증주의 건축사학은 결국 '실측'이라는 조사연구방법론이 기반이 되어 자리잡을 수 있었다.

한반도의 실측조사 도입

대표적인 실증주의 건축사학자로 손꼽히는 세키노 타다시는 일본 고사사보존의 선구자, 건축사학 방법론의 확립자, 평성궁(平城宮) 연구의 개척자로 일본 건축사학에 거대한 자취를 남긴 인물이다. 또한 일제강점 초기 고적 조사를 통해 한반도 건조물 보존사업의 토대를 마련한 인물이기도 하다. 그 역시 제국대학 조가(造家, 건축)학과에 입학하여 일본건축학 수업을 들었고, 2학년 여름 방학인 1894년 7월에 25일 동안 평등원 봉황당(平等院鳳凰堂)을 실측하고 1895년 5월에 실측 결과를 「봉황당 건축설(鳳凰堂建築設)」로 정리하였다.

세키노 타다시는 1895년 7월에 제국대학 공과대학 조가학과를 졸업한 이후, 다쓰노 긴고 아래에서 일본은행 본점의 장식설계를 맡았고, 오사카의 일본생명보험주식회사 설계를 단독으로 진행하기도 하였다. 건축가로서의 실무를 쌓던 그는 1896년 1월부터는 동경미술대학에서 건축장식술을 강의하였다. 이 시기는 일본 정부가 고사사보존 정책을 활발히 논의하던 시기였고, 이토 추타가 내무성 고사사보존회의 위원이 되어 활동하고 있었다. 고사사보존회는 당시 일본에서 수리가 필요한 건조물을 선택하여 수리계획을 수립하는 일을 맡고 있었는데, 1897년 5월 20일 야마토(大和) 고적보존회로부터 나라(奈良)현에 「일본토목건축에 적당한 기사 3인을 초빙하여 당우 등의 고건축물수선 개소를 상세조사」하는 수행에 대한 청원이 있어 세키노 타다시가 이 일을 담당하게 되었다.

세키노 타다시는 나라현에서 1901년까지 신약사사 본당, 법기사 삼중탑, 당초제사 금당, 약사사 동탑, 동대사 법화당, 흥복사 오중탑 등의 수리공사에 감독기사를 담당하였고, 1902년에는 동경제국대학의 조교수에 임명되었다. 교수 임명과 함께 내무성 문부성 기사에도 임명되어 일본 고건축 수리공사에 계속해서 관여하게 되었다. 이 시기 일본은 「고사사보존법」이 제정(1897)되어 특별보호건조물의 지정과 국고보조 건조물수리가 시작되었다. 이때 함께 실측도면의 작성도 시작되었는데, 내무성과 고사사보존회가 도면 작성의 지도를 맡았다. 내무성이 작성한 특별보호건조물의 실측도면은 1897년부터 내무성 사사국의 내무기사 이토 추타 아래 3인의 기술자가 이 당시 전국의 특별보호건조물을 실측해 그린 것이다. 이후 1910년 무렵까지는 세키노 타다시가 내무기사로 근무하면서 사카타니 료우노신(板谷良之進), 오가와 케이키치 등과 함께 도면을 작성하였다. 내무성이 작성한 실측도 외에도 각지에서 수행되었던 수리공사를 통해 작성된 실측도면도 있었는데 세키노 타다시는 오랜 기간 수리공사 감독을 역임하면서 도면작성 경험이 풍부하였으므로 그의 휘하에 근무하였던 오가와 케이키치와 같은 부하 직원들이 세키노의 지도를 받아 실측도를 작성하였다.[20]

오가와 케이키치는 일제강점기 한반도 건조물 수리공사 대부분에 영향력을 미친 인물이었다. 한반도에서 행해진 건조물 보존 활동이 일본의 건조물 보존활동과 궤를 같이 하고 있음은 부정할 수 없는 사실이다.

그림 5-6. 왼쪽부터 세키노 타다시, 오가와 케이키치, 스기야마 노부조

여기에는 일본인 수리전문가의 역할이 컸다. 특히 오가와 케이키치는 한반도 건조물 보존활동 초기부터 조선총독부에 근무하면서 보존활동의 주역이 되었던 인물이다.

오가와 케이키치는 1882년에 태어나 도쿄에 있던 코슈(工手)학교[21]에서 건축을 배웠다. 졸업 후 일본 내무성에서 고용직 공무원 등으로 8년간 근무하였는데, 이때부터 세키노 타다시의 조사에 관여하였고, 때때로 사지(寺止)에 관한 공사감독을 맡기도 했다. 오가와 케이키치는 건조물 수리를 위한 조사와 도면작성을 세키노 타다시로부터 배우고, 1916년 조선총독부 촉탁으로 임명되었다. 그 후 1921년에 고적조사과가 신설되자 정식 기수로 임명되었다. 오가와는 1944년 일본으로 돌아가기 전까지 건조물 수리공사의 총독부(학무국)측 실무를 담당하였다. 건조물 보존 초기부터 해방 직전까지 실무를 담당하였던 오가와 케이키치가 한반도 건조물 수리공사에서 차지하는 위상은 대단히 크다. 조선총독부 박물관 문서는 그가 해마다 수행했던 수리공사의 기획과 개별 수리공사의 계획수립 그리고 자문과 감독의 역할을 꾸준히 지속해왔음을 보여주고 있기 때문이다.

그는 오랫동안 건조물 수리현장을 경험하였고, 직접 도면을 작성하였으며, 총독부 관원이자 수리전문가로서 확고한 전문성을 확보하고 있었다. 한편, 그는 「보존령」을 전후한 수리체제 전환기에 목소리를 높여 조사연구 기반의 수리공사가 이루어져야 함을 주장하였다. 또한, 일본과 한반도 기술교류의 가교로서 성불사 응진전의 수리가 개시될 무렵에는 함께 내무성에서 근무하였던 사카타니 료우노신을 초청해 지도를 받기도 하였다.

오가와 케이키치 이외에 빼놓을 수 없는 인물이 스기야마 노부조다. 그는 교토에서 1906년 출생하여 1929년 교토고등공예학교 도안과를 졸업한 인물이었다. 이 무렵 일본은 1929년 제정된 「국보보존법(國寶保存法)」이 '현상변경 허가제(現狀變更許可制)'를 명시함으로써 현상변경 규제가 강화된 시점이었다. 이로 인해 실측조사가 보다 정밀하게 이루어졌고, 기록과 연구가 심화된 수리공사가 수행되기 시작하였다. 1934년 법륭사 수리공사사무소는 이런 분위기 속에서 발족되었는데, 스기야마 노부조는 이 사무소에서 근무하던 도중 조선총독부 학무국 사회과 촉탁으로 도임하였다. 촉탁으로 임명된 것이 1935년이었는데, 1940년에는 학무국 사회교육과 기수로 임명되어 오가와 케이키치의 임무를 대신하게 되었다.[22]

오가와 케이키치와 스기야마 노부조는 각각 「고사사보존법」과 「국보보존법」이 제정되어 건조물 보존 활동이 본격적으로 자리잡아 가는 시기에 일본의 수리공사를 경험한 인물들이었다. 오가와 케이키치가 총독부 소속 수리전문가로서 건조물 보존 활동의 기반을 닦은 인물이라면, 스기야마 노부조는 조사연구가 강화되고 기록의 중요성이 강조되었던 수리체제 전환기에 일본의 조사연구 방법론을 한반도에 도입하고 실제 적용한 인물이라고 할 수 있다. 실제로 스기야마가 1935년 촉탁으로 임명되어 직접 공사감독을 맡았던 청평사 극락전 및 회전문 수리공사는 84매에 달하는 실측야장과 이를 정리한 보고서의 초고가 남아있어 그의 역할을 짐작할 수 있다.

1933년 「보존령」 제정을 전후한 한반도 수리체제의 전환과 수리공사의 변화는 일본의 수리공사 변화의 흐름과 그 궤를 같이하고 있다. 여기에는 한반도에 도임한 일본인 수리기술자들이 미친 영향이 매우 크다. 그들은 일본의 실측조사 기술, 연구방법론 등을 습득하고, 습득한 기술을 한반도 건조물 수리에 적용하였다. 그러나 그들은 이토 추타나 세키노 타다시와 같이 서구의 건축지식을 일본 고건축에 직접 접목한 1세대 전문가는 아니었다. 그들은 서구 건축의 직접 지식보다는 제도나 도안과 같은 활용 가능한 기술을 학교에서 학습한 인물들이었고, 1세대 전문가가 편집하고 고안한 조사연구방법론을 현장에서 습득하여 전문가가 되었다.

법륭사에서 자신의 처우를 낙관할 수 없어, 경쟁이 덜한 조선총독부로 자리를 옮겼다는 스기야마 노부조의 회고에서 짐작할 수 있듯이 한반도는 수리전문가들이 선호하는 곳은 아니었다. 또한 한반도라는 지역의 규모에 비해 총독부의 정규직 기수 자리는 수리전문가에게 단 한 자리만이 주워졌으므로 전문가로 성장할 기회마저도 매우 적은 곳이었다. 오가와 케이키치와 스기야마 노부조는 태생적으로 일본 본토 전문가들의 조언과 자문에 기댈 수밖에 없는 한계를 지녔으며, 총독부의 척박한 인력난으로 과중한 업무를 수행하였던 한계도 지니고 있었다. 당시 일본의 사정과 달리 정식으로 간행된 수리공사 보고서가 없었다는 점이 그들이 지닌 한계를 보여준다. 그럼에도 불구하고 두 인물은 한반도 건조물 보존 활동의 기반을 다지고 실측기술과 조사연구방법론을 도입한 인물이라는 점에서 한반도 건조물 보존 역사에서 큰 의미를 지닌다.

실측조사 실시와 복원중심 수리원칙 적용

목조 건축물 실측의 내용과 방법

스기야마 노부조가 학무국 촉탁으로 도임한 1930년대 중반, 한반도의 수리체제는 보존 정책기조 변화, 법령 신설, 기구 통합, 예산의 일원화와 증액, 수리사업 신설 등에 힘입어 일대 전환기를 맞이하고 있었다. 수리체제는 건조물 보존이라는 명분 아래 조사연구 역량을 갖춘 전문가 중심체제로 전환되어 나갔다. 전환된 체제의 핵심은 수리전문가의 조사연구 역량에 있었다. 실제 수리공사 현장에서 조사연구 역량이란 기본적으로 실측조사와 도면작성 능력이라고 할 수 있다. 1933년 시행된 「보존령」에 의한 현상변경 규제 강화가 이러한 변화를 이끌었음은 앞서 밝힌 바 있다.

한반도에서 본격적인 실측조사 실시는 「보존령」 시행보다 조금 앞선 시점에 수리공사 현장에서 먼저 이루어지고 있었다. 관음사 대웅전, 성불사 극락전·응진전 수리공사는 「보존령」 시행에 앞서 수리공사가 결정되었는데, 이 공사들에서 본격적인 실측조사가 이루어졌음을 확인할 수 있다.

먼저 관음사 대웅전 수리공사 보조금 하부 공문의 지침을 살펴보면, 이 수리공사는 1931년 12월[23]과 1932년 11월[24] 두 차례 학무국에 청원 공문이 접수되었다. 이후 1933년 3월, 1933년 10월, 1934년 10월 세 차례에 걸친 공문을 통해 보조금 하부가 허락되었다. 이 공문들에는 수리공사 수행 중 준수해야할 사항을 1번에서 4번까지 번호를 붙여 적고 있다. 1933년 3월 공문에 실린 준수사항은 다음과 같다.

1. 보존공사의 시설은 본부 파출원 및 도지사가 지정한 감독원의 지휘를 따를 것
2. 현금의 출납 및 공사에 관한 계약의 체결 등은 모두 도지사의 지휘를 따를 것
3. 공사가 준공된 때에는 준공계에 공사정산서 및 도면, 사진을 첨부하여 제출할 것
4. 공비정산의 결과 잉여가 발생한 때에는 반납할 것[25]

주목을 끄는 대목은 3번 사항이다. 공사 준공시 제출물을 명시한 3번 사항은 준공계, 공사정산서, 도면, 사진을 제출할 것을 지시하고 있다. 관음사 대웅전 수리공사 직전에 이루어진 전등사 대웅전과 무량사 극락전 수리공사의 보조금 하부 공문에서 정산서 제출만을 명시한 것과는 큰 차이가 있다.[26] 두 공사는 관음사 대웅전 수리공사와는 1년 남짓의 차이가 나는데, 1년 사이에 하부 공문의 준수사항 내용이 도면과 사진을 첨부할 것으로 바뀐 것이다.[27] 제출물을 명시한 3번 항목은 관음사 수리공사 도중 한 번 더 수정된다. 관음사 대웅전 수리공사 보조금 하부 공문 중 가장 마지막에 발송된 1934년 10월 공문의 준수사항에 기재된 준수사항의 3번 항목은 다음과 같다.

3. 공사가 준공된 때에는 2개월 내에 실시사양서, 도면, 사진 및 공사정산서를 제출할 것

제출물에 '실시사양서'가 더 추가된 사실을 알 수 있다. 이 시기는 이미 「보존령」이 정하는 바에 따라 수리공사가 시행되던 때였다. 추가된 제출물들을 살펴보면 모두 실측조사의 결과물들이다. 관음사 대웅전 수리공사 보조금 하부 공문에서 보이는 준공 제출물의 변화는 「보존령」 시행 직전부터 수리공사에서 실측조사가 강조되었음을 보여준다. 또 「보존령」 시행 이후에는 '실시사양서'를 추가하여 조사연구 강화 기조를 더욱 확고히 하였음을 알려준다. 실시사양서, 도면, 사진 등의 준공 제출물은 1936년 도입된 「시행준칙」에도 그대로 기재되어 있어, 관음사 대웅전 수리공사가 실측조사가 도입되는 과도기의 공사임을 알 수 있다.[28] 실제로 관음사 대웅전 수리공사 기록물 중에는 「관음사 대웅전 세부탁본(摺本)」이라고 적힌 문서철이 남아 있고, 여기에는 현촌도와 실측도가 포함되어 있다.[29]

이 시기 수리공사에서 실측조사가 본격적으로 시행되었다는 사실은 성불사 응진전 수리공사에서도 드러난다. 성불사 응진전 수리공사는 조선총독부박물관 문서가 기록하는 보조금 지급 공사 중에서 처음으로 수리계획서 작성에 보조금을 지급한 공사이다. 1933년 10월 발송된 보조

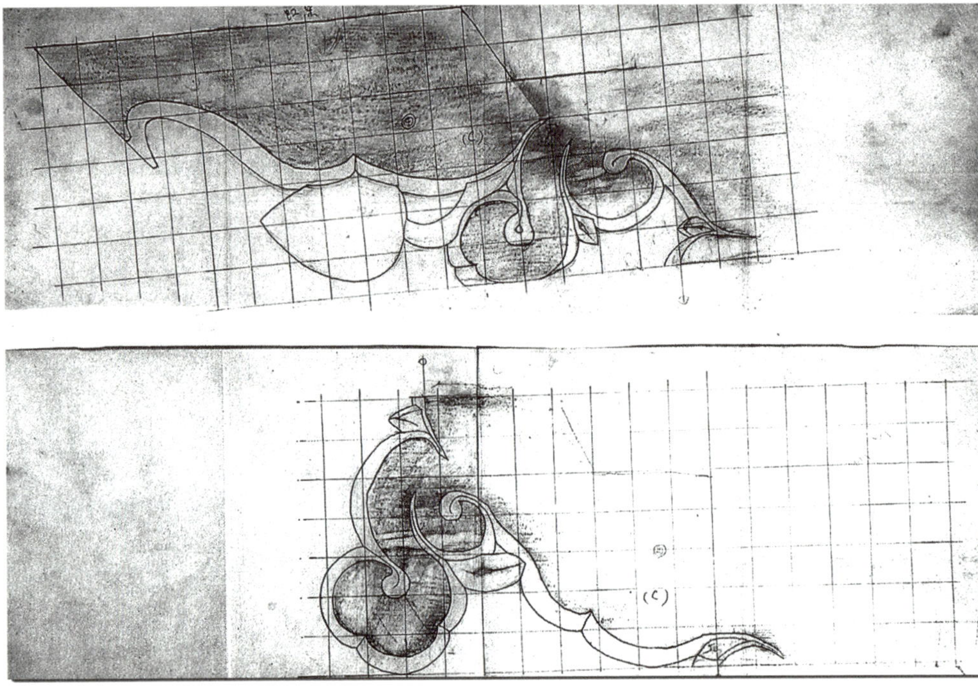

그림 5-7. 관음사 첨차 현촌도(現寸圖)

금 하부 공문은 성불사 응진전 수리계획서 작성을 위한 것이었다. 수리계획서 작성 준공서류에 의하면 1934년 1월 31일부터 1934년 9월 9일까지 수리계획서가 작성되었으므로 약 7개월간 수리계획서 작성을 위한 조사가 이루진 것으로 보인다. 준공보고의 첨부서류는 설계서 1책, 도면 5첩, 정산서 1책, 증빙서류 1책으로 구성되어 있고, 수리계획서 작성자는 이케다 소우키로 되어 있다.[30]

이 당시 상당히 정밀한 실측조사가 이루어졌음은 스기야마 노부조의 회고를 통해서 확인할 수 있다. 그는 1933년 「보존령」이 제정된 이후 일본에서 하는 것과 같은 수리공사가 이루어졌다고 회고[31]하면서 성불사 극락전과 응진전 수리공사를 「조선총독부보물고적명승천연기념물보존회」의 자문을 받아 시행된 본격적인 공사로 꼽고 있다.[32] 또 응진전 수리공사의 현장을 감독한 이케다 소우키가 일본으로 돌아갈 때 자료를 휴대하였으며, 일본에서 그를 만나 응진전 수리공사 자료를 자신이 받

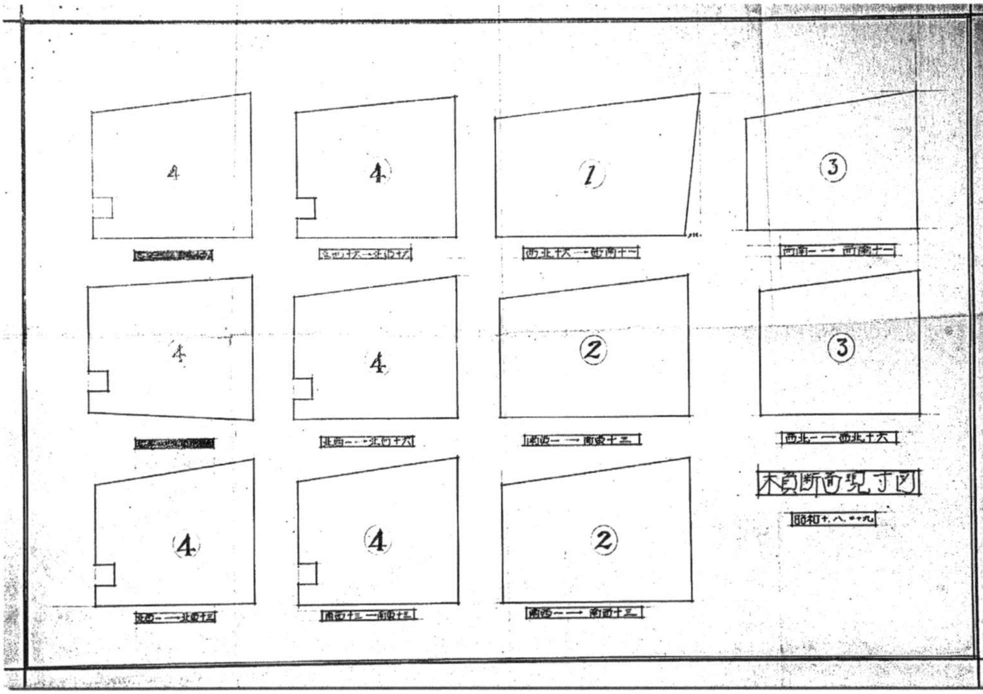

그림 5-8. 관음사 평고대 실측도

았다고 회고하고 있는데, 이 자료는 스기야마 노부조에 의해 최근 보고서 형식으로 간행되었다.[33] 이 보고서에 이케다 소우키가 작성한 것으로 추정되는 「보물성불사응진전공사조서(寶物成佛寺應眞殿工事調書)」가 실려 있다. 이 조서의 목차는 '1. 실측조사의 과정 및 계획결정'으로 시작되고 있어, 당시 실측조사가 체계적인 계획을 가지고 시행되었음을 알려준다. 이 조서의 내용은 당시 실측조사를 통해 알아낸 사실을 일목요연하게 정리한 것이었다.

성불사 응진전의 수리계획서 작성이나 관음사 대웅전 수리공사 보조금 하부 공문은 이 시기부터 한반도에서도 비교적 정밀한 실측조사가 이루어졌음을 알려준다. 한편 성불사 응진전 수리계획서 작성에 보조금을 하부하고 총독부 소속 수리전문가 이케다 소우키가 실측계획을 수립이행 하였다는 사실은 수리공사에서 차지하는 실측조사의 비중이 커졌음을 보여주는 것이기도 하다.

이후 이루어진 청평사 극락전·회전문 수리공사, 장안사 사성전 수리공사[34]에서도 실측조사에 의한 계획서 작성이 독립된 사업으로 계획되어 총독부 소속 전문가에게 맡겨졌다. 또 수리계획서 작성에 따로 보조금이 하부되는 변화도 있었다. 이는 실측조사가 하나의 독립된 공종으로 자리잡았음을 보여준다. 특히 청평사 극락전·회전문 수리공사의 기록물 중에는 실측야장 84장과 이를 정리한 보고서의 초고가 남아 있다. 이 실측기록물은 성불사 응진전의 실측기록물과 함께 당시 실측조사의 범위와 방법을 분석해 볼 수 있는 귀중한 자료이다.

실측조사의 범위와 내용

「보존령」을 전후해 성불사, 관음사, 청평사 등으로 공사가 이어지는 시기 동안 실측조사는 수리공사의 출발점으로 자리잡아 나갔다. 실측조사가 공정에 포함되어 착실히 진행됨에 따라 수리전문가의 한반도 목조 건축에 대한 이해도도 올라 갔다. 실제로 이 시기 조사에 임했던 수리전문가들은 실측을 통해 기둥의 안쏠림이나 귀솟음과 같은 기법들을 발견하였고, 이러한 기법들은 한국 목조 건축의 특징으로 학계에 발표되기도 하였다.[35]

특히, 오가와 케이키치가 안쏠림을 학계에 발표한 시기가 1940년이었다는 점은 성불사 수리공사 이후 7년여 동안 진행된 실측조사와 이를 바탕으로 한 연구가 결실을 맺었음을 보여준다. 또한 1913년 대동문 수리 이후 「보존령」 제정까지 20여 년 동안 알려지지 않았던 기법들이 본격적인 실측조사 실시 7년여 만에 밝혀지고 있다는 사실은 실측조사가 건조물 보존에 끼친 영향이 매우 큰 것이었음을 보여준다.

실측조사를 통해 밝혀진 기법들이나 특징들도 중요하지만 당시 실측조사의 방법을 살펴보는 것 역시 매우 중요하다. 이 시기 발견된 한반도 목조 건축의 기법과 특징들은 현재 학계에서도 널리 받아들여지고 있고, 현장에서 행하는 실측에서도 빠지지 않고 조사되는 항목들이다. 이 시기 발견된 내용들이 오랜 기간 반박되지 않고 한반도 건조물의 고유 기법으로 자리매김하고 있다는 사실은 당시의 조사가 제법 성실한 것이었기 때문이다.[36] 이어지는 글에서는 먼저 성불사 응진전 조사보고서와 청평사 극락전 수리공사의 실측야장 및 실측조사보고서 초안을 통해 당시 실측조사의 구체적인 범위와 방법을 밝히고자 한다.

〈표 5-1〉은 스가야마 노부조가 해방 이후 자신이 소장하고 있던 성불사 응진전 수리공사 자료를 바탕으로 간행한 수리공사보고서에 실린 「응진전 수리조사 및 고찰」의 내용[37]을 요약해 조사범위와 내용을 정리한 것이다. 조사 내용은 크게 평면, 입면, 공포, 구조가구 4가지로 구분되어 있다. 한편 각 항목은 17개 세부 항목으로 나뉘는데 이 세부항목에 딸린 조사내용과 도면은 실측조사의 목적을 보여준다.

조사내용을 좀 더 구체적으로 살펴보면 실측치수와 함께 계획치수를 결정해 적고 있음을 발견할 수 있다. 이는 실측조사가 단지 현상을 기록하기 위한 것이 아니라 수리공사 계획 수립과 계획 도면을 그리기 위한 것임을 알 수 있게 해준다. 또 하나 조사내용이 밝히고 있는 바는 귀솟음이나 안쏠림, 지붕곡, 도리 휨과 같은 조사대상 건조물의 기법과 특징이다. 다음 내용은 '응진전 건축에 있어 발견사항'이라는 「응진전 수리조사 및 고찰」에 실린 내용 중 일부이다.

..... △ 응진전 건축에 있어 발견사항

처마곡(軒反り) 의장의 계획

처마곡의 계획은 서까래의 구배 관계에 따라 결정된 평고대(木負)에 의해 정리되는 것이다. 따라서 외진기둥 면이 점차 높아지는 것과 외목도리에 걸리는 서까래가 점차 높아지는 것의 차이 관계에 따라 자연히 처마곡이 만들어지게 된다. 그러나 협헌(脇軒)부에서는 박공에 이르러 곡이 급격해지므로 임의(自由)로 보조부재(助物, 갈모산방을 가리킨다.-역자 주)를 삽입하여(박공 쪽으로 높이 3.5치, 측면기둥 위는 높이 7푼) 그 곡선을 만든다. 그 치수들은 다음 기록(次記)과 같다.

이를 제도하여 곡선을 살펴보면 그 정도가 고려시대의 석탑에서 보이는 것과 같고 신라석탑에 비해 처마곡이 완만(緩)하고 우미(優美)한 것을 알 수 있다.....

응진전의 처마곡이 어떻게 만들어지는가에 대해 발견한 사실을 토대로 짧게 설명하는 이 글은 실측조사가 어떻게 건조물에 대한 지식을 생산

표 5-1. 성불사 응진전 실측조사 내용

	조사항목	조사내용	삽도
평면	기초조사	기초의 재료 구성 재료단층별 두께 바닥 전돌의 규격 전돌 발견 위치	기단단면도 전돌발견개소 전돌발견깊이 전돌 실측도
	초석조사	평균 높이, 직경 배치 및 배치 간격	초석 현황 배치도 초석 복원 배치도 지형도 바닥단면시공도
기둥 및 입면	기둥	기둥 직경(1尺 간격으로 실측) 배흘림 기법 조사	기둥 흘림 실측도
	하방 및 설주	부재 규격 및 치수결정(표)	-
	창방 및 평방	부재 규격 및 치수결정(표)	나비장 이음
공포	외측 주두	부재 규격표	주두 투시도 (각부 용어 병기) 주두 평면도 주두 입면도 주두 목할도
	내측 주두	부재 규격표	
	외측 다포 공포	공포 치수표	주심포 입·단면도 주간포 입·단면도 첨차 삼분두 비례도
	내진주 상부 공포 및 포대공	공포 치수표	공포 입·단면도
구조가구	기둥	전면 기둥 높이 (초석·하방상면, 규준선, 천장 기준) 전면 귀솟음 치수 전체 기둥 높이 (규준선, 하방, 천장 기준) 기둥 상부 간격 치수표 도리 길이 치수표	전면 기둥 입면도 귀솟음 개념도
	가구단면	가구단면 치수표 (규준선, 보하단, 도리상·하단 기준)	가구 단면 개념도
	부연	부재 규격표	부연 투시도
	보	보 단면 치수	보 단면도
구조가구	지붕각부 판(板) 곡선	처마 내밀기 주심에서 초매기까지 거리 초매기에서 이매기까지 거리 주심에서 이매기까지 거리	-
	주칸 치수표	도리방향 주칸 전장(全長) 도리방향 각 주칸 거리 보방향 주칸 전장(全長)* 보방향 협칸 주칸 거리 보방향 중앙칸 주칸 거리 *기둥 상하의 주심이 달라 기울어짐이 있다.	-
	서까래 나누기	각 칸별 서까래 매수 서까래의 간격 치수	-
	도리 휨 (棟反り)계획도	도리 높이 도리방향 경사 평고대 휨, 도리간격	도리위치, 경사 개념도

해내는지 잘 보여준다.

글은 조사를 통해 관찰된 사실들을 조합해 실제로 현상이 발현되게 된 원리에 접근하고 있다. 조사자는 평고대, 서까래 구배, 귀솟음을 각각 실측조사를 통해 확인하고, 이 사실들이 처마곡을 만드는 기법임을 밝히고 있다. 기법의 확인은 여기서 끝나지 않고 처마곡이 건물의 박공면으로 나아가면서 올라갈 때 각 도리가 곡에 호응하여 경사지게 걸리고 있다는 사실도 밝히고 있다.(그림 5-9)

나아가 앞의 글에서 또 하나 눈길을 끄는 점은 밝혀낸 사실들을 양식사의 관점에서 정리하려는 태도이다. 고대시대 석탑과 신라시대 석탑의 곡선을 비교하여, 응진전이 보여주는 고려시대 곡선이 '완만하고 우미하다'라고 평가하고 있다. 이는 실측조사를 통해 드러나는 사실들이 어떻게 학술적·역사적 의미와 미술적 가치를 획득해나가는지 보여준다.

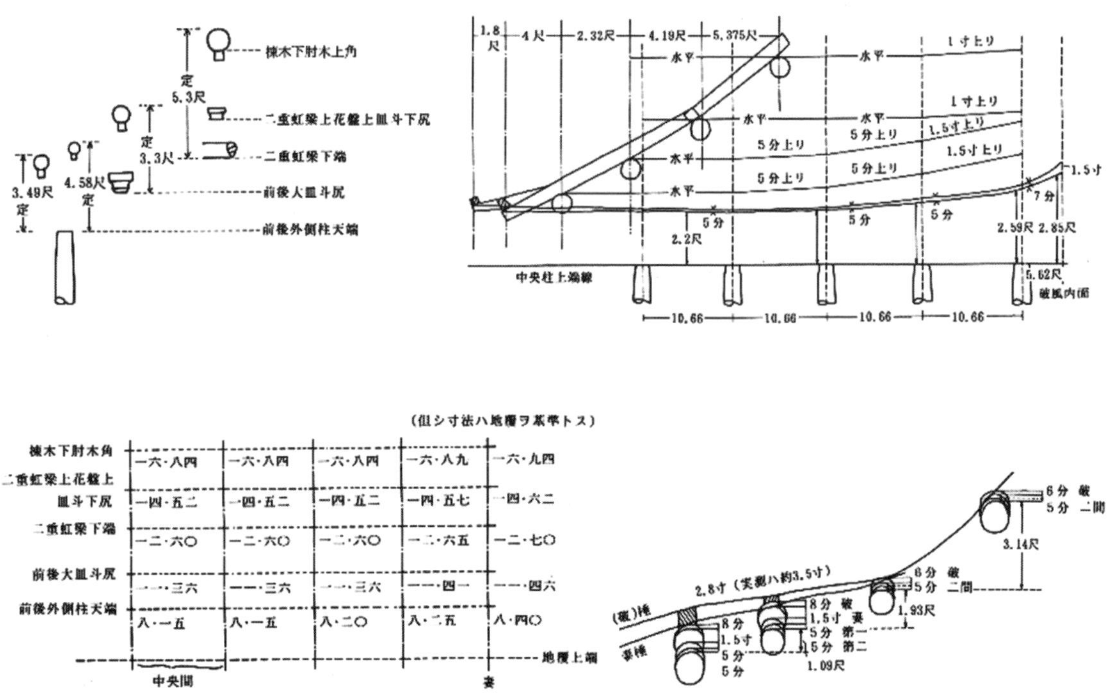

그림 5-9. 성불사응진전 도리 휨(棟反り) 분석『韓國古建築の保存-浮石寺·成佛寺修理工事報告』

실측조사의 방법

이렇게 현상을 분석하여 건조물의 기법으로 정리할 수 있었던 것은 실측조사가 가지는 과학적 성격에서 비롯된 것이라고 할 수 있다. 과학적 지식생산은 ① 관찰·실험·조사 등을 실시하고 이것에 의해 얻은 지식을 ② 정리·분석·종합하여 개념과 가설을 만들고, ③ 검증하는 과정이다. 특히 관찰·실험·조사의 과정은 생산된 지식의 객관성과 합리성을 확보하는 과정으로 정리·분석·종합하는 논리적 추론과정의 토대가 된다.[38]

성불사 응진전 처마곡에 대한 분석에서 살펴보았듯이 실측조사를 통해 얻은 사실들은 분석과 검증을 통해 한반도 건조물의 특징과 기법이라는 지식의 생산으로 이어졌다. 실측조사는 단순히 건조물 측량으로 끝나는 활동이 아니라 정리, 분석, 종합의 과정까지를 포함한 과정이었다. 실측이라는 용어에서 짐작할 수 있듯이 실측조사는 건조물 계측과 계량을 통해 객관성과 합리성을 확보하는 과정이었다. 얼마나 사실에 가깝게 측량할 수 있는가가 측량된 정보의 객관성과 합리성을 확보하는 주요 사안이 되었고, 이후 추론할 특징과 기법의 신빙성을 높이는 지표였다. 한편 측량된 치수들은 일차적으로 도면과 도표로 정리되었다. 이후 수학적 지식이 동원된 논리적 추론과정을 거쳐 종합되었다.

조선총독부박물관 문서에 포함된 실측조사 기록은 이러한 실측조사의 과학적 지식생산 과정을 잘 보여준다. 특히 청평사 극락전 실측기록물은 84매의 실측야장을 포함하고 있어 당시 실측조사의 구체적인 방법을 보여준다.[39] 이 실측야장을 통해 건조물 측량 방법을 분석하는 것이 가능하며, 이 사실들이 정리·분석·종합되는 논리적 추론과정도 함께 엿볼 수 있다.

먼저 청평사 극락전 실측야장을 통해 알 수 있는 당시 실측조사 방법은 다음과 같이 정리될 수 있다.

① 수평 규준선 설정

② 실측 기준선 설정

③ 방안(方眼) 사용

④ 탁본과 현촌도 작성

⑤ 축척이 적용된 실측야장 작성

⑥ 분석 도표(圖表) 사용

⑦ 조사결과 기반 분석 및 추론

당시 행해진 실측조사 방법의 기술적 핵심은 규준선과 기준선의 설정에 있었다. 앞서 살펴본 「시행준칙」 2조는 파손조사를 통해 왜곡, 경사, 편의(偏倚), 부식을 조사할 것을 정하고 있다. 여기서 왜곡, 경사, 편의는 똑바르지 않고 기울어진 것을 가리키는데 이를 측량하기 위해서는 기준선이 필요했다. 이 기준선은 기울어짐의 여부만이 아니라 기울어진 정도까지 계측하여 계량화할 수 있었기 때문에 객관성을 확보해주는 중요한 장치였다.(그림 5-10)

기단 둘레로 설치된 부동(不動)의 규준선과 이를 바탕으로 설정되는 기준선들은 건조물의 각 부재의 한 점이 기준선으로부터 얼마 만큼 떨어져 있는지를 측량하여 부재의 위치를 치수로 치환할 수 있게 해준다. 이때 부재의 한 점은 기준선이 만드는 기준면 상에서 좌표로 기록되고 그 점을 이은 선이 부재의 형상이 된다. 이렇게 기준선으로부터 떨어진 거리를 측량해 치수 좌표로 치환해 나가는 측량법은 3차원 형상의 건물을 2차원의 도면으로 옮기는 것을 가능하게 해주었다. 실측자는 측량한 좌표대로 점을 찍어나가면서 실측야장을 작성하고, 이를 참고로 도면을 완성할 수 있었다.(그림 5-11)

이외에도 복잡한 형식의 부재를 작성하기 위한 탁본 역시 빼놓을 수 없는 측량 방법 중 하나였다. 첨차나 보아지, 뺄목의 초각은 형상이 복잡했으므로 기준선을 활용한 측량은 번거로울 뿐만 아니라 정확한 측량도 어려웠다. 이런 경우에는 탁본을 통해 부재를 본래 크기 그대로 형상을 떠내고, 이를 다시 도면화 하였다. 도면으로 다시 작도하기 위해서는 결과물을 축소해야 했는데, 이 작업을 위해 활용한 것이 방안(方眼)이었다. 탁본하여 얻은 현촌도(現寸圖)에 일정한 간격으로 격자 보조선을 긋고, 도면을 작성할 종이에 원하는 축척대로 격자 보조선을 그린

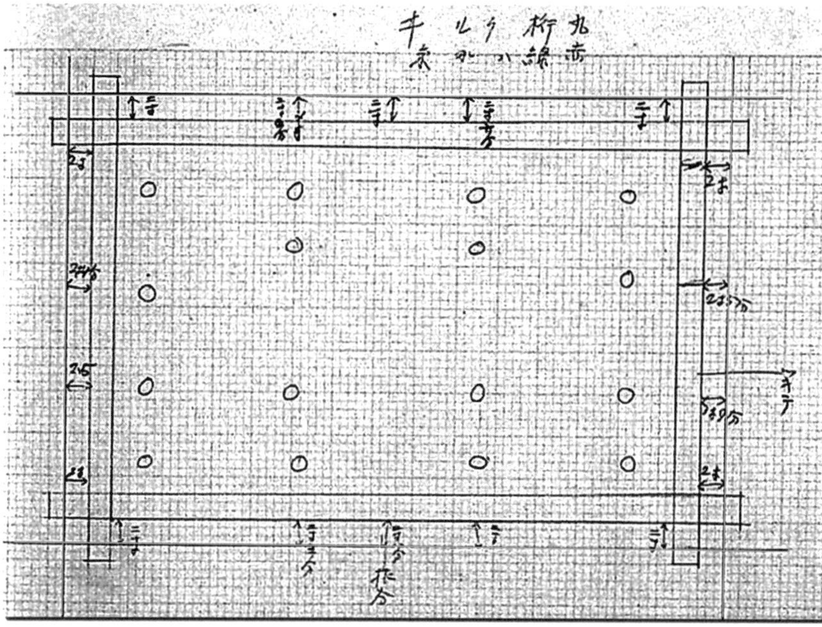

그림 5-10. 규준선을 활용한 외목도리 실측
(바깥 외곽선이 수계(水系, 규준선)라고 부기되어 있다.)

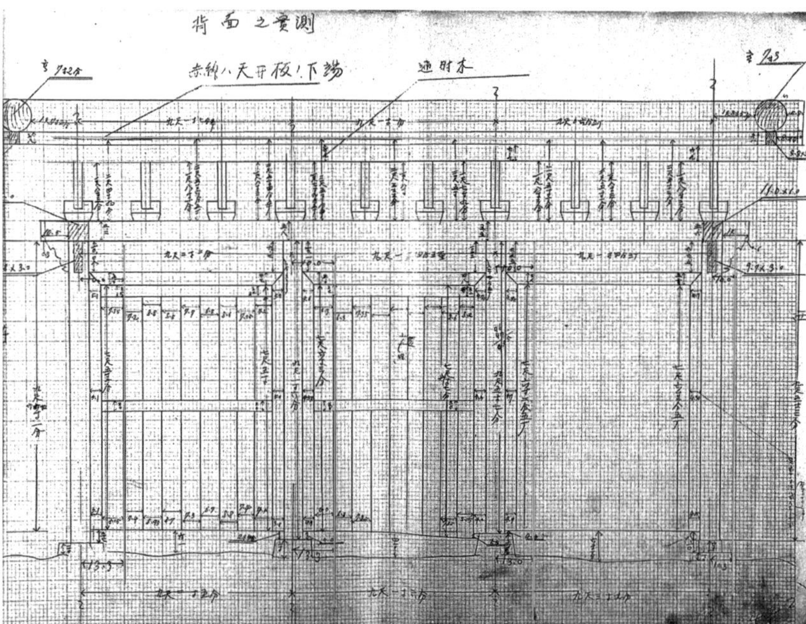

그림 5-11. 기준선을 활용한 입면실측

다음, 현존도에 표시된 격자 한 칸에 해당하는 부분만큼을 도면에 표기된 격자로 옮겨 그려 도면화 하였다. 이 방법 역시 큰 틀에서 기준선을 활용하는 방식과 동일한 원리를 가진 것이었다.(그림 5-7)

이렇게 측량하는 과정에서 건조물의 한 지점이 치수로 좌표화 되는 방식은 실측야장을 축척을 적용하여 작성하는 방식으로 이어진 것으로 보인다. 〈그림 5-11〉은 축척이 적용된 실측야장이다. 이 실측야장에는 기준선과 함께 기둥의 중심선이 표시되어 있고, 이 선들을 중심으로 치수들이 표시되어 있다. 방안지에 작성된 이 실측야장은 자를 사용해 정연한 선으로 작성되었고, 부재 간의 비례도 비교적 정밀하게 표현되어 있어, 축척이 적용된 실측야장임을 알 수 있다. 축척을 사용한 실측야장 작성 방식은 작성과정에 도면화 과정이 일정부분 포함되어 실제 측량이 필요한 부분들을 실측야장 작성과정에서 선별할 수 있으며, 비교적 정확한 도면이 완성됨으로써 측량이 어렵거나, 빠뜨린 경우라도 실측야장을 통해 추론해내는 것이 가능했다.

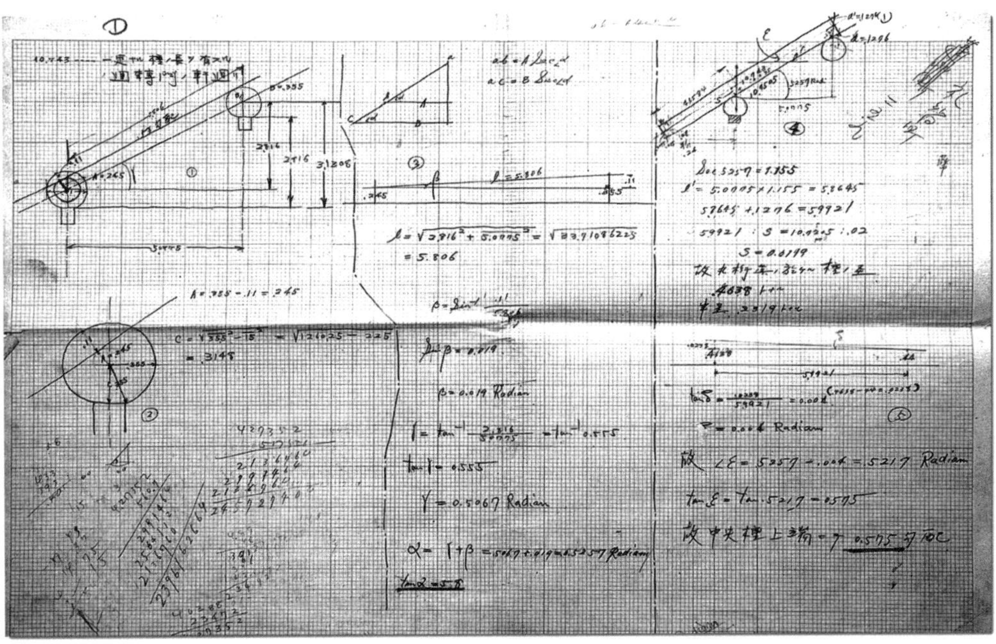

그림 5-12. 삼각함수를 사용한 도리 간 접선의 길이와 기울기를 구하기 위한 계산 (최종적으로 중앙 종도리 상단이 0.575 구배라고 결론내고 있다.)

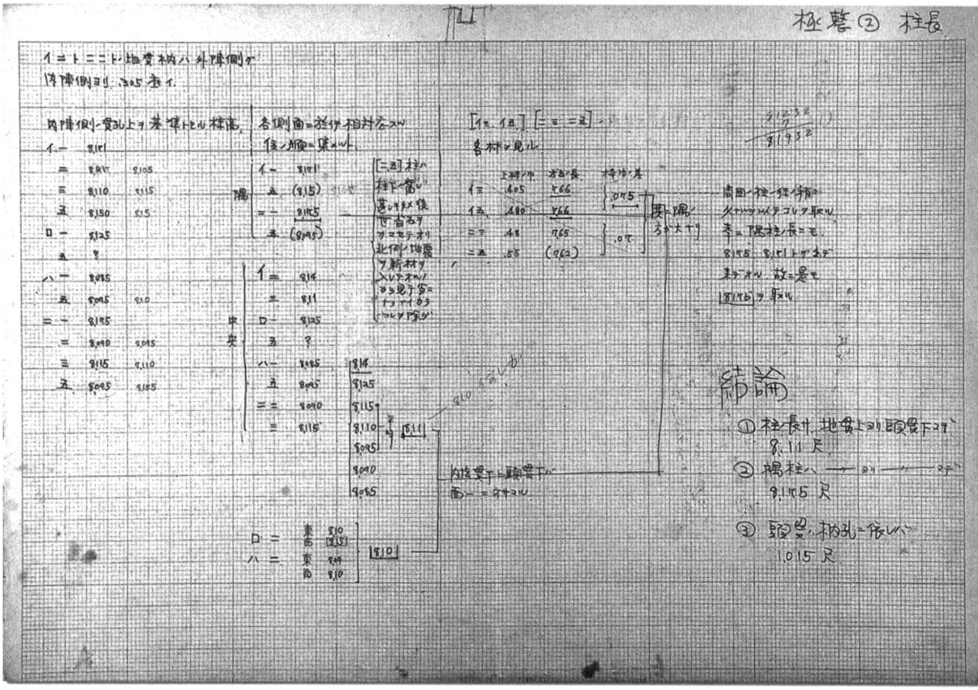

그림 5-13. 기둥 길이 분석 도표 실측야장

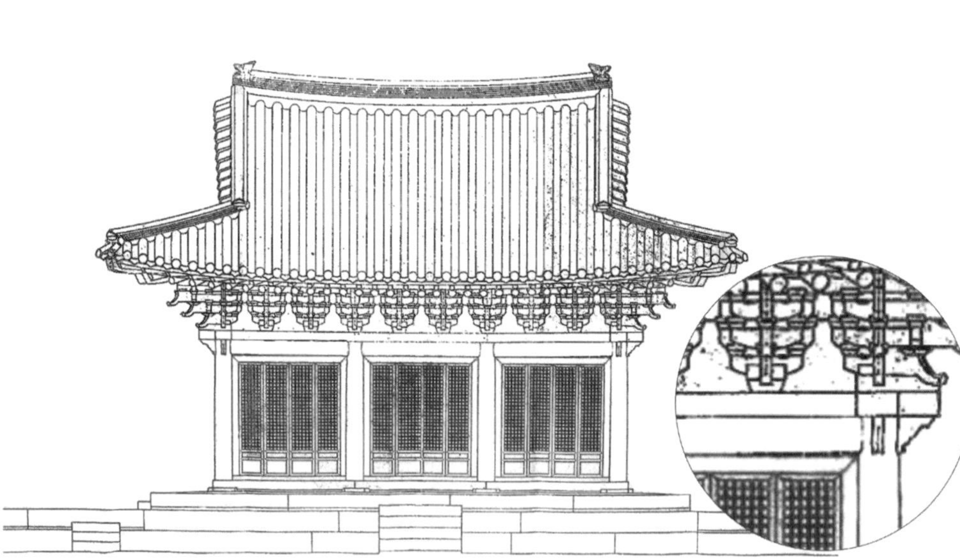

그림 5-14. 청평사 극락전 정면도(청사진을 보정)

귀솟음을 표현하기 위해 귀기둥 쪽 문상방과 창방 사이를 두 줄로 표현하였다.

한편, 실측을 통해 얻은 수치들은 수학적으로 가공되어 정확히 실측할 수 없는 부분의 수치를 계산하는 데 사용되었다. 예를 들면 서까래가 걸리는 경사를 삼각함수를 사용해 구하는 방식이 있다. 〈그림 5-12〉는 도리와 도리가 이루는 경사의 구배, 즉 서까래의 기울기를 구하기 위해 도리의 직경, 도리 사이의 수직, 수평 거리의 실측치수를 사용하고 있다. 이때 두 원(도리의 단면)에 모두 접하는 선분의 기울기를 삼각함수로 구하는 방법이 이용되었다.

측량한 정보를 바탕으로 논리적 추론을 진행하는 이러한 과정은 조사과정이라기 보다는 분석과정이라고 할 수 있다. 실측조사는 실제로 그 과정에서 분석을 위한 자료 정리와 자료를 종합해 결론을 도출하는 과정이 포함되었다. 측량치수들은 도표를 활용해 정리되었는데, 기둥의 높이를 예로 들면, 각 기둥의 위치를 기호화하고, 하방(下枋)에서 창방까지의 길이, 기둥 하단에서 창방까지의 길이, 하방에서 문상방(門上枋)까지의 길이, 문상방에서 툇보까지의 길이, 툇보에서 도리까지의 길이, 툇보에서 천장까지의 길이로 세분하여 측량한 치수를 〈표〉로 정리하였다.[40]

이 〈표〉를 바탕으로 기둥의 길이를 기둥머리의 장부구멍 상단을 기준으로 산정해내고, 평주와 귓기둥(隅柱)의 길이가 다름을 도출하였다. 또 그 차이가 협칸 기둥, 문상방, 창방이 만드는 입면에서 사다리꼴로 드러나며, 귓기둥 쪽이 0.75척(尺) 정도 긴 것을 밝히고 있다. 이러한 추론과정은 실측야장에 고스란히 남아 있는데, 실측야장의 하단에는 '결론(結論)'이라고 적고, 기둥의 길이(하방에서 창방까지) 8.11척, 귓기둥 길이 8.175척, 창방 장부 구멍 길이는 1.015척으로 적고 있다.(그림 5-13) 이렇게 분석을 통해 내린 결론은 도면작성에 이용되었다. 이는 완성된 청평사 극락전의 도면에서 확인하는 것이 가능하다. 정면도를 보면 청평사 극락전의 귓기둥은 평주에 비해 더 길게 작도되었고, 문상방이 비스듬히 걸리도록 작도되어 문얼굴을 이루는 부재와 문상방 사이에 삼각형의 틈이 생겨있음을 확인할 수 있다.(그림 5-14)

실측조사는 수리공사의 가장 앞선 단계로 수리의 방향을 결정하는 것에서 부재의 치수를 결정하는 과정에 이르기까지의 근거를 만드는 작업이었다. 바른 결정을 위해 정확한 측량이 필수적이었고, 측량된 정보들은 정리, 분석되어 종합되었다. 이 과정을 통해 수리공사를 위해 필요한 계획치수들 뿐만 아니라 건조물이 가진 특징과 기법들이 밝혀졌다. 1930년대 제도개선, 수리체제 전환 등도 근대적 건조물 보존의 시작에 힘을 보탠 중요한 사건이었다. 하지만 '근대적'이라는 수식어를 붙일 수 있는 진정한 변화는 실측조사를 도입한 일이다. 이 시기 도입되어 시행된 실측조사는 객관성과 합리성을 확보한 과학적 지식생산과정이었고, 바로 이 점이 결국 수리공사에 '근대적'이라는 수식어를 붙일 수 있는 근거가 되기 때문이다. 만약 이 시기 보존 수리공사를 조선총독부의 '필요'에 의한 것이 아니라 '보존'을 위한 수리로 평가할 수 있다면, 이는 실측조사에 의한 기록물과 이를 바탕으로 한 연구 결과물이 존재하기 때문이다. 이러한 연구 결과물은 한국건축에 대한 지식의 근간이 되어 일제강점기 이후 한국 건축역사학의 발판이 되었다.

한반도 목조 건축의 특징과 기법 발견

이 시기 실측조사의 결과물은 단순히 수리공사를 위해 사용되는 것이 아니라 건조물의 학술적, 역사적 가치를 찾는 연구로 이어졌다. 당시 일본에서는 1934년 4월부터 시작된 법륭사 국보보존공사가 이러한 흐름을 이끌고 있었다. 한반도에서는 사카타니 료우노신을 초청해 지도를 받는 등 오가와 케이키치를 필두로 조사연구가 강조되었고, 법륭사 현장에서 근무하던 스기야마 노부조가 도임하여 공사감독으로 활동하면서 그 흐름에 동조하였다. 개별 현장에서 실측조사기록과 정보가 축적됨에 따라 개별 건조물 간의 정보가 비교, 분석, 종합될 수 있는 여건이 차차 마련되었고, 1940년대에 이르러서는 본격적인 학술연구가 이루어졌다.

〈표 5-2〉를 통해 살펴보면 본격적인 실측조사가 이루어진 수리공사 현장을 두 곳 이상 거친 수리전문가로는 오가와 케이키치, 이케다 소우키,

표 5-2. 수리공사 현장별 수리전문가 명단

<table>
<tr><th></th><th>공사감독</th><th>현장주임</th><th>현장조수[41]</th></tr>
<tr><td>성불사 극락전</td><td>오쿠노 타다오
奥埜忠雄</td><td>-</td><td>이케다 소우키
池田宗龜</td></tr>
<tr><td>성불사 응진전</td><td>-</td><td>이케다 소우키
池田宗龜</td><td>요네다 미요지
米田美代治</td></tr>
<tr><td>청평사 극락전 회전문</td><td>스기야마 노부조
杉山信三</td><td>板谷定一</td><td>이한철
李漢哲</td></tr>
<tr><td>관음사 대웅전</td><td>스기야마 노부조
杉山信三</td><td>이한철
李漢哲</td><td>-</td></tr>
<tr><td rowspan="2">화엄사 각황전</td><td>후지시마 가이지로
藤島亥治郎</td><td rowspan="2">카미쿠보 큐시로
上久保九市郎</td><td rowspan="2">양철수
楊澈洙</td></tr>
<tr><td>미야기 추이치
宮城忠一</td></tr>
<tr><td>심원사 보광전</td><td>오쿠노 타다오
奥埜忠雄</td><td>이케다 소우키
池田宗龜</td><td>요네다 미요지
米田美代治</td></tr>
<tr><td rowspan="2">수덕사 대웅전</td><td rowspan="2">오가와 케이키치
小川敬吉</td><td rowspan="2">이케다 소우키
池田宗龜</td><td>다키모토 마사타로우
瀧本政太郎</td></tr>
<tr><td>정우진
鄭愚鎭</td></tr>
<tr><td>개심사 대웅전</td><td>노무라 요시후미
野村孝文</td><td>이케다 소우키
池田宗亀</td><td>-</td></tr>
<tr><td>장안사 사성전</td><td>오가와 케이키치
小川敬吉</td><td>히라이 시게이치
平井茂市</td><td>박황식
新井滉植/朴滉植</td></tr>
</table>

스기야마 노부조, 이한철을 꼽을 수 있다. 이들은 실측조사 과정을 통해 수리공사 대상이 된 건조물이 가진 특징과 기법을 각자 숙지하고 공유하였던 것으로 보인다. 오가와 케이키치가 일본건축학회에 한반도 건조물에 대한 기법인 안쏠림(柱內轉び)을 소개하는 논문을 게재하였는데 같은 시기 이한철 역시 오가와 케이키치가 논문에서 밝힌 내용을 포함한 글을 잡지에 기고하였기 때문이다. 또 오가와의 논문에는 이케다 소우키가 조사한 내용임을 밝히는 기술도 보인다.[42]

청평사 수리공사의 조수, 관음사 대웅전 현장주임이었던 이한철은 당시의 관음사 대웅전 수리공사 준공보고서, 청평사 수리공사 조사보고서의 초안을 작성한 인물이었다.[43] 〈그림 5-15〉와 〈표 5-3〉은 이한철이 『朝光』에 발표한 「朝鮮의 建築」이라는 글이다.

이한철이 공통적으로 지목하고 있는 조선건축물의 독특한 기법은 원주(圓柱)의 "엔타시쓰", 주상(柱上)의 안쏠림(內轉), 중앙이 내부로 만곡

筆者는 일찌기 京城高工建築科를 마추고 總督府에 勤務하면서 主로 水原城門樓 淸平寺 開城 大聖庵等古建築物修理에 當하였다。 이렇게 實務로부터얻은 經驗과 아울러 그篤實한 建築史研究는 氏로하여금學界에이어서 이方面의"호ㅣ프"임을 믿게한다 當年三十一歲의 青年學者。 (寫眞은筆者)

그림 5-15. 『朝光』에 소개된 이한철의 약력 (한동수, 2009를 재인용)

표 5-3. 이한철이 『朝光』에 발표한 「朝鮮의 建築」

..... 필자는 건축가의 입장으로서 본 건축물 자체의 技工手法을 논하고자 하니 그의 창건, 재건 여하에 대하여는 가급적으로 피하려 한다.

강릉 객사문

강릉읍내에 있는 동서 3칸, 남북 2칸의 건물이다. 약 高四尺長臺上自然石 초석 우에 서 있다. 동서 양단 二列八箇의 柱는 柱上 약 3촌 체감되여 강도 "엔타시쓰"가 있는 圓柱요 그 곡선도 극히 웅대하다. 동서 중앙 1열은 柱上 약 1촌 체감되여 있는 角柱다. 大樑을 중심으로 양단의 柱上은 內轉 되어 있으니 圓柱의 "엔타시쓰", 柱上의 內轉 등은 동양건축물에 때때로 보는 사례이요 희랍의 "파르테논" 신전에서도 볼 수 있으나 그 외에서 건축의 柱上平面을 조사하여 보면 중앙이 내부로 만곡 되어 마치 "실패"의 모양이 되어 있으니 이 점은 조선건축물의 독특한 기법이다. 小累는 내지에서 말하는 皿斗며 斗繰가 있다. 大樑의 단면, 宗樑의 단면이 마치 "하-트"형에 유사하야 그 하단을 小累가 물고 있다. 牛尾梁 양단에 보이는 조각물, 기타 華盟, 雲穹 등 조각은 雄大剛健 하고 내지에서 말하는 道里 및 舟肘木의 곡선은 특히 미려하다. 長檐, 木枅, 博風 등은 대정4년(1915) 수리 시에 재료가 변경되고 그에 대한 기록도 없이 그의 기법을 조사치 못한 것은 유감이다. 건물 전체로 보아서 각 세부로 보아서나 이조 초기의 우수한 작품이다.

청평사 극락전

강원도 춘천읍에서 동으로 4里許에 청평사가 있고 청평사 西北隅에 동서 3칸 圓柱(漆柱), 五包, "학각" 집이 극락전이다. 약 四尺高長臺上 전면에만 약간의 장식을 한 자연석 초석 우에 서 있다. 이 초석은 극히 粗成으로 시대적 특징이 없어 이 초석만으로는 그의 건조시대를 감식하기 곤란하다. 남북 3칸 중 남단 1칸이 狹間이 되어 退가 되어 있다. 원주는 柱上이 약 1촌 체감되여 "엔타시쓰"가 있고 그 곡선도 미려하다. 柱上은 약 9分 內轉되어 있고 柱上 平枋 중앙이 약 1寸 2分 내부로 만곡되어 "실패"형의 柱上平面이 되어 있다. 枓栱은 내지에서 말하는 和様 詰組며 外二包內三包가 되어 있고 小累에는 斗繰가 없고 두공 각 세부조각 등 雄大堅實 하야 이조중기초의 특징을 충분히 표현하고 있다. "춘여"는 이중으로, 長檐은 원형이요, 扶檐은 각형이다. "춘여" 양단은 扇子檐이 되어 衝檐과 같이 건물 전체의 경쾌한 감을 충분히 표현하고 있다. 李朝中期初 嘉靖年間의 작품인 것 같다. 寺記에 청평사는 普賢의 창건이라 하였고 廣州 奉恩寺도 普賢의 창건이라 하며 양자를 비교하여 보면 그 건물배치가 동일하니 滋昧있는 연구재료다.

관음사 대웅전

개풍군 영북면에 있으며 부근에 박연폭포가 있어 유람객이 不絶하다. 약 七尺高長臺上自然石의 초석 우에 서 있는 동서 3칸 , 남북 3칸 圓柱 건물이다. 원주에는 "엔타시쓰"가 있으나 柱上체감의 度가 미약하고 곡선도 몹시 미약하다. 四隅柱가 약 1寸 7分 길며 柱上이 약간 內轉되어 있고 平枋 중앙부가 내부로 만곡하야 "실패"형의 柱上平面이 되어 있는 것 같으나 상세조사를 할 기회를 얻지 못한 것은 유감으로 생각한다. 출구문은 總花模様 문살이며 두공은 내지에서 말하는 和様詰組이며 外三包內四包며 두공 세부조각은 稚拙하여 볼잘 것 없고 각처에 龍頭 혹은 鶴 등의 조각이 있어 煩雜稚拙의 감이 있다. 이 건물은 조선 사찰건물양식에 희소한 四注造 "지붕"이며 平交臺의 곡선이 鈍重하여 건물 전체로 보아 그 양식이 둔중하고 치졸하여 이조건물양식의 타락형세를 잘 말 하고 있다. 이 건물 축부는 順治年間의 작품으로 볼 수 있으나 옥개는 후세의 개축인 것 같다.[44]

된 "실패" 모양 평면이다. 이 밖에도 네모서리 기둥(四隅柱)이 다른 기둥보다 긴 것(귀솟음), 대들보(大樑)와 종보(宗樑)의 단면이 "하-트"모양(항아리형)을 닮은 점, "춘여" 양단에 선자연으로 구성된 처마(扇子檐)가 설치된 점 등을 들고 있다. 이한철이 지목한 이 기법들은 현재까지도 한국건축의 특징으로 꼽히고 있다. 이는 본격적인 실측조사 실시가 한반도 건축의 기법을 밝히는 계기가 되었음을 보여준다. 이처럼 실측조사는 학술연구로 확대되어 일본과는 다른 한국건축만의 특징을 밝히는 발판이 되었다.[45]

이한철의 글에 5개월여 앞서 오가와 케이키치가 1940년 4월 일본건축학회에 게재한 논문은 실측조사를 통해 밝혀진 기법들이 학술적인 개념으로 자리잡는 과정을 보여준다. 그의 논문은 안쏠림을 증명한 것으로 여러 건조물의 실측조사 결과를 종합하고 시대를 나누어 그 경향을 파악한 것이었다. 그는 서론에서 안쏠림이 한반도 건조물에서 보이는 안정감과 아름다움을 구성하는 기법의 하나라면서 연구의 의의를 강조하였다.

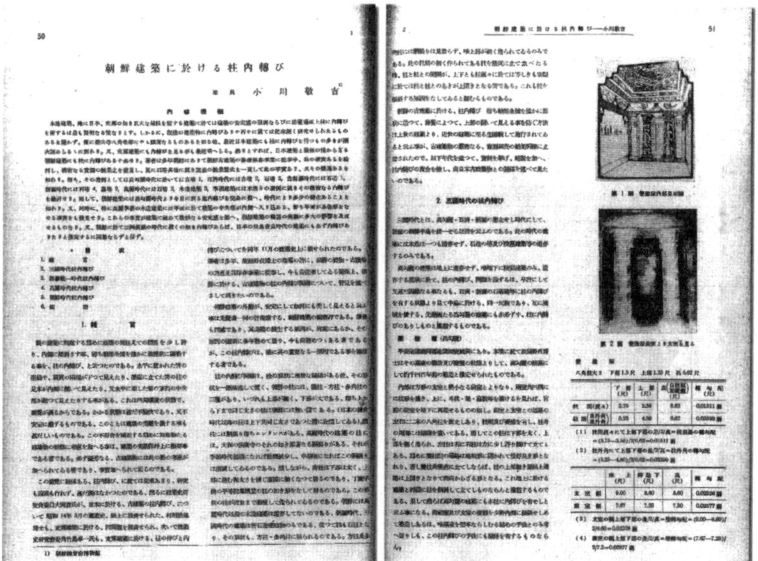
50

朝鮮建築に於ける柱內轉び

小川敬吉

51

그림 5-16. 오가와 케이키치, 「朝鮮建築に於ける柱內轉び」의 1,2쪽

그는 삼국시대부터 조선시대까지 사례를 모두 연구의 대상에 포함하였는데, 목조 건축이 없는 삼국시대나 통일신라시대는 무덤과 석탑에서 보이는 기둥의 기울어짐을 사례로 다루었다. 그가 사례로 제시한 무덤, 석탑, 목조 건축은 총 26건이었다.(표 5-4) 이 사례들을 각 시대별로 구분하고 귓기둥의 기울어진 정도를 실측조사를 통해 얻은 측량치를 사용하여 계산한 후 〈표〉로 정리하여 논문의 근거를 제시하였다.[46] 귓기둥의 기울기는 각 건물의 모서리 칸의 정면과 측면을 나누어 구하였다. 각 칸에서 귓기둥의 기울기를 구하는 방식은 평주와 귓기둥 사이의 상부길이와 하부길이의 차이를 2로 나눈 값을 귓기둥의 높이로 다시 나누는 것이었다.[47]

오가와 케이키치는 이 방식을 통해 사례들의 귓기둥 기울기를 모두 구하고 이 기울기들을 시대별로 모아 결론을 도출하였다. 그가 내린 결론은 삼국시대부터 기둥의 안쏠림이 존재하였다는 사실과 그 기울기 정도가 하대로 갈수록 작아진다는 사실이었다.(표 5-5) 또 삼국시대에서 조선시대까지 이어진 안쏠림이 건축의 안정감을 키우고, 미감을 증가시키기 위한 것이었다고 다시 한 번 강조하였다. 이어서 안쏠림을 사대주의에 의한 것으로 규정하고 이것이 점점 약해진 것은 사대주의가 감소한 것이라기보다 개악(改惡)이라고 평가하였다.[51] 여기에 덧붙여 일본의

표 5-4. 오가와 케이키치 논문의 건조물 사례

시대	사례
삼국시대	쌍영총, 정림사지5층석탑[48], 미륵사탑, 익산쌍릉, 공주송산리1호분[49], 분황사탑
통일신라시대	불국사 석가탑, 갈항사 동탑 및 서탑, 중흥산성지 3리탑, 겸거화상탑, 보조선사탑
고려시대	개심사(경상북도)석탑, 정도사 오중탑, 심원사 보광전, 성불사 극락전, 성불사 응진전
조선시대	관룡사 약사전, 청평사 극락전, 무위사 극락전, 심원사 대웅전, 관음사 대웅전, 통군정, 경복궁 건춘문

표 5-5. 오가와 케이키치 논문의 결론부에 기재된 시대별 귓기둥 기울기

시대		기울기
삼국시대	기울기(柱轉句配)는 10尺 당[50]	0.443~0.171
통일신라시대	同	0.180~0.068
고려시대	同	0.160~0.051
조선시대	同	0.123~0.041

고대 건축이 백제인의 영향을 받은 것이고, 영조법식에도 이러한 기법이 등장하므로 일본의 고대 건축 복원에 반영되어야 할 것이라고 주장하면서 결론을 맺고 있다.

또한 그는 결론 이후에 부기(附記)를 달아 실패형 평면(系劵形平面)이 평양 숭인전과 대동문, 성천 동면관 중문, 개성 남대문, 강릉 객사문, 경성 경복궁 전당 등 여러 건조물의 평면에서 발견되어 보편적인 기법으로 보인다고 기술하였다. 또 이것이 처마가 반등(軒反)하여 예각을 이루는 동양건축의 특징과 관계있을 것이라고 추론하였다.[52]

그의 연구는 한반도 건조물을 대상으로 한 실측조사에서 이어진 첫 학술연구논문으로 평가될 수 있다. 오가와 케이키치는 개별 건조물의 특징을 기법으로 가정하고 실측으로 얻은 수치를 분석하여 개념화하였다. 또한 연구대상을 시대별로 나눠 개념화한 기법의 시대적 경향과 역사적 흐름을 파악하려고 시도하였다. 비록 식민사관에 입각한 해석으로 인해 다소 무리한 결론도 보이지만, 오가와 케이키치의 연구방법론은 현재 한국건축연구방법론에 있어서도 보편적으로 사용되는 유효한 것이다. 그의 연구는 당시 실측조사가 학술연구로 이어져 건조물에 새로운 가치를 부여하는 과정으로 이어졌음을 알려준다. 동시에 당시에 이루어진 실측조사가 현재 한국건축역사학이 형성되는 씨앗이 되었다는 사실도 보여준다. 이는 실측조사가 한반도 지역의 건조물이 가진 특성, 즉 현대에 강조되고 있는 이른바 전통건축에 내재된 "한국성"을 탐색하는 기초가 되었다는 사실을 내포하고 있다. 조사연구가 상대적으로 등한시되는 현대의 수리현장을 생각할 때 이 시기 실측조사와 그에 따른 성과는 되짚어 볼 가치가 충분하다.

설계도서에 반영된 복원중심 수리원칙

실측조사가 학술연구로 이어질 수 있었던 것은 당시 수리공사에 적용된 수리방침과 관계가 깊다. 당시 수리방침은 복원수리를 원칙으로 하고 있었고, 복원(復原, Restoration)을 위해서는 "원형(原形, Origin)"을 설정해야 했다.[53] 실측조사를 통해 건조물의 기법이나 특징을 밝히고 건조물이 지어질 당시의 경향을 유추하려는 노력은 결국 건조물의 원형을 찾기 위한 작업이었다.[54]

유럽에서 옛 건조물에 대한 '과학적 조사연구'는 앞서 밝힌 것과 같이 복원 수리(修復)의 당위성을 확보하기 위해 시작되었다. 유럽으로부터 근대 건축을 도입한 일본은 이토 추타 등을 필두로 일본건축을 정의하기 위해 건조물 실측을 수행하였다. 그리하여 일본의 고건축은 근대 도면으로 표현되었고 실측조사 과정에서 행해진 계측, 계량이 건축기법의 발견으로 이어졌다.

일본으로부터 실측기술이 도입된 한반도에서도 실측조사가 이루어졌고, 조사 결과 발견된 사실을 바탕으로 "원형"을 설정하고 건조물을 복원 수리하였다. 이 과정은 합리적일지라도 추론을 거친다는 한계를 지니므로 결국 건조물의 현상변경을 초래하고 나아가 훼손이 우려되는 행위였다.[55]

일본의 초기 수리공사에서 제시된 원래의 모습으로 복원한다는 의미의 '당초복원(當初復原)' 수리방침 역시 건조물 훼손에 관한 논란을 겪었다. 논란의 대상이 된 수리공사는 「고사사보존법」 제정 초기에 수행된 신약사사 본당(新藥師寺本堂) 수리공사였다.[56] 이 수리공사는 후대에 부가된 것으로 판단된 전면의 예당(禮堂) 건물을 제거하는 '복원 수리(復原的 修理)'를 통해 크게 외관이 바뀌게 된 공사로, 이에 대한 비판이 제기됨으로써 논쟁이 시작되었다. 일본의 수리공사 방법론 설정에 있어 중요한 의미를 갖는 이 논쟁은 '당초복원' 방침을 수용하는 방향으로 정리되었다. 그리하여 일본의 초기 건조물 수리의 기본 방침으로 '당초복원'이라고 하는 원칙이 유지되게 되었다.[57]

이후 일본은 복원지향 수리를 고수하였고[58], 한반도에서 수행된 수리공사에도 같은 원칙이 적용되었다. 한반도에서 행해진 공사가 복원을 목표로 하였음은 화엄사 각황전 수리공사를 통해 확인하는 것이 가능하다. 「보존령」 제정 이후 적극적 건조물 보존활동의 물꼬를 튼 한반도에서는 1934년 「보물목조건조물대수선 10개년 계획」이 수립되고, 1936년

표 5-6. 화엄사 각황전 수리공사 실시설계서의 구성

구성	내용
표지 1매	화엄사 각황전 수리공사 실시 설계서
사양서 7매	총칙, 가설공, 수감견형(水盛遣形), 기초공, 목공벽공, 옥근공, 채색 및 고색칠
실시 명세서 25매	총공비, 가설공비, 기초공비, 목공비(목재교체재 명세서 첨부), 즙공비, 장식 및 건구공비, 잡공비, 인건비, 사무비
공정표 1매	공정표
수리실시도 5매	평면도, 기단 정면·측면도 1매 기단 및 바닥상세도 1매 가설 덧집 평면도 1매 가설 덧집 설계도 1매 공작소옥, 보존소옥 평면도 1매 (재료적치장 2동, 해체부재적치장, 공작장 평면도)

화엄사 각황전 수리공사가 새로운 체제로 진행되기에 이르렀다. 이 공사는 실측조사가 성실하게 이루어지던 기조 속에서 마련된 공사지침인 「시행준칙」의 적용을 받아 진행되었다. 「시행준칙」은 수리시공에 앞서 실시계획을 수립하도록 정하고 있었다.

실시계획은 「화엄사 각황전 수리공사 실시설계서」로 정리되었다. 현재 전해지는 설계서는 사양서, 명세서, 공정표, 수리 실시도로 구성되어 있다. 특히 설계서에 수록된 사양서에는 수리방침이 정리되어 있다. 이 수리방침에는 당시까지 한반도에 도입된 수리원칙을 반영하고 있으며, 이후 전개될 수리공사들의 방향을 시사하고 있다는 점에서 중요한 자료이다.[59] 사양서에 명시된 수리방침은 총칙을 포함하여 총 8개 항목이 일본어로 기술되어 있다. 사양서가 정하고 있는 수리방침의 내용은 원형이 손상되지 않도록 재료 교체와 보수를 진행하는 것이었다. 이는 총칙을 통해 밝히고 있는 것으로, 총칙의 내용은 다음과 같다.[60]

① 수리시공은 옥개, 두공, 축부 등을 전부 해체하고 썩은(腐朽)부재를 교체·보수하는 수리 방침에 따라 구축함

② 본 건조물 해체(解放)에 앞서 덧집을 건설하여 바람, 비, 눈의 피해를 막고 직사광선으로부터 채색 안료의 색 변화를 예방하며, 각 부재는 세심히 주의하여 원형이 손상되지 않도록 양생 후에 해체하고 보존 소옥에 보존하도록 함 [61]

첫 조항은 화엄사 각황전 수리공사가 완전해체공사임을 밝히고 부재를 교체하고 보수하는 것이 수리방침이라고 명시하고 있다. 다음으로 두 번째 조항은 해체 부재의 원형이 손상되지 않도록 덧집과 해체부재 보관 장소를 마련할 것임을 적고 있다. 두 번째 조항의 내용에서 언급한 "원형이 손상되지 않도록"이라는 문구는 첫 항목이 언급한 부재 교체·보수 수리방침이 원형이 손상되지 않도록 하는 것임을 알려준다. 이 원형이 무엇인지에 대한 언급은 기초공사 항목의 내용을 통해 파악할 수 있다. 원형이라는 단어는 기초공사 항목에서만 총 세 번에 걸쳐 언급되는데 그 내용은 다음과 같다.

기초공

① 주초, 바닥(床), 기단은 신라시대 유구로 병화로 인한 파손 붕괴가 심함. 이를 보족(補足)하고 수리하여 원형(原型)으로 복귀함

② 기단은 기둥을 세운(束立) 단으로 쌓은 것으로 동면, 남면은 옛 형식(舊形)을 유지하고 있지만 서북의 양면은 파손결실이 심하여 아래 부분만 간신히 원형(原形)을 유지한 상태임

③ 계단(登階段)은 사면에 있는데 파손되었고, 동, 남 양면만 옛 모습(旧形)을 조금 유지하고 있음

④ 이들의 현상을 정밀하게 조사하여 도면으로 기록한 후에 복원도를 작성함

......

⑩ 바닥면은 현재 내진 및 외진의 일부 마루판(板敷)이고 기타 와전바닥(瓦敷床)으로 되어 있음

⑪ 조사 결과 처음에는 전부 와전바닥이었다가 변경된 것으로 판명됨.

⑫ 따라서 원형(原形)에 따라 와전바닥으로 함

⑬ 재래(在來) 와전(敷瓦)은 병화로 파손이 심하므로 옛 모양(旧形)으로 소성 후에 도면에 따라 자갈 위에 회칠하여 바탕을 만들고 표면을 원래(在來)와 같이 와전바닥으로 할 것

사양서의 내용에 따르면 수리공사의 목표는 각황전의 현상(現狀)을 수리전문가가 원형이라고 판단한 옛 모습으로 되돌리는 것에 있었다. 그 내용을 살펴보면, 먼저 첫 항목에서 기단공사의 목표가 "원형으로 복귀"하는 것임을 알 수 있다. 또한 첫 항목에서 가리키는 기단, 바닥, 주초의 원형이 신라시대 형식을 유지한 것임을 알 수 있다. 한편 ②번 항

목에서 "옛 형식"과 "원형"이 앞뒤 문장에 대구를 이뤄 같은 의미로 사용되고 있다는 사실에서 옛 형식이 원형으로 인식되고 있음을 알 수 있다. 이에 더해 ③번 항목에서 계단과 실내의 와전 바닥도 "옛 모습"을 원형으로 지목하고 있다. 첫 항목에서 원형으로 복귀한다는 말의 정확한 의미는 ④번 항목에서 "복원도"를 작성한다고 명시한 것에서 드러난다. 결국 화엄사 각황전을 원형인 "옛 모습"으로 복원하는 것이 목표임을 알 수 있으며, 그 "옛 모습"을 추론하는 역할은 오롯이 수리전문가에게 주어진 임무였다.

한편, "옛 모습"의 시점은 반드시 하나일 필요는 없었다. 사양서에 기술된 수리방침에는 기단, 바닥, 주초는 신라시대 것으로 시기를 명시하고 있지만, 계단과 와전 바닥은 시대를 명확히 명시하지 않고 옛 모습이라고만 언급하고 있다. 이는 수리대상의 각 부분의 복원 시점이 다르게 적용될 수 있다는 사실을 보여준다.[62] 화엄사 각황전 수리공사에서 "원형으로 복귀"는 각자의 "옛 모습"을 기준으로 부분별로 구분해 진행되었다. 이러한 "옛 모습"을 기준으로 삼는 수리방침은 "옛 모습"이 아닌 것으로 판명된 재료와 구조를 폐기하는 수리방식으로 이어졌다. ⑩~⑬번 항목이 정하는 것과 같이 화엄사 각황전 수리공사에서는 후대에 설치한 것으로 판명된 마루를 폐기하고 새로 전돌을 제작해 바닥에 깔았다. 이는 당시 수리전문가의 가치판단에 더 오래된 것이 원형이라는 인식이 작용하였다는 사실을 보여준다. 또한, 전돌 제작 방침에 "옛 모양으로 소성한다"는 사항으로 미루어, 복원에는 부재 여러 속성 중에서도 외형이 우선적으로 고려되었던 것을 알 수 있다.

사양서의 수리방침 분석을 통해 화엄사 각황전 수리공사를 계획하고 진행한 수리전문가들이 부분별로 특정 시기를 복원 시점으로 삼고 양식과 모양에 집중하는 수리방침을 수립하였음을 알 수 있다. 이 수리방침은 "당초복원"으로 요약되는 당시 일본의 수리원칙 경향과 맥락을 같이 하고 있었다.[63]

한편, 당시 복원수리 원칙은 도면작성에도 영향을 미쳤다. 조선총독부 박물관 문서의 건조물 수리공사 기록물에 포함된 도면은 현상도, 실측

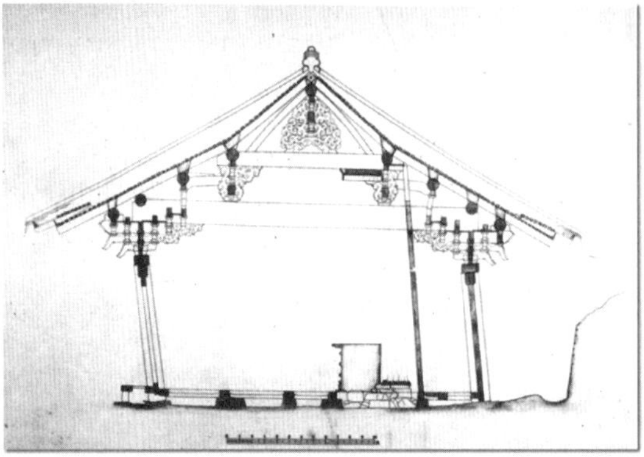

그림 5-17. 개심사 대웅전 현상도

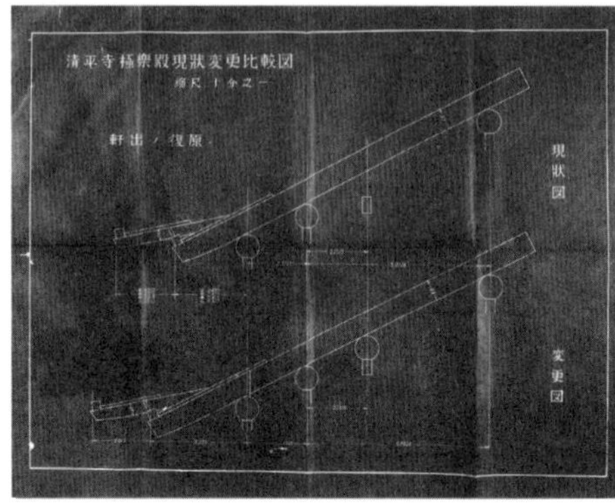

그림 5-18. 청평사 처마 현상변경 비교도

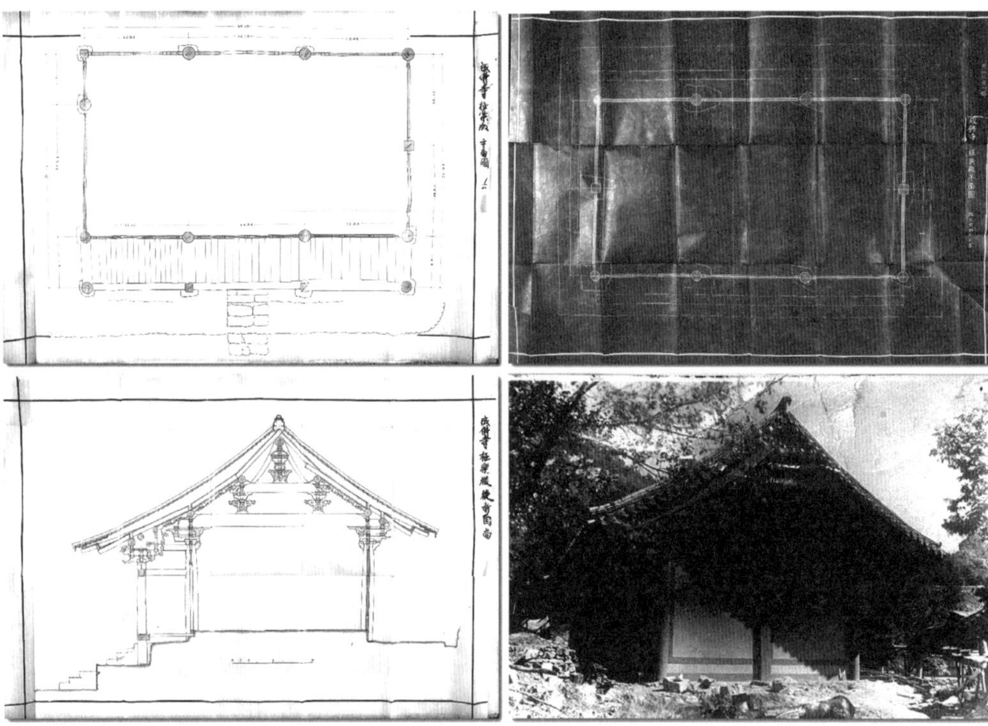

그림 5-19. 성불사 극락전 실측 평면도 및 단면도(좌), 복원평면도 및 복원 후 측면사진(우) (복원도에는 전퇴가 없다.)

도, 복원도, 설계도로 분류할 수 있다.[64] 이 네 도면 중 현상도와 실측도가 기록도면이고, 복원도와 설계도가 계획도면이다. 기록도면 중 먼저 현상도는 조사가 진행되는 시점의 상태 그대로를 그려 건물의 기울어짐이나 부재 훼손 정도가 드러나도록 그리는 도면이다. 현상도는 건물 전체를 그리지 않고 파손된 부위만을 따로 그린 것이 많다. 반면 실측도는 실측조사 결과물로 그린 대부분의 도면이 해당하며, 현황을 그대로 표현하지 않고 파손이나 왜곡된 부위 없이 바로잡아 완전한 모습으로 그린 도면이 대부분이다.

계획도면으로 분류할 수 있는 복원도는 설정된 복원 시점으로 양식을 통일하여 그린 도면으로, 복원계획이 반영된 도면이다. 실측도와 마찬가지로 조사를 통해 밝혀진 계획치수와 기법을 반영하여 그리지만 복원도는 수리 후 완성된 모습을 담은 도면이라는 점에서 차이가 있다. 두 도면의 차이는 성불사 극락전 수리공사를 위해 작성한 도면에서 찾아볼 수 있다. 성불사 극락전의 경우 본래 전퇴가 있었던 건물이었는데, 전퇴를 없애고 처마길이를 조정하였다. 극락전 수리공사 기록물에는 전퇴가 있었던 당시의 실측도와 전퇴를 없애고 그린 복원도가 함께 남아있다.(그림 5-19)

복원도 중에서도 설계도를 따로 구분할 수 있다. 설계도는 구조 보강을 위해 변경된 구조를 표현해 그린 도면이다. 복원도가 계획도면이라면 설계도는 시공을 위해 그린 공사도면의 성격이 강한 도면이었다. 〈그림 5-20〉은 무량사 극락전 수복공사 단면도이다. 앞서 살펴본 성불사 극락전의 실측도나 복원도와 달리 도면 곳곳에 트러스를 표현하고, 설치방법과 규격을 명시해 둔 것을 볼 수 있다. 도면 이름으로 복원도나 실측도를 붙이지 않고 "수복공사 단면도"라고 명기한 것은 이 도면의 성격이 복원도나 실측도와는 다른 것임을 보여준다.

주목할 점은 현황도, 실측도, 복원도, 계획도가 구분되는 기준이다. 그 기준은 원래 상태에 얼마나 변화가 있는가 라는 현상변경의 정도이다. 현상변경의 정도에 따라 도면이 구분되고 있다는 사실이 중요한 이유는 복원 중심 수리원칙과 관련이 있기 때문이다. 복원을 목표로 한 수리공

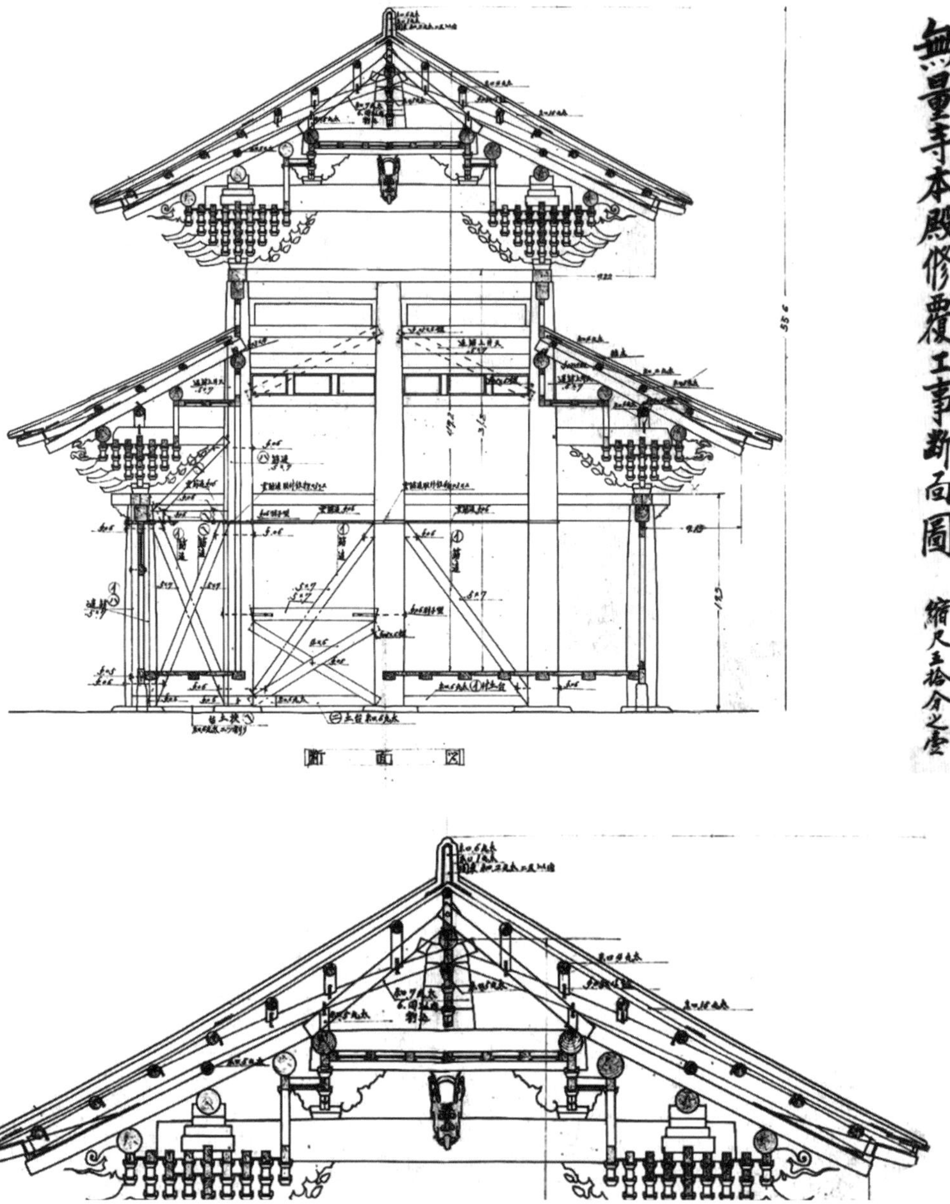

그림 5-20. 무량사 극락전 수복공사 단면도
(지붕구조의 변경을 표시한 설계도)

사는 복원시점을 설정하여 현상변경이 크더라도 정해진 시점으로 건조물의 양식을 되돌리는 원칙을 채택하고 있었다. 도면은 수리공사의 전 과정에서 의사소통 수단으로 쓰였기 때문에 조사연구과정, 계획과정, 시공과정, 준공단계[65]에서 생산된 도면이 달랐다. 결국 복원을 위한 수리공사의 과정이 당시 작성된 도면의 종류를 결정하였다.

한편, 이 시기에 현상도, 실측도, 복원도, 설계도, 계획도, 변경도, 비교도 등 도면의 종류가 다양하고, 각 공종에 맞는 도면을 작성하였다는 사실은—공사별로 작성의 성실성에는 차이가 있지만—이 시기 수리체제의 긍정적인 측면으로 평가될 수 있다. 이 시기 도면생산의 양상은 조사연구의 강조와 수리전문가 중심의 수리공사가 이루어지면서 수리공사가 점점 전문성을 갖춰나갔음을 보여준다. 또한 이 시기 생산된 도면들은 기록으로 남아 후속세대의 성장에 도움을 주기도 했다. 향후 이 도면들은 국립중앙박물관, 문화재관리국 등에 보관되어 소속 수리전문가들과 연구자들의 참고자료가 되었기 때문이다.[66]

준비공사의 확립과 공종의 세분화

수리전문가 집단이 형성되고 실측조사가 본격적으로 실시되는 등의 수리공사 변화는 세부공종의 변화를 동반하였다. 공사 시작 전 실시계획 수립이 제도화됨에 따라 해체 실측조사가 하나의 공종으로 자리잡았고, 준공보고서가 의무화 되면서 준공 도면과 보고서 작성 공종이 새롭게 추가되었다. 이러한 일제강점기 수리공사의 공정 변화는 각 공사의 공정표를 통해 파악하는 것이 가능하다.[67] 공정표는 「시행준칙」에서 실시계획 수립 시 설계 변경된 경우 공정표를 첨부해야 한다고 명시한 지침(3조)에서 처음 등장한다. 실제 조선총독부박물관 문서가 전하고 있는 수리기록물에서도 성불사 극락전(1934년 준공)이나 관음사 대웅전(1936년 준공)의 준공보고에서부터 거의 빠지지 않고 등장하고 있다. 두 공사 모두 「보존령」 제정 이후에 준공된 것들이다. 이로 미루어 「시행준칙」이 도입된 시기를 전후하여 공정표 작성이 일반화 되기 시작했던 것으로 보인다.

「보존령」 제정 이전의 공정표는 매우 드문데 목조 건조물은 아니지만 분황사 모전석탑 수리공사의 것이 남아 있다. 「분황사구층탑보존공사공정예정표」라는 제목이 붙은 문서의 내용은 〈표 5-7〉과 같다.[68] 분황사 보존공사 제1회 공정보고는 1915년 10월 13일부터 31일까지 것인데, 15일에 해체가 시작되었으므로 3일 정도가 준비기간으로 보인다. 이 공사는 이후 수리공사에서 그 공사순서를 참고하였고, 이를 토대로 「고적보존비보조공사시행수속」이 만들어졌을 만큼 초기 수리공사의 참조 사례가 된 공사였다. 그런데도 공정표에서 확인할 수 있는 것과 같이 조사를 위한 기간이 따로 정해져 있지 않음을 알 수 있다. 또 기록물에는 석탑 도면은 단 2매만 포함되어 있다.(그림 5-21) 현상변경을 위해 작성한 도면인데, 내용이 매우 간략하고, 도면도 세밀하지 않아 조사연구나, 기록 의지가 적었음을 알 수 있다.

표 5-7. 「분황사구층탑보존공사 공정예정표」(1915년 10월 23일 보고)

공종	예정공정
탑 해체	10월 15일부터 10월 28일까지
해체 후 토(土)반출	위와 같음(仝上)
해체 후 석재 반출	위와 같음(仝上)
탑 기초 공사	10월 29일부터 11월 5일까지
보족석재 채취 및 조각	10월 25일부터 11월 15일까지
탑 초석 설치(据付)	11월 7일부터 11월 11일까지
쇄석(割栗), 자갈(砂利), 모래(砂) 채취	10월 29일부터 11월 20일까지
탑 쌓기(築立)	11월 13일부터 12월 15일까지
탑 내부 콘크리트 타설 후 다짐(押戻)	위와 같음(仝上)
주위 석담 기초 및 돌 다듬기, 쌓기	11월 15일부터 12월 15일까지
청소 및 정리(跡掃除)	12월 16일부터 12월 20일까지

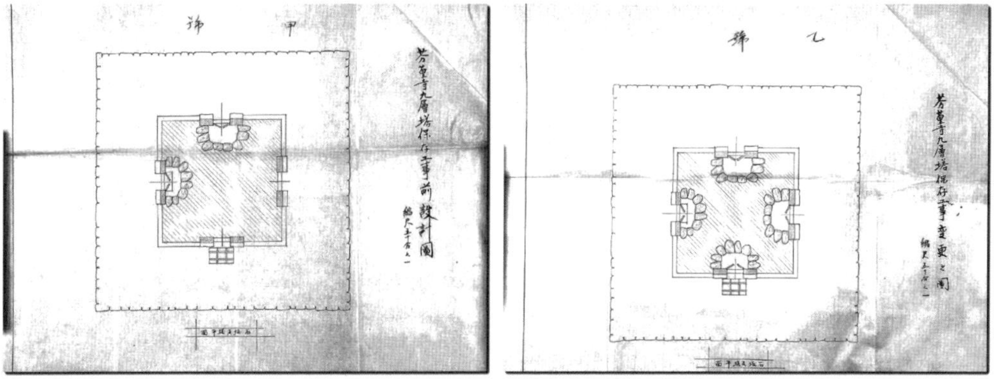

그림 5-21. 분황사 구층탑 보존공사 변경도

분황사 탑 수리공사의 공정표에는 준비공사는 공종으로 포함되어 있지 않았고, 석탑의 해체·조립 이후 주변정리를 마지막 공종으로 하고 있다. 그러나 관음사, 성불사, 화엄사, 개심사, 장안사 등에서 이루어진 수리공사의 공정표는 분황사 탑 수리공사와는 뚜렷한 차이를 보이고 있다. 관음사 대웅전 준공보고에 포함된 공정표에서 가장 눈에 띄는 점은 실측조사 공종이 모든 공종 중 첫 번째로 기재되어 있다는 점이다. 또한 실측조사 공종 다음으로 도면작성이 역시 공종으로 추가되어 있다. 한편 관음사 대웅전에 잇따라 수리공사가 행해진 성불사 극락전 공정표에는 '착공준비'가 시작공종으로 기재되어 있으며, 실측조사 외에 해체조

표 5-8. 관음사 대웅전, 성불사 극락전, 성불사 응진전 수리공사 공종

관음사 대웅전	성불사 극락전	성불사 응진전
실측	착공준비	준비
도면작제	실측조사	실측조사
가설물건설	가설물 건설	가설물 건설
해체	건물해체 및 조사	해체공사 및 조사
-	보수재료 구입	재료구입
축부 및 바닥 수보	기초공사	기초공사
	목부조립준비	건물조립건물조립
	목부조립	
-	미장(左官)공사	지붕(屋根)공사
헌(軒)소옥조 조립	지붕(屋根)공사	미장(左官)공사
기와조제, 옥근즙 조립	고색 및 채색 공사	고색 및 채색 공사
고색칠	잡작공사	잡작공사
기단수보	가설물 해체	가설물 해체
-	실측도, 준성도 및 보고서 작성	보고서 작성
주변 정리(跡片付ケ)	잔무정리	잔무정리

成佛寺極樂殿修理工事進行狀況

名稱	進行狀況
着工準備	完了
實測調査	九分出來
假建物建設	九分五厘出來
建物取解及調査	四分出來
補足材料購入	八分出來
基礎工事	未着工
木部組立準備	六分出來
木部組立	未着工
左官工事	未着工
屋根工事	未着工
古色及彩色工事	未着工
雜作工事	未着工
假建物取拂	未着工
實測圖、竣成圖及報告書作製	四分出來
殘務整理	未着工

右通相違無之候也

昭和八年九月

工事主任

朝鮮總督殿

그림 5-22. 성불사 극락전 수리공사 공정표

사가 추가되어 있다는 점이 큰 변화다. 관음사와 성불사 공정표는 수리체제 전환기의 조사연구 강화 기조가 수리공사 공정에 실제로 어떻게 반영되었는지 보여준다. 이들 공사에서는 조사연구가 강화되는 기조에 따라 실측조사가 공정에 포함되었고, 해체과정에서도 실측조사가 이루어졌다.(표 5-8)

성불사 극락전 공사에 이어 수행된 성불사 응진전 공사에서도 해체조사가 공정에 삽입되어 있다. 앞서 실측조사 과정이 건조물에 대한 이해를 돕고, 수리공사의 방향을 설정하는 중요한 과업이었음을 밝힌 바 있다. 그래서 이 시기 조사연구 과정은 수리공사에서 주요 과업으로 인정되고, 자리잡아 나갔다. 실측 및 해제조사가 공정표에 기재된 사실은 도면을 작성하고 건조물을 연구하는 과정이 수리공사에서 하나의 공종으로서 공식적으로 자리잡았음을 의미한다.

실제로 성불사 극락전과 응진전 공사에서는 관음사 대웅전 공정표에서 보이지 않던 실측도, 준공도, 보고서 작성을 공사 마무리 단계 공종으로 추가하고 있다. 이 공종은 건조물 수리를 기록하는 작업으로 공사 초반 공종인 실측 및 해체조사와 호응한 공종이다. 오가와 케이키치와 같은 수리전문가가 주장한 수리공사의 특수성이 지침으로 제도화되고, 현장에서는 조사연구와 수리과정 기록 공종이 생기는 결과로 이어졌던 셈이다. 성불사 응진전 공사가 1934년에 시작하여 1937년에 끝난 점을 감안하면, 이러한 변화가 1930년대 수리체제의 전환과 관련이 깊음을 알 수 있다.

한편, 화엄사 각황전 수리공사의 공정표를 통해서는 실측 및 해체조사를 포함하는 "준비공사" 공종이 등장하고 있다. 성불사 응진전 수리공사가 한창 진행 중이었던 1936년 7월은 화엄사 각황전 수리공사가 시작된 지 3개월이 흐른 시점이었다. 당시 화엄사 각황전 수리공사 사무소는 총독부 재무국이 실시한 회계실지검사에서 공사 준비단계에서 비용이 지출된 점을 지적받았다. 이에 대해 당시 학무국 주임 오가와 케이키치가 공문을 통해 밝힌 대답에서 준비공사에 대한 설명을 발견할 수 있다.

..... 보존건조물의 수리는 특종공사로서 일반청부 공사보다 어려운 관계로 인해 직영공사로 진행하고 있음. 먼저 덧집(素屋根)과 비계(足代) 등의 가설공사를 시행한 연후에 해체공사를 하며, 조사연구 후에 실시설계를 결정하고, 그 후 본공사에 착수함. 본 건 공사는 아직 실시설계 작성 중에 있어 정식 실시설계 완료를 마치지 못한 것임. 따라서 이전 회답에서 "4월 초 실시계획 수립 후 공사에 착수함"이라는 것은 "실시설계 수립을 위해 준비공사에 착수함"이라는 의미로 헤아려 주기 바람. 별책 실시설계서는 7월 하순 작성된 대략의 것으로 미완성된 것이지만 공정표와 함께 제출함 .....[69]

오가와 케이키치의 답변은 건조물 수리공사에서 "준비공사"가 가지는 의미를 구체적으로 알려준다. 그에 따르면 준비공사는 본공사에 앞서 실시계획을 수립하기 위한 것으로 가설공사, 해체공사, 조사연구, 실시설계를 망라하는 공사이다. 오가와 케이키치가 설명하는 '준비공사'는 당시에는 생소한 것이었다. 재무국이 이 단계에 공감하지 못하고 문제 삼고 있다는 점 역시 오가와 케이키치가 제시한 준비공사가 낯선 것이었음을 증명하고 있다.

사실 준비공사란 당시 일반 건설공사 공종으로 이미 존재하고 있었던 과정으로 가설공사 수행에 앞서 현장사무소가 만들어지기 전까지의 기타 과업을 내용으로 하는 공종이었다. 그래서 비용이 거의 들지 않는 과업이기도 했다. 하지만 오가와 케이키치는 본공사에 앞서 진행되는 실측조사, 가설공사, 해체공사, 재료구입 등을 준비공사라고 포괄하여 건조물 수리공사에서 준비공사 개념을 확대하여 정의하였고, 또 이를 본공사와 구분하였다. 이러한 준비공사 개념의 확대는 이 시기 수리체제 전환에 맞춘 공정 변화의 성격을 드러낸다. 실측 및 해체조사가 각각 독립된 공종으로 자리잡아, 일반공사와 달리 본공사에 앞서는 공종이 많았던 이 시기 수리공사의 특수성이 반영된 것이기 때문이다.

오가와 케이키치가 구분한 준비공사와 본공사라는 공사 과정 구분을 받아들인다면, 수리체제 전환 이후 수리공사 공정은 준비공사, 본공사, 준공보고라는 총 세 단계로 구분해 볼 수 있다. 〈그림 5-23〉은 성불사 응진전, 화엄사 각황전, 개심사 대웅전의 공정을 정리하여 비교한 것이다. 공종의 이름이 조금씩 다르지만 담고 있는 과업의 내용이 유사하며 공사과정은 앞서 제시한 세 단계로 나누어 볼 수 있음을 알 수 있다. 흥미로운 점은 시기별로 살펴본 각 공사의 공정표의 공종 명칭이 통일되어 있지 않고, 또 공종의 수도 다르다는 점이다. 이는 이 시기 새로운 체제로 수리공사가 정립되는 과도기의 모습을 드러내고 있는 것으로 해석해 볼 수 있다. 성불사 응진전 수리공사에서 15개였던 공종은 화엄사 각황전 수리공사에서 12개로 줄었다가 개심사 대웅전 수리공사에서는 18개로 늘어났다. 각 수리공사별로 공종을 표준화하려는 노력과 세분화하려는 노력이 함께 일어나고 있음을 알 수 있다. 수리공사가 현장별로 개별적인 운영을 하고 있었고, 현장을 통일성 있게 운영할 수 있는 지휘체계가 부재한 상황에서 현장사무소별로 공사과정에 대한 고민과 실험을 이어 나갔던 것이다.

특히 일제강점기 마지막 해체 수리공사 중 하나인 개심사 대웅전 수리공사의 공종이 가장 세밀하게 나누어져 있다는 점은 각 공종이 점점 전문화되어 가고 있음을 보여준다. 예를 들어 성불사 응진전 수리공사와 화엄사 각황전 수리공사에서 옥근공사(지붕공사)로 통합되어 있던 공종을 옥근공사와 옥근즙공사(기와공사)로 나누어 수행하였다는 점은 지붕구조를 만들기 위한 목공사와 기와를 까는 번와(翻瓦)공사를 구분하였다는 사실을 보여준다. 실제 공사에서 투입되는 전문가가 목수

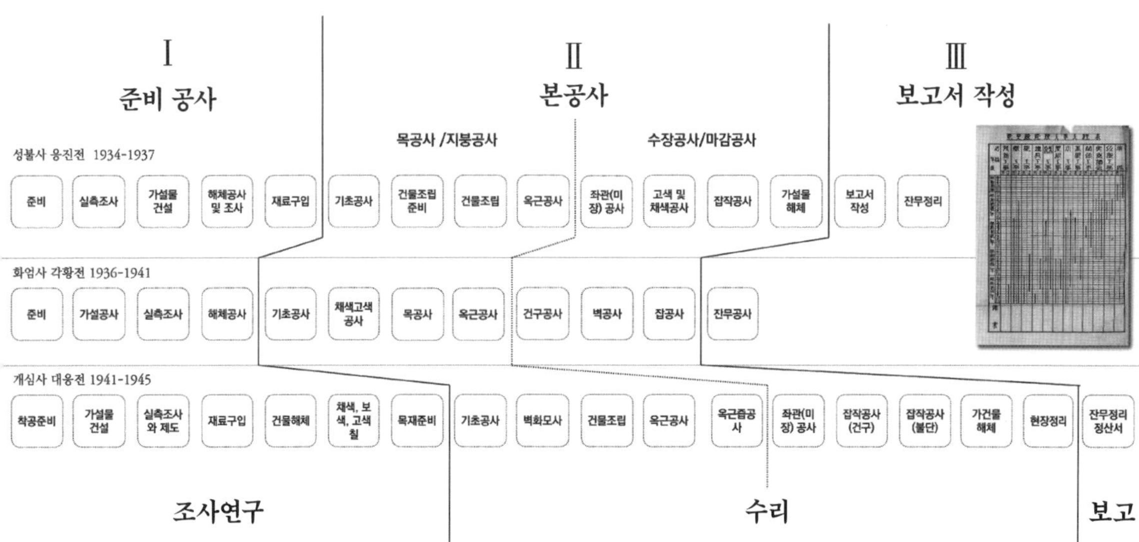

그림 5-23. 일제강점기 후반 수리공사의 공종과 공정
(공사기간은 실제 공사가 수행된 기간, 오른쪽 예시 그림은 화엄사 각황전 수리공사의 공정표)

와 번와장으로 달라지고, 공사의 내용도 전혀 다르므로 공정표상에서 구분되었던 것이다. 이러한 공정의 세분화와 공종의 전문화는 수리체제 전환으로 인해 본격적으로 이루어졌던 수리공사의 실제적인 변화를 보여준다.

시공방법의 명시와 시방서(示方書) 등장

수리공사의 실제 변화는 공정표에서만 감지할 수 있는 것은 아니다. 수리체제 전환 이후 각 수리공사 계획서에는 시공방법이 상세히 기술되어 있어, 수리기술이 정립되고 있었음을 알 수 있다. 시공방법은 대개 계획서에 수록된 사양서(仕様書)에 기술되었다. 시공방법은 사양서뿐만 아니라 내역서에도 기재되었는데, 내역서에는 공종별로 사용되는 재료와 재료의 수량 및 재료의 배합방법, 설치방법 등이 구체적으로 기재되었다.

시공방법이 구체적으로 제시된 수리공사로는 개심사 대웅전 수리공사가 있다. 개심사 대웅전 수리공사는 장안사 사성전 수리공사와 함께 총독부가 한반도에서 수행한 마지막 목조 건조물 수리공사로, 공정표, 설계내역서, 계획서 등이 다른 공사들에 비해 비교적 상세하게 작성되었다. 그 내용을 살펴보면 개심사 대웅전 수리계획서[70]에는 건조물에 대한 개요와 함께 파손현황, 수리방침, 현상변경, 사양(仕様) 등이 차례로 적혀있다.

수리방침은 9개 항목으로 정리되어 있으며, 전면해체수리, 구조보강, 실측조사 수행, 도면 및 보고서 작성, 공작장 및 가설물 설치시 주의사항, 구부재 사용 원칙, 현상변경시 심의, 해체 후 실시설계, 준공시 제출 서류 등의 내용을 담고 있었다. 현상변경에는 지붕구조에 대한 현상변경 의견을 적고 있으며, 수리방침을 준수할 것을 간단히 기재하였다.

다음으로 적힌 사양서에 시공방법이 기술되었는데, 그 내용은 총칙, 가설공, 규준틀(水盛遣形), 지형[71](地形), 목공, 벽, 지붕(屋根), 채색 및 고색칠, 중수명판(重修名板) 등의 내용으로 구성되었다. 총칙과 총칙에 이어진 가설공의 내용은 다음과 같다.

총칙

수리방침의 내용에 따라 시공함. 본 건물 해체에 앞서 사진을 촬영하고 덧집을 건설하고 비계를 설치하고, 암페라[72] 거적(筵)으로 덮어 비, 바람, 눈에 대비함. 직사광선을 막아 채색장식의 박락을 방지하는 시설을 한 이후에 각 재료가 손상되지 않게 양생하고 주의를 기울여 순차적으로 해체함

가설공

가설덧집은 준공에 지장이 없도록 하고 통나무(丸太) 등으로 가설함. 세우는 통나무(立地丸太)는 땅에 박아 세우고(堀立), 가로로 거는 통나무(布丸太), 가새 통나무(筋違丸太) 등은 철선으로 긴결하여 풍우에 견디도록 시공(構架)함. 비계와 오름판은 적당히 설치하고 지붕(屋根)은 양철판(生子板葺)으로 하고, 대자리(筵) 또는 암페라로 덮음. 작업장(工作小屋) ......

앞서 화엄사 각황전 수리공사 사양서가 수리방침을 포함하고 있었던 것과 달리 개심사 대웅전 수리공사는 수리방침과 사양서를 따로 적었고, 따로 작성된 사양서의 내용은 시공방법에 더 중점을 두고 작성되었음도 알 수 있다. 총칙과 가설공의 내용을 살펴보면, 비계(足代), 오름판(棧橋), 가설덧집(素屋根)을 설치하는 방법을 비교적 상세히 적고 있으며, 통나무(丸太)의 종류를 설치방식에 따라 구분하고, 시공방법으로 철선 긴결을 지시하고 있다. 또한 규격을 명시하지는 않았지만 암페라, 양철판 등의 재료를 지정하고 있다.

이처럼 시공방법을 적시한 사양서는 지금의 시방서와 그 내용이 유사한데, 시방서는 수리현장에서 시방서가 제시한 시공방법을 따르도록 함으로써 공사의 품질을 담보하기 위한 것이다.[73] 하지만 사양서에 모든 시공방법이 담겨 있는 것은 아니었다. 앞서 지적한 것과 같이 재료의 규격과 같은 세밀한 정보가 빠져 있었다. 또 기초공사에 관한 내용은 완전히 누락되어 있기도 했다. 누락된 내용은 공사비 내역서[74]를 통해 살펴볼 수 있다. 개심사 대웅전 수리비 내역서에 포함된 「재료 및 공료비내역서」에는 공사비 내역을 가설물비, 기초비, 목공비, 옥근비, 장식 및 건

구비, 잡공비, 사무비, 인건비로 8개 항목으로 대별하여 각각 정리하고 있다. 내역서의 구성은 명칭, 적요(摘要), 원수(員數), 단가, 소계, 증감이 표로 만들어져 차례로 기입된 것이었다. 명칭란에는 대별된 공사의 세부공종의 이름이 기재되어 있고, 적요란에 규격, 재료, 시공방법 등이 기술되었다.

원수란에는 각 재료의 수량과 단위 정보가 기재되었고, 단가는 각 재료 한 개의 가격을 명시하였다. 소계는 원수와 단가를 곱해 구했고, 증감은 처음 계획예산으로부터 증액되거나 감액된 실시예산의 금액을 적은 것이었다. 원수, 단가, 소계는 모두 계획예산과 실시예산을 구분하여 적었다.

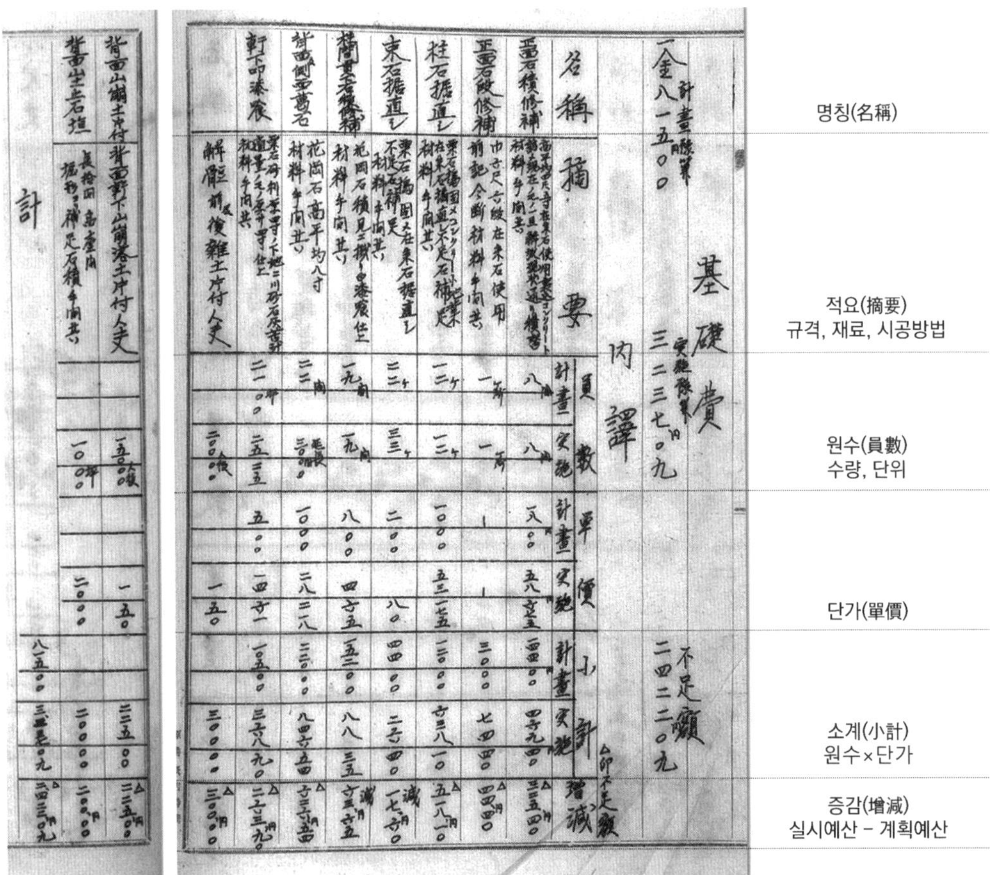

그림 5-24. 개심사 대웅전 수리공사 공사비 내역서의 구성

내역서 중 시공방법이 적힌 부분은 적요란이다. 앞서 사양서에서 누락된 기초공사의 내역서를 살펴보면, 적요란에는 10개의 세부공종이 기입되어 있으며 각 공종별 소요 재료의 규격, 시공방법, 내역산정 기준 등이 기입되어 있다. 가장 먼저 등장하는 정면기단 보수의 적요 내용에는 '재래석을 사용할 것, 콘크리트 채움' 등의 시공방법 지시와 '현재의 것은 해체하여 교체'한다는 내용의 수리 방침도 함께 적혀있다.

이밖에도 자갈(栗石), 화강석, 백회(白灰), 석회, 강모래 등의 재료를 지정하고, 화강석 높이 평균 8촌(寸), 자갈 깔기 4촌, 배면 석축 길이10에 높이1 비율 쌓기 등 세세한 시공치수까지 명시하고 있음을 알 수 있다. 또 단위 중에 '인역(人役)'이 등장하는데, 배면 산붕토(山崩土) 처리의 내역을 살펴보면 1인당 1원 5전씩 총 150원이 책정되어 총 100인이 투입되었음을 알 수 있다.

이처럼 화엄사 각황전 수리공사에서 수리방침의 일부로 모호하게 기술되었던 시공방법은 개심사 대웅전 수리공사에서는 분리되어 시공방법 자체에 집중하여 기술되는 변화가 있었다. 사양서에는 재료의 세부 규격과 같은 상세한 내용은 생략되어 있지만, 사용재료를 명시하고, 설치

목		계획예산	실시예산	부족액
초비		815.00	3237.09	2422.09

	명칭	원수		단가		소계		증감
		계획	실시	계획	실시	계획	실시	
내역	정면 기단 수보(단위:間)	8.00	8.00	18.00	58.675	144.00	469.40	325.40
	정면 계단 수보(단위:개所)	1.00	1.00			30.00	74.40	44.40
	기둥돌 바로 세움(단위:개)	12.00	12.00	10.00	53.175	120.00	638.10	518.10
	동바리돌 바로 세움(단위:개)	22.00	33.00	2.00	0.80	44.00	26.40	-17.60
	주칸고막이(貫下)석적수보(단위:間)	19.00	19.00	8.00	4.65	152.00	88.35	-63.65
	배면 및 측면 갑석(단위:間) / (실시항목에 延長이라고 기입)	22.00	30.00	10.00	28.218	220.00	846.54	626.54
	처마 및 기단면 회 바름(단위:坪)	21.00	25.25	5.00	14.61	105.00	368.90	263.90
	해체 전후 잡토 처리 인부(단위:人役)	0.00	200.00	0.00	1.50	0.00	300.00	300.00
	배면 산붕토 처리(단위:人役)	0.00	150.00	0.00	1.50	0.00	225.00	225.00
	배면 석축 (단위:坪)	0.00	10.00	0.00	20.00	0.00	200.00	200.00
	계					815.00	3237.09	2422.09

명칭		단가(원.전)	적요
면 기단 보수	(단위:間)	58.675	높이 평균 4척5촌 / 재래석 사용 / 내부 콘크리트 채움 / 현재의 것은 해체하여 현상을 고려해 교체 / 재료와 품을 합하여 계산
면 계단 보수	(단위:개所)	74.40	폭 6척 / 여섯 단 / 재래석 사용 / 앞의 기술을 따름 / 재료와 품을 합하여 계산
둥돌 바로 세움	(단위:개)	53.175	자갈 다짐 / 콘크리트 다짐 / 재래석을 바로 세움 / 부족한 석재는 보완 / 재료와 품을 합하여 계산
바리돌 바로 세움	(단위:개)	0.80	자갈 다짐 / 재래석을 바로 세움 / 부족한 석재는 보완 / 재료와 품을 합하여 계산
칸 고막이석 보수	(단위:間)	4.65	화강석 쌓기 / 백회칠 마무리 / 재료와 품을 합하여 계산
면과 측면 갑석	(단위:間)	28.218	화강석 높이 평균 8촌 / 재료와 품을 합하여 계산
마 및 기단면 회바름	(단위:坪)	14.61	자갈 깔기 두께 4촌 바탕에 강모래, 석회, 간수 적량으로 두께 4촌 마무리
체 전후 잡토 처리 인부	(단위:人役)	1.50	해체 전과 후의 잡토 정리 인부
면 산붕토 처리	(단위:人役)	1.50	배면 산에서 흐른 토사 정리 인부
면 석축	(단위:坪)	20.00	길이 10간 높이 1간 ○형으로 보완하여 쌓기 / 품을 합하여 계산

그림 5-25. 개심사 대웅전 수리공사 기초공사 내역 분석

시 주의사항을 명시하여 사실상 현재의 시방서와 같은 내용이 기술되어 있다. 한편, 사양서에서 생략된 내용은 공사비 내역서를 통해 보완하였다. 내역서에는 해당 공사를 세분하여 공종으로 구분하고, 세부 공종에 소요되는 재료의 이름과 규격, 단위, 비용을 명시하였다. 이에 더해 적요란에 시공방법과 구체적인 치수들을 명시하였다.

이와 같은 시방서의 등장은 보존수리에 필요한 기술들이 구체화되어 각 현장으로 보급·전파되고 있음을 보여준다. 수리공사는 당시에도 이미 인정하고 있었던 것과 같이 특수한 공사였고, 일반공사의 시공방법과 달라 공사의 품질을 담보하기 위해서는 구체적인 지시와 정의가 필요했다. 개심사 대웅전 수리공사 사양서의 구체적인 시공방법 지시는 이와 같은 수리현장의 필요를 반영한 것이다.

시방서의 등장은 수리체제 전환과 맞물려 있음이 확실하다. 수리공사 계획은 학무국 소속 수리전문가에 의해 세워졌고, 그들이 공유했던 계획서를 통해 수리공사의 시공방법이 종합·정리될 수 있었기 때문이다. 1930년대 수리체제가 일신되면서 수리계획이 두세 차례에 걸쳐 이루어지는 제도개혁이 있었고, 수리계획서 작성은 수리전문가에게 맡겨졌다. 수리전문가들은 이 수리계획서를 매개로 각 전문가들이 가진 수리기술을 공유할 수 있었다. 따라서 일제강점 말기에는 참조 가능한 수리 기록물들이 많아졌고, 개심사 대웅전 수리공사에 이르러서 시공방법이 구체적으로 적시된 계획서가 작성되게 되었다. 이렇듯 공정이 세분화·전문화되거나, 시공방법을 적시한 시방서가 등장하는 변화는 수리체제 전환기의 실제적인 성과로 평가할 수 있다.

구조변경 허용 원칙과 당대(當代) 재료·기술의 혼용

개심사 대웅전 수리공사 사양서에서 살펴보았듯이 당시 건조물 수리공사에는 근대재료의 사용이 일반화되어 있었다. 이 역시 일제강점기 수리공사의 특징으로 꼽히는 현상이다.[75] 당시 근대재료의 사용이 일반화

될 수 있었던 점은 당시 적용된 수리원칙으로 제시되었던 "외형중심 복원"과 "구조변경 허용"이라는 두 가지 측면에서 해석할 수 있다. 다음은 개심사 수리공사의 수리방침 중 두 번째 항목이다.

..... 형식수법에 관해서는 절대 원형 보존에 노력하고 구축상 불완전하다고 인정된 점은 외관에 관계되지 않는 한에서 견고(堅牢)한 기법으로 함[76]

이 조항은 당시 수리계획서에 일반적으로 반영되었던 외형중심 복원과 구조변경 허용을 담은 수리원칙을 모두 기재하고 있다. 수리방침은 먼저 '원형보존에 노력하라'는 구절을 적고 있지만 그 뒤에 '구축상 불완전하다면'이라는 단서를 달아 구조변경을 허락하고 있다. 또, 외관을 변경하지 않는다면 구조변경도 가능하다는 취지의 방침도 기재하고 있다. 이 방침에 따르면, 당시 수리공사는 보이지 않는 부분은 얼마든지 현상변경이 가능했음을 알 수 있다.

원래 일본은 관동대지진(1923년) 이래로, 건조물 구조개량에 노력을 기울여온 형편이었다. 게다가 보물건조물 수리공사의 경우 낙후되어 기울어진 건조물을 정비한다는 명분이 강했고, 썩은 부재를 교체하는 등 구조부에 대한 조치가 가장 주요한 목적이 되는 경우가 많았다. 따라서 수리현장에서 구조보강을 위한 현상변경은 상대적으로 정당한 것으로 받아들여졌다.

구조변경을 허용하는 분위기에 더해 이 시기에는 재료변경에도 관대한 경향이 있었다. 당시 국제사회는 파르테논신전 수리에 콘크리트가 사용될 정도로 근대재료 사용에 관해 우호적이었다. 국제적으로도 신재료에 의한 수리가 건조물의 원상에 어떤 훼손을 가할지 제대로 가늠하지 못하고 있던 시기였으므로, 조선총독부 보존수리 당국 역시 콘크리트와 같은 근대재료 사용에 적극적이었다. 일제강점기에 수리된 석굴암과 미륵사지 석탑 등은 콘크리트 사용으로 인한 대표적인 훼손 사례로 손꼽힌다. 보존 수리기술은 국제적으로도 미숙한 단계에 있었으므로 현대 고도화된 보존이론으로는 이해할 수 없는 수리원칙이 당시에는 합리적인 것으로 받아들여졌다.

실제로 개심사 대웅전의 내역서에는 콘크리트, 로프, 너트, 볼트, 함석 철판(亞鉛引鐵板), 크레오소트(방부도료), 유리 등 근대재료가 다수 등장하고 있다. 이러한 근대재료 사용과 함께 근대 기술이 도입되었음을 짐작해 볼 수 있는 대목이다. 이는 사양서에 기술된 시공방법을 통해서도 확인할 수 있다. 다음은 화엄사 각황전 수리공사의 사양서 일부이다.

기초공

.....

⑥ 저부의 다짐(地形)은 도면과 같이 자갈(栗石)같은 것을 넣고, 모래를 이입하여 채우고 견고하게 콘크리트 다짐 함

⑦ 속에 채운 콘크리트는 다져서 완전하게 쌓을 것

⑧ 처마 아래 (바닥)면은 도면이 가리키는 것에 따라 자갈 다짐 위에 회칠하여 마무리 할 것.....[77]

사양서를 통해 기단 내부에는 콘크리트를 채움한 사실을 확인할 수 있다. 해체공사를 통해 기단 구축방법을 조사하였음에도 불구하고 당대의 기술력을 활용하여 시공하였다. 앞서 설명한 것과 같이 당시는 구조체의 낙후가 수리공사를 시행하는 큰 명분 중 하나였고, 향후 건조물 유지관리 역시 중요한 목표 중 하나였기 때문에, 원래 구조를 변경하더라도 더 튼튼하고 오래가는 구조를 위해서라면 건조물의 현상을 변경하는 계획이 비교적 수월하게 받아들여졌다. 이와 같은 기술 이입사례는 비단 콘크리트 시공과 같은 서구의 근대재료와 기술에 국한된 것만이 아니었다.

목공

① 각 고재는 해체(解放) 전 채색 박락을 막는 시공을 하고 일일히 번호표를 붙여두고 재사용 불능의 재료는 교체하며, 일부 썩은 것은 우메키(埋木), 하기키(矧木) 혹은 츠기키(繼木)함.....

⑤ 고재(古材)를 본래 개소에 사용하지 않고 치목(切組, きりくみ)하여 다른 곳에 사용하는 때에는 이를 볼 수 있게 숨겨 묵서할 것.....

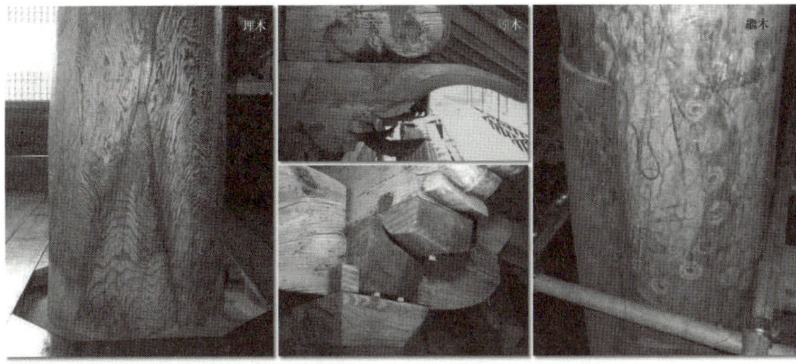

그림 5-26. 우메키(埋木), 하기키(矧木), 츠기키(繼木)

첫 번째 항목에 기재된 우메키(埋木, うめき), 하기키(矧木, はぎき), 츠기키(繼木, つぎき)는 일본에서 건조물을 수리할 때 적용된 전통적인 부재 재사용 방법이었다. 용어의 용례와 기법 적용 실례가 적어도 가마쿠라(鎌倉) 시대까지 올라가는 이 기법들은 구부재를 다시 사용하는 상황에 따라 용어가 구분되어 있을 만큼 기법으로 자리잡은 일본 재래 수리기술이다.[78] 한반도 재래기법에서는 부재 재사용 방식을 따로 구분하고 있지 않았으므로, 사양서에 기법을 우메키, 하기키, 츠기키와 같이 세부적으로 구분하여 구체화하여 지정하고 있다는 것 자체가 일본식 기술 이입의 정황을 보여준다.[79]

건조물 수리공사 현장에서 이와 같은 일본식 수리기술 이입은 수리체제 전환 이전부터 이루어지고 있었다. 1931년 준공한 무량사 극락전 수리공사[80] 사양서[81]에는 카나와츠키(金輪継, かなわつぎ), 스지카이(筋違, すじかい)와 같은 일본식 기법 명칭이 등장한다. 카나와츠키는 일본에서 수평재를 이을 때 사용하는 이음 결구법 중 하나로 당시 결구법을 소개한 일본의 기술서[82]에도 수록된 기법이었다.(그림 5-27)

스지카이란 벽체에 가설하는 가새를 이르는 말로 기둥과 기둥 사이에 대각선으로 대어 구조를 보강하는 기술이었다. 그런데 무량사 극락전 수리공사 사양서에는 스지카이뿐만 아니라 쿠모스지카이(雲筋違, くもすじかい)라는 기법도 등장하고 있다. 쿠모스지카이는 일본에서 지붕을 구성하기 위해 설치하는 경사부재의 일종이었다. 이 기법은 무량사

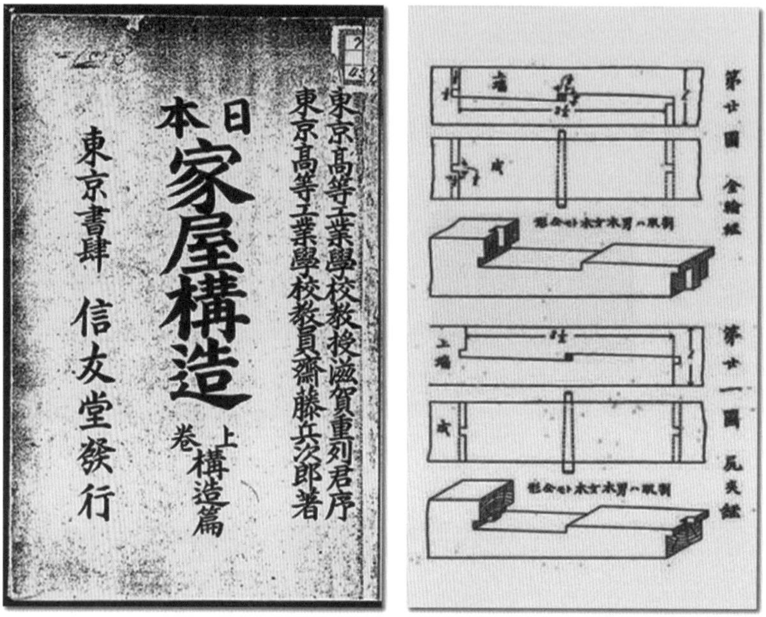

그림 5-27. 일본 기술서에 수록된 카나와츠키(金輪継)

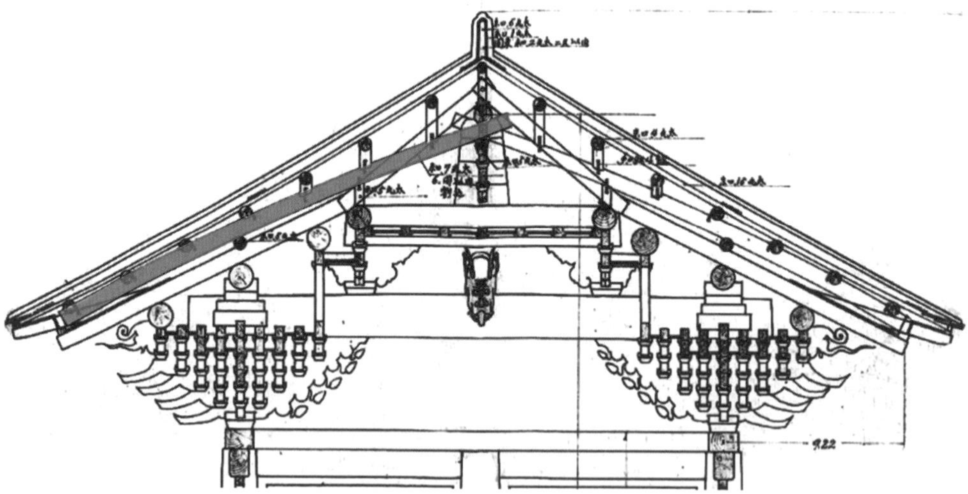

그림 5-28. 무량사 극락전 지붕구조에 사용된 경사부재(雲筋違)

극락전 수리공사 준공서류에 첨부된 도면을 통해 확인할 수 있다.(그림 5-28)

지붕을 구성하기 위해 사용하는 이러한 경사부재는 일본의 주택에서도 널리 사용되는 부재로 일본에서는 보편화된 기술이었다. 여기에는 일찍부터 크고 가벼운 지붕을 구성하기 위해 경사부재가 발전한 이유도 있었지만, 1891년 노우비지진(濃尾地震)이나 1923년 관동대지진 등을 통해 일본식 목구조에 트러스를 혼합한 구조가 근대에 들어와 도입되고 확산되었던 이유도 있었다.[83]

실제로 일본은 한반도에 새롭게 짓는 조선식 건물에 경사보를 사용하거나 트러스를 적용하여 지붕구조를 구성하는 경우가 많았다.[84] 이러한 방식은 우선 일본인 기술자들에게 익숙했고, 대량식 구조에 비해 단면

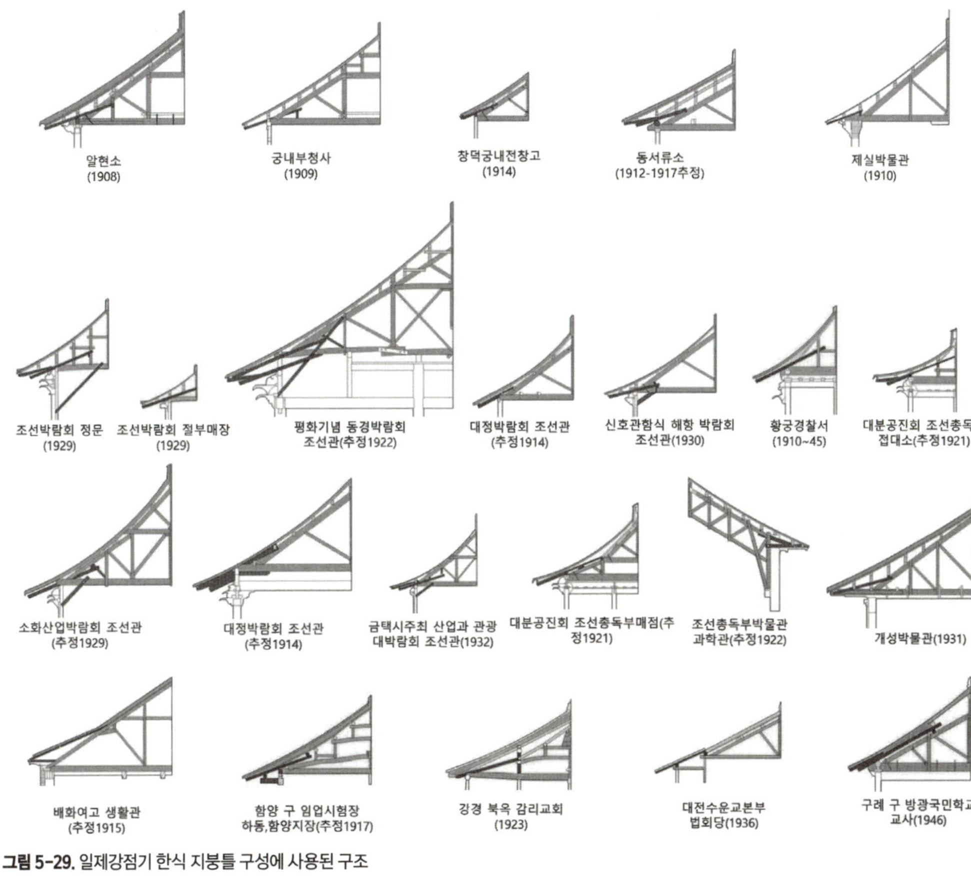

그림 5-29. 일제강점기 한식 지붕틀 구성에 사용된 구조

규격이 작은 부재로 가벼운 지붕을 구성하여 구조적 안정성을 확보할 수 있다는 등의 이점이 있었다. 나아가 일본은 국보급 건조물에도 트러스를 사용한 수리를 수행하였는데, 대표적인 사례가 동대사 대불전이다. 대불전에는 지붕구조뿐만 아니라 공포부에도 트러스를 응용한 경사부재를 사용하였다.[85]

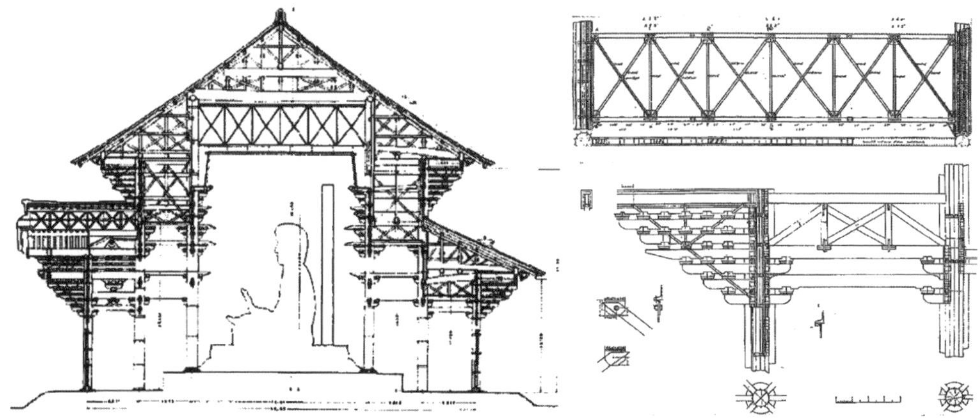

그림 5-30. 동대사 대불전 수리에 계획된 트러스 구조

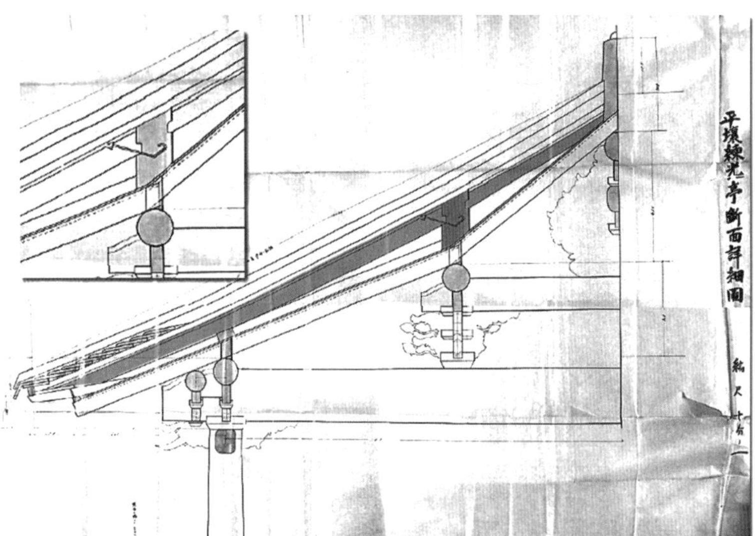

그림 5-31. 평양 연광정 지붕 단면 상세도

우메키, 하기키, 츠기키와 같은 일본의 부재 재사용 기법이나 카나와츠기와 같은 결구법이 사양서에 표기된 사실은 일본 치목기술이 이입되어 혼용되었다는 사실을 보여준다.[86] 물론 동아시아의 치목기술은 중국의 목조기술에 기원을 두고 있으므로, 부재를 연결해 보강하는 치목개념 자체가 한반도에 처음 유입된 것은 아니다. 송나라 때 저작인 영조법식(營造法式)에도 이미 비슷한 이음 방법이 소개되어 있어 기법의 원리가 처음 도입된 것이라고 보기는 힘들 것이다.[87] 그러나 원리가 같더라도 각 지역에서 통용되는 세부기법이 달랐고, 그에 따라 명칭도 달라졌다. 사양서에 표기된 명칭이 의미하는 결구법은 한반도나 중국의 이음방식이 아닌 일본에서 통용되는 이음방식이었다.

이러한 일본식 수리기술 이입이 콘크리트와 같은 근대재료 사용기술 도입과 구분되는 점은 한반도 수리기술과 화학적으로 융합되었다는 점이다. 일본의 수리기술은 나무를 사용하는 건설환경과 여기에서 비롯된 기술의 유사성으로 인해 한반도 수리기술과 손쉽게 혼용될 수 있었고 일제강점기 내내 직공의 몸에 체득되어 융합되었다. 현재까지도 한반도 수리기술의 고유성에 대한 고민이 이어지고 있는 것은 기술 융합의 양상이 마치 화학적 결합과 같았기 때문이다.

한편, 기술의 이입으로 인해 현장에서 여러 기술이 혼용된 절충식 기술이 사용되기도 하였다. 예를 들면, 보물건조물 평양 연광정의 지붕은 수리를 통해 서까래 위에 흙을 까는 대신 목재로 덧집을 만드는 구조로 변경되었고, 덧집 구조체를 구성하기 위해 부재와 부재를 연결하는 철물이 새롭게 고안되어 사용된 것으로 보인다.(그림 5-31) 장연과 단연을 거는 한반도 재래식 구조 위에 일본의 덧집 기술이 더해지고, 부재를 긴결하는 부속은 고안된 철물이 사용되었다. 새 기술의 범람 속에 한반도 수리기술은 점차 고유성을 잃게 되었고, 수리기술은 비판 없이 혼용되기 시작하였다.

무분별한 수리기술 이입은 일본인 수리전문가와 시공기술자로 현장이 구성되었다는 점에 기인한 바도 크다. 앞서 살펴본 것과 같이 사양서에 기재된 수리방침은 일본인 수리전문가들의 협의로 결정되었고 그 수리방침은 일본의 보존수리 사례를 참고하고 있었다. 또한, 현장에서 수리 방침이 지켜지도록 직공을 관리하는 대공동량은 일본의 사사(寺社)건축을 전문으로 다루는 목수였다.

화엄사 각황전 수리공사의 대공동량은 오쿠타니 쿠마노스케로 교토에서 오쿠타니구미라는 건설사를 운영하는 목수였다. 오쿠타니구미는 일본 사사(寺社)건축을 전문으로 건설하는 회사였으며, 그는 회사의 대표로 일본식 목조 건조물 시공 전문가였다.[88] 오쿠타니구미는 현재도 교토에서 사사건축 전문회사로 이어지고 있다. 오쿠타니 쿠마노스케는 2대째 사장으로 1888년부터 1948년까지 회사를 운영하였다. 회사 연혁에는 오쿠타니 쿠마노스케가 대표로 있던 1941년 조선에서 함흥신사를 건설한 사실이 기재되어 있어 그가 화엄사 각황전 수리공사 참여 이후에도 한반도에서의 활동을 이어갔음을 알 수 있다.

앞서도 지적한 바가 있지만, 한반도의 보물건조물 수리공사에 오쿠타니 쿠마노스케가 대공동량이 되었다는 사실을 두고 단순히 일본인 목수에게 일감을 준 것이라고 간단히 생각하기는 어렵다. 화엄사 각황전 수리공사가 시작된 1936년 그의 회사는 12건이라는 대량의 사사건축 건설 실적을 기록하고 있어 일감이 모자란 상황이 아니었다. 다수의 사업이 진행되고 있는 회사의 대표를 교토에서 멀리 떨어진 화엄사까지 초빙하고 대표 역시 이를 수락한 것은 오히려 일본인 대공동량의 필요성이 컸던 것으로 생각하는 것이 타당하다.[89]

일본인 사사건축 전문 목수에게 일을 맡겼던 것은 설계도서를 작성하는 수리전문가가 한반도의 목조 건조물을 일본 목조 건조물을 바탕으로 이해하고 있었다는 사실과 무관하지 않을 것이다. 수리를 위해 작성한 설계도서에 표현된 건축 용어들은 모두 일본식 목조 건축 용어였고, 이를 이해하고 시공할 목수가 일본인이 되는 것은 공사 진행상 효율적인 것이었다.

수리체제 전환을 통해 조사연구가 제도화되었고, 이에 맞춰 수리전문가 중심의 현장 구성, 조사연구를 위한 공정변화, 공사 품질 담보를 위한 시방서의 등장 등 성실한 수리를 위한 수리현장의 실제적이고 물리적인 변화들이 동반되었다. 하지만 한반도에 투입된 수리전문가들은 일본의 수리전문가에 비해 역량이 모자랄 수밖에 없었고, 조선총독부의 관원이라는 한계도 지니고 있었다. 또한 수리공사에 적용된 수리원칙은 외형 복원을 중시하고 구조변경을 허용하는 등 한계를 지녔다. 그리하여 보물건조물 수리과정에서 재료의 교체나 구조의 변경이 비교적 수월하게 이루어지는 등 지금의 관점에서는 훼손으로 여겨질 수밖에 없는 변형이 일어나게 되었다. 또한 서구의 근대기술, 일본식 치목기술, 일본이 번안한 근대기술이 무분별하게 도입되어 한반도 수리기술의 고유성이 점차 희미해지는 결과로 이어졌다.

전후 수리공사 재개와 수리체제 전승

전후 한반도 수리전문가의 활동

1945년 맞이한 해방으로 인해 보물건조물 수리공사는 한동안 중단되었다. 오가와 케이키치, 스기야마 노부조, 이케다 소우키 등의 일본인 수리전문가들이 속속 일본으로 돌아갔고, 해방에 이어 발발한 6·25전쟁으로 인해 수리기록문서는 산일되게 되었다. 이후 무위사 극락전 수리공사가 있었던 1956년 6월까지 건조물 수리공사는 소강상태에 있었다.[90]

재개된 건조물 수리공사는 일제강점기 활동했던 한국인 수리전문가에게 맡겨졌다. 남한에서는 임천이 대표적인 건조물 수리전문가로 활동하였다. 임천은 본래 건조물 수리공사에서 채색과 벽화모사 등을 담당한 단청전문가였지만, 6·25전쟁 중 사망한 것으로 알려진 이한철 다음으로 수리공사 현장 경험이 풍부한 인물이었다. 그는 당시 건조물 수리공사를 담당한 기구였던 국립박물관의 미술과 보학예관으로 근무하면서 전후 건조물 수리공사를 이끌었다.[91]

임천은 국립박물관에 15년간 몸담으면서 불국사 대웅전 보수공사 감독관(1947), 경복궁 보수공사 설계(1948), 수원 팔달문 보수공사 감독관(1949), 진주 촉석루 복원공사 감독관(1950)을 맡았다.[92] 또 피란시기에는 박물관에서 함께 근무하던 윤무병과 함께 건축용어 사전을 편찬하기도 하였다.[93] 전쟁 이후에는 무위사 극락전, 숭례문 등 우리나라 최초의 본격적인 수리공사의 감독을 맡았다.

1962년 그는 국립박물관을 나와 신양사(信陽社)라는 건설사에 부속 연구소인 "임천고건축연구소"를 세우고 건조물 문화재 설계분야에 종사하였다. 임천은 1965년 암으로 세상을 떠났는데, 그에 관한 기사가 유력 일간지에 보도되었다. 그 중 동아일보의 기사를 보면 그를 고건축복원의 거장으로 소개하고 있다.(그림 5-32) 그가 일제강점기 수리체제와 기술을 경험한 경력을 바탕으로 활동하였음을 기사에 소개된 일제강점기 약력을 살펴보는 것으로 확인할 수 있다.

.....고 임천씨는 20대부터 일본인 기술자 틈에 끼여 황주 성불사 대웅전, 금강산 장안사 사성전, 춘천 청평사 극락전, 성천 동명관, 구례 화엄사 각황전 등의 대표적 고건축의 해체 복원에 종사했다.....[94]

清貧속에 진 林泉씨

古墳壁畵模寫術은 絕妙

親和力 두텁고 약주즐긴 溫和한 性品

손길 안간데 없는 큰 寺刹

그림 5-32. 동아일보 기사에 실린 임천의 부고

하지만 그는 단청전문가로 수리공사에 참여하였기 때문에 실측을 통한 조사연구에 단청만큼의 전문성을 발휘하기 어려웠던 것으로 보인다. 임천이 국립박물관에 근무하던 시절 그의 조수로 도면을 작성했던 김동현[95]의 회고에 의하면 임천과 함께 수리를 위한 실측에 나서면 '자로 재지 않고 눈으로 읽어' 도면을 작성하고 나중에 현장에서 목수들이 다시 부재 크기를 재 수리를 했다고 한다. 이러한 김동현의 회고로 미루어 당시 실측조사는 일제강점기 조사연구를 강조하고 성실한 수리계획을 세우기 위해 실시했던 실측조사와는 그 성격이 달랐던 것으로 보인다.

한편 국립문화재연구소에는 '임천고건축연구소'에서 작성한 도면이 보존되어 있다. 그의 도면에서도 역시 그가 일제강점기에 수리체제와 기술을 학습한 인물임을 엿볼 수 있다. 1964년 작성한 이 도면은 창덕궁 선정전을 작도한 도면이다.도면의 오른쪽 하단에는 '林泉古建築設計事務所'라는 날인이 찍혀있다.[96](그림 5-33) 한국건축에 관한 도면작성 자체가 일제강점기에 시작되었으므로 도면 표현기법 일체가 일제강점기의 학습 결과라고 볼 수 있다. 일제강점기 수리공사 도면의 구성은 평면도, 정면도, 배면도, 종단면도, 횡단면도,

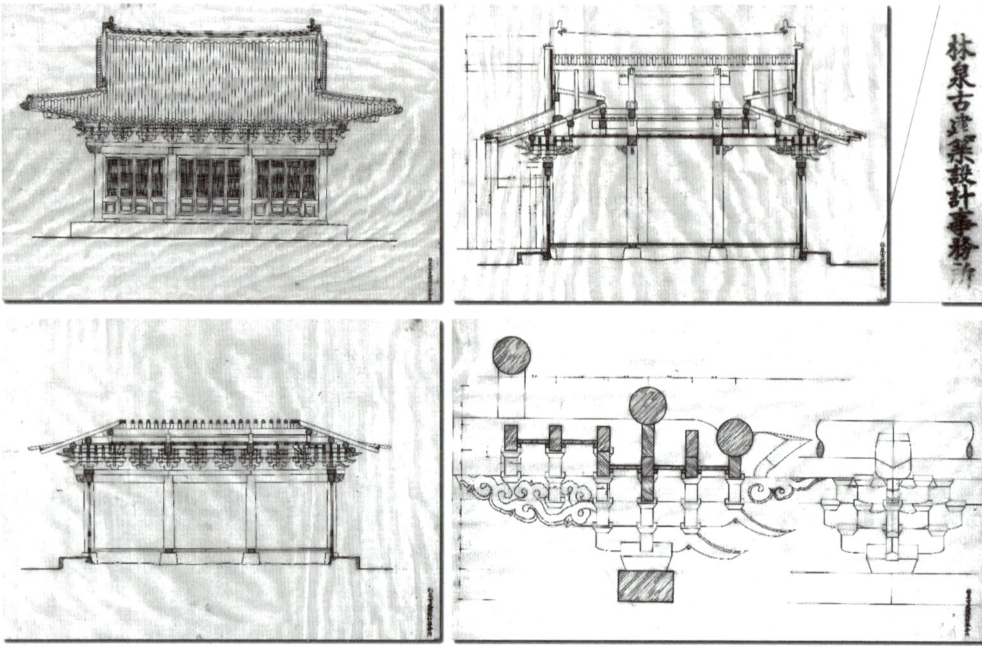

그림 5-33. 임천고건축연구소에서 작도한 선정전 도면(1964년)

공포상세도가 일반적인 구성이었다.[97] 선정전 도면 역시 일제강점기 설계도서 구성을 따르고 있다. 또한 일제강점기 도면은 공포부의 도면을 다른 부분에 비해 상세히 표현한 경향이 있다. 〈그림 5-33〉은 각각 정면도, 횡단면도, 공포상세도이다. 횡단면도는 2매가 있는데, 위쪽의 것이 지붕구조가 드러나게 작성한 것이고, 아래쪽 것은 실내의 공포대가 드러나도록 작성한 것이다. 정면도를 통해 공포대의 정면이 작도되었으므로, 상세도까지 고려하면 공포와 공포대가 세밀하게 도면에 표현되어 있음을 알 수 있다. 일제강점기 일본이나 조선에서 그려진 실측도에서도 같은 표현기법을 찾을 수 있다.

임천의 활동은 자신의 경력과 능력을 일제강점기에 쌓아왔던 만큼 일제강점기 수리공사가 그의 활동의 표본이 되었다. 임천의 활동에서 보여지 듯이 일제강점기 수리공사에 참여한 한국인의 건조물 수리공사 참여는 공사를 수행하는 중요한 조건 중 하나였다.[98] 이러한 남한의 사정에 비춰 볼 때 북한 역시 일제강점기 수리공사 현장에 참여한 인물이

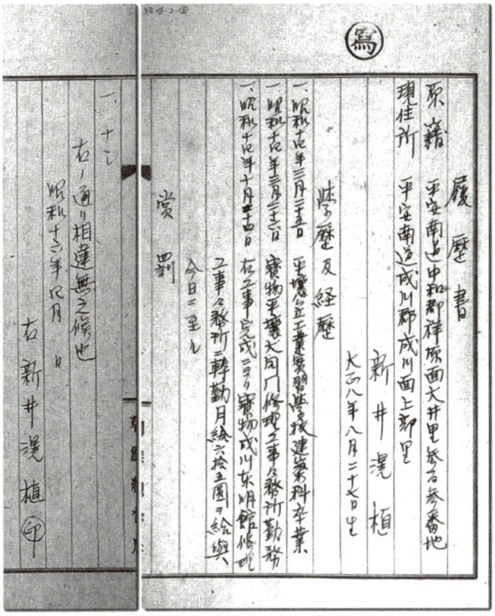

그림 5-34. 박황식의 이력서

수리공사를 수행했을 것이라는 추정을 하는 것이 가능하다.

북한에서 활동한 일제강점기 조선인 수리 전문가로는 박황식이 있다. 장안사 사성전 수리공사를 기록한 조선총독부박물관 문서에는 현장조수로 참여한 신정황식(新井滉植)이라는 인물의 이력서가 남아있다. 그의 이력서에 의하면 그는 평안남도 중화군 상원면 대정리에서 1919년 8월 27일 출생한 인물이었다. 또한 그는 이력서를 제출한 현재 평안남도 성천군 성천면에서 살고 있었다. 이력서를 제출한 1941년은 창씨개명이 이루어진 이듬해로 그의 출생지로 볼 때 조선인으로 추정하는 것이 가능하다. 또한 그의 씨명인 '新井'은 당시 '박(朴)'씨 성(姓)을 가진 사람들이 흔히 개명하는 씨명이었다.[99]

실제로 '박황식'이라는 인물이 북한에 존재하였고, 고건축과 관련한 저작을 다수 남기고 있어 신정황식과 박황식이 동일 인물임을 알 수 있다. 그는 1939년 3월 25일 평양공립공업실습학교 건축과를 졸업하였고, 졸업한 다음 날인 26일 보물건조물 평양 대동문 수리공사사무소에서 근무하였다. 그해 10월 14일에는 월급 65원에 성천 동명관 수리공사사무소로 근무지를 옮겼다. 이후 장안사 사성전 수리공사에 참여하기 위해 이력서를 제출한 것이 1941년 4월이므로 동명관 수리공사사무소에는 18개월을 근무한 것으로 보인다. 장안사 사성전 수리공사가 끝난 해가 1944년이니까 박황식은 졸업 이후 6년간 수리공사 사무소에서 근무하며 수리공사 현장을 학습한 인물이었다.[100] 해방 후 그는 1948년 설치된 「조선물질문화유물조사보존위원회」 산하 「미술 및 건축부」의 건축사부장에 임명되어 활동을 이어나갔다.[101]

박황식이 남한에 이름을 알린 것은 「미천왕 무덤(안악 제3호)의 건축구성에 대하여」(1965)라는 글을 통해서였다.[102] 사회과학원에서 발행하는 『고고민속』에 실린 그의 논고는 안악 제3호분에 대한 건축적 특징을 정리한 글이었다. 안악 3호분은 고분의 주인을 두고 남북한 및 중국, 일본의 논의가 뜨거웠던 만큼 남한의 고고학 연구에 그의 글이 다수 인용되었다.[103]

박황식이 일제강점기 수리현장에서 실측조사를 경험한 인물임이 이 논문을 통해 드러난다. 그의 논고를 살펴보면 발굴조사내용을 바탕으로 각 실을 7개로 구분하여 실별 공간 특징을 기술하고, 기둥, 공포, 벽, 천장 등의 건축요소를 비교 분석하고 있다. 그는 안악 3호분의 주두, 소로, 공포, 기둥을 표로 정리하여 분석하였는데, 그 분석표가 일제강점기 수리공사 보고서에 실린 분석표 작성 방식과 동일함을 확인할 수 있다. 특히 그가 작성한 「기둥 형태 및 비례 분석표」와 안악 3호분, 쌍영총, 미륵사지 석탑, 정림사지 석탑, 심원사 보광전의 기둥 형태를 비교한

組物寸法表（E）

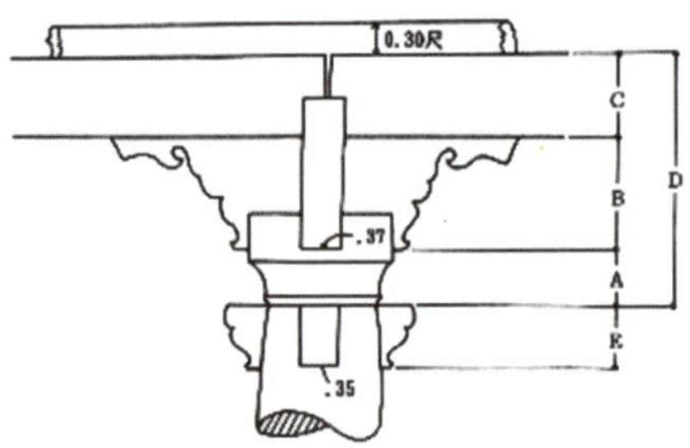

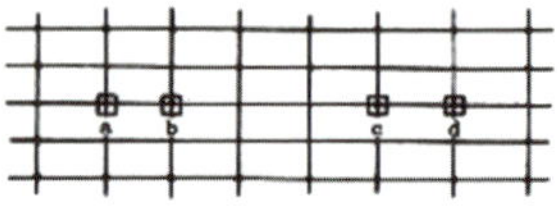

內部中央梁受柱頭實測寸法表

	a	b	c	d	
A	0.37	0.34	0.36	0.37	
B	0.85	0.85	0.85	0.86	
C	0.98	0.90	0.95	0.94	
D	2.20	2.09	2.16	2.17	
E	0.60	0.60	0.64	0.63	

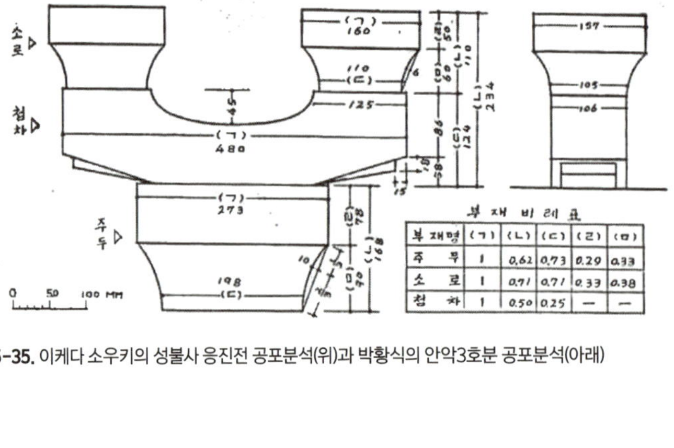

부재비례표

부재명	(ㄱ)	(ㄴ)	(ㄷ)	(ㄹ)	(ㅁ)
주두	1	0.62	0.73	0.29	0.33
소로	1	0.71	0.71	0.33	0.38
첨차	1	0.50	0.25	—	—

그림 5-35. 이케다 소우키의 성불사 응진전 공포분석(위)과 박황식의 안악3호분 공포분석(아래)

「기둥 형태 비례 대비표」는 1940년 오가와 케이키치가 일본건축학회에 발표한 안쏠림에 관한 연구에서 사용한 분석법과 유사하다.[104]

한편, 그가 북한에서 건조물 조사연구 활동을 이어갔음은 그가 발표한 저작들로부터 확인할 수 있다.(표 5-9) 발견된 것 중 가장 이른 시기의 박황식의 논고는 「민족적 형식의 현대 건축에의 창조적 도입을 위하여」이다. 그 내용을 살펴보면 현대 건축의 계획과 설계에 한반도 재래 건축물들로부터 반영할 수 있는 참조점을 탐구한 논문이었다. 그는 목조 건조물의 도판을 사용해 논지를 전개해 나가고 있다. 이후 그의 저작은 전통 건축과 관련된 논문으로 이어진다. 그의 논문에서 종성향교의 건축, 안악3호분, 수원성과 함북 경성성의 성벽, 한반도의 성문, 성불사의 건축 등이 도면과 분석표, 사진 등을 활용하여 설명되고 있다.

그가 북한에서 건축 전문가로서 조사연구 활동을 이어 갈 수 있었던 것은 일제강점기 수리현장에서 습득한 조사연구 지식 덕분이었다. 그의 글에서 보이는 연구 방법론을 통해 이를 확인할 수 있다.

박황식의 발자취는 북한에서도 남한과 마찬가지로 일제강점기 수리체

표 5-9. 박황식의 저작

학술지명	제목	서지사항	목차
문화유산[105]	민족적 형식의 현대 건축에의 창조적 도입을 위하여	1957년 1호, 11~22쪽	1. 과거 건축과 현대 건축 간의 본질적 차이 2. 현 계단에서 요구되는 우리 건축의 성격 3. 현대 건축에 민족적 형식을 창조적으로 도입하기 위한 방법
	종성 향교의 건축 양식	1957년 4호, 42~44쪽	1. 《대성전》 건축 2. 《대성전》 앞뜰 좌우 무량건축 3. 대흔루(大昕樓) 건축 (정문 루각)
	청진 락가암에 소장된 석불	1957년 4호, 77~78쪽	-
고고민속[106]	미천왕 무덤(안악 제 3호)의 건축 구성에 대하여	1965년 1호, 21~34쪽	1. 묘실의 평면 형식 2. 곽실의 구조 형식 3. 기둥과 두공(枓栱) 4. 천장(天井)
	우리나라 돌로 쌓은 성벽 구조에 대한 약간의 기술 자료-수원성과 함북 경성성을 중심으로	1966년 2호, 31~35쪽	1. 성벽의 축조 형식 2. 성벽의 규모 3. 성벽 면의 축조 형식과 경사 비률 4.녀장(女墻)형식
	우리 나라 성문형식에 대한 자료	1966년 4호, 38~42쪽	1. 문짝과 문 2. 옹성 3. 적대 4. 문루
조선미술[107]	미술상식 : 성불사의 건축미	조선미술, 1965년 1호	-

제와 기술이 일제강점기 조선인 수리전문가에 의해 전승되었다는 사실을 알려준다. 해방의 혼란과 6·25전쟁 속에서 건조물 수리공사가 중단된 상황 속에서 전쟁 이후 그 공사가 다시 이어질 수 있었던 것은 일제강점기 수리공사를 경험한 수리전문가가 존재했기 때문이다. 그들의 역할은 전후 수리전문가 후속세대를 양성하고 현대의 건조물 수리체제의 기반을 닦을 수 있었던 결정적인 요인이 되었다.

수리체제 전승과 무위사 극락전 수리공사

일제강점기 수리체제가 전후 한국에 전승되었음은 수리공사를 기록한 보고서에서도 뚜렷하게 드러난다. 무위사 극락전 수리공사는 6·25 이후 본격적인 건조물 수리공사의 재개를 알린 해체수리공사이며, 수리보고서를 발간한 첫 번째 수리공사였다. 무위사 극락전은 일제강점기 보물 67호로 지정된 건조물로 1937년 8월 무위사 주지에 의해 수리가 청원되어 1938년 12월 준공된 건조물이었다.[108] 이미 수리된 바 있는 무위사 극락전이 1956년 전후 첫 전면 해체수리공사 대상이 된 이유는 일제강점기 수리가 극락전의 지붕 위에 양철 지붕을 덧대는 가설공사에 그쳤기 때문이다. 무위사 극락전은 18년을 가설된 덧지붕의 보호만으로 누수와 기울어짐을 견디고 있었다.

그림 5-36. 일제강점기 수리 전(좌)과 수리 후(우) 무위사 극락전

기울어가던 무위사 극락전의 수리는 문교부 산하에 있던 국립박물관이 맡았다. 수리감독관에는 당시 국립박물관 관장이었던 김재원이, 현장감독관에는 임천이, 기록관에는 국립박물관 학예관으로 근무 중이던 윤무병이 각각 선임되었다.[109] 공사는 1956년 6월에 시작하여 12월에 마쳤고, 마루를 전돌로 교체하고 공포의 복구, 풍판제거, 막새기와 시공, 창호 보수, 벽화해체보존 등이 공사의 내용이었다.[110]

수리공사보고서는 1958년 발행되었는데, 이 수리보고서의 내용을 통해 일제강점기 수리체제와 기술이 이어졌음을 알 수 있다. 먼저 무위사 극락전 수리공사보고서의 목차에서 그 근거를 찾을 수 있다. 수리공사보고서의 목차는 크게 3장으로 구성되어 있다. 1장은 '건조물의 개요'이며 4절 구성으로 각각 명칭 및 소재지, 규모, 구조형식, 창건연혁이 기술되었다. 2장의 제목은 '조사사항'이며 3절 구성으로 각각 파손상태 조사, 해체에 따른 세부조사, 건립연대에 대한 고찰이 기술되었다. 3장 '수리공사 개황'은 다시 4절 구성으로 각각 공사실시 개요, 조사사항, 시방서 대요, 수리비가 기재되어 있다.그 세부 내용은 〈표 5-10〉과 같다.

〈표〉와 같이 목차만 비교해 보아도 일제강점기 수리계획서와 내용이 유사할 것을 예상하는 것이 가능하다. 눈에 띄는 차이점으로 2장의 내용 구성을 지목할 수 있는데, 여기에는 일제강점기 수리계획서의 내용이 아닌 일제강점기 실측조사보고 내용과 유사한 내용이 기술되어 있다.[111] 그러니까 무위사 극락전 수리공사보고서는 일제강점기 수리계획서와 실측조사보고 내용을 참고하여 작성된 것이었다. 무위사 극락전 수리공사보고서의 3장 내용 중 3절 시방서의 내용을 일제강점기 수리공사 계획서와 비교해 보면 이는 더욱 명확하게 드러난다. 〈표 5-11〉은 3장에 수록된 시방서의 내용을 화엄사 각황전 수리공사 사양서와 비교해 본 것이다.

시방서의 내용이 일제강점기 수리계획서의 사양서의 내용과 일치하고 있음을 알 수 있다. 번호표를 붙여 부재를 보관한다거나, 양재를 사용한다거나, 또는 낙인을 찍는다거나, 형판을 작성한다거나 하는 내용이 일치하는 것을 통해 일제강점기 수리체제와 기술이 이어지고 있음을 확

표 5-10. 무위사 극락전 수리공사 보고서와 일제강점기 수리계획서 목차 비교

	화엄사 각황전 수리설계서[112]	보물건조물 개심사 대웅전 수리계획서[113]	무위사 극락전 수리공사보고서
목차	소재지 소유자 규모 및 구조	지정번호 명칭 소재지 소유자 규모 및 구조	1장 건조물 개요 1. 명칭, 소재지 2. 규모 3. 구조형식 4. 창건연혁
	-	파손상황 기단, 축부, 풍판, 처마, 지붕	2장 조사사항 1. 파손상태 조사 2. 해체 세부조사 3. 건립연대 고찰
	수리방침 사양 가설공 수평규준틀(水咸遣形) 지형(地形) 및 바닥(床) 목공 벽 지붕공(屋根工) 잡작(雜作, 창호, 불단 등) 장식공 잡공 수리비	수리방침 현상변경 사양 총칙 가설공 수평규준틀(水咸遣形) 지형(地形) 목공 벽 지붕(屋根) 채색 및 고색칠 중수명판 수리비	3장. 수리공사 개황 1. 공사실시 개요 2. 현상변경 3. 시방서 대요 1)가설공사 2)해체공사 3)기초 및 기단공사 4)목공사 5)벽체공사 6)개와공사 7)잡공사 4. 수리공사비

표 5-11. 일제강점기 수리계획서와 무위사 극락전 수리공사보고서 수록내용 비교

	화엄사 각황전 수리공사 실시설계서[114] (사양서-목공사)	무위사 극락전 수리공사보고서 (시방서 대요-해체공사, 목공사)
내용	- 각 고재는 해체(解放) 전 채색 박락을 막는 시공을 하고 일일히 번호표를 붙여두고 재사용 불능의 재료는 교체하며, 일부 썩은 것은 매목(埋木,うめき), 신목(矧木, はぎき) 혹은 계목(繼木, つぎき)함 - 신부재는 동질로 건조된 양재(良材)를 사용할 것 - 장부(継手仕口 つぎて しくち)는 재래의 기법에 따르고 함부로 변경하지 말 것 - 고재를 본래 개소에 사용하지 않고 치목(切組,きりくみ)하여 다른 곳에 사용하는 때에는 이를 볼 수 있게 숨겨 묵서할 것 - 신부재에는 볼 수 있게 숨겨 수보년대를 명시한 낙인을 찍고 고재가 아님을 명료하게 할 것 - 도안된 조각(繪樣彫刻)과 곡선에 관한 부분은 특히 유의하고 형판(型板)제작 후에 본 건축 건설 당시의 의장에 적합한 양(樣)을 제작할 것.....	- .....부재에는 일일히 부호와 번호를 붙이고 그중 재용재와 신규로 보충할 부분을 구분하여 재용재는 보존창고에 정리해서 보존할 것 - .....그 이음 끼음 짜임의 방법에 이르기까지 재래의 기법을.....[115] - 신규로 사용하는 보충재는 될 수 있는 대로 같은 종류에 속하는 양재(良材)를 사용하여 그 형식 수법을 재래의 방식에 따라 깎음질과 이음 짜임 등의 방법에 이르기까지 엄밀히 준수해야 하며.... - 뵈지 않는 개소에 수리연호의 낙인을 찍어 구재와의 이동을 감별할 수 있게 할 것 - 첨차 쇠서 행공 보뺄목 등 곡선이 있는 부분에 대하여서는 특히 주의하여 곡률을 조사하고 정확한 형판(型板)을 작성해서 시공할 것[116]

인할 수 있다. 이는 임천과 같은 일제강점기 수리현장을 경험한 인물을 통해 전해진 것이자, 일제강점기 수리전문가들이 남긴 기록물을 통해 전승된 것이라고 할 수 있다.

한 가지 흥미로운 점은 일본 용어를 한국말로 순화하고 있다는 사실이다. 우메키, 하기키, 츠기키는 이음, 끼음, 짜임으로 키리쿠미(切組,きりくみ)는 깎음질로 순화하였다. 또 문양이 조각된 부재를 가리킨 회양조각(繪樣彫刻)이라는 일본어에 대해서는 첨차, 쇠서, 행공, 보뺄목으로 그 실례를 직접 들어 순화하고 있다. 이러한 건축용어 순화는 일제강점기 보물건조물 수리공사가 가지는 식민지적 성격을 청산하기 위한 의지였으며, 또 한반도만의 수리체제와 기술을 발전시켜 나가기 위한 노력이라고 평가할 수 있다.[117]

일제강점기 보물건조물 수리공사는 해방과 전란 이후 재개된 대한민국 정부의 국보 건조물 수리공사로 전승되었다. 앞서 살펴본 것과 같이 그 전승은 일제강점기 수리공사 현장에 참여한 조선인 수리전문가들에 의해 이루어졌으며, 이는 남한과 북한 모두에 해당하는 것이었다. 하지만 이러한 전승은 오로지 수리전문가들의 힘만으로 이루어진 것은 아니었다. 한국의 첫 번째 해체수리보고서로 꼽히는 무위사 극락전 수리공사 보고서가 보여주는 것과 같이 일제강점기 생산된 공사 기록물들 역시 수리기술 전승에 일익을 담당하였다.

한편, 수리보고서에서 보이는 용어 순화에서 감지되는 것처럼 전승된 수리체제와 기술을 한반도만의 수리체제와 기술로 발전시키기 위한 변화의 움직임도 빠르게 움트고 있었다. 무위사 극락전 이후 이어진 남대문(숭례문) 수리공사, 법주사 팔상전 수리공사, 봉정사 극락전 수리공사 등은 수리전문가 후속세대를 양성하고 현대 한국의 수리체제와 기술을 형성해 나가는 발판이 되었다.

소결

수리체제 전환이 이끌었던 변화는 지침의 도입이나 인적 쇄신에 그친 것만은 아니었다. 당시 조사연구가 강조됨에 따라 수리전문가들은 과학적 조사연구방법을 도입하였다. 과학적 조사연구는 합리성과 객관성을 바탕으로 건조물 보존활동의 당위성을 확보하기 위해 유럽에서 먼저 발전한 것이었다. 이에 따라 건조물 측량을 통해 얻어진 자료를 정리, 분석, 종합하여 수리계획을 수립하는 조사연구 방법론으로서 실측조사가 일본과 한반도에 도입되었다.

한반도에서 본격적인 실측조사가 실시되기 시작한 것은 관음사 대웅전과 성불사 극락전·응진전 수리공사였다. 이후 청평사 극락전·회전문, 화엄사 각황전, 수덕사 대웅전, 개심사 대웅전, 장안사 사성전으로 이어지는 대규모 수리공사에 실측조사는 독립된 공정으로 자리잡아 실시되었다. 실측조사의 결과는 「실시설계서」에 반영되었고 최종적으로는 실측조사보고서로 작성되었다.

실측조사 실시가 중요한 이유는 수리체제 전환의 실질적인 결과였기 때문이며 이로 인해 한국건축에 관한 학술적 연구가 이루어질 수 있었기 때문이다. 1940년 오가와 케이키치와 이한철은 일본과 한국에서 각각 한국건축의 기법과 특징에 대해 발표하였다. 귀솟음, 안쏠림, 배흘림기둥, 항아리형 보 등 현재 한국건축의 특징으로 자리 잡은 기법들이 학계에 소개되었다. 실측조사의 실시는 곧 한국건축 연구의 시작이었다.

수리공정과 수리기술이 성립된 것도 이 무렵이었다. 조사연구가 하나의 공정으로 자리잡으면서 "준비공사"의 개념이 단순한 공사 준비에서 해체실측조사의 수행으로 변화하였다. 또, 공사 준공 이후 도면 및 보고서 작성 공정이 추가된 것도 큰 변화였다. 공정은 점차 세분화되는 경향을 보이며 공정에 포함된 공종은 전문화되었다. 한편 수리기술에는 당대의 재료와 기술이 적극적으로 사용되었다. 콘크리트나 크레오소트 등 근대재료가 수리에 사용되었고, 우메키(埋木, うめき), 하기키(矧木, はぎき), 츠기키(繼木, つぎき)와 같은 일본식 부재 재사용 기술이 사용되기도 하였다. 무량사 극락전 수리공사는 벽체에 가새(筋違, すじかい)를 설치하고, 긴 경사부재(雲筋違, くもすじかい)를 사용하는 일본이 번안한 근대기술이 이입된 양상을 보여준다.

조사연구를 통해 건조물의 특징과 기법을 밝히는 작업을 수행했음에도 불구하고 실제 공사에서 당대의 재료와 기술을 무분별하게 혼용하였던 것은 당시의 수리원칙이 이를 허용하였기 때문에 가능한 것이었다. 건조물 수리를 위해 정한 수리원칙은 구조변경을 허락하고 있었고, 외형복원에 중점을 두고 있었다. 이는 수리원칙이나 이론이 미숙한 단계에 있었던 일제강점기의 시대적 한계로 지목될 수 있지만, 당시 이루어진 수리가 건조물의 원상(原狀)에 치명적인 훼손을 가하였다는 점은 인정하지 않을 수 없다.

일제강점기 수리체제와 수리기술은 대한민국 정부로 이어졌다. 광복 이후 이어진 6·25전쟁의 여파로 수리공사는 1950년대 중반이 되어서야 재개되었다. 이 시기 건조물 수리공사는 일제강점기 수리현장을 경험한 한국인 수리전문가가 중심이 되어 수행되었다. 수리공사는 일제강점기 수리현장을 경험한 한국인 수리전문가가 주도하였고, 이들은 일제강점기 수리체제와 기술을 학습하였기 때문에 일제강점기 수리체제와 기술은 자연스럽게 전후 한국의 건조물 수리공사에 전승되었다. 최초로 발간된 무위사 극락전 수리공사 보고서는 그 구성과 내용이 일제강점기 보물건조물 수리계획서와 거의 같아 일제강점기의 체제와 기술이 전승되었음을 확인 할 수 있다.

일제강점기 수리체제와 기술의 전승은 조사연구의 제도화, 수리전문가 중심의 현장운영, 실측조사의 실시, 한국건축성의 발견 등 일제강점기 건조물 보존활동의 성과가 전후 한국의 국보 건조물 수리공사에 이어졌음을 의미한다. 임천, 박황식과 같은 수리전문가와 일제강점기 수리 기록물은 일제강점기 보존활동의 결과로서 체제와 기술 전승의 매개가 되었다. 수리전문가들은 체제와 기술의 전승 한편으로 한반도만의 독자적인 수리체제와 기술을 갖추기 위해 노력하였으며, 한국건축만의 특성을 발견하려는 연구도 꾸준히 이어갔다. 이러한 노력은 수리전문가 후속세대 양성과 한국건축역사학의 성립의 기반이 되었다.

장안사 대웅보전(출처: 국립중앙박물관 소장 조선총독부박물관 유리건판)

06 한반도 건축문화유산의 형성과 보존

우리 건축문화유산이 형성된 시기는 세계 여느 국가와 마찬가지로 바로 근대에 있다. 하지만 근대 한반도가 맞닥뜨린 식민지 상황 속에서 우리 건축의 보존은 식민지 통치기구에 맡겨졌고, 우리 건축문화유산은 일제의 식민지 통치이념에 영향을 받아 형성되게 되었다. 달갑지 않은 과거이기도 했거니와 해방과 6·25전쟁을 거치면서 조선총독부 기록물이 흩어져 버려 우리는 우리 건축문화유산의 탄생과정을 자세히 살피지 못한 채 건축문화유산 보존에 돌입하게 되었다. 그리고 일제강점기는 우리 건축이 '단절'된 시기로 여겨졌다.

일견 명쾌해 보이는 '단절'이라는 해석은 우리 건축문화가 왜 그리고 어떻게 단절되었는지에 관한 설명이 충분히 뒤따르지 않아 근대기 우리 건축이 직면했던 상황을 외면하게 만드는 결과로 이어졌다. 해방 후 이어진 보존 수리공사에서 발견되는 많은 오류는 일제강점기로부터 기인한 것이었지만, 일제강점기를 바로 알기 어려웠던 탓에, 여전히 우리 건축문화유산 보존에 그릇된 영향을 미치고 있다. 그래서 수리공사 기록물을 시시콜콜 연구해 일제강점기를 딛고 넘어서자는 1세대 연구자의 촉구는 여전히 유효하다. 이 책은 최근 공개된 조선총독부박물관 생산 수리기록물을 시시콜콜 파헤쳐 일제강점기를 딛고 넘어서기 위한 노력 중 하나다.

일제강점기 건조물 보존 활동은 한국 건축역사 분야의 중요한 연구주제임에도 불구하고 광복 이후 자료가 사라지고 흩어져 버려 연구진전에 큰 어려움이 있었다. 하지만 최근 국립중앙박물관이 조선총독부박물관 문서를 일반에 공개하면서 구체적인 연구를 진행할 수 있는 길이 열리게 되었다. 공개된 문서들은 일제강점기 건조물 보존활동을 기록한 문서로는 가장 방대하고 자세한 기록물이다.

이 책은 국립중앙박물관 소장 조선총독부박물관 문서에 포함된 보물건조물 수리공사 기록물을 중심으로 일제강점기 건조물 보존 관련 제도의 변화를 살펴보고, 변화의 동인을 파악하고자 노력하였다. 특히 「조선보물고적명승급천연기념물보존령(朝鮮寶物古蹟名勝及天然紀念物保存令)」 이후 보물로 지정된 건조물의 수리공사가 적극적으로 이루어진 근본적인 원인을 당시 사회적 배경을 중심으로 규명하였다. 또한 변화하는 제도에 따라 보물건조물 수리공사 체계와 현장이 성립되어가는 양상 역시 조명하였다. 이는 건조물 보존제도를 중심으로 밝힌 기존의 노력과 성과에서 나아가 실제 수리공사 체계와 현장을 살펴보려는 노력이었다. 이러한 노력이 중요한 이유는 일제강점기 보물건조물 수리공사의 실체를 조명함으로써 현재 한국의 건축문화유산 수리공사를 진단하는 참조점을 마련할 수 있기 때문이다.

근대 우리 건축문화유산의 형성과정은 어쩔 수 없이 일본의 근대와 닿아있다. 일제는 천황중심의 근대국가를 설립하는 과정에서 고적과 유물을 통해 천황의 권위를 확보하고자 하였다. 이는 근대 국가정체성을 구축하고 국민의 유대감을 형성하기 위한 일본만의 '전통 만들기' 일환으로 풀이될 수 있다. 천황 성립의 역사적 증거로서 신사나 사찰은 중요한 보존대상이었다. 일본 정부는 「고사사보존법」을 제정하고 건조물 보존정책을 적극적으로 펼쳤다. 조선총독부는 이러한 일본의 정책을 이어받아 보존활동을 수행했다. 일제강점 초기 조선총독부는 보호가 필요한 건조물에 일본의 「고사사보존법」에서 사용한 「특별보호건조물」이라는 명칭을 그대로 사용하였다. 그러나 건조물 보호의 필요성을 인지하고 있었음에도 조선총독부는 한반도 첫 문화유산 보존법령이었던 「고적급유물규칙」에 건조물을 포함시키지 않음으로써 건조물 보존 활동은 매우 소극적으로 이루어지게 되었다.

이는 당시 보존 활동의 취지가 일본이라는 근대국가의 정체성을 확립하고, 식민지 경영의 정당성을 확보하는 것에 있었기 때문이었다. 이 시기 일제는 역사왜곡을 통해 일본과 조선을 하나로 동화(同化)하기 위한 이념을 생산하고 교육하여 통치 명분을 확보하고자 노력하였다. 그러나 한반도는 고대부터 독자적인 문화를 형성한 지역이었으므로, 한반도의 재래건축은 한반도가 독립적인 문화를 지닌 지역이었다는 증거가 되기도 하였다. 이 시기 건조물 보존정책은 일제의 통치에 역사적으로 불리한 증거가 되는 건조물을 보존대상에서 제외하는 방식으로 작동하였다.

조선총독부의 소극적 보존활동은 1930년대를 맞아 적극적인 보존활동으로 변화하였다. 1933년 「조선보물고적명승급천연기념물보존령」 제정으로 건조물이 법적 보호대상으로 편입되었고 보호대상이 된 건조물은 「보물건조물」의 지위로 격상되었다. 법령에 발맞춰 보물건조물 보존을 위한 세부지침이 도입되었고, 기구가 통합되었다. 예산이 일원화·증액되어, 1934년에는 「보물목조건조물대수선 10개년 계획」이 수립되었으며 이듬해 사업이 시행되었다. 일제강점기 단일 건물로는 가장 큰 규모의 수리공사인 화엄사 각황전 수리공사는 이 대수선 계획에 따라 진행된 첫 수리공사였다.

이와 같은 적극적인 변화의 이면에는 조선총독부의 재정난과 이를 극복하기 위한 산업육성 정책이 작용하였다. 조선총독부는 「조선보물고적명승급천연기념물보존령」 제정과 함께 밝힌 제정 취지에서 식산흥업(殖産興業), 관광객의 증가 등을 이유로 한반도의 유물과 고적 등을 보존하는 것에서 나아가 활용할 수 있어야 함을 주장하였다. 보물건조물 역시 다른 유물 및 고적과 마찬가지로 활용하기 위한 보존활동이 이루어졌다.

한반도의 산업 부흥에 목표를 둔 조선총독부의 활용 중심 건조물 보존 정책은 전국적으로 수리공사가 잇따라 시행되는 결과로 이어졌다. 이 시기 건조물 수리공사는 철도국이 중심이 되어 수행한 관광지 정비사업의 일환으로 수행되었고, 여기에 지역 관청과 유지들이 지역 보승회(保勝會)나 보존회(保存會)를 앞세워 보조를 맞췄다. 지역의 볼거리를 정비하기 위해 여러 지역에서 건조물 수리공사를 청원하였고, 각 지역의 보승회(保勝會)나 보존회(保存會)는 건조물 보존활동뿐만 아니라 관광엽서나 팜플렛을 만들어 수리된 건조물을 선전함으로써 지역 관광산업을 보조하였다.

일제강점기 건조물 보존활동은 모든 분야가 그러했듯이 식민지성과 근대성이 공존하였다. 식민지 통치이념에 따라 부당하게 보존대상에서 제외된 건조물이 부지기수였고, 근대적인 관광이 활성화됨에 따라 경제적 가치에 휘둘려 활용과 정비를 목적으로 이루어진 성급한 수리가 훼손으로 이어지기도 하였다. 하지만 이 시기 건조물 보존활동에 일제강점기 식민지적 성격에서 기인하는 부정적인 측면만 있었던 것은 아니었다.

허술하게 이루어지던 수리공사가 수리전문가 중심의 전문성을 갖춘 체제로 전환할 수 있었던 것은 역설적이게도 이러한 식민지적 성격에 바탕을 둔 조선총독부의 적극적인 보물건조물 보존정책 때문이었다. 조선총독부가 제정한 「조선보물고적명승급천연기념물보존령」은 건조물을 처음으로 법적 보호대상으로 편입하였고, 현상변경 규제를 강화하였다. 이에 따라 철저한 조사연구가 강조되었고, 조사연구 역량을 갖춘 수리전문가가 수리현장에 필요하게 되었다. 자연스럽게 보물건조물 수리체제는 수리전문가 중심으로 점차 개편되었다. 화엄사 각황전 수리공사와 함께 도입된 「보물건조물수리시행준칙」과 「수리공사취급수속」은 조사연구를 제도화하고 수리전문가가 공사를 지휘할 수 있도록 명시한 세부지침이다. 이는 수리현장에 인적 쇄신을 가져왔다. 수리전문가 집단이 형성되고 수리공사에 있어 그들의 입지는 제도의 바람막이 속에서 점차 커지게 되었다. 오가와 케이키치, 스기야마 노부조는 조선총독부 학무국 소속 기수로 한반도 건조물 수리공사를 담당한 대표적인 수리전문가였다. 먼저 오가와 케이키치는 한반도에서 건조물 보존이 시작된 초기부터 조선총독부에 소속되어 건조물 보존을 담당한 인물이었다. 그는 조사연구가 필요한 수리공사의 특수성을 강조하였고, 건조물 수리공사를 전문가가 담당해야 함을 주장하였다. 오가와 케이키치의 뒤를 이은 스기야마 노부조는 건조물 수리공사를 전담하는 기구인 「보물고적보존공사사무소」 설립을 제안하였다. 둘 모두 일제강점기 수리체제 보완을 위해 노력한 인물들이었다. 하지만 동시에 그들은 총독부 소속 관원으로서 총독부 사정에 동조할 수밖에 없는 한계를 지닌 인물들이기도 했다.

1930년대 비교적 큰 규모의 수리 공사가 이어지면서 일본인 수리전문가뿐만 아니라 이한철, 양철수, 박황식, 임천과 같은 조선인 수리전문가도 등장하였다. 특히 이한철은 경성고공을 졸업하고, 강릉 객사문, 관음사 대웅전, 청평사 극락전 및 회전문 공사에 참여한 대표적인 조선인 수리전문가였다. 한편 박황식은 평양공립공업실습학교 건축과를 졸업하고 평양 대동문 수리공사, 성천 동명관 수리공사, 장안사 사성전 수리공사에 참여한 인물로 주로 현재의 북한지역에서 활동한 인물이었다. 그는 전후 북한에서 조사연구와 학술활동을 이어갔다.

수리체제의 개편으로 보물건조물 수리공사는 개편 이전에 비해 성실하게 수행될 수 있었지만, 1940년대부터 악화된 전쟁 상황으로 인해 점차 동력을 잃게 되었다. 조선인 수리기술자들은 현장의 열악함과 차별대우를 견디지 못하고 수리공사 현장을 떠났다. 열악한 수리현장 환경을 개선하고자 스기야마 노부조가 제안한 「보물고적보존공사사무소」는 끝내 제안으로 그치고 말았다.

한편, 수리체제 전환이 이끌었던 변화는 지침의 도입이나 인적 쇄신에 그친 것만은 아니었다. 당시 조사연구가 강조됨에 따라 수리전문가들은 과학적 조사연구방법으로서 실측조사를 도입하였다. 과학적 조사연구란 합리성과 객관성을 바탕으로 건조물 보존활동의 당위성을 확보하기 위해 유럽에서 강조되고 발전되어 온 것이었다. 실측조사는 건조물 측량을 통해 얻어진 자료를 정리, 분석, 종합하여 수리계획을 수립의 도구로서 일본과 한반도에 도입되었다.

본격적인 실측조사가 실시되기 시작한 것은 관음사 대웅전과 성불사 극락전·응진전 수리공사부터였다. 이후 청평사 극락전·회전문, 화엄사 각황전, 수덕사 대웅전, 개심사 대웅전, 장안사 사성전으로 이어지는 대규모 수리공사에 실측조사는 독립된 공정으로 자리잡아 실시되었다. 실측조사의 결과는 실시설계서에 반영되었고 최종적으로는 수리공사보고서로 작성되었다.

실측조사 실시가 중요한 이유는 이것이 수리체제 개편의 실질적인 결과였기 때문이며, 이로 인해 한국건축에 대한 학술적 연구가 이루어졌기 때문이다. 1940년 오가와 케이키치와 이한철은 일본과 한국에서 각각 한국건축의 기법과 특징에 대해 발표하였다. 귀솟음, 안쏠림, 배흘림기둥, 항아리형 보 등 현재 한국건축의 특징으로 자리잡은 기법들이 학계에 소개되었다. 실측조사의 실시와 함께 한국건축 연구도 시작되었다.

수리공정과 수리기술이 성립된 것도 이 무렵이었다. 조사연구가 하나의 공정으로 자리잡으면서 "준비공사"의 개념이 공사 준비에서 해체실측조사의 수행으로 변화하였다. 또 공사 준공 이후 도면 및 보고서 작성 공정이 추가된 것도 큰 변화였다. 공정은 점차 세분화되는 경향을 보이며,

각 세부공종은 전문화되어갔다. 그리고 수리기술에는 당대의 재료와 기술이 적극적으로 사용되었다. 콘크리트나 크레오소트 등 근대재료가 수리에 사용되었고, 우메키 하기키, 츠기키와 같은 일본식 부재 재사용 기술이 사용되었다. 무량사 극락전 수리공사에서는 벽체에 가새(筋違, すじかい)를 설치하고, 긴 경사보(雲筋違, くもすじかい)를 사용해 지붕구조를 구성하는 일본이 번안한 근대기술이 이입된 정황도 포착된다.

조사연구를 통해 건조물의 특징과 기법을 밝히는 작업을 수행했음에도 불구하고 실제 공사에서 서구와 일본을 가리지 않고 무분별하게 당대의 재료와 기술 사용되었던 것은 당시의 수리원칙이 이를 허용하였기 때문에 가능한 것이었다. 건조물 수리를 위해 정한 수리원칙은 구조변경을 허락하고 있었고, 외형 복원에 중점을 두고 있었다. 당시 수리공사는 조선총독부의 산업육성정책에 호응한 정비공사의 성격을 가지고 있었으므로 외관의 마감에 관심이 치중되었고, 수리원칙은 더 오래된 것을 기준으로 양식적인 통일성을 강조하는 추세가 이어지고 있었다. 국제적으로도 당시의 수리원칙과 이론은 미숙한 단계에 있었으므로 무분별한 재료와 기술의 사용이 그 시대를 관통하는 한계로 지목될 수 있지만, 이 시기 이루어진 수리가 건조물의 원상에 치명적인 훼손을 가하였다는 점은 인정하지 않을 수 없다.

한편, 일제강점기 수리체제와 수리기술은 대한민국 정부로 이어졌다. 광복이후 이어진 6·25전쟁의 여파로 수리공사는 1950년대 중반에 들어서야 재개되었다. 수리공사는 일제강점기 수리현장을 경험한 한국인 수리전문가가 주도하였다. 이들은 일제강점기 수리체제와 기술을 학습하였기 때문에 일제강점기 수리체제와 기술은 자연스럽게 전후 한국의 건조물 수리공사에 전승되었다. 최초로 발간된 무위사 극락전 수리공사 보고서는 그 구성과 내용이 일제강점기 보물건조물 수리계획서와 거의 같아 일제강점기의 체제와 기술이 전승되었음을 확인할 수 있다.

일제강점기 수리체제와 기술의 전승은 조사연구의 제도화, 수리전문가 중심의 현장운영, 실측조사의 실시, 한국건축의 특징 발견 등 일제강점기 건조물 보존활동의 성과가 전후 한국의 국보 건조물 수리공사에 이어졌음을 의미한다. 임천, 박황식과 같은 수리전문가와 일제강점기 수리 기록물은 일제강점기 보존활동의 결과로서 체제와 기술 전승의 매개가 되었다. 수리전문가들은 체제와 기술의 전승 한편으로 한반도만의 독자적인 수리체제와 기술을 갖추기 위해 노력하였으며, 한국건축만의 특성을 발견하려는 연구도 꾸준히 이어갔다. 이러한 노력은 수리전문가 후속세대 양성과 한국건축역사학의 성립의 기반이 되었다.

일제강점기 보물건조물 수리공사는 그 식민지적 성격에도 불구하고 현대 수리체제와 기술의 근간을 성립하는 데 이바지했다. 식민통치를 목적으로 한 일본제국 정부와 달리 현장의 수리전문가들은 국적을 떠나 성실히 자신의 역할에 충실히 임하였다. 그러나 통치기구의 소속 관원으로서 그들의 한계는 명백했고, 시대적 한계를 뛰어넘는 건조물 훼손이 일어나기도 하였다. 그럼에도 불구하고 실측조사 수행과 이에 따른 한국건축성의 발견, 근대적 수리체제 정립과 기술의 도입은 일제강점기 건조물 보존활동의 성과로 평가할 수 있다.

이 책이 밝히는 일제강점기 「보물건조물」 수리체제의 한계와 성과가 현대 한국 수리공사의 현실을 되돌아보고 해결책을 모색하는 계기가 되기를 기대한다. 지금의 수리공사 수행체제는 조사와 기록같은 수리 과정보다 정비와 준공과 같은 수리 결과를 중시하는 편이다. 이는 수리공사 감독관을 맡은 공무원이 수리공사 과정을 면밀히 살피는 것보다는 결과물로 공사부실 여부를 판단하기 때문이다. 감독관의 전문성은 민간수리업자에 미치지 못해, 일반적인 건축현장과 마찬가지로 설계도서와 결과물을 대조하는 관리가 이루어진다. 따라서 공사를 맡은 민간수리업자는 시간과 인력이 드는 정밀한 조사와 기록같은 과정보다는 검사와 심의의 대상이 되는 결과에 치중한다. 우리 문화재 당국 역시 수리현장의 현실을 파악하고 있어, 공사 품질을 향상하고 공사 기록물을 체계적으로 관리하려는 노력을 지속해오고 있다.

결과 중심의 현대 한국 수리공사는 관광산업과 연계한 활용사업을 위해 외관에 치중한 정비가 이루어졌던 일제강점기 건조물 수리를 떠올리게 한다. 일제강점기 수리전문가들은 불성실한 수리공사에 대한 해결책으로 조사연구와 기록의 필요성을 제기하였고, 1930년대 수리체제 전환은 수리전문가들의 제안을 받아들여 조사연구를 강화하고 실측조사를 도입하였다. 수리 단계별로 수리계획서가 두세 번에 걸쳐 각기 다른 전문가를 통해 작성되고, 공사가 준공되면 다시 보고서가 작성되었다. 이렇게 모인 각 현장의 실측조사 및 연구 결과는 비교·분석·종합되어 한반도 건축의 특징과 기법을 밝히는 학술적 성과로 이어졌다.

일제강점기 수리체제와 기술이 대한민국으로 전승되면서 일제강점기 보물건조물 조사연구는 결국 한국건축의 특성을 발견하고 정립하는 토대가 되었으며, 한국 건축역사학이 성립되는 발판이 되었다. 이상의 과정은 성실한 조사연구를 동반하는 건조물 수리공사가 건조물 보존을 넘어 한국성을 발견하고 정의하는 범국가적 활동이 될 수 있음을 보여준다. 지금의 경쟁적인 문화재 수리업의 현실을 개선하고 결과 중심의 수리체제를 과정을 중시하는 체제로 전환하려는 사회적 노력이 이루어질 때 건조물 문화재 수리현장의 전문가들은 자부심과 소명의식을 가지고 보존활동에 매진할 수 있을 것이며, 이 책의 의의와 가치도 드러나게 될 것이라고 믿는다.

조선총독부박물관(출처: 국립중앙박물관 소장 조선총독부박물관 유리건판)

주석

00 서문 • 298

01 서론 • 301

02 일제강점기 건축문화유산 보존제도 • 307

03 '보물건조물' 성립과 건축문화유산의 형성 • 320

04 보존 수리체제 확립과 수리전문가 집단의 활동 • 339

05 실측조사 도입과 수리공사 체계의 진보 • 357

00 서문

[1] • 14
이 책에서는 '문화재'라는 용어에 포함된 '재(財, Property)'가 가지는 물리적 속성 때문에 실제 문화재가 가지는 가치와 의미를 모두 포괄하지 못한다는 점에서 '문화유산(文化遺産, Cultural Heritage)'이라는 용어를 주로 사용한다. '문화재'와 '문화유산'에 대한 최근의 논의로는 정수진, 「문형문화재에서 무형문화유산으로-글로벌 시대의 문화 표상」, 『동아시아문화연구』, 제53집, 2013; 이현경, 손오달, 이나연, 「문화재에서 문화유산으로: 한국의 문화재 개념 및 역할에 대한 역사적 고찰 및 비판」, 『문화정책논총』, 33(3), 2019가 있다.

[2] • 14
김봉건, 「보존과 복원」, 『한국건축개념사전』, 동녘, 2013, pp.437-441; 최석영, 『한국 박물관의 근대적 유산』, 서경, 2004, pp.13~17; 앙드레 샤스펠, 장피에르 바블롱, 김예경 옮김, 『문화재의 개념』, 아모르 문디, 2016, p.5

[3] • 14
근대 국가의 기반이 민족공동체라는 견해는 민족을 근대 사회의 역사적, 문화적 구성물로 보는 관점을 반영한 것이다. 민족개념에 있어서 그 기원에 관한 연구자 사이의 대립은 첨예하지만, 민족국가가 근대 국민국가의 큰 특징임에는 대다수 연구자가 동의하고 있다. 민족과 민족주의 그리고 민족국가에 관한 논의는 김인중, 『민족주의와 역사-겔너와 스미스』, 아카넷, 2014를 참고하였으며, 근대 민족공동체에 대한 논의는 Benedict Anderson, *Immagined communities : reflections on the origin and spread of nationalism,* London: Verso, 2006을 참고하였다.

[4] • 14
역사적 상징물이나 기념물이 근대 공동체 형성을 위한 도구로 사용되었다는 견해는 Eric Hobsbawm(*The invention of tradition,* Cambridge Univ Press, 1992, pp.1~14)의 글을 참고하였다. 홉스봄을 비롯한 관련 연구자들의 "전통의 발명"에 대한 논의는 우리가 민족적, 전통적이라고 생각하는 갖가지 상징, 의례, 기념물들이 근대 공동체 형성의 도구로 사용되었다는 사실을 밝히는 것에서 나아가, 그 사용의 유형, 사용 주체의 성격과 의도 그리고 그것의 결과를 구체적인 사례를 통해 고찰하고 있다.

[5]•14
근대 국가의 박물관에 관한 연구는 미셸 푸코의 지식과 권력의 관계에 대한 탐구에 이론적 기반을 두고 있다. 지식 없는 권력의 행사가 불가능하고, 권력의 효과 없는 지식 또한 불가능하다는 그의 견해는 곧 지식 전달체계로서 제도와 그 제도를 배경으로 행사되는 권력의 관계에 대한 탐구로 연구범위가 확장되었다.(미셸 푸코, 오생근 옮김, 『감시와 처벌』, 나남출판, 2016) 푸코의 논의가 확장됨에 따라 박물관 역시 근대 국가의 지식 전달 매체로서 전시와 권력의 관계에 주목한 연구가 이루어졌다.(Lavine, Steven D. & Ivan Karp, *Exhibiting Cultures: The Poetics and Politics of Museum Display,* Smithsonian Institution, 1991; Sharon MacDonald, *The Politics of Display: Museums, Science, Culture,* Routledge, 1998) 특히, 식민지 박물관에 관한 연구는 에드워드 사이드(Edward Said, Orientalism, New York: Vintage Books, 1979), 호미 바바(Homi K. Bhabha, *The Location of Culture,* Routledge, 1994)로 이어지는 식민지 담론과 만나, 박물관이 생산한 지식과 식민지 지배 이데올로기의 관계에 관한 집중적인 연구로 이어졌다.

[6]•15
예를 들면, 단군을 근본으로 내세운 세력은 단군 신화가 뿌리내린 한반도 전역의 구성원을 그들의 공동체 범위로 설정할 수 있다. 실제로 일제강점기 일제는 단군을 일본 신화에 편입시키기 위해 스사노오노 미코토(素戔嗚尊)와 단군이 같은 신이라는 신화를 유포하기도 하였다. 이 신화의 유포에 대해서는 장신의 연구(「일제하 日鮮同祖論의 대중적 확산과 素戔嗚尊 신화」, 『역사문제연구』, 21, 2009)를 참고

[7]•15
민족이 국제사회에 등장한 시기에 이미 민족의 의미에 대해 논의했던 Ernest Renan은 1882년, 공유된 기억과 선택적 기억(혹은 망각)을 민족 형성의 기반으로 지목하였다.(에르네스트 르낭, 신행선 옮김, 『민족이란 무엇인가』, 책세상, 2002) 이는 민족 공동체가 실제로 일어난 과거가 아니라 변형된 과거를 기반으로 이루어진 정체성을 통해 구성원 간의 연대를 형성함을 의미한다. 따라서 통치 집단은 과거의 증거물들을 선택하고 편집함으로써 그들이 운영하는 국가의 정체성 형성에 관여할 수 있었다.

[8]•15
'우리는 유산을 현대적인 조건에서 매혹적으로 만들기 위해 그것을 새로운 모양으로 만든다.' (David Lowenthal, 김종원·한명숙 옮김, 『과거는 낯선 나

라다』, 개마고원, 2006, p.731) 로웬덜은 유산(heritage)을 통해 인간이 역사(history)를 어떻게 정의할지 선택해 나가는 것이지, 유산 자체가 역사는 아니라고 말한다. 그의 견해는 유산을 어떤 관점으로 바라보는가에 따라 역사를 기술하는 방향이 달라질 수 있음을 시사한다. 이러한 견지 아래, 로웬덜은 과거가 인간에 의해 변경되며, 그 변경은 항상 현재의 필요를 반영하는 동기들에 의한 것이라고 지적한다. 그는 유산의 전시, 보존, 복원, 복제, 재현과 같은 행위를 과거를 변경하는 활동으로 규정하였으며, 변경의 주체들은 유산의 변경을 통해 그들의 과거를 더 오래된 고대와 연결하고, 변경된 과거가 호화롭고 번창했던 것으로 그려지기를 원했다고 설명한다.

[9] • 15
조선총독부박물관의 전시체제와 이념교육의 관계에 관한 논의로는 목수현, 『일제하 박물관의 형성과 그 의미』, 서울대학교 석사논문, 2000; 국성하, 『일제강점기 박물관의 교육적 의미 연구』, 연세대학교 박사논문, 2002; 최석영, 『한국 박물관의 근대적 유산』, 서경, 2004이 있다.

[10] • 16
에릭 홉스봄, 박지향·장문석 옮김, 『만들어진 전통』, 휴머니스트, 2011, pp.20~21

[11] • 16
영국의 국회의사당은 1950년 완공되었다. 1950년은 미국 뉴욕에 국제주의 양식으로는 대표적인 건물인 UN 본부가 완공을 앞두고 있었다. UN 본부가 국제주의 양식을 채택한 것은 어떤 국가의 역사에도 기대지 않고 중립적일 때 권위를 가지는 국제기구의 성격이 반영된 것이라고 해석해 볼 수 있다. 이는 영국의 국회의사당이 고전주의 건축을 통해 정치적 권위를 세운 것과 선명한 대비를 이룬다.

[12] • 16
"문화유산이 정치적 생산물이 될 수 있었던 것은 문화유산이 서사(narrative) 구성에 따라 다른 성격을 가지는 특성이 있기 때문이다."(이나연, 「문화유산 해석 연구의 통시적 발전과 유산 해석의 개념」, 『문화재』, 53(3), 2020, p.44) 문화유산 자체가 역사가 아니라, 문화유산을 통해 역사를 선택하는 것이라는 로웬덜(David Lowenthal)의 지적처럼 문화유산을 어떻게 해석하는가에 따라 역사 서술의 방향이 결정된다. 역사 서술의 방향은 때로 정치적 유불리에 따라 첨예한 대립 속에서 논의되게 된다.

01 서론

[1] • 20
국립중앙박물관은 조선총독부박물관 문서의 체계적인 관리와 효율적인 활용을 위한 정리 및 공개 사업을 지속적으로 수행하고 있다. 2011년 [기부]와 [진열] 문서철을 시작으로 2012년에는 [구입], [발견], [지정] 문서철을 정리하였고, 2013-2015년에는 [고적조사]와 [보존] 일부 문서철을 정리하였다. 2016년 이래로 [보존], [국유림], [지도], [도면] 등의 문서철이 차례로 정리되어 '국립중앙박물관 소장 조선총독부박물관 문서' 홈페이지를 통해 서비스 중이다.

[2] • 21
'1990년대 중반 이래 문제 제기가 시작되어 이제는 자명해진 바이지만 일제 식민통치는 물리적 강제와 억압으로만 유지되지 않았다. 일제는 조선을 개발했으며, 다양한 제도와 질서를 근대와 문명의 이름으로 이식했다.' 염복규, 『서울의 기원 경성의 탄생』, 이데아, 2016, p.5

[3] • 21
서효원, 전봉희, 「조선총독부박물관 문서를 통해 본 일제강점기 개심사 대웅전 수리공사의 체계와 경과」, 『대한건축학회 논문집 - 계획계』, 33(7), 2017

[4] • 21
신영훈은 1935년 개성에서 태어나 2020년 서울에서 생을 마감하였다. 1959년부터 국가 지정 중요 국보, 보물 보수에 종사했고, 1962년부터 1999년까지 문화재전문위원을 역임했다. 1999년부터 2009년까지 한옥문화원 원장과 지용한옥학교 교장을 지내며 한옥 연구와 교육에 힘썼다. 숭례문, 경주 토함산 석불사, 순천 송광사 대웅보전 수리공사를 감독하였고, 덴마크, 멕시코, 파리 등 해외에도 우리 건축을 남겼다. 2008년 한국건축문화대상, 2016년 대한불교조계종 공로상, 2019년 한국건축역사학회 학술상 등을 수상하였다.

[5] • 21
"…딛고 넘어서야 수준이 향상된다고 하면 내버려 둘 일이 아니다. 시시콜콜 파헤쳐서 밝혀야 한다. 그러기 위하여는 우선 그들이 조직적으로 조사하였던 행정성 고적조사보고서의 내용을 파악해야 한다. 우리가 이제 시작하려는 노력의 까닭이 된다." 또한 신영훈은 한국에서 이루어지는 수리공사의 오류에 대해 "모르는 것에서 오는 허망한 것"이라고 꼬집었다. 한국문화재본존기술진흥협회, 「한국문화재보존고-일정기자료집성1」, 1992. 신영훈의 서문을 참고.

[6]•23
서효원, 「조선총독부박물관 생산 수리공사문서의 구성과 내용」, 『한국건축역사학회 2019년도 추계 학술발표대회 논문집』, 2019, pp.233~236의 내용을 정리하였다.

[7]•23
여기서 질품서는 하위 기관이 상위 기관에게 처리할 사안에 대한 지시를 바라는 공문이고, 청원서는 하위 기관이 속한 상위 기관의 장관[本屬長官]에게 청원하는 공문이다. 이밖에도 공문의 종류에는 훈령(訓令), 고시(告示), 보고서(報告書) 등이 있다. 이 중 훈령은 상위 기관이 관할하는 관리(官吏)와 감독에게 내리는 명령이다. 그리고 고시는 각 관청에서 인민에게 관청의 결정사항이나 정책을 알리는 공문이었고, 보고서는 하위 기관이 상위 기관에 보고하는 공문이었다. 박성진, 이승일, 『조선총독부 공문서-일제시기 기록관리와 식민지배』, 역사비평사, 2007, p.50을 참고

[8]•24
부전(附箋)은 어떤 서류에 간단한 의견을 적어서 덧붙이는 쪽지를 의미한다. 박성진, 이승일, 『조선총독부 공문서-일제시기 기록관리와 식민지배』, 역사비평사, 2007, p.68

[9]•25
조선총독부 문서 생산과정은 박성진, 이승일(2007)의 저작 pp.53~90을 참고하였다. 기술한 내용은 문서 생산과정에 대한 간단한 요약이므로, 문서작성에 관한 세세한 내용을 모두 담고 있지 않다. 예를 들면, 각 국장이 위임받은 권한으로 결재를 하는 경우, 정무총감과 총독의 결재는 따로 받지 않았다. 이를 전결이라고 한다.

[10]•25
1924년 당시 건축과는 총독관방 소속 토목부 산하의 기구였다.

[11]•25
학무국 내 박물관 업무를 맡은 주무과는 1924년부터 종교과, 1932년부터 사회과, 1936년부터 사회교육과, 1942년부터는 학무과로 변경되었다.

[12]•25
사실 조선총독부박물관 문서가 어떤 경로로 국립중앙박물관에 남게 되었는지

는 불분명하다. 조선총독부박물관 문서의 가치를 조명한 김도형(「일제하 총독부 박물관 문서와 관리체계」, 『기록학 연구』, 3, 2001) 역시 조선총독부박물관 문서가 국립중앙박물관에 남아 있는 현황만 간략히 설명하였다.

[13] • 26
수리공사는 사찰의 청원으로부터 시작되는데, 사찰은 소유 건조물의 수리, 수리공사 보조금 지급, 기술원 파견, 공사기간 연장 등을 청원서를 통해 요청하였다. 사찰의 청원은 도청을 경유해 공문의 형식을 갖춰 총독부로 발송되었고, 주무과가 공문을 받아 처리하였다.

[14] • 26
사찰에 지령이 간 것은 당시 사찰이 하급관청과 같은 대우를 받았다는 사실을 보여준다는 점에서 특징적이다.

[15] • 26
보조금 하부는 1913년 시작되어 내무부 제1과에서 맡아오다가 1919년 8월 학무국에 종교과가 설치되면서 학무국으로 업무가 이관되었다.

[16] • 26
보존연한에 따라 갑을병정으로 표기한다. 갑종이 영구보존 문서이다. 그 기준은 박성진, 이승일(2007)의 저작 pp.87~88을 참고

[17] • 26
기장은 대장에 문서를 등록하는 업무, 영인은 문서에 각인을 찍는 업무, 교합은 정서과정에서 성안문서와 정서한 문서가 일치하는지 살피는 업무, 정서는 성안문서를 팬이나 타자(타이프라이트)로 깨끗이 작성하는 업무이다. 업무의 내용은 박성진, 이승일(2007)을 참고하였다.

[18] • 27
관계번호에 대한 설명은 박성진, 이승일(2007)의 저작 p.79 참고

[19] • 27
날인의 모양으로 보아 日下部作次郎의 것으로 보인다. 직원록에 의하면 1938년 총독관방 산하 문서과 직원(屬, 4등급)이었다. 국사편찬위원회 한국사데이터베이스 직원록자료, http://db.history.go.kr

[20] • 28
사회교육과장의 날인이 학무국장란에도 되어 있고, 후열(後閱)이라는 붉은색 각인이 결재선 상단에 찍혀 있는데, 이는 과장이 문서를 대결(代決)하였음을 보여준다. 후열 각인은 상급자가 사고 등으로 부재할 때 하급자가 대결하고 후에 상급자가 열람한 경우에 찍는 각인이기 때문이다. 박성진, 이승일(2007)의 저작 p.69 참고

[21] • 28
전결은 상관으로부터 권한을 위임받은 사항을 하관의 장이 상관에 의견을 구하지 않고 결재하는 것이다.

[22] • 28
伺란 관청 내부에서 하급관리가 상사에게 지휘를 구하는 경우의 용어이고 성안(成案)에 결재를 받을 때 사용하였다. 박성진, 이승일(2007)의 저작 p.64를 참고

[23] • 29
사찰에 보조하는 수리공사 보조금은 1913년부터 하부가 시작되었고, 흩어져 있던 건조물 관련 조사비와 수리비를 합쳐 1934년에 「전릉병보물고적명승천연기념물조사급보존비」로 통합 운영하였다.

[24] • 30
신영훈, 「日政期의 文化財保存事業錄」, 『장기인선생회갑기념논문집』, 1976

[25] • 30
신영훈, 「한국건축보존공사회고」, 『韓國文化財保存攷 日政期資料集成 1』, 한국문화재보존기술진흥협회, 1992

[26] • 30
일제강점기에 간행된 고적조사보고서 전체의 목차부터 게재하고, 조사계획, 규정, 위원 등 포괄적인 자료 소개를 하고 있다.

[27] • 31
한국문화재보존기술진흥협회, 「한국문화재보존고-일정기자료집성1」, 1992. 신영훈의 서문.

[28] • 31
1996년과 1997년 국립중앙박물관이 소장하고 있는 고문서 목록과 광복이 전 박물관 자료 목록을 책자로 발간하였지만, 제목만 기재되어 내용을 파악하는 것이 어려웠다. 또한 원본의 공개는 유적과 유물의 소유권 문제로 금지되어 있었다. 김도형, 「일제하 총독부 박물관 문서와 관리체계」, 『기록학 연구』, 3, 2001.4.

[29] • 31
문화재관리국 문화재연구소, 『小川敬吉조사문화재자료』, 해외소재문화재조사서 제5책, 1994

[30] • 31
이 시기 한반도 내 건조물 문화재에 대한 관련연구는 이밖에도 한재수(「영주 부석사의 무량수전의 원형보전을 위한 수리기록에 관한 연구」, 『대한건축학회 논문집-계획계』, 18(9), 2002), 조현정(『한국 건조물 문화재 보존사에 관한 연구』, 명지대학교 석사학위논문, 2004), 이명선(『韓國における建築文化財成立過程の研究』, 東京大學大學院工學系研究科建築學專攻 博士學位論文, 2003) 등의 연구가 있다. 이들의 연구는 건조물 수리공사를 연구대상으로 하지는 않았지만 수리공사의 대상이 되었던 건조물을 다루고 있다는 점에서 본 연구의 참조점이 되었다. 한재수는 부석사 무량수전의 원형을 고찰하기 위해 일제강점기 출장 복명서, 70년대와 90년대 실측자료 등을 검토한 연구를 진행하였다. 조현정은 일제강점기부터 90년대까지 진행된 한국의 건조물 보존활동을 시간순으로 정리하였다. 제도의 변화를 중요하게 다루었으며, 연구자가 수집한 자료에 국한하여 간략한 사례 검토를 진행하였다. 이명선은 한국에서 건축문화재가 성립한 과정을 일제강점기부터 1990년대까지 정리하였다. 일제강점기에 대해서는 연구의 초반부에 다루었는데, 세키노 타다시(關野貞)의 고적조사, 「고적급유물보존규칙(古跡及遺物保存規則)」, 「조선보물고적명승급천연기념물보존령」을 통해 건축문화재에 대한 일제강점기의 인식을 조명하였다.

[31] • 32
조선총독부의 문화재 조사활동에 대한 연구는 국사학, 교육학, 미술사학 등의 분야에서도 직간접적으로 이루어졌다. 각 분야에서는 조사활동을 통치를 위한 문화재 보존, 박물관 성립에 작용한 정치적 목적 등에 중점을 두고 연구가 이루어졌다. 대표적인 연구로는 이순자, 『일제강점기 고적조사사업 연구』, 숙명여자대학교 박사학위논문, 2007; 국성하, 『일제강점기 박물관의 교육적 의미 연구』, 연세대학교 박사학위논문, 2002; 목수현, 『일제하 박물관의 형성과 그 의미』, 서울대학교 석사학위논문, 2000 등이 있다.

[32] • 32
실제 수리공사가 아닌 법령을 기준으로 시기를 구분한 것은 건조물 보존 연구에 앞서 이루어진 일제강점기 문화재 정책 연구에 영향을 받은 것으로 판단된다. 법령으로 일제강점기 문화재 보존 정책의 시기를 구분한 대표적인 연구로는 오세탁, 「일제의 문화재정책-그 제도적 측면을 중심으로」, 『문화재』, vol.29, 국립문화재연구소, 1996이 있다.

[33] • 32
강현, 『일제강점기 건축문화재 보존 연구』, 서울대학교 박사논문, 2005

[34] • 32
田中禎彦, 「20世紀前半の朝鮮總督府による朝鮮の歷史的建造物の調査保存事業について」, 『日本建築學會計畫系論文集』, 第294號, 2005 ; 田中禎彦, 『日本植民地における歷史的建造物の調査保存事業』, 京都大學大學院博士學位論文, 2009

[35] • 33
김재국, 『일제강점기 고려시대 건축물 보존연구, 홍익대학교 박사논문, 2007

[36] • 33
金玟淑, 『植民地朝鮮における歷史的建造物の保存と修理工事に關する研究』, 早稲田大学 博士論文, 2008

[37] • 38
사찰 소유 건조물이 보물로 지정된 빈도가 가장 높았다는 사실은 이를 잘 대변하고 있다. 사찰 소유 건조물은 용도가 새롭게 바뀔 이유가 없었고 종교적 특성상 새로운 건물보다는 오래된 건물이 사찰 유지에 도움이 되었기 때문에 적극적인 수리가 이루어질 수 있었던 것으로 보인다. 한편 일제강점기 보물로 지정된 목조 건축물 71동 중 19동만이 총독부 소유 건조물이었고, 나머지 52동은 사유재산에 속한 것이었다. 이 중에서도 사찰 소유 건조물이 43동으로 가장 많았다. 나머지 건조물은 향교소유가 4건, 서원소유가 2건, 개인소유 주거건축이 3건이다.

[38] • 38
국립중앙박물관 소장 조선총독부박물관 문서, 관리번호 A100-001,「大正三年度(以下) 古跡保存補助費臺帳 第一果」. 이 대장은 1913년(대정2년)부터 1942

년(소화17년)까지 보존보조비를 보조한 내용을 기록하고 있다. 해당 보조비가 속한 회계연도, 지급이 명령된 연도와 날짜, 보조금액, 공비총액, 사업 내용, 기공연월일, 준공연월일, 보조받은 자, 그 해 보조비 총액이 표로 작성되어 있다. 지급명령 날짜, 사업 내용, 기공과 준공의 연월일 등은 대체로 비워져 있지만, 해당 보조비가 속한 회계연도와 보조금액, 보존 받은 사람은 빠지지 않고 적혀 있다. 대장에는 총 104건의 사업이 기록되어 있다.

[39] • 38
「고적보존보조비대장」의 전체 내용은 이 책의 부록에 수록하였다.

02 일제강점기 건축문화유산 보존제도

[1] • 44
이 책에서는 '건축'이나 '건축물' 대신 '건조물'이라는 용어의 사용 빈도가 높다. 일제강점기에 이미 건축물과 건조물은 혼용되고 있었고, 유사한 의미로 사용되고 있었으나, 공문서 등 보존수리 기록물에는 '건조물'이라는 용어가 주로 사용되었기 때문이다. 한편, 일제강점기 건조물 보존제도의 전체 흐름은 부록에 사실관계를 정리한 도표를 수록하였다. 그리고 여기서 다루는 법령들 역시 번역하여 부록에 수록하였다.

[2] • 44
강현, 『일제강점기 건축문화재 보존 연구』, 서울대학교 박사학위논문, 2005 ; 田中禎彦, 「20世紀前半の朝鮮總督府による朝鮮の歷史的建造物の調査保存事業について」, 『日本建築學會計畫系論文集』, 第294號, 2005

[3] • 44
일제강점기 문화재 정책과 제도에 대한 연구는 오세탁(「일제의 문화재정책-그 제도적 측면을 중심으로」, 『문화재』, vol.29, 국립문화재연구소, 1996)의 연구가 대표적이다. 이 외에 金玟淑(김민숙, 『植民地朝鮮における歷史的建造物の保存と修理工事に關する研究』, 早稲田大学 博士論文, 2008), 강현(『일제강점기 건축문화재 보존 연구』, 서울대학교 박사논문, 2005), 田中禎彦(「20世紀前半の朝鮮總督府による朝鮮の歷史的建造物の調査保存事業について」, 『日本建築學會計畫系論文集』, 第294號, 2005)의 연구가 참고 된다.

[4] • 44
두 법령은 일제강점기 보존법령의 시작으로 알려져 있다.(오세탁, 「일제의 문화재정책-그 제도적 측면을 중심으로」, 『문화재』, vol.29, 국립문화재연구소, 1996을 참고) 한편, 한국의 문화재 보존의 시작을 이 두 법령으로 보는 것에 대해서는 이견이 있다. 강현은 한국 문화재 보존의 자생적 흐름의 하나로 1902년 7월 궁내부 관리서에서 제정한 「국내사찰현행세칙」을 지목하고 있다. 그는 이 세칙이 일제의 통감부 정치가 시작되기 전인 1902년에 이미 「사찰령」과 같은 내용을 규정하고 있음을 근거로 들고 있다. 강현, 「건축문화재의 원형 개념과 보존의 관계 : 한국 목조건축문화재 수리 역사의 비판적 검토를 중심으로」, 『문화재』, vol.49 no.1, 2016, p.128

[5] • 44
「사찰령」에 의해 건조물의 현상변경이 규제될 당시, 수리공사 수행은 회계국 영선과(1912년부터는 토목국 영선과)의 소관이었다. 당시 수리공사 업무는 수행은 영선과가 맡고 있었고, 보존비 보조 및 주무기관은 지방국 지방과가 맡고 있었다. 조사연구 및 박물관 업무 등 학예직에 해당하는 업무는 총무국 총무과가 담당하고 있어 수리공사에서 수리대상 건조물에 대한 실측조사나 학술연구, 기록 및 보고서 작성 등이 이루어지기 힘들었다.

[6] • 45
철도국장관, 통신국장관, 경무총장, 항소원장(控訴院長), 회계국장, 지방재판소장, 전옥(典獄, 교도소), 영림창장(營林廠長), 평양광업소장, 권업모범장장, 세관장, 전무국장(專務局長)이다.

[7] • 45
조선총독부 관보 제344호, 명치44년(1911) 10월19일, 관통첩 제297호,「官有財産保存竝取毁ニ關スル件」

[8] • 46
조선총독부 관보 제489호, 대정3년(1914) 3월9일, 관통첩 제99호,「寺刹殿堂等建築ニ關スル件」

[9] • 46
지정된 향교소유 건조물의 목록은 다음과 같다. 제279호 신천 명륜당(신천군 향교 재산), 제302호 안동 문묘(안동군 향교 재산), 제342호 강릉 문묘 대성전(강릉군 향교 재산), 제381호 해주 문묘 대성전(해주부 향교 재산)

[10] • 46

조선총독부 관보 호외, 대정3년(1914) 8월17일, 조선총독부 훈령 제42호,「朝鮮總督府及所屬官署會計事務章程」

[11] • 47

조선에서의 수리기술 실험은 석굴암 보존 공사와 부석사 조사당 벽화보존 공사가 유명하다. 석굴암 보존 공사에서는 콘크리트를 사용한 외형복원과 구조보강 실험이 있었고, 부석사 조사당 벽화 보존수리공사에서는 벽화 보존을 위한 화학약품의 실험이 시도 되었다. 강현, 『일제강점기 건축문화재 보존 연구』, 서울대학교 박사학위논문, 2005

[12] • 47

藤田亮策, 「朝鮮に於ける古跡の調査及び保存の沿革」, 『朝鮮』 199號, 1931.12을 참고. 타나카 사다히코(田中禎彦)는 이를 「보존규칙」의 일대결점이라고 지적하면서, 조선총독부청사 건립 당시의 광화문 철거에 대한 논란을 일으키는 등의 문제점을 야기한 것으로 보고 있다. 田中禎彦, 「20世紀前半の朝鮮總督府による朝鮮の歷史的建造物の調査保存事業について」, 『日本建築學會計畫系論文集』, 第294號, 2005

[13] • 47

(사찰령 제5조) 사찰에 속하는 토지, 삼림, 건물, 불상, 석물, 고문서화, 기타의 귀중품은 조선총독의 허가를 얻지 아니하면 이를 처분할 수 없다.

[14] • 47

(사찰령시행규칙 제7조) 주지는 사찰에 속하는 토지, 삼림, 건물, 불상, 석물, 고문서, 고서화, 범종, 경권, 불기, 불구, 기타 귀중품의 목록서를 작성하여 주지 취직 후 5개월 이내에 그것을 조선총독에게 계출하여야 한다.

…

(제2항) 전항의 재산에 증감 이동이 있을 때는 5일 이내에 그것을 조선총독에게 제출해야 한다.

[15] • 47

조선총독부 관보 제1641호, 대정7년(1918) 1월28일, 관통첩 제15호,「寺刹ノ堂宇ノ其ノ他建造物ニシテ天災ニ依リ倒壞シタル損傷材處分方ノ件」

[16] • 47
조선총독부박물관 문서에 기록에 따르면 금산사, 화엄사, 개심사, 장안사 등 일제강점기 수리된 대표적인 사찰들의 보조금 지급 신청 공문에 여름철 폭풍우나 폭염 등으로 인한 기울어짐, 비 샘 등이 건조물 손상의 이유로 등장하고 있다.

[17] • 48
후지타 료우사쿠(藤田亮策), 1892년(명치25년) 8월25일-1960년(소화35년) 12월12일. 일본의 고고학자이다. 니가타현 코시군(新潟県 古志郡, 현재는 見附市 長岡市)에서 태어났다. 1915년(대정4년) 7월 도쿄 제국 대학에 입학하였다가, 10월 문부 대학에 편입해 국사학을 전공한다. 구로이타 가쓰미(黒板勝美)의 지도를 받아 1918년(대정7년) 7월 사학과를 졸업하였다. 같은 해 문부성의 유신사료편찬사무촉탁(維新史料編纂事務囑託)이 되었다.
1922년(대정11년), 은사 구로이타의 소개로 조선총독부 고적조사 위원이 되어 경성에 부임한다. 이때 고적조사과 과장은 오다 쇼고(小田省吾)였다. 이후 종전까지 고고학을 전문으로 하였다. 1923년(대정12년) 조선박물관협의회 위원이 되어, 학무국의 박물관 주임이 된다. 1924년(대정13년), 고적조사과가 폐지되고, 그는 조선총독부 편찬관으로 임명되었다. 1926년(대정15년, 소화원년), 경성제국대학 조교수가 되어 법문학부에 근무하였다. 1932년 오다 쇼고(小田省吾)와 이마니시 류(今西龍)를 이어 경성제국대학 교수가 되었다. 경성제국대학에서 조선사학 첫 강좌를 담당하였고, 1933년(소화8년) 조선사편수위원, 조선보물고적명승천연기념물보존위원회 위원이 된다. 1941년(소화16년)부터 1943년까지 경성제국대학 법문학부 소장을 역임했다. 1945년(소화20년) 10월에 일본 치바현(千葉県)으로 이주했다. 일본 고고학협회 위원장, 도쿄예술대학 교수, 나라 국립문화재연구소 소장을 역임하고, 1960년(소화35년)에 타계하였다.

[18] • 49
藤田亮策, 「朝鮮に於ける古跡の調査及び保存の沿革」, 『朝鮮』 199號, 1931.12, p.95

[19] • 49
제한과 규정이 없었다는 지적과 달리 보조금으로 이루어지는 수리공사에 적용하는 지침이 마련되어 있기는 했다. 「고적보존비보조공사시행수속 古跡保存費補助工事施行手續」이 바로 그것인데, 이 지침에도 불구하고 후지타 료우사쿠가 "하등 제한과 규정이 없다"라고 단언한 것은 이 수속이 건조물 보존보다는 보조금의 관리에 중점을 두고 만들어졌기 때문이었다. 「고적보존비보조공사시행수속」은 1919년 당시 조선총독부 특별회계 임시부(臨時部), 보조비 관(款),

고적보존비보조 항(項)에 속한 예산이 지급된 공사를 시행하는 순서와 제출해야 할 서류 등을 정한 것이었다. 이 수속은 석굴암 수리공사(1913년부터 시행), 분황사 석탑 수리공사(1914년부터 시행), 해인사 장경판각(1918년 시행준공) 수리공사 등을 거치면서 만들어진 시행순서를 정리하여 공사시행에 필요한 사항들을 실제 한반도에서의 수리 경험을 토대로 만든 것이었다. 이 시행수속은 1919년에 시행된 수리공사부터 사본을 만들어 현장에 송부하여 준수하도록 하였고, 「보존령」 제정 이전까지 국고의 보조를 받는 수리공사에 적용되었다. 「고적보존비보조공사시행수속(古跡保存費補助工事施行手續)」에 대해서는 이 책의 4장을 참고.

[20] • 49
건조물이 재산으로 취급되고 있었던 것은 건조물을 관리하는 법령 자체가 재산관리나 회계에 관한 법령이었기 때문이었다. 관리를 취지로 하는 법령 안에서 보존을 위한 근거를 만들어 두어보아야 건조물 보존은 우선순위에서 밀려날 수밖에 없었다. 즉 이들 법령 안에서는 건조물이 가진 역사적 가치가 재산적 가치에 대해 우위를 점하기 힘들었던 것이다. 더욱이 「보존규칙」은 조선총독부 부령으로 상위법인 칙령으로 정해진 「관유재산관리규칙」이나 제령으로 정해진 「사찰령」보다 구속력이 약한 법령이었다. 즉 건조물이 「보존규칙」에 포함되었다고 하더라도, 상위법령인 재산관리규정의 영향력이 더 큰 것이 당시의 현실이었다.

[21] • 50
조선총독부 관보 호외, 소화8년(1933) 8월9일, 제령 제6호,「朝鮮寶物古跡名僧天然記念物保存令」, 「보존령」의 번역은 최석영(『한국박물관의 근대적 유산』, 도서출판 서경, 2001)과 강현(『일제강점기 건축문화재 보존 연구』, 서울대학교 박사논문, 2005)의 번역을 참고 하였다.

[22] • 51
소유권에 대한 문제는 일제시기에 지속적으로 제기되었던 문제로 보인다. 1917년 총독부 총무국장이 중추원 서기관장에 보낸 문서에서 폐지(廢址)에 있는 탑비, 불상, 당간, 석등 등의 소유권 문제를 해결하기 위하여 동산 및 부동산의 구별과 그 소유권 문제에 대해 질의한 문서가 남아 있으며, 이에 대해 조선의 구관습에는 동산 및 부동산의 구별에 대한 확연한 관습이 없고 폐지에 있는 유물은 국유로 보는 관습이 있어 현재 사유지에 있어도 국유로 보는 것이 타당하다고 답변한 문서가 남아 있다. (「궁성사찰 등의 폐지에 준하는 탑비 등에 관한 구관습조사의 건」, 황수영 편, 『일정기문화재피해자료, 고고미술자료

제 22집』, 한국 미술사학회, 1973, pp.5~10) 강현, 『일제강점기 건축문화재 보존 연구』, 서울대학교 박사논문, 2005, p.82에서 재인용.

[23] • 52
「관유재산관리규칙」은 1936년 8월 19일 고시된 칙령 제266호 「국유재산법을 조선에 시행하는 건」을 통해 폐지되었다.

[24] • 54
일제강점기 조선총독부박물관 문서의 관리체계를 다룬 김도형은 박물관의 조직에 관해 다음과 같이 평가하였다. 일제강점기 건조물 보존을 맡은 대표적인 기구는 조선총독부박물관이다. 그러나 조선총독부박물관은 이름만 '박물관'이었을 뿐 특별히 독립된 직제가 없어 사실상 조선총독부박물관이 속한 상위 기구가 보존활동을 맡아왔다. '총독부 박물관은 이름만 '박물관'이었을 뿐 특별히 독립된 직제가 없었으며, 직원들도 주임, 수리보존을 담당한 기사 2명과 그 조수, 그밖에 청부인이었다. 그나마 조수나 기사는 하급직원에 속했으며, 청부인의 신분은 불안정하였다.' (김도형, 「일제하 총독부 박물관 문서와 관리체계」, 『기록학 연구』, 3, 2001.4, pp.119-118)

[25] • 54
고적조사와 관련된 기구의 변화는 이순자(『일제강점기 고적조사사업 연구』, 숙명여자대학교 박사논문, 2007)의 연구가 대표적이다. 조선총독부박물관의 기구변천에 관해서는 목수현(『일제하 박물관의 형성과 그 의미』, 서울대학교 석사논문, 2000), 김도형(「일제하 총독부 박물관 문서와 관리체계」, 『기록학 연구』, 3, 2001.4), 국성하(『일제강점기 박물관의 교육적 의미 연구』, 연세대학교 박사논문, 2002) 등이 있다.

[26] • 54
강현, 『일제강점기 건축문화재 보존 연구』, 서울대학교 박사논문, 2005, p.116

[27] • 54
국사편찬위원회 한국사데이터베이스 (http://db.history.go.kr), 『일본제국직원록 조선총독부편 1913년도』(2017년 8월 16일 검색)

[28] • 54
국립중앙박물관 소장 조선총독부박물관 문서, 관리번호 A100-001, 「大正三年度(以下) 古跡保存補助費臺帳 第一果」.

[29] • 54
국립중앙박물관 소장 조선총독부박물관 문서, 관리번호 A113-020-004, 「浮石寺無量壽殿及祖師殿保存工事ニ關スル件」

[30] • 56
국립중앙박물관 소장 조선총독부박물관 문서, 관리번호 A092-004-007, 「古跡修繕補助費下付ノ件」; 국립중앙박물관 소장 조선총독부박물관 문서, 관리번호 A113-041-009, 「海印寺大藏經閣修繕補助ノ件」

[31] • 56
토목부 영선과는 1921년 10월 21일 직제개정으로 토목부 건축과로 개칭된다.

[32] • 56
1919년 8월 20일 종교과가 신설되면서 종교업무가 내무부로부터 이관되어 이때부터 사찰 수리공사의 주무부서는 내무부 제1과가 아닌 학무국 종교과가 된다. 이는 국립중앙박물관 소장 조선총독부박물관 문서, 관리번호 A156-009-001, 「金山寺修繕工事施行に關する件」의 종교과장의 날인을 통해 확인이 가능하다.

[33] • 56
토목부 건축과는 1921년 10월 21일 직제개정으로 토목부 영선과가 개칭된 이름이다.

[34] • 58
국립중앙박물관 소장 조선총독부박물관 문서, 관리번호 A113-004-001, 「浮石寺壁畫保存施設ノ件」

[35] • 58
국립중앙박물관 소장 조선총독부박물관 문서, 관리번호 A113-006-001, 「浮石寺壁畫保存施設ノ件」

[36] • 58
국립중앙박물관 소장 조선총독부박물관 문서, 관리번호 A113-006-006, 「浮石寺祖師堂古壁畫保存施設ノトニ關スル件」

[37]•59
당시 후지타 료우사쿠는 경성제국대학 조교수였다. 그의 약력은 이 장 각주 17을 참고.

[38]•60
1924년 12월 25일 직제 개정이 되어 종교과로 업무가 이관되었으므로 1925년부터 1931년 4월까지 7년간 종교과가 수리업무를 총괄해 진행하였다. 그가 4~5년이라고 술회한 것은 업무의 이관 즉시 종교과가 수리공사를 주도적으로 진행할 수 있는 여력이 되지 않았기 때문일 것이다.

[39]•60
岩槻善之 等,「朝鮮古建築保存に 關する 座談會」,『朝鮮と建築』, 第10輯 第4號, 1931.5.

[40]•60
이후 이어진 좌담에서 후지타 료우사쿠는 매장물 발굴에 급급한 발굴이 아닌 제대로 된 발굴이 이루어져야 한다고 토로하기도 하였다.

[41]•60
보존활동의 일원화 시점에 대한 선행연구(강현과 타나카 사다히코(田中禎彦)의 연구)의 견해에 차이가 있다. 강현은 1932년 사회과가 이속된 시점을, 타나카는 1921년 고적조사과가 설치된 시점을 각각 꼽고 있다. 하지만 앞서 살펴보았듯이 공문서의 날인을 볼 때, 1924년이 실제 일원화된 시점이다.

[42]•61
조선총독부,『朝鮮總督府統計年報(明治四十四年度)』, 1913, p.252

[43]•61
1912년은 새롭게 고적조사 5개년 계획이 수립된 해였다.(이순자,『일제강점기 고적조사사업 연구』, 숙명여자대학교 박사논문, 2007) 이 계획에 맞춰 예산이 새롭게 계상된 것으로 보인다.

[44]•61
1910년~1934년까지『朝鮮總督府統計年報』를 확인하였다.

[45] • 61
이 목록은 정리하여 부록에 수록하였다. 국립중앙박물관 소장 조선총독부박물관 문서, 관리번호 A100-001,「大正三年度(以下) 古跡保存補助費臺帳 第一果」

[46] • 61
1934년부터는 예산이 개편되어 「전릉급보물고적명승천연기념물조사병보존비(殿陵及寶物古跡名勝天然記念物調査幷保存費)」에서 보조금이 지급되었다.

[47] • 62
단 4건을 제외하고 모두 사찰에 보조되었다. 4건 중 3건은 1940년부터 1942년까지 지급된 진도견 보존회 유지비 보조금이었고, 1건은 1932년에 석담서원에 보조된 것이다.

[48] • 62
국가기록원 소장 조선총독부 문서, 관리번호 CJA0004699, 「大正 16年度 古跡調査費 豫算 增額要求(臨時部)」

[49] • 62
통계연보를 통해 확인한 1927년 고적조사비 예산은 전년도와 비교해 8,000원만이 증액되었다. 모든 증액 요구가 받아들여지지는 않았던 것으로 보인다.

[50] • 63
동명관은 6.25때 불타 지금은 초석 등의 유적만 전한다. 관유재산 중 고건축물을 정리해 목록을 만든 「조선고건축물」(국립중앙박물관 소장 조선총독부박물관 문서, 관리번호 A008-003, 『朝鮮古建築物』)에도 기재되어 있어, 관유로 관리되었음을 알 수 있다.

[51] • 63
박노보, 「조선총독부특별회계 분석을 통한 일본의 조선통치정책 연구-세출구조 분석을 중심으로」, 일본학년보, 제4집, 1992, p.60

[52] • 65
국가기록원 조선총독부 문서, 관리번호 CJA0004699, 「殿陵修繕費增額」

[53] • 65
조선왕조의 능은 왕실에서 직접 관리하였으므로 아마도 이들 건조물과 능은 조선시대 이전의 것들일 가능성이 크다. 이 문서의 내용은 조선총독부가 직접 관리하였던 능의 소재를 알려주고 있다는 점에서 귀중한 문서이다.

[54] • 65
「전릉 및 고적수선비」가 언급된 국립중앙박물관 소장 조선총독부 문서 중에서 찾을 수 있었던 가장 이른 시기의 문서이다.

[55] • 66
국립중앙박물관 소장 조선총독부박물관 문서, 관리번호 A56-004-009,「古跡修繕費豫算增配に關する件」

[56] • 67
「전릉급고적수선비」에 사용된 '급及'이라는 용어는 연결어로 대개 '및'으로 번역된다. 따라서 이를 번역하면 「전릉 및 고적수선비」가 된다.

[57] • 67
두 예산이 통합된 시점은 추적하기 힘들다. 통계연감 등 세출을 정리한 자료는 관항은 기록하고 있지만 세부 목은 다루고 있지 않기 때문이다.

[58] • 68
조선총독부 관보 호외, 소화8년(1933) 8월9일, 제령 제6호,「朝鮮寶物古跡名僧天然記念物保存令」(제6조) 조선총독은 보물, 고적, 명승 또는 천연기념물의 보존에 관하여 필요하다고 인정할 때는 일정한 행위를 금지 혹은 제한하거나 필요한 시설을 명할 수 있다. 전항의 시설에 필요한 비용에 대해서는 국고에서 예산 범위 안에서 그 일부를 보조할 수 있다.

[59] • 68
조선총독부 관보 2072호, 소화8년(1933) 12월5일, 부령 제136호,「朝鮮寶物古跡名僧天然記念物保存令施行規則」

[60] • 69
과목표에 표기된 조사비의 상세내역은 아래와 같다.

1934년 전릉 및 보물고적 명승천연기념물 조사 및 보존비 과목표 조사비 상세 내역

내역	금액	비고
청비(廳費)	12,412	
내국여비	4,378	
급비(給費)	8,704	
촉탁수당		5,200원 2인 / 1,585원 1인 / 1,030원 1인 / 897원 1인
고원급(雇員給)	840	
잡비	208	

[61] • 69
예산의 명칭에 전릉(殿陵)이라는 명칭이 붙은 것만 보아도 이 예산이 보존관련 예산을 통합한 것임을 알 수 있다. 앞서 살펴보았던 것처럼 조선총독부가 관리하는 건조물 8개소, 능 98개소를 유지관리하고 수리하는 비용의 명칭은 「전릉수선비」였다.

[62] • 69
앞서 살펴본 1927년 「전릉수선비」 증액 요구서에 따라 증액이 이루어졌다면 5,700원이 책정되었을 것이다. 이 금액을 1927년 「고적조사비」(37,872원), 「고적보존비보조」(12,000원)와 더해보면 55,572원이 된다. 이 금액은 1934년 처음 계상된 「전릉급보물고적명승천연기념물조사병보존비」 58,212원은 비슷한 금액이다.

[63] • 69
국립중앙박물관 소장 조선총독부박물관 문서, 관리번호 F104-019-010, 「昭和九年度」

[64] • 69
보급금과 보상금은 건조물 외의 보물 등에 사용할 예산으로 추정된다.

[65] • 70
1934년~1943년까지 『朝鮮總督府統計年報』를 확인하였다.

[66] • 70
岩槻善之 等, 「朝鮮古建築保存に 關する 座談會」, 『朝鮮と建築』, 第10輯 第4號, 1931.5

[67] •71
동아일보, 「燦爛한半萬年의 文化를 자랑하는 古蹟」, 1934.05.03.

[68] •71
「보존령」의 큰 특징 중의 하나가 현상변경 규제가 강화되었다는 점이다. 강현, 『일제강점기 건축문화재 보존 연구』, 서울대학교 박사논문, 2005

[69] •71
이 지침은 「보물건조물수리시행준칙(寶物建造物修理施行準則)」이다. 늦어도 1936년에는 도입된 지침으로 화엄사 각황전 수리공사에 세부지침으로 처음 적용되었다. 시행준칙의 내용은 4장을 참고.

[70] •71
국립중앙박물관 소장 조선총독부박물관 문서, 관리번호 F104-019-004, 「보물건조물 보존비 증액요구」

[71] •71
따라서 이미 정해져있던 예산에 더해보면 133,670원이 1935년 예산으로 요구되었다. 하지만 1935년에 실제로 배정된 예산은 108,212원이다. 이는 전년도 예산 58,212원에 비해 5만원이 증액된 금액이다. 한편, 108,212원 중 사유 건조물 수리 보조금으로 사용된 「보존비보조」에 배정된 금액은 34,690원이었다.

[72] •73
국립중앙박물관 소장 조선총독부박물관 문서, 관리번호 A008-003,『朝鮮古建築物』

[73] •73
『조선고건축물(朝鮮古建築物)』의 내용과 구성, 성격에 대해서는 서효원, 「일제강점기 북한지역 고건축물 목록을 통해 본 조선총독부 학무국 고건축 조사의 성격」, 『대한건축학회 논문집-계획계』, 35(5), 2019를 참고.

[74] •73
국립중앙박물관 소장 조선총독부박물관 문서에는 소유 건조물이 포함된 각 사찰별 재산목록이 남아 있다. 사찰령 개정 이후 재작성된 목록까지를 포함하고 있어, 당시 사찰 건조물의 현황을 파악할 수 있는 상세한 자료이다.

[75] •74
주택이 보물로 지정된 사례는 회덕 동춘당, 안동 임청각, 강릉 오죽헌, 강릉 해운정이 있다.

[76] •74
그러나 여전히 불국사, 수원화성 등과 같이 개별 건물이 아닌 고적으로 묶여 일괄로 보호를 받는 건물이 많았고, 건조물의 가치에도 불구하고 심의를 통과하지 못해 보물로 지정되진 못하는 일도 빈번했던 것으로 보인다.

[77] •74
조선총독부 관보에 고시된 보물의 목록을 모두 검토하여 목조 건축물만을 추린 것이다.

[78] •76
국립중앙박물관 소장, 조선총독부박물관 문서, 大正三年度(以下) 古跡保存補助費臺帳 第一果, 관리번호 A100-001

[79] •76
고적보존비보조대장에 드러나는 수리공사가 보물건조물을 대상으로 한 일제강점기 수리공사의 모든 사례는 아니다. 국립중앙박물관 소장 조선총독부박물관 문서에는 일제강점기 전반에 걸쳐 일어난 수리공사의 관련 문서가 산일되어 편철되어 있다. 대표적인 문서철의 제목은 "대정(혹은 소화)00년도 보존비 관계 서류"이며, 해당 연도의 보존비 보조와 관련된 공문이 목차와 함께 편철되어 있다. 고적보존비대장에 기록된 건조물은 대부분 사찰 관계 건조물인데 반해 보존비 관계 서류에 기록된 건조물은 관유 재산으로 분류되는 것이 많다. 각 수리의 보조비도 고적보존비대장에 기록된 수리공사보다 적은 편이며 매년 일정 금액이 지급되는 경우가 많았다. 이는 대규모 금액이 단기간에 투입되는 사찰 소유 건조물의 수리비 보조공사와는 공사의 성격이 달랐음을 보여준다고 할 수 있다. 관유 건물들은 일제강점기 당시에도 사용되었을 가능성이 크며 보조비는 건물의 유지관리비로 지출되었을 것으로 보인다.

[80] •76
〈표〉에 나타나는 장안사 사성전과 개심사 대웅전의 1943년 보조기록은 국립중앙박물관 소장, 조선총독부박물관 문서의 개심사 수리기록을 참고하여 보완하였다. 〈표〉에서 제외된 보조비 지급 내용은 석굴암 및 관련 보존시설, 유점사 53불, 부석사 벽화, 법주사 대부(大釜), 귀진사 용감수감 목판, 석담서원, 보

림사 보조선사부도 등과 관련된 수리 및 정비 내역이며, 진도견 보존회 유지비 보조 내용도 제외되었다. 또한 1923년부터 1925년까지 의 6차례 지급된 불국사 대웅전 외 15동 수리 보조비와 1933년과 1935년에 지급된 불국사 경내 정리 보조비도 제외하였는데, 이는 단위 목조 건조물의 수리가 주가 아닌 전체 경역의 정비를 목적으로 한 보조였기 때문이다. 대장의 전체 목록은 부록에 수록하였다.

[81] • 77
시작 연도와 끝 연도는 보조비 예산이 속한 회계연도를 기준으로 정리하였다. 이는 집행이 결정되어 보조비 지급 지령이 내려진 연도와는 다르다. 화엄사 각황전의 보조비는 1935년 세출 예산에서 지급되었지만, 지급을 위한 지령은 1936년 2월에 내려졌다. 국립중앙박물관 소장 조선총독부박물관 문서, 관리번호. A113-077-040,「華嚴寺覺皇殿修理費補助ニ關スル件」

[82] • 78
건조물 보물 지정은 1935, 1937, 1941년을 제외한 1934년부터 1943년까지 꾸준히 이루어졌다. 지정된 해마다 20건, 16건, 11건, 11건, 7건, 4건, 2건으로 지정 건수는 줄어들었다.

[83] • 78
일제강점기 마지막 수리공사는 개심사 대웅전과 장안사 사성전 수리공사이다. 두 공사는 1944년 말까지 이어졌다.

[84] • 80
「보존령」은 1933년 12월 제정되어, 사실상 1934년부터 시행되었다. 1934년 생산 공문에는 '보물건조물'과 '특별보호건조물'이 함께 등장하고 있다. 특별보호건조물과 보물건조물의 개념의 성립과 명칭 변화는 3장에서 자세히 다루었다.

[85] • 81
건조물 보존 수리공사 세부지침의 내용과 변화는 4장에서 자세히 다루었다.

[86] • 83
보물목조건조물대수선 계획의 내용은 3장에서 다루었다.

03 '보물건조물' 성립과 건축문화유산의 형성

[1] • 86
오세탁, 「일제의 문화재정책-그 제도적 측면을 중심으로」, 『문화재』, vol.29, 국립문화재연구소, 1996 ; 유승훈, 「일제시기 문화재보호법의 '중점보호주의'와 '포괄적 법제'에 관하여」, 『역사민속학』, 17호, 2003.12, pp.293-316

[2] • 86
일제강점기 동아일보 1920년 4월 1일~1940년 12월 31일까지 "건축물"이라는 단어가 포함된 기사는 874건에 이르고 있다. 이 중 법규를 다루는 기사에는 "시가지건축물", "시가지건축물 취체", "건축물법규" 등이 제목으로 등장하고 있어, 건축물이라는 단어가 일상용어이자 법률용어로서 통용되고 있었음을 알 수 있다.

[3] • 87
이 글이 실린 이후 일본 제국의회 제8회 중의원회의(1895.2.4.)에서 「고사사보존에 관한 건의」가 발의되었다. 다음해인 1896년에는 「고사사보존법」이 제정되는데, 건조물을 보호대상으로 포함하였다.

[4] • 87
이 글은 『伊東忠太建築文獻』에 포함되어 있어 이토 추타(伊東忠太)의 글로 알려져 있으나, 최근 연구 결과는 이토 추타가 아닌 『국회』 신문의 편집진이 자체적으로 기술해 실었을 것으로 추정하고 있다. (清水重敦,「伊東忠太と日本建築保存」,『明治聖徳記念學會紀要』復刊no.45, 2008.11) 이 글의 번역은 강현의 박사논문(2005)을 참고하여 일부 수정하였으며, 강현이 번역한 글은 『국회』 신문에 실린 글을 그대로 옮겨 게재한 『建築雜誌』(no.98, 1895.2)의 「國家は古建築物を保存すべし」이다.

[5] • 87
『조선고건축물』 목록에 기재된 각 지역별 건축물의 수는 다음과 같다.

『조선고건축물』목록에 기재된 각 지역별 건축물의 수

경성	경기	충북	충남	전북	전남	경북	경남	황해	평남	평북	강원	함남	함북	총계
91	81	12	44	54	42	84	76	67	48	61	39	40	23	762

[6] • 88
관우를 모신 사당으로 추정된다. 목록에는 1901년 건립된 것으로 표기되어 있고, 당시 위치를 죽첨정 3정목 543으로 기록하고 있다. 조선식 기와에 목조 건물로 기재되어 있다. 방산동에 현존하는 관우의 사당인 성제묘(聖帝廟) 본전이 현성전(顯聖殿)이라는 현판을 달고 있으므로 현성묘는 관우를 모시는 사당일 것이다. (관왕묘에 대한 연구는 장장식, 「서울의 관왕묘 건치와 관우 신앙의 양상」, 『민속학연구』, 제14호, 2004, pp.403~440을 참고)

[7] • 88
'대한제국대황제보령망육순어극사십년칭경기념비'(大韓帝國大皇帝寶齡望六旬御極四十年稱慶紀念碑) 고종 즉위 40주년과 대한제국 황제 등극(1897년) 등을 기념하기 위해 대한제국기인 1902년(광무6년)에 세운 것이다. 목록에는 광화문통 142-2가 소재지로 기재되어 있으며, 건립연대를 1892년으로 적고 있다. 1936년 『대경성정도』에 표시된 기념비전과 주소가 일치한다.

[8] • 88
목록 작성은 1926년경 이루어진 것으로 추정된다. 비고란에 1926년(대정15) 8월11일 등록 결정이라는 표기가 보이기 때문이다.

[9] • 88
한반도 첫 수리공사의 대상 건조물로 숭례문을 꼽기도 한다. 당시 공사는 숭례문 수리를 위한 것이라기보다 숭례문 주변의 석축을 허물어 도로를 내고, 주변을 정비하기 위한 목적으로 이루어진 것이었다. 공사 과정에서 숭례문 역시 정비된 것으로 알려져 있으나 수리 내용에 대한 상세한 기록은 아직 발견되지 않았다.

[10] • 90
「고적조사위원회규정(古蹟調査委員會規程)」, 조선총독부훈령 제29호, 제1조 조선에 있는 고적, 금석물, 기타 유물 및 명승지 등의 조사와 보존에 관한 사항을 심사하기 위해 조선총독부에 고적조사위원회를 둔다.

[11] • 90
국립중앙박물관 소장 조선총독부박물관 문서, 관리번호 F058-006-002-002

[12] • 90
고건축물의 등급은 1909년 세키노 타다시(關野貞)의 조사에 의해 처음으로 정

해졌다.

[13] • 91
국립중앙박물관 소장 조선총독부박물관 문서, 관리번호 A113-041-009, 「海印寺大藏經閣修繕補助ノ件」

[14] • 92
특별보호건조물이라는 명칭은 「보존령」이 제정된 이후에도 한동안 수리공사 기록물에 등장한다. 1933년 10월 6일자 발송 공문인 「古蹟保存補助費ノ補助ニ關スル件」은 학무국이 성불사로 보낸 지령 1안과 황해도지사와 재무국장에게 보낸 통첩 2안이 묶여 있다. 성불사로 보낸 지령의 내용은 다음과 같다. "특별보호건조물 성불사 응진전 수릭획서조제비보조액 건에 관한 신청에 소화8년도 금 천칠십사원을 하부함" 당시는 이미 「보존령」(1933.8.9.)이 제정된 후인데도 불구하고 특별보호건조물이라는 명칭을 사용하고 있다. 「보존령」 제정 이후 수리가 결정되고 시행된 화엄사 각황전 수리공사(1935년 수리 결정, 1936년 수리 시작)의 경우는 보물건조물이라는 명칭이 기록되어 있다.

[15] • 92
일제강점기 동안 조선에서는 역사적, 미술적 가치가 있는 건조물을 특별보호건조물과 국보로 나눠 지정하는 체계가 법령에 근거해 공식적으로 시행된 적은 없다. 하지만 '특별보호건조물'이라는 명칭은 '보물건조물'이라는 명칭이 사용되기 전까지 수리를 기록한 공문서에 계속해서 등장한다.

[16] • 92
조선총독부 관보 제489호, 대정3년(1914) 3월9일, 관통첩 제99호, 「寺刹殿堂等建築ニ關スル件」

[17] • 93
근대국가의 형성과 전통 만들기에 대해서는 Hobsbawm, Eric, Ranger, Terence, 『The invention of tradition』, Cambridge Univ Press, 1992 ; 박지향 외 역, 홉스봄 외 편, 『만들어진 전통』, 휴머니스트, 2004를 참고.

[18] • 94
明治28(1895) 2.4. 帝國議會 第8回 貴族院議事速記錄 第17號 「古社寺 保存ニ關スル建議案」, 帝國議會會議錄 檢索 システム, http://teikokugikai-i.ndl.go.jp/

[19] • 95
明治28(1895) 2.4. 帝國議會 第8回 貴族院議事速記錄 第17號「古社寺 保存ニ關スル建議案」, 帝國議會會議錄 檢索 システム, http://teikokugikai-i.ndl.go.jp/

[20] • 95
이후 1896년(명치29년) 4월 1일 제국의회의 심의를 거쳐「고사사보존회」가 내무대신의 자문기관으로 설치된다. 9인의 위원 중 한 명으로 이토 추타(伊東 忠太)가 참여하여 건축관계의 조사와 지도 임무를 맡았다. 清水重敦,「伊東忠太と日本建築 保存」,『明治聖德記念學會紀要』復刊 no.45, 2008.11, p.158

[21] • 95
이 시기 일본의 문화재 행정과 구관보존책에 대해서는 다음을 참고. 최석영,「일제 지배기의 고적조사와 식민정책」,『일제의 동화이데올로기의 창출』, 서경문화사, 1997, p.256

[22] • 97
동아일보,「고적보존의 요체(古蹟保存의 要諦) 中」, 1926.12.03

[23] • 97
국립중앙박물관 소장 조선총독부박물관 문서, 관리번호 H003-010-004,「조선보물고적명승천연기념물 보존령에 의한 지정에 관한 건 보고 - 건조물 부벽루」

[24] • 98
이러한 모순은 당시 일본인들 역시 인지하고 있었다. 그들은 시조신의 자식 중 하나인 스사노오노 미코토(素戔嗚尊)와 단군을 연결한 신화를 유포하여 이러한 모순을 해결하는 동시에 일선동조론을 강화하고자 하였다. 이에 대한 연구는 장신,「일제하 日鮮同祖論의 대중적 확산과 素戔嗚尊 신화」,『역사문제연구』, 21, 2009을 참고

[25] • 99
이러한 일제 중심의 선택적 보존은 단군과 관련된 건조물과 같이 보존에서 제외된 건조물에서만 일어난 것은 아니었다. 수리를 위해서는 우선순위를 정해야 했는데, 당시 한반도에서는 1909년 세키노 타다시(關野貞)의 조사로 이미 응급 수리가 필요한 건물이 조사된 바 있었다. 하지만 앞서 동아일보 사설에서도 언급했듯이 부벽루와 같이 일본인이 좋아하는 전쟁유적, 풍경이 좋은 관광

명소가 우선적으로 선택되어 수리되었다. 田中禎彦, 「20世紀前半の朝鮮總督府による朝鮮の歷史的建造物の調査保存事業について」, 『日本建築學會計畫系論文集』, 第294號, 2005

[26] • 100
조선총독부 관보 제344호, 명치44년(1911) 10월19일, 관통첩 제297호,「官有財産保存竝取毁ニ關スル件」

[27] • 100
1909년~1915년까지의 조선 고적 조사. 1909년 8월 3일 세키노 타다시(關野貞)는 통감부 탁지부 건축소 고건축물 조사 촉탁으로 임명되어 고적 조사를 위탁받았다. 이 조사는 1910년 8월 한일병탄 이후에도 조선총독부 내무부 지방국 제1과에 인계되었는데, 이는 한반도에서 고고학을 기반으로 한 조직적인 조사의 시작이었으며, 이 조사 이대로 전 조선에 걸쳐 건축, 고분, 성지, 사지 등의 조사가 1915년까지 매년 실시되었다. 이순자, 『일제강점기 고적조사사업 연구』, 숙명여자대학교 박사학위논문, 2007, p.26

[28] • 100
關野貞, 『朝鮮藝術之硏究』, 조선총독부, 1910

[29] • 101
〈표〉에 기재된 내용은 세키노 타다시의 보고서의 내용을 정리한 것이며, 이 책에서는 여상진, 『조선시대 객사의 영건과 성격 변화』(서울대학교 대학원 박사학위논문, 2005, p. 234)에 수록된 〈표〉를 발췌하여 옮김.

[30] • 101
세키노 타다시의 조사지역은 1909년의 경우 경성, 개성, 황주, 평양, 의주, 안주, 영변, 강화, 광주, 양주, 수원, 공주, 은진, 부여, 대구, 영천, 경주, 양산이었으며, 1910년에는 경성, 개성, 평양을 재조사하고, 옥천, 보은, 성주, 고령, 창녕, 영산, 함안, 진주, 구례, 남원, 곡성, 옥과, 창평, 광주, 나주, 목포, 해남, 군산, 전주, 익산 지역이었다. 여상진, 『조선시대 객사의 영건과 성격 변화』, 서울대학교 대학원 박사학위논문, 2005, p.234

[31] • 101
여상진, 『조선시대 객사의 영건과 성격 변화』, 서울대학교 대학원 박사학위논문, 2005, p.238

[32] • 102
한삼건, 「일제강점기 읍성과 읍치의 변용」, 『건축역사연구』, 제16권, 5호, 통권 54호, 2007.10, p. 171, 174. 한편, 매일신보(每日申報) 1930년 5월 28일판에 실린 「三道十三郡의 道郡廳舍를 改築 今年豫算廿九萬六千圓으로 官舍도 六個所新築」이란 기사 역시 군청사 개축 내용을 담고 있다. *"각도의 도청사 및 군청사는 ..... 거의 전부가 노후한 건물 뿐이므로 집무상 불편하고, 그 중에도 함남, 충남북, 경북도청사 외 80여군의 군청사는 극히 협소하고 불편하야 시급히 개축을 요하므로 총독부 내무국 지방과에서는 곧 그 개축을 계획하는 중인데....."*

[33] • 102
1924년 경성에서 정미 쌀 한 되의 가격이 4전이었다. 또 경성에서 일하는 조선인 보통 인부의 하루 임금은 2원 2전 5푼이었다. 통계청, 『국가통계포털』, kosis.kr, 2017년 10월 5일 검색

[34] • 102
동아일보, 「尙州郡廳移轉(상주군청이전)」, 1924.02.03.

[35] • 103
한편 상주와 달리 평안북도 정주에서는 민간인들에 의해 관아를 보존하기 위한 모금활동이 이루어지기도 했다. 1926년 5월 7일 동아일보 기사는 정주성 내 구군청사는 수백년 전 구한국 시대에 축조한 건물로 그 구결(構結)의 장식과 조각의 아름다움이 근세에는 보기 드문 고적이라고 소개하고 있다. 이어서 군청이 신청사로 이전한 후에 건물이 낙후되었는데 이 건물의 보존 수리를 위해 정주유지 20여명이 모여 의연금(義捐金)을 모집한다는 소식을 전하고 있다.

[36] • 103
경성 남대문(제1호), 경성 동대문(제2호), 경성문묘(제236호), 경성동묘(제237호), 경성 사직단 표문(제297호)이다.

[37] • 103
2장의 보물건조물 목록을 참고

[38] • 103
육조거리의 관청이 모두 헐렸고, 총독부 청사를 짓기 위해 광화문을 철거하려다 반대에 부딪힌 일이나, 박람회 개최를 위해 경복궁 일곽을 철거한 사례는

이미 널리 알려진 사실이다.

[39] • 103
岩槻善之 等, 「朝鮮古建築保存に 關する 座談會」, 『朝鮮と建築』, 第10輯 第4號, 1931.5.

[40] • 103
당시는 아직 「보존령」 제정 전으로 보존 가치가 있는 문화재 건조물은 특별보호건조물로 지칭되던 때였으나, 이창근은 당시 학무국 종교과장으로 건조물을 「보존령」의 보호 아래 두기 위한 작업을 진행 중이었으므로, 목조 건조물에 '보물'이라는 명칭을 붙인 것으로 보인다.

[41] • 105
최석영, 『일제의 동화이데올로기의 창출』, 서경문화사, 1997, p.7

[42] • 105
이 기간이 일제강점기를 나누는 일반적인 시기 구분에서 문화통치기이다.

[43] • 105
일본 학자들 내에서도 이에 대한 비판이 있었지만, 그 비판 역시 일본을 서구와 같은 관찰자적 입장에 두고 한반도를 비롯한 동양을 바라보았고, 그들 역시 식민지배 그 자체를 부정하지 않았다는 한계를 지닌다. 최석영, 『일제의 동화이데올로기의 창출』, 서경문화사, 1997, pp.377~403

[44] • 106
이명화, 「조선총독부 학무국 운영과 식민지 교육의 성격」, 『鄕土서울』, 2007 ; 임이랑, 「전시체제기 鹽原時三郎의 황민화정책 구상과 추진(1937~1941)」, 『역사문제연구』, 29, 2013, pp.257~291

[45] • 106
동아일보, 「고적애호일(古蹟愛護日) 구월십일로 결정」, 1937.08.26.

[46] • 108
동아일보, 「고적보존회 총독인사요지」, 1937.06.10.

[47] • 109
세키노 타다시 著, 강봉진 譯, 『韓國의 建築과 藝術-東京帝國大學 韓國建築調査報告』, 산업도서출판공사, 1990, p.60

[48] • 109
세키노 타다시 著, 강봉진 譯, 『韓國의 建築과 藝術-東京帝國大學 韓國建築調査報告』, 산업도서출판공사, 1990, p.43

[49] • 111
제도 변화의 구체적인 내용에 대해서는 2장을 참고.

[50] • 112
「보존령」 (제1조) 건조물, 전적, 서적(書跡), 회화, 조각, 공예품 그 외 물건으로 특히 역사의 증징 또는 미술의 모범이 될 만한 것은 조선총독은 그것을 보물로 지정할 수 있다. 패총, 고분, 절터, 성터, 가마터 그 외 유적, 경승(景勝)의 땅 또는 동물, 식물, 지질, 광물 그 외 학술연구의 자료가 될 만한 것으로서 보존의 필요가 있다고 인정하는 것은 조선총독은 그것을 고적, 명승 또는 천연기념물로 지정할 수 있다.

[51] • 112
매일신보, 「보물 고적은 사찰중심주의」, 1935. 6. 9.

[52] • 112
최석영, 『일제의 동화이데올로기의 창출』, 서경문화사, 1997, p.253

[53] • 112
최석영, 『일제의 동화이데올로기의 창출』, 서경문화사, 1997, pp.249~256

[54] • 114
국립중앙박물관 소장 조선총독부박물관 문서, 관리번호. A057-004-019, 「고적보존비보조원의 건」

[55] • 114
1933년 8월 9일 관보에 고시되었다. 하지만 관련 시행규칙과 시행수속은 12월 5일에 고시되었다.

[56] •114
국립중앙박물관 소장 조선총독부박물관 문서, 관리번호. A057-004-011, 「고적보존비보조의 보조에 관한 건」

[57] •114
국립중앙박물관 소장 조선총독부박물관 문서, 관리번호. A057-004-003, 「보물건조물 성불사 극락전 보존공사 준공보고에 관한 건」

[58] •115
34년, 35년, 37년 보존요목의 서문으로도 사용되었다. 보존요목은 「보존령」의 전문과 시행규칙, 시행수속 등 하위 관련 법령을 모두 담고 있다. 또 보존요목이 발간된 연도까지 지정된 보물들을 목록으로 정리해 발표한 총독부 간행물이다. 총독부가 간행하는 기록물에 이 글이 수정되지 않고 계속해서 실렸다는 사실은 글이 밝히고 있는 「보존령」의 제정 취지에 오류가 없었음을 방증한다. 또한 이 취지가 총독부의 공식적인 입장이었다는 사실도 알려준다.

[59] •115
보존대상으로 건조물을 포함하지 않은 것, 소유권 제한이 약한 것 등이다.

[60] •115
건조물에서 소유권 제한의 구체적인 내용은 현상변경 규제의 강화이다. 즉 조선총독의 허가와 보존회의 심의 없이 건조물 소유주의 결정만으로 개조, 이축, 개축, 철거 등이 이루어질 수 없도록 법적 근거를 마련한 점이 소유권 제한의 구체적인 내용이었다.

[61] •115
渡邊豊日子, 「조선보물고적명승급천연기념물보존령 발포에 대하여」,『朝鮮』,1933 번역은 이순자, 『일제강점기 고적조사사업 연구』, 숙명여자대학교 박사학위논문, 2007, p.144를 참고

[62] •116
하지만 글에도 명시하고 있는 것처럼 보호 대상이 '역사적 증징'이 될 만한 것이라는 점을 잊어서는 안 된다. 여러 차례 설명한 것과 같이 '역사적 증징'이 될 만한 건조물이란 일제의 통치이념에 적합하지 않은 건조물이 제외된 나머지 건조물이었다.

[63] • 117
물론 '역사적 증징'으로 대표되는 역사적, 미술적, 학술적 가치가 중요한 지정 기준으로 활용되었다. 이 글에서 설명하고자 하는 내용은 '보물건조물' 지정에 새롭게 적용된 기준이 무엇이었는가에 대한 것이다.

[64] • 118
조성운, 「1930년대 식민지 조선의 근대 관광」, 『한국독립운동사연구』, 제36집, 2010

[65] • 118
이는 국제 사회에 일본의 위상을 높이고자 했던 일본 정계의 입장과 경제적 이익을 목적으로 했던 경재계의 협조 속에서 이루어진 일이었다..... 그리하여 이 시기부터 일본 철도원은 관광루트의 설정과 관광지의 정비 등을 본격적으로 추진하기 시작하였다. 조성운, 「일본여행협회의 활동을 통해 본 1910년대 조선 관광」, 『신선의 탄생-식민지 조선의 근대관광』, 선인, 2011, p.188

[66] • 118
근대 관광은 철도의 개통과 그 시작을 같이한다. 관광과 철도의 관계에 대해서는 인태정, 『한국관광의 형성과정에 관한 비판 사회과학적 연구』, 부산대학교 박사학위논문, 2004를 참고.

[67] • 118
원두희, 『일제강점기 관광지와 관광행위 연구: 금강산을 사례로』, 한국교원대학교대학원 석사학위논문, 2011, p.12

[68] • 118
조성운, 「1930년대 식민지 조선의 근대 관광」, 『한국독립운동사연구』, 제36집, 2010, p.376

[69] • 119
일제의 한반도 철도사업은 대게 대륙침략의 군사목적, 내지독점자본의 상품시장개발, 조선 천연자원 및 원료공급, 민족운동억제 등을 위한 교통망으로서의 정책적 사업으로 규정된다.(박노보, 「조선총독부특별회계 분석을 통한 일본의 조선통치정책 연구-세출구조 분석을 중심으로」, 일본학연보, 제4집, 1992, p.58) 철도를 활용한 관광 사업은 철도 부설의 주요 목적이라기보다, 철도를 신설, 개량, 유지하기 위한 수입원으로서, 나아가 총독부의 세입 증대를 위한

것이 주요 목적이었다.

[70] • 119
송규진, 「식민지조선 관세정책의 비교사적 분석」, 『일본과 서구의 식민통치 비교』, 선인, 2004, pp.322~325

[71] • 119
일본 재계의 불황은 1927년 3월 15일에 시작되어, 4월 20일에 최고조에 달하였다. 그 원인은 제1차 세계대전 이래, 계속되어 온 일본 경제의 모순에서 생겼다. 즉, 제1차 세계대전의 전쟁경기에 힘입어 급속히 발전한 일본자본주의는 전후의 공황에 '관동대지진'이 덮쳐 엄청난 타격을 받았다. 이에, 정부는 일본은행에 구제대출자금을 시중에 풀어놓도록 하여, 재계의 동요를 방지하고자 하였다. 이 때문에, 급격히 팽창한 기업은 정리되지 않고, 다수의 은행과 기업이 거액의 부채를 짊어지게 되었다. 여기에다 국제수지의 악화까지 겹쳐, 일본 재계는 장기적인 불황에서 헤어나지 못하였다. 遠山茂樹·今井淸一·藤原彰, 『昭和史』, 岩派新書, 1985, p.34를 박노보, 「조선총독부특별회계 분석을 통한 일본의 조선통치정책 연구-세출구조 분석을 중심으로」, 일본학연보, 제4집, 1992, p.58에서 재인용

[72] • 119
박노보, 「조선총독부특별회계 분석을 통한 일본의 조선통치정책 연구-세입구조 분석을 중심으로」, 일본학연보, 제3집, 1991, pp.113~116

[73] • 119
1925년 당시 관유수입은 특별회계 세입 총액의 7할을 차지하였다. 조선총독부특별회계의 철도 수입으로 인한 세입 관계는 박노보,「조선총독부특별회계 분석을 통한 일본의 조선통치정책 연구-세입구조 분석을 중심으로」, 일본학연보, 제3집, 1991, pp.132~134를 참고

[74] • 120
이 밖에 사토는 철도로 연결되지 않는 관광지의 활성화를 위해 관광택시, 관광버스 노선의 신설과 확충을 주장하기도 하였다.

[75] • 120
이상 사토의 제안은 조성운의 글(「1930년대 식민지 조선의 근대 관광」, 『한국독립운동사연구』, 제36집, 2010, pp.379~382)에 실린 佐藤作郎, 「朝鮮にあけ

る觀光事業に就いて」, 『朝鮮』, 1931년 7월호의 글을 재인용하였다.

[76] • 121
이상 기고글의 내용은 조성운의 글(「1930년대 식민지 조선의 근대 관광」, 『한국독립운동사연구』, 제36집, 2010, pp.382~383)에 실린 佐藤作郎, 「朝鮮にあける觀光事業に就いて」, 『朝鮮』, 1931년 7월호의 글을 재인용하였다.

[77] • 121
이순자, 『일제강점기 고적조사사업 연구』, 숙명여자대학교 박사학위논문, 2007, pp.240~250

[78] • 121
이순자는 각 고적보존회의 활동을 정리하였다. 그중 밀양 보승회의 내용을 발췌하면 〈표 3-2〉와 같다. 이순자, 『일제강점기 고적조사사업 연구』, 숙명여자대학교 박사학위논문, 2007, p.245

[79] • 121
동아일보, 「영남루 개수 보승회 조직(嶺南樓改修 保勝會組織)」, 1929.11.29

[80] • 122
각 단체들을 운영을 살펴보면 평의원회를 조직하여 1년 단위로 회의를 진행하여, 회칙을 개정하고, 예산을 심의하였으며, 관련 서류를 대장 형식으로 구비하여 보관하는 등 조직적인 단체 운영이 이루어지고 있었다. 이순자, 『일제강점기 고적조사사업 연구』, 숙명여자대학교 박사학위논문, 2007, p.248

[81] • 122
고적보존회의 활동은 이순자, 『일제강점기 고적조사사업 연구』, 숙명여자대학교 박사학위논문, 2007, pp.240~249를 참고

[82] • 123
동아일보, 「1940년 올림픽 동경으로 결국 결정」, 1936.08.01. 이상 일본의 올림픽 유치 활동은 기사의 내용을 요약한 것임. 이후 중일전쟁의 발발로 1939년 일본은 올림픽 개최를 포기하기로 최종 결정하였다.

[83] • 123
佐藤作郎, 「朝鮮にあける觀光事業に就いて」, 『朝鮮』, 1931년 7월호

[84] • 124
조성운, 「1930년대 식민지 조선의 근대 관광」, 『한국독립운동사연구』, 제36집, 2010, pp.383~384 일본과 한반도의 관광산업을 연동하기 위한 노력은 1930년부터 있었다. 1930년에 일본여행협회의 조선지부는 이미 국제관광국을 설치하고 경성과 지방의 17여 도시에 안내소와 출장소를 둔 바 있다.

[85] • 124
조태동, 「보존적 측면에서 바라본 한국과 일본의 국립공원제도 비교」, 한국환경과학회지, 제13권, 2004, pp.871~875. 본래 국립공원지정은 무분별한 자원 채취와 난개발로 인해 파괴되는 산림과 명승, 천연기념물 등을 보호하려는 취지였으나, 처음 만들어진 목적이 관광을 통한 지역진흥에 있었기 때문에 결국 관광지 개발로 이어졌다. 이에 일본은 보호라는 목적을 강화하기 위해 1949년 국립공원법을 개정하였고 1957년에는 국립공원법을 폐지하고 자연공원법을 제정하기에 이른다.

[86] • 124
타무라 츠요시(田村剛, 1890-1979) 도쿄제국대학 출신, 조원가, 조경학자. 임학자. 일본의 국립공원, 해양공원 제도의 확립과 발전에 이바지하였다. 오카야마현 출생. 국제자연보전연맹 명예 회원. 일본자연보호협회 초대 이사장, 일본조경학회 회장 등 요직을 다수 역임하였다.

[87] • 124
田村剛, 「金剛山と其風景開發策」, 大日本山林會報, 408, 1916, pp.10~22 ; 성나연, 서효원, 전봉희, 「1930년대 금강산 국립공원 계획에 의한 금강산 영역의 재편과 변천」, 『한국건축역사학회 2019년도 추계학술발표대회 논문집』, 2019, p.44에서 재인용

[88] • 124
水谷知生, 「大正記の16國立公園調査地と選定經過と田村剛の國立公園觀」, 『ランドスケープ研究』, 7, 2014, pp.67~74 ; 성나현, 서효원, 전봉희, 「1930년대 금강산 국립공원 계획에 의한 금강산 영역의 재편과 변천」, 『한국건축역사학회 2019년도 추계학술발표대회 논문집』, 2019, p.44에서 재인용

[89] • 124
일본의 정치인이자 토목기술자, 실업가인 쿠메 타미노스케(久米民之助, 1861-1931)가 1919년 설립하였다. 그는 1918년 금강산을 시찰하고 이듬해 회사를

설립하였다. 금강산 전기철도 주식회사는 유역 변경식 수력발전 시설 운영업과 철도 운수업을 겸업하는 회사였다. 수력발전을 통해 생산한 전기는 전기철도 운행과, 철도 주변지역 및 경성의 전등 전력 공급용으로 판매되었다. 표준궤를 도입하였으며, 철원과 내금강을 잇는 철로를 부설하여, 국철과 화물 직통 연락을 추진하였고, 창도 인근 지역에서 나는 유화철 등을 운송하였다. 주말에는 경성과 내금강을 잇는 야간 직행열차를 운행하여 금강산 관광객 유치에 주력하였다. 관광객의 편리를 위해 인근역과 금강산 관광지를 연결하는 운수업과 숙박업을 겸하였다. 한편 수력발전은 북한강 상류인 화천강의 수리권을 취득하여 지형의 고저차를 이용한 유역변경발전방식을 도입하여 이루어졌다. 1924년 중대리 발전소, 1927년 판유리 발전소, 1928년 향천리 발전소, 1936년 신일리 발전소를 시설하여 운영하였다. 한국학중앙연구원, 『한국민족문화대백과사전』, 「금강산전기철도주식회사」 항목의 내용을 정리

[90] • 124
동아일보, 「금강산 순환 전철(金剛山循環電鐵)」, 1927.09.04., 4면

[91] • 126
경성에서 철도를 이용해 금강산을 가기 위해서는 경성역에서 용산역, 청량리역, 의정부역을 거쳐 철원역에 도착해 금강산 전기철도로 환승해야 했다. 청량리역에서 철원역까지 급행열차로는 2시간, 완행열차로는 3시간이 소요되었다. 철원역에서 내금강역까지는 급행의 경우 3시간 43분, 완행의 경우 4시간 48분이 소요되었다. 김한태, 「금강산 전기철도(Ⅰ)」, 철도시설 71, 1999, pp.71~79(원두희, 「일제강점기 관광지와 관광행위 연구」, 한국교원대학교 대학원 석사학위논문, 2011, p.44에서 재인용)

[92] • 126
일요일 관람을 마치고 저녁기차를 타면 월요일 새벽에 경성에 도착할 수 있었으므로 이론적으로 금강산을 무박 3일로 관광하는 것이 가능해졌다. 원두희, 「일제강점기 관광지와 관광행위 연구」, 한국교원대학교 대학원 석사학위논문, 2011, p.45

[93] • 126
원두희, 「일제강점기 관광지와 관광행위 연구」, 한국교원대학교 대학원 석사학위논문, 2011, p.31, 44 참고

[94] • 126
성나연, 서효원, 전봉희, 「1930년대 금강산 국립공원 계획에 의한 금강산 영역의 재편과 변천」, 『한국건축역사학회 2019년도 추계학술발표대회 논문집』, 2019, pp.43~46

[95] • 126
장안사 인근이 개발되기 전에는 장안사 내 극락전을 숙박시설로 사용하였다. 숙박시설 등 관광편의 시설 설치와 관련해서는 원두희, 「일제강점기 관광지와 관광행위 연구」, 한국교원대학교 대학원 석사학위논문, 2011, pp.52~55을 참고

[96] • 127
동아일보, 「금강산(金剛山)을 국립공원(國立公園)으로」, 1927.07.04., 4면

[97] • 127
동아일보, 「금강산(金剛山)을 세계낙원(世界樂園)으로 제반시설(諸般施設)에 백만원 투자(百萬圓投資)」, 1927.08.06., 2면,

[98] • 127
매일신보, 「금강산 탐승객(金剛山探勝客) 신청답지(申請遝至) 금년은 사만여명을 돌파할 듯」, 1930.02.21.

[99] • 127
원두희, 「일제강점기 관광지와 관광행위 연구」, 한국교원대학교 대학원 석사학위논문, 2011, pp.46~47

[100] • 127
동아일보, 1930.02.12. 2면, 「세계(世界)의 절승(絕勝) 금강산(金剛山)- 경치와 사찰 보존에 주력」

[101] • 127
동아일보, 1929.07.11. 5면, 「세계절승금강산(世界絕勝金剛山)에 국립공원설계(國立公園設計)」

[102] • 127
국립중앙박물관 소장 조선총독부박물관 문서(관리번호 F171)에 타무라 박사의 조사보고서와 계획서가 남아 있다. 이 보고서의 내용은 금강산 보승회의 네

번째 회의에서 의논되었다.「朝鮮鉄道協会会誌」, 1930. 9. 9., pp.25-26.

[103] • 127
국립중앙박물관 소장 조선총독부박물관 문서. 관리번호 F171-001

[104] • 127
국립중앙박물관 소장 조선총독부박물관 문서. 관리번호 F171-002

[105] • 127
국립중앙박물관 소장 조선총독부박물관 문서. 관리번호 F171-003

[106] • 127
동아일보,「금강산공원화계획 구체책 점진행(金剛山公園化計劃 具體策 漸進行), 1931.4.11.

[107] • 128
동아일보,「세계(世界)의 절승 금강산 공원(絕勝 金剛山公園)」, 1930.02.12.

[108] • 128
보존기구의 변천과 이 시기 학무국의 보존활동은 2장을 참고

[109] • 129
원두희,「일제강점기 관광지와 관광행위 연구 : 금강산을 사례로」, 한국교원대학교 석사학위논문, 2011, pp.67~68

[110] • 130
1939년에는 경주 국립공원 설치가 건의 되었다.(동아일보,「建議案(건의안)이 十餘件(십여건) 多數可決(다수가결)로 通過(통과), 慶北道會(경북도회)의 弟八日(제팔일)」, 1939.02.16.) 경주는 당시에도 유명한 관광지였고, 정비와 개발에 대한 바람이 강했던 지역이었다. 당시 국립공원의 개발은 명승의 보호뿐만 아니라 관광지 개발에도 그 목적이 있었다.

[111] • 130
동아일보,「靈峯智異山(영봉 지리산) 專門家(전문가)의 設計終了(설계종료) 登山路(등산로)를 開拓(개척)」, 1937.11.06.

[112]•132
법령, 기구, 예산을 포함한 구체적인 제도 변화에 대해서는 이 책의 2장을 참고

[113]•132
연필로 줄을 긋고 私有를 寺有로 고쳐 표기하였다.

[114]•132
연필로 줄을 긋고 私有를 寺刹有로 고쳐 표기하였다.

[115]•132
국립중앙박물관 소장 조선총독부박물관 문서, 관리번호 F104-019-004, 「보물 건조물 보존비 증액요구」

[116]•133
1934년 경성의 정미(精米)시세는 1섬(石) 당 상급이 25.74원, 중급이 24.35원, 하급이 21.97원이었다. 중급의 가격 24.35원을 1되로 환산하면 24전 35푼이 된다.(1되는 대략 1.5Kg) 이는 도매가격이었으므로 물가를 반영한 소매가격은 더 높았을 것이다. 정미시세는 국가통계포털 (kosis.kr, 2017.10.17. 검색)을 참고하였다.

[117]•134
이들 지역 중 철도역이 있는 지역은 영변, 안주, 성천, 평양, 황주, 안변, 수원, 안동, 경주, 진주, (진양)장안사 11개 지역이다. 진양 장안사의 경우에는 '장안사'가 역 이름이었다.

[118]•134
동아일보, 「순회탐방 153 만반의 사업을 교통에 기대(6) 강원수부 춘천」, 1926.12.1.

[119]•134
한편, 이러한 교통로 중심의 수리공사는 건조물이 위치한 지역의 접근성과 연관되어 있을 수 있다. 다시 말해 접근이 용이한 지역에 잘 알려진 건물이 먼저 조사되어, 보물로 지정되었고, 수리공사 대상으로서 우선순위를 점하였을 가능성이 있다는 뜻이다. 당시 세키노 타다시(關野貞)에 의해 건조물의 전수조사가 이루어졌다고는 하나 모든 건조물을 직접 눈으로 확인할 수는 없었다. 대표적인 예로 포항 보경사 적광전은 조선 초기에서 중기의 건물로 최근 보물로 지정

(2015.3.3.)되면서 그 가치를 인정받았지만, 일제강점기에는 주목받지 못한 건물이었다. 세키노가 매긴 등급이 수리의 근거로 작용했던 상황 속에서 세키노가 주목하지 않은 건물은 우선순위에서 밀려날 수밖에 없었다. 포항 보경사 적광전의 사례는 일제강점기 조사와 보물 지정이 현재까지 영향을 미치고 있음을 보여준다. 보경사 적광전 뿐만 아니라, 괴산 각연사 비로전, 문경 불암사 극락전 등 최근 조선 초·중기 건물로 주목받고 있는 건물들이 일제강점기 조사나 지정에서는 소외되었다.

[120] • 137
국립중앙박물관 소장 조선총독부박물관 문서, 관리번호 A078-010-014, 「수원장안문수리공사 시행에 부친 예산배부의 건」. 당시 배부된 예산의 지출과목은 「전릉 및 보물고적명승천연기념물조사 및 보존비」-「보존비」항목이었다.

[121] • 137
국립중앙박물관 소장 조선총독부박물관 문서, 관리번호 A078-010-017, 「수원장안문수리공사 시행에 부친 예산배부의 건」

[122] • 137
국립중앙박물관 소장 조선총독부박물관 문서, 관리번호 A078-010-002, 「수원장안문수선공사 준공의 건」

[123] • 137
국립중앙박물관 소장, 조선총독부박물관 문서, 大正三年度(以下) 古跡保存補助費臺帳 第一果, 관리번호 A100-001

[124] • 138
시작 연도와 끝 연도는 보조비 예산이 속한 회계연도를 기준으로 정리하였다. 이는 집행이 결정되어 보조비 지급 지령이 내려진 연도와는 다르다. 화엄사 각황전의 보조비는 1935년 세출 예산에서 지급되었지만, 지급을 위한 지령은 1936년 2월에 내려졌다. 국립중앙박물관 소장 조선총독부박물관 문서, 관리번호. A113-077-040, 「華嚴寺覺皇殿修理費補助ニ關スル件」

[125] • 139
스기야마 노부조는 오가와 케이키치의 뒤를 이어 학무국 기수로 한반도 건조물 수리공사에 참여한 인물이다. 그의 경력과 활동 내용은 5장을 참고.

[126] • 140
총독부의 이념적, 정책적 결정 속에서 이루어진 건조물 보존제도 개혁이 전쟁기라는 극한의 상황 속에서도 기능하였던 사실은 당시 제도개혁의 긍정적인 일면을 보여준다. 하지만 개심사 대웅전 수리공사는 전쟁기라는 시기적 특성상 수리 보조금을 빌미로 사찰의 재산을 통제하였던 총독부의 영향력 역시 선명하게 보여준다. 개심사 대웅전 수리공사가 보여주는 수리체제의 한계에 대해서는 4장에서 자세히 다루었다.

04 보존 수리체제 확립과 수리전문가 집단의 활동

[1] • 148
국립중앙박물관 소장 조선총독부 박물관 문서, 관리번호 A113-020-001, 「부석사 무량수전 및 조사당 보존공사비 보조에 관한 건」)

[2] • 149
공문에 명시된 짧은 지침들은 사실 일본의 「고사사보존법」과 함께 제정된 「고사사보존법시행세칙(古社寺保存法施行細則)」 명시된 사항들이었다. 「고사사보존법」은 '특별보호건조물'을 지정해 건조물을 보호하도록 한 법으로 건조물 수리공사 관리와 운영에 대한 내용의 일부를 세칙으로 정하고 있었다. 그러나 한반도에서는 '특별보호건조물'이 법으로 정해진 것이 아니라 그 개념만 빌려 쓰고 있었기 때문에 일본에서는 법령의 세칙으로 정한 사항들을 보조금 하부 공문에 명시하였던 것으로 보인다.

[3] • 149
조건에서는 빠져있지만 이어지는 경상남도 장관에게 보낸 통첩에는 공사비의 엄격한 관리를 부탁하는 내용이 명시되어 있다. 국립중앙박물관 소장 조선총독부 박물관 문서, 관리번호 A11-041-009, 「해인사 대장경각 수선에 관한 건」

[4] • 150
그러나 해인사는 이듬해인 1919년 8월 7일 물가 상승으로 인한 재료비 및 임금의 상승을 이유로 추가 공사비 보조를 요구하였다.(국립중앙박물관 소장 조선총독부박물관 문서, 관리번호 A113-041-005, 「해인사 대장경각 수선에 관한 건」) 이와 같은 공문의 내용은 일제강점 초기 조선총독부의 빈약한 재정상태를 보여주며, 이 상황이 건조물 문화재 수리공사에 영향을 미치고 있었음을 알려준다.

[5] • 150
국립중앙박물관 소장 조선총독부박물관 문서, 관리번호. F058-011-004, 「古跡保存工事施行標準」. 이 법규는 조선총독부 토목부가 발행한 『조선토목법규』에도 수록되어 있다. 여기에는 1917년 1월 결정이라고만 기재되어 있다. 다른 법령과 달리 법령의 종류가 적혀있지 않고 정확한 제정일이 기입되어 있지 않은 것으로 보아 총독부 내부 지침이었던 것으로 추정된다.

[6] • 151
조선총독부토목부, 『조선토목법규』, 「古跡保存工事施行標準」, 발행연도 미상

[7] • 152
'장래의 파손을 방지'하는 목적, 즉 구조적인 목적으로 행하는 교체와 보강을 허가하는 조항은 이후 수리공사의 설계서에 '외관에 관계되지 않는 한 견고한 기법을 따른다.'는 수리방침으로 기재되어 이어지게 된다.

[8] • 152
이 지침의 적용을 논의한 1916년 11월은 「보존규칙」(1916.7.)이 제정된 지 4개월여 후이다. 주지하였다시피 「보존규칙」은 건조물을 보호대상에 포함하지 않고 제정되었다. 이 지침은 『조선토목법규』에 실려 있으며 법령의 종류가 적혀있지 않고, 1917년 1월 결정으로만 적혀있다.

[9] • 152
비록 조사와 연구가 바탕이 되어 이루어지기는 하지만 복원설계를 위해서는 결국 추론이 필요하다는 점과 그 추론에 따라 본래 현상에 큰 변경을 초래하게 된다는 점에서 건조물 문화재의 훼손으로 이어지거나 나아가 건조물이 가지는 역사성이 왜곡되는 결과로 이어질 수 있다. 따라서 일제강점기 건조물 문화재 수리공사가 복원을 방침으로 삼았다는 점은 조선총독부의 통치행위와 건조물 문화재 수리공사의 정략적 관계를 규명할 수 있는 열쇠가 될 수있다.

[10] • 153
국립중앙박물관 소장 조선총독부박물관 문서, 관리번호 A88-002-002, 「고적보존비보조공사시행수속을 정하는 건」

[11] • 153
국립중앙박물관 소장 조선총독부박물관 문서, 관리번호 A88-003-001, 「분황사구층탑보조공사 시행순서의 건」

[12] • 153
두 지침의 내용은 공사비 집행과 관리 방법을 구체적으로 정하고, 지방장관, 현장감독이 갖추어두어야 할 장부의 종류, 현장감독이 지출해야하는 공사비의 종류 등을 정하고 있다. 「시행수속」의 내용은 번역하여 이 책의 부록에 수록하였다.

[13] • 154
한편, 이 사실은 조선총독부가 건조물 보존의 필요성을 인지하고 있었다는 사실을 보여줌으로써, 건조물을 법적 보호대상으로 편입하는 것을 정략적 판단을 통해 늦춘 것이라는 혐의를 짙게 만든다. 3장에서 살펴본 것처럼 건조물은 이념적 문제, 소유권 및 재산권 문제, 통치시설 확보 문제 등으로 법적 보호대상이 되지 못한 채, 행정명령과 지침 수준의 관리 속에서 수리가 이루어지고 있었다.

[14] • 155
조선총독부 관보 제344호, 명치44년(1911) 10월19일, 관통첩 제297호, 「官有財産保存竝取毁ニ關スル件」

[15] • 155
조선총독부 관보 제489호, 대정3년(1914) 3월9일, 관통첩 제99호, 「寺刹殿堂等建築ニ關スル件」

[16] • 155
조선총독부 관보 호외, 대정3년(1914) 8월17일, 조선총독부 훈령 제42호, 「朝鮮總督府及所屬官署會計事務章程」

[17] • 157
「宝物建造物保存修理の要旨」, 京都大学所蔵『小川敬吉資料』, 12006 册子12. 金玟淑(김민숙), 『植民地朝鮮における歴史的建造物の保存と修理工事に關する研究』, 早稲田大学 博士論文, 2008, p.73에 수록된 것을 번역하였다. 이 글의 작성 시점은 알려져 있지 않다. 그러나 총독부 소속 기사와 촉탁이라는 언급을 통해 작성시점의 하한을 추론하는 것이 가능하다. 기사와 촉탁이라는 2인 체제에 중점을 두고 생각해본다면 조선총독부 소속 수리전문가 중 기사 급에 해당하는 인물은 오가와 케이키치(小川敬吉) 뿐이다.(그의 실제 직급은 기수였다.) 한편, 스기야마 노부조(杉山信三)의 회고에 의하면 그가 조선총독부의 촉탁으로 임명된 것은 1935년이었고, 기수로 임명된 것은 1940년이었다. 또한 그가 촉

탁으로 임명되기 전에는 이케다 소우키(池田宗龜)가 촉탁으로 근무하였다고 회고하였다. 오가와 케이키치는 1921년 이래로 계속해서 학무국 기수였으므로, 글이 언급한 기사-촉탁 2인 체제 구성은 스기야마 노부조가 기수가 되기 전까지만 해당하는 체제이다. 따라서 이 글은 적어도 1940년 이전에 작성된 것으로 볼 수 있다.

[18] • 158
오가와 케이키치(小川敬吉)가 주장한 전문성의 강조는 전문성의 중앙 집중화로 이어졌다. 수리공사를 민간으로 확대하면, 수리전문가 양성과 수리전문조직의 확대가 가능하다. 현재 우리나라의 수리체제는 수리전문가의 자격을 국가가 부여하고, 민간에서 수리공사를 수행할 수 있도록 하고 있다. 이에 따라 수리 전문성을 민간으로 확대하여 수리전문가가 양성되고 수리전문조직이 확대되었다. 하지만 그 결과 오가와 케이키치가 우려하였던 것과 같은 불성실하고 취지에 맞지 않는 계획수립과 공사시행이 이루어지는 사례가 있는 것이 사실이다. 현재 한국의 문화재청은 이러한 문제를 해결하기 위해 「전통건축수리기술진흥재단」의 설립과 같이 다시 국가가 주도하는 수리공사 체제를 도입하려는 움직임을 보이고 있다.

[19] • 159
「보존령」 이전 공사지침들이 공사비 집행 관리에 중점을 두고 있다는 점이 이를 뒷받침한다.

[20] • 159
공사의 지휘를 맡긴 것으로 공사비의 관리를 맡았던 이전 시기와는 차이가 있다.

[21] • 160
국립중앙박물관 소장 조선총독부 문서, 관리번호 A113-077-036, 「會計實地檢査照會事項ノ件」

[22] • 160
국립중앙박물관 소장 조선총독부 문서, 관리번호 A113-077-037, 「會計實地檢査照會事項ノ件」

[23] • 160
증빙서류의 작성은 화엄사각황전수리공사사무소가, 공문과 사유서의 작성은 당시 학무국 소속 기수였던 오가와 케이키치(小川敬吉)가 맡았다. 공문과 사

유서의 작성이 오가와 케이키치의 것임은 공문에 찍힌 날인과 필체를 통해 확인이 가능하다. 국립중앙박물관 소장 조선총독부 문서, 관리번호 A113-077-025, 「會計實地檢査照會事項ノ件」

[24] • 163
1901~1966. 강원도 삼척출생. 1922년 경성제일고등보통학교를 졸업하고 경성고등공업학교 건축과에 진학하였으며, 1925년 졸업과 함께 바로 전라남도청의 기수(技手)로 발령받아 광주로 내려갔다. 광복될 때까지 조선총독부를 거쳐 조선주택영단의 기사로 재직했다. 광복 직후 대한건축사협회 이사장직(1955)을 비롯하여 정부 여러 부처의 기술자문역을 맡았다. 1965년 대한건축사협회의 발기인 중 한 명이었으며 창립회장이 되었다. 대표작으로는 광주근무시절 설계한 전라남도청사(1932)와 전라남도평의원회의실(1932)이 있다.

[25] • 163
이 청원은 예산 문제로 거절되었다. 한편 이 때 청원한 보조총액은 45,000원이었다. 1934년 당시 보조비 예산이 총 12,000원 이었으므로 이는 한해 보조비 예산에 4배에 해당하는 금액이었다. 추녀와 서까래가 기울고, 내부 기둥이 부식되어 가량(假樑)을 사용해 임시 보수한 것이 위험하다는 것이 현황조서의 주요 내용이었다. 국립중앙박물관 소장 조선총독부박물관 문서, 관리번호 A113-077-064, 「華嚴寺覺皇殿現況調書」

[26] • 163
국립중앙박물관 소장 조선총독부박물관 문서, 관리번호 A113-077-008,「華嚴寺覺皇殿 修理工事補助金ニ關スル件」 12만원이 거액이었음은 1939년 12월 조선미 1되(1.6*kg*)의 가격이 27전이었다는 점과 그 해 조선인의 평균임금지수는 127원 40전 이었다는 점을 통해 미루어 짐작이 가능하다. 쌀 가격과 평균임금은 통계청 자료를 통해 확인하였다.

[27] • 163
화엄사 각황전 수리공사는 대수선 계획의 첫 공사이기도 했지만 「보존령」 제정 이후에 수리 청원이 이루어졌기 때문에 새로운 법령과 지침 정하는 절차를 처음부터 끝까지 따른 공사로 큰 의미가 있다. 더욱이 이 공사는 일제강점기에 시행된 단일건물을 대상으로 한 수리공사 중에서는 가장 큰 규모의 수리비가 투입된 수리공사로서 상세한 수리기록을 남기고 있다.

[28] • 163
「시행준칙」은 국립중앙박물관 소장 조선총독부박물관 문서 중에서는 화엄사 각황전 수리기록물에서만 찾을 수 있으며, 교토대학 소장 오가와 케이키치 기록물 중에도 「시행준칙」 문서가 포함되어 있는 것으로 알려져 있다. 「취급수속」은 현재까지는 화엄사 각황전, 장안사 사성전의 것이 국립중앙박물관 소장 조선총독부박물관 문서에서 발견되며, 교토대학 소장 오가와 케이키치 기록물에 수덕사 대웅전의 것이 포함되어 있다.

[29] • 164
..... 『文化財保護の歩み』에 따르면 일본국 내에도 국보보존법제정(1929.3.)에 따라 수리공사의 집행방식이 명문화되는 움직임이 생겨, 「국보보존법」 시행에 이어서, 「국보건조물수리시행준칙」이 정해져, 수리공사집행의 기본이 정해졌다. 「보물건조물수리시행준칙(寶物建造物修理施行準則)」은 일본의 「국보건조물수리시행준칙」의 기재내용과 거의 같아, 일본의 것을 기초로 작성된 것으로 추정된다. 다만 일본에서는 문부대신에게 현상변경의 허가를 받아야 한다고 되어 있지만(제3조), 조선에서는 조선총독의 허가제로 되어있다. 또 수리보고서의 제출처도 일본은 문부대신, 조선에는 조선총독으로 정하고 있다(제4조). 제2조의 최후에 「우(右)에 관해서 결정이 어려운 때에는 조선총독에 구신(具申)하여 그 지시를 기다린다.」라는 한 문장도 추가된 것이다..... 金玟淑 (김민숙), 『植民地朝鮮における歴史的建造物の保存と修理工事に關する研究』, 早稲田大学 博士論文, 2008, pp.57~58의 내용을 번역

[30] • 165
이 기록물 일체는 필체를 볼 때 오가와 케이키치가 필사한 것으로 보이며, 표지에는 소화9년(1934) 12월 조사한 것이라고 표기되어 있다.

[31] • 165
「위원부규정」과 「취급수속」의 차이점은 「취급수속」이 '조직'의 내용을 '서무'에 포함하여 3장으로 구성하고 29개 조항으로 구성을 축소한 점이다. 「위원부규정」은 부칙에 소화10년(1935) 3월 31일부터 시행하는 것으로 명시되어 있으며 「취급수속」은 부칙에 소화11년(1936) 10월 1일부터 시행하는 것으로 명시하고 있어 선후관계를 명확히 알 수 있다.

[32] • 165
각 수리공사별로 작성된 「취급수속」은 거의 동일한 조항으로 이루어졌는데, 장안사 사성전 수리공사의 것에서는 현장구성 인원이 증가하는 정도의 차이

가 발견된다. 장안사 사성전 수리공사 취급수속에 대한 설명은 金玟淑의 논문(『植民地朝鮮における歴史的建造物の保存と修理工事に關する研究』, 早稲田大学 博士論文, 2008)을 참고

[33]•165
당시 수리계획을 정리한 도서의 명칭은 "설계서"와 "계획서"가 혼용되어 사용되었다.

[34]•166
화엄사 각황전에 앞서 해체수리가 진행된 관음사 대웅전, 성불사 응진전은 1933년 이후까지 수리가 이어지긴 했지만 「보존령」 제정 이전에 수리가 결정된 건조물이다. 두 건조물은 보조비 청원 공문서에 "보물건조물"이라는 명칭 대신 "특별보호건조물"이라는 명칭이 등장하는데 이는 두 공사가 진행 초반 「보존령」 이전의 규정에 따랐음을 보여주는 증거이다.

[35]•167
시행준칙 4조의 내용

[36]•167
거계도는 단면상세도, 규구도는 부재상세도로 번역이 가능하다. 규구술은 일본에 전승되고 있는 건축기술로 부재를 치목할 때 곡척을 사용해 입체기하학적인 도해를 수행하는 방법이다. 규(規)는 컴퍼스를 뜻하고 구(矩)는 직각자를 의미한다. 서까래나 추녀를 치목할 때 재목에 치수선을 먹줄로 표시하는 기술을 규구술로 지칭하기도 한다. 수학에서 입체 도형을 다루는 방법이나, 측량기술을 뜻하는 말로도 사용되었다.

[37]•169
총독부 소속 조사원과 계획서 작성 파견원은 모두 오가와 케이키치(小川敬吉)였다.

[38]•169
작성 주체는 각각 전라남도 기수, 학무국 기수, 현장주임으로 모두 달랐다.

[39]•169
국립중앙박물관 소장 조선총독부 문서, 관리번호 A113-077-025, 「會計實地檢査照會事項ノ件」

[40] • 171
1940년 1월에 작성된 공정표에 따르면 1936년 4월에 시작한 실측조사는 기초공사가 진행된 1938년 5월까지 이어졌다. 이는 해체공사가 끝나고 기초공사가 진행된지 5개월이 지난 시점이었다. 적어도 실측조사가 진행된 기간 동안은 실시 설계서에 변경이 있었을 것으로 보는 것이 타당하다.

[41] • 171
수리사무소가 설치되었음은 현장에서 작성한 서류들을 통해 알 수 있다. 수리현장에서 작성한 일지의 판심(版心)에는 "覺皇殿修理事務所"라는 명칭이 인쇄되어 있다.(국립중앙박물관 소장 조선총독부 문서, 관리번호 A113-077-035, 「華嚴寺覺皇殿修理工事日誌」) 1936년 4월 4일부터 작성되어 그 해 11월까지 작성된 일지에는 4월 8일자로 각황전 동쪽 의향각 일부를 수선하여 사무소로 사용하기로 한 결정도 기록되어 있다. 또한 현장주임 카미쿠보 큐우시로(上久保九市郎)가 오가와 케이키치(小川敬吉)에게 보낸 편지들에는 "華嚴寺覺皇殿修理事務所"라는 고무인이 찍혀 있다.

[42] • 172
「시행준칙」은 1조에 수리감독이 지방장관의 명을 받아 수리기수를 지휘하여 공사를 관장한다는 규정만을 두고 있으며, 이밖에 현장 구성원에 대한 구체적인 규정은 「취급수속」으로 정하였다.

[43] • 173
화엄사 각황전 수리공사 감독은 동경제국대학의 교수 후지시마 가이지로(藤島亥治郎)가 겸임하였다. 공사고문은 학무국 사회과 기수 오가와 케이키치가 위촉되었다. 오가와 케이키치는 화엄사 각황전 수리공사의 학무국 담당 주임이기도 했다. 현장주임에는 카미쿠보 큐우시로(上久保九市郎)가 임명되었다.(국립중앙박물관 소장 조선총독부 문서, 관리번호 A113-077-035,「華嚴寺覺皇殿修理工事日誌」)

[44] • 173
「취급수속」과 같은 공사 진행의 세부규정으로 도청의 업무를 분장하고 있는 것은 도청의 사무에 수리 공사가 포함되지 않았음을 보여준다. 「보존령」 제정으로 보물건조물을 국가가 유지 관리하게 되었고 도지사가 수리를 지휘하도록 되었음에도 불구하고 아직 건조물 수리는 일시적 업무로 인식되고 있었다. 이와 같은 수리공사 시에만 적용되는 임시적인 업무분장은 이후에도 계속해서 이어졌다. 수덕사 대웅전·개심사 대웅전 수리공사의 취급수속에도 같은 조항

이 등장하기 때문이다.

[45] • 173
실제로는 공사 시작부터 오가와 케이키치가 감독 임무를 수행한 것으로 보인다. 현장에서 작성한 수리공사 일지에 의하면 후지시마 가이지로는 현장이 수립되고 감독에 임명된 1936년 4월 4일부터 5일까지 광주에서 수리 관련 회의에 참여하였다. 현장 방문은 8월 16일이 되어서야 이루어졌고 20일까지 오가와 케이키치와 함께 조사에 임하였다. 이는 기록상으로는 후지시마 가이지로의 처음이자 마지막 현장 방문이었다.

[46] • 173
새 감독으로는 미야기 추이치(宮城忠一)가 임명되었다. 일제강점기 수리기술자 모임인 인동회(忍冬會)에서 발행한 회지인 『靑交』에는 1938년 1월, 1939년 11월, 1940년 4월, 1940년 7월에 구례화엄사현장의 감독임무를 수행한 것으로 기록되어 있다. 한편 관련 공문에서는 오가와 케이키치와 후지시마 가이지로가 모두 감독직을 수행하기 어려우므로 감독대리로 미야기 추이치를 임명한다고 적고 있다.(국립중앙박물관 소장 조선총독부 문서, 관리번호 A113-077-020,「華嚴寺覺皇殿修理工事監督ニ關スル件」), 宮城忠一의 실제 독음은 알려져 있지 않다. 미야기 추이치는 宮城忠一의 일반적인 독음을 사용하였다.

[47] • 174
「취급수속」 제13조에는 공사감독이 설계사양서에 의해 서류를 작성하고 내무부장에게 제출하도록 정하고 있다. 작성하도록 정한 서류는 실시설계예산, 공정표, 공사 착수 및 준공 기일, 공사 집행상 필요한 규칙이다. 하지만 화엄사 각황전 수리기록에서 후지시마 가이지로가 작성한 서류는 발견되지 않는다.

[48] • 174
일제강점기 수리기술자 모임인 忍冬會에서 발행한 회지인 『靑交』 분석을 통해 김민숙이 밝힌 카미쿠보 큐시로의 행적은 화엄사 각황전 수리현장 근무가 유일하다. 분석에 따르면 1935년 6월부터 1941년 4월까지 현장에 재직하였던 것으로 추정하고 있다. 조선총독부 박물관 문서에서는 1936년 4월부터 그의 이름이 등장한다.

[49] • 174
대학교수가 감독을 겸임하는 체제는 개심사 대웅전 수리공사에도 적용되었다. 그러나 개심사 대웅전에 감독을 맡았던 경성고등공업학교 교수 노무라 요시후

미(野村孝文)는 역시 학교 측의 요청으로 2개월에 1번 방문하는 조건으로 임명되었다. 이렇게 겸임직 감독은 현장에서 역할을 다하는데 한계가 있었으므로, 실제로는 수리공사 주무담당관인 학무국 주임과 현장주임에 의해 공사가 진행되었다. 겸임직 감독의 실제 임무는 자문 업무에 머물렀던 것으로 보인다. 화엄사 각황전 수리공사 이후 학무국 주임이 공사감독을 맡는 수리공사들이 등장하는 것은 감독을 선정하는 것이 어려웠던 이유도 있었지만 효율적인 공사 지휘를 위한 것이기도 했던 것으로 추정된다.

[50] • 174
오쿠타니구미(奥谷組)는 현재도 교토에서 사사(寺社)건축 전문회사로 이어지고 있다, 오쿠타니 쿠마노스케(奥谷熊之輔)는 2대째 사장으로 1888년부터 1948년까지 회사를 운영하였다. 회사 연혁에는 오쿠타니 쿠마노스케가 대표로 있던 1941년 조선에서 함흥신사를 건설한 사실이 기재되어 있어 그가 화엄사 각황전 수리공사 참여 이후에도 한반도에서의 활동을 이어갔음을 알 수 있다. 회사 연혁은 株式會社奥谷組의 홈페이지(http://okutanigumi.jp)를 참고하였다.

[51] • 174
이는 설계도서에서 뿐만 아니라 실제 수리현장에서 일본의 기술과 개념이 이입되고 혼용되는 요인이 되었다.

[52] • 176
수리공사에 참여한 수리전문가는 이들뿐만이 아니었다. 현장감독, 현장조수, 고문 등도 수리공사에 참여한 수리전문가였다.

[53] • 176
「조선보물고적명승급천연기념물보존령 시행규칙」 제9조

[54] • 176
「조선보물고적명승급천연기념물보존령 시행규칙」 제11조, 사찰 건조물 관련은 제23조로 별도로 정하고 있다. 내용은 같다.

[55] • 176
오가와 케이키치가 작성한 수리계획서 초안이 계획서와 함께 남아 있다. 초안에는 연혁과 수리방침의 초고, 가설 덧집 소요 목재 계산서, 청평사 극락전, 성불사 극락전, 성불사 응진전, 무위사 극락전, 장안사 대웅전에 소요된 공정별

금액과 평균을 정리한 표 등이 함께 묶여 있다. 국립중앙박물관 소장 조선총독부 문서, 관리번호 A113-077 -099~120

[56] • 177
수리설계서 표지에 "소화10년(1935) 10월 확정된 계획서"라는 메모가 붙어 있어 설계서 작성이 일단락 된 때를 알 수 있다. 그러나 이 계획서는 초안으로 보이며 이 계획서를 토대로 이후 수리공사의 방향과 범위, 보조 규모를 결정한 것으로 보인다. 1936년 2월에는 수리가 결정되었고, 4월에는 현장 사무소가 설치되었으므로, 1936년 1월까지는 1935년 10월에 작성한 계획서가 수정, 보완된 것으로 보는 것이 타당하다. 국립중앙박물관 소장 조선총독부 문서, 관리번호 A113-077-046, 「華嚴寺覺皇殿修理設計書」

[57] • 177
화엄사가 최초 청원한 금액은 45,000원이었고, 이후 1935년 10월 최초 계획서에는 수리비 총액이 120,000원으로 기재되어 있다. 1935년 12월 전라남도 내무부장이 학무국 사회과장에 보낸 공문에 수리비 150,000원 중 50,000원을 전라남도와 화엄사가 마련한다는 내용을 볼 때 설계서 작성이 일단락된 후 논의 과정에서 증액된 것으로 보인다. 하지만 1936년 2월 첫 수리비 보조 공문에는 총 공사비가 120,000원으로 명시되어 있다.

[58] • 177
전라남도 기수 김순하가 작성한 계획서에는 그 내역이 공종 분류 없이 23개 항목으로 정리되어 있었다.

[59] • 178
1920년대 대표적인 수리공사로 꼽을 수 있는 금산사 미륵전 수리공사에서도 공사 진행에 앞서 작성한 「실시설계서」는 등장하지 않는다. 이는 화엄사 각황전에 앞서 수리공사가 결정되고 진행되었던 관음사 대웅전이나 성불사 응진전 수리공사에서도 마찬가지다. 다만 공사 도중에 작성한 설계설명서, 내역서, 주문서등은 남아 있다.

[60] • 178
국립중앙박물관 소장 조선총독부 문서, 관리번호 A113-077-121

[61] • 178
이는 화엄사 각황전 수리공사에 고용된 대공두량이 현장에 임하기 전 오가와

케이키치(小川敬吉)에게 쓴 편지의 내용을 통해서 확인할 수 있다. 편지에서 대공두량은 현장에 임하는 일정을 알리고 성실히 공사를 수행할 것을 약속하고 있다.

[62] • 181
사실, 수리공사에서 조선총독부의 영향력은 공사를 결정하는 단계에서부터 발휘되었다. 3장에서 살펴본 보호대상 건조물의 선택적 지정이나 교통로에 근접한 관광지 위주로 수립되었던 대수선 계획은 수리공사가 총독부의 영향력에서 자유로울 수 없었음을 보여준다.

[63] • 181
수리기간은 『寶物開心寺大雄殿昭和年重修銘』을 참고하였다. 비록 간단한 메모이기는 하지만 국립중앙박물관 소장 조선총독부박물관 문서에는 1945년 1월 개심사 대웅전 수리 완료라는 기록도 있다.(국립중앙박물관 소장 조선총독부박물관 문서, 관리번호 A070-003-001-001) 한편 개심사 대웅전과 비슷한 시기에 공사가 시작되고 완료된 건물로 장안사 사성전(四聖殿)이 있다. 사성전의 공사는 1937년부터 수리를 위한 보조를 받기 시작하여 1941년 건물의 해체가 이루어졌고 1944년 12월 완료하였다.(국립중앙박물관 소장 조선총독부박물관 문서, 관리번호 A095-003-001-001~006)

[64] • 181
국립중앙박물관 소장 조선총독부박물관 문서, 관리번호 A083-001-017, 「寶物建造物開心寺大雄殿修理工事期間延長及補助費增額申請件」

[65] • 182
국립중앙박물관 소장 조선총독부박물관 문서, 관리번호 A083-001-027

[66] • 182
낙성식 이후에도 잔업이 남았던 것으로 보이며 조선총독부박물관 문서에 의하면 1945년 1월 종료되었다는 기록이 남아 있다. 국립중앙박물관 소장 조선총독부박물관 문서, 관리번호 A070-003-001-001

[67] • 184
국립중앙박물관 소장 조선총독부박물관 문서, 관리번호 A083-001-027

[68] • 184
국립중앙박물관 소장 조선총독부박물관 문서, 관리번호 A083-001-027

[69] • 184
국립중앙박물관 소장 조선총독부박물관 문서, 관리번호 A095-003-020, 「寶物建造物長安寺四聖殿保存修理工事取扱手續」

[70] • 184
앞서 소개한 학무국 작성 문서인 1940년(소화15년) 11월 28일 결재문서 말미에는 재무국장에게 보내는 통첩(通牒)이 첨부되어 있는데, 보조비 신청자를 개심사 주지로 적고, 지출관을 충청남도 도지사로 적고 있어 이러한 사정을 뒷받침한다.

[71] • 184
국립중앙박물관 소장 조선총독부박물관 문서, 관리번호 A083-001-012, 「寶物建造物開心寺大雄殿壁畫保存工事ニ關スル件」

[72] • 185
국가기록원 조선총독부 문서, 관리번호 CJA0004873, 「開心寺寺有土地寄附許可願ニ關スル件」

[73] • 187
오가와 케이키치(小川敬吉)가 대웅전 조사 목적으로 실제 개심사를 방문한 것은 보물로 지정된 이듬해인 1937년(昭和 12)이었다. 그 해 5월 30일 박물관 기수 오가와 케이키치는 보고서를 통해 개심사가 이미 건축적인 우수함을 인정받아 보물로 지정되었음을 명시하고 있다. 또 대웅전, 심검당, 안양루, 무량수각, 명부전, 명향각 등의 명칭을 나열하고 있는데, 대웅전 아래에는 가치의 등급을 표시하는 을(乙)이라고 적고 보물건조물이라고 기록하고 있으며, 심검당 아래에 보물건조물 후보라고 기록해 두었다. 이는 개심사 대웅전의 현황이 공식적으로 학무국에 기록된 조사였다. 국립중앙박물관 소장 조선총독부 문서, 관리번호 F009-002-006, 「復命書 安東 玉洞三層塔(寶物) 青陽 長谷寺 瑞山 浮石寺 仝 開心寺」

[74] • 187
일제강점기 전반에 걸쳐 목재는 난방원료, 건축 및 토목 재료, 철도 침목 등으로 사용되는 중요한 자원이었고, 전쟁 기간 동안에는 필수 전쟁물자로서 수탈

의 대상이었다. 따라서 조선총독부는 강점 초기부터 산림과 관련한 통제를 강화해 왔으며, 직간접적인 다양한 방법으로 산림의 벌채를 광범위하게 유도하였다.

[75] • 187
...사찰 대지 및 소속삼림의 입목람벌(立木濫伐)을 금하여 풍치를 보존하고...(『사찰령』, 조선총독부, 1914)

[76] • 187
257,851.24㎡에 해당하는 면적이다. 해당 문서에 의하면 개심사 소유 산림의 총 면적은 67町2反(67정2반, 201,600평)이고, 이중 26町(26정, 78,000평)을 벌채 대상지로 계획했다. (국가기록원 조선총독부 문서, 관리번호 CJA0004819, 「開心寺寺有林伐採許可願ニ關スル件」; 「開心寺寺有林伐採許可願」)

[77] • 187
기둥재 8본의 규격은 길이 20자, 직경 2자, 도리재 30본의 규격은 길이 10자, 직경 1자, 서까래 20본의 규격은 길이 20자, 직경 3자, 판재 100평(坪)의 규격은 길이 6자, 폭 1자, 두께 1촌이었다. (국가기록원 조선총독부 문서, 관리번호 CJA0004819, 「開心寺寺有林伐採許可願」)

[78] • 187
수리공사가 사유가 되어 벌채가 진행된 사례는 청평사 극락전 및 회전문 수리공사(국가기록원 조선총독부 문서, 관리번호 CJA0004819, 「青平寺寺有林伐採許可願ニ關スル件」), 화엄사 각황전 수리공사(국가기록원 조선총독부 문서, 관리번호 CJA0004846 「華嚴寺寺有林伐採許可願ニ關スル件」), 장안사 사성전 수리공사(국가기록원 조선총독부 문서, 관리번호 CJA0004875, 「長安寺寺有林伐採許可願ニ關スル件」)에서도 확인할 수 있다. 이들 사례들은 수리공사가 본격적으로 시작되는 시기를 전후해 수리 공사를 사유로 벌채나 벌채 기간을 연장하기 위한 기록을 남기고 있다.

[79] • 188
『寶物開心寺大雄殿昭和年重修銘』 이는 공사가 시작된 1941년 당시 조선인 한해 평균임금 163원 70전의 약 19배에 해당하는 금액이다. 1939년 12월 조선미 1되(1.6㎏)의 가격이 27전이었고 그 해 조선인의 평균임금지수는 127원 40전 이었다. 이후 한해 평균임금지수는 1940년 139원 80전, 1941년 163원 70전, 1942년 172원 10전으로 오름세를 유지하였다.(Statistic Korea)

[80] • 188
소작료가 쌀로 납부되는 당시의 사정상 이는 토지의 저당과 함께 토지에서 생산되는 쌀이 유출되는 결과로 이어진 것으로 볼 수 있다. 이밖에도 개심사는 1940년 7월에는 해미면 공립 심상소학교의 교지 확장을 위해 개심사 소유 토지 172평을 매각하였고, 그해 9월에는 지방도로 확장을 위해 89평을 무상으로 양여하기도 하였다. (국가기록원 조선총독부 문서, 관리번호 CJA0004873, 「開心寺寺有土地賣却許可願ニ關スル件」; 관리번호 CJA0004873, 「開心寺寺有土地寄附許可願ニ關スル件」)

[81] • 189
수덕사 대웅전 및 개심사 대웅전 벽화 훼손이나 불완전한 무위사 극락전 수리는 신영훈도 그의 저서를 통해 지목한 바 있다. 신영훈, 「한국건축보존공사회고」, 『韓國文化財保存攷 日政期資料集成 1』, 한국문화재보존기술진흥협회, 1992

[82] • 189
허영란, 「전시체제기(1937~1945) 생활필수품 통제 연구」, 國史館論叢 제88집, 2000을 참고

[83] • 189
성나연, 서효원, 전봉희, 「1930년대 금강산 국립공원 계획에 의한 금강산 영역의 재편과 변천」, 『한국건축역사학회 2019년도 추계학술발표대회 논문집』, 2019, 44쪽

[84] • 191
국립중앙박물관 소장 조선총독부박물관 문서. 관리번호 A095-003-029

[85] • 191
화엄사 각황전 수리공사는 조선총독부가 가장 큰 보조금을 하부한 공사였다. 화엄사 각황전이 위치한 지리산 역시 금강산과 마찬가지로 국립공원 지정이 논의되고 있었다. 동아일보, 「靈峯智異山(영봉 지리산) 專門家(전문가)의 設計終了(설계종료) 登山路(등산로)를 開拓(개척)」, 1937.11.06.

[86] • 191
국립중앙박물관 소장 조선총독부박물관 문서. 관리번호 A095-003-021

[87] • 191
국립중앙박물관 소장 조선총독부박물관 문서. 관리번호 A095-003-031

[88] • 191
동아일보, 「國立公園法으로 朝鮮名勝統括」, 1936.02.20., 2면; 동아일보, 「金剛山 扮粧 .... 明年부터 着手」, 1936.06.30., 2면

[89] • 192
국립중앙박물관 소장 조선총독부박물관 문서. 관리번호 A095-003-027

[90] • 192
「보물 기타 보존비 일람표-소화13년(1938) 4월 조사」, 국립중앙박물관 소장 조선총독부박물관 문서. 관리번호 A121-002-009

[91] • 192
국립중앙박물관 소장 조선총독부박물관 문서. 관리번호 A095-003-021

[92] • 192
국립중앙박물관 소장 조선총독부박물관 문서. 관리번호 A095-003-019

[93] • 193
일본의 사사건축 수리업자. 1882년 12월 10일 오사카 출생. 1903년 4월부터 1905년 6월까지 오사카 소재 楠本건축사사무소에서 건축설계제도를 학습하고 1905년 7월부터 1920년 5월까지 건축청부업 및 설계제도업에 종사. 1920년 6월부터 11월까지 사할린 병영 건설에 참여하여 제4사단 경리부에서 직공으로 재임하면서 대공, 기타 50인의 사역을 감독하였다. 1921년부터 나라현의 특별보호건조물인 金峰山寺 本堂 수리공사를 시작으로 일본 내 사사건축의 수리에 종사하였다. 平井茂市 이력서, 국립중앙박물관 소장 조선총독부박물관 문서. 관리번호 A095-003-023

[94] • 193
일본의 건축역사학자. 1907년 2월 12일 동경에서 태어나 1929년 3월 동경제국대학 공학부 건축학과를 졸업하였다. 그해 4월 조선총독부 기수 겸 경성고등공업학교 조교수로 임명되어 조선에 왔으며, 이듬해인 1930년에 경성고공 교수로 임명되었다. 제2차 세계대전 패전 이후에는 일본으로 돌아가 1948년 가고시마현립공업전문학교 교수, 1949년 가고시마현립대학(현 가고시마대학) 교

수를 거쳐 1959년 규슈대학 교수가 되었다. 규슈대학 교수로 임명된 해에 『南西諸島の 民家の 研究』로 박사학위를 받았다. 1962년 후쿠오카현 건축사회 지부장을 지냈고, 1969년 규슈예술공과대학 교수로 임용되었다가 1974년 퇴임하여, 규슈산업대학 교수로 임용되었다. 1986년 12월 2일 별세하였다. 이상 약력은 佐藤正彦, 「野村孝文先生の死を悼む」, 『建築史学』, 8巻, 1987, 123~130쪽을 참고하였다.

[95] • 193
경성고등공업학교 건축과를 졸업한 이한철은 개풍 관음사 대웅전 수리공사(1935년 6월 26일 착수, 1936년 3월 31일 준공)에 참여해 현장주임·조수로 매월 30일씩 240일 근무하고, 급료로 568원을 받았다. 이는 월 71원에 해당하는 금액이다. 당시 이한철은 관음사에 신혼살림을 차렸다.(이정아, 「이한철의 고건축 실측·수리 활동과 저술에 관한 연구」, 『건축역사연구』, 26(1), 2017, 86쪽) 한편, 1936년 4월부터 1941년 12월까지 수행된 화엄사 각황전 수리공사에서 현장주임의 임금은 월 170원이었다.(국립중앙박물관 소장 조선총독부박물관 문서. 관리번호 A113-077 -027-030) 각황전 수리공사 현장주임은 카미쿠보 큐시로(上久保九市郎, 1935년 6월부터 1941년 4월까지 각황전 현장 재직)로 각황전 수리를 위해 일본에서 선임된 인물이었다.(서효원·전봉희, 「화엄사 각황전 수리공사를 통해 본 「보존령」 제정 이후 일제강점기 보물건조물 수리공사의 현장운영과 수리방침」, 『대한건축학회논문집』, 34권, 1호, 2018)

[96] • 195
그의 이력서에는 그의 이름이 신정황식(新井滉植)으로 기재되어 있다. 이력서를 제출한 1941년은 창씨개명이 이루어진 이듬해로 그의 출생지로 볼 때 조선인으로 추정하는 것이 가능하다. 또한 그의 씨명인 '新井'은 당시 '박(朴)'씨 성(姓)을 가진 사람들이 흔히 개명하는 씨명이었다. 창씨개명 관련 내용은 정주수, 『창씨개명연구』, 동문, 2003 참고

[97] • 195
국립중앙박물관 소장 조선총독부박물관 문서, 관리번호 A121-003-015

[98] • 196
박황식이 사성전 수리공사 직전에 참여한 동명관 수리공사는 1939년 1월 15일부터 1941년 5월 20일까지 수행되었다. 박황식이 사성전 수리공사 현장에 채용된 것이 1941년 5월 24일이므로 성천에서 동명관 수리공사가 끝나자마자 금강산으로 파견된 것임을 알 수 있다.

[99] • 197
국립중앙박물관 소장 조선총독부박물관 문서. 관리번호 A095-003-010. 첨부 문서 중 실시공정표 참고

[100] • 197
국립중앙박물관 소장 조선총독부박물관 문서. 관리번호 A095-003-009

[101] • 197
국립중앙박물관 소장 조선총독부박물관 문서. 관리번호 A095-003-010

[102] • 198
공사비 변경 전후 수리 내역서를 비교하였다. 변경전 내역서는 국립중앙박물관 소장 조선총독부박물관 문서. 관리번호 A095-003-031에 첨부된 것을, 변경 후 내역서는 국립중앙박물관 소장 조선총독부박물관 문서. 관리번호 A095-003-010 문서에 첨부된 것을 참고하였다.

[103] • 199
매일신보, 「國寶東明館修築에 工事監督文書僞造」, 1941.07.10., 7면. 이 사건은 조선총독부박물관 문서(A179-001-006)에도 기록되어 있다.

[104] • 199
조선총독부박물관 문서에는 「보물 등 보존공사에 관한 요항(寶物等保存工事ニ關スル要項)」이 두 건 남아 있다. 작성과정 중에 교정을 본 원고와 깨끗이 정서한 원고이며 둘 모두 완성본은 아니다. (국립중앙박물관 소장 조선총독부박물관 문서, 관리번호 F102-008; 국립중앙박물관 소장 조선총독부박물관 문서, 관리번호 F104-024-001) 두 원고 모두 스기야마 노부조(杉山信三)의 필체로 작성되었다.

[105] • 202
오가와 케이키치(小川敬吉), 스기야마 노부조(杉山信三), 이케다 소우키(池田宗亀) 정도가 한반도에서 꾸준히 활동한 일본인 수리전문가이며, 나머지 수리전문가들은 현장별로 일본에서 초빙되어 현장주임직 등을 수행하였다. 조선인으로 현장주임 급의 활동을 한 인물은 이한철 정도이며, 양철수, 박황식, 정우진은 현장조수로 근무하였다. 임천은 수리전문가라기보다 벽화 모사, 도면 작성을 맡은 기술자였다. 6·25이후 임천과 양철수는 남한에서 박황식은 북한에서 각각 건조물 수리전문가로 활동하였다. 자세한 내용은 이 책의 5장을 참고

[106] • 202
스기야마 노부조는 화엄사 각황전 수리공사에서 현장조수를 맡았던 양철수에 대해 "보존공사를 일인들에게 맡길 것이 아니라 한국인에 의하여 이룩되어야 한다는 신념의 인물로 촉망되었으나 수리가 끝난 뒤로는 나타나지 않았고 그 후의 소식은 기억이 없다."라고 회고하고 있다. 하지만 이는 학무국 기수로 높은 임금과 고용안정을 담보받고 있던 스기야마 노부조의 시선일 뿐이다. 당시 조선인들의 임금은 일본인에 비해 더욱 작았고, 식민지라는 시대배경상 일본인 밑에서 일하는 조선인의 차별이 일반화되어 있었던 시기였다. 또한 현장에 신혼살림을 마련해야 했던 이한철의 경우에서 미루어 알 수 있듯이 수리전문가에 대한 처우가 열악했던 시기였다. 이한철은 경성고등공업학교 건축과를 졸업한 엘리트였지만 열악한 환경을 견디지 못하고 결국 수리전문가의 길을 포기한 것으로 보인다. 양철수를 자신이 맡은 수리공사 뒤에 볼 수 없었다는 사실을 양철수의 신념 부족으로 치부하는 듯한 스기야마 노부조의 평가는 현실을 반영한 것이라고 보기 힘들다.

[107] • 203
계통표는 작성된 것을 찾을 수 없다. 이 지침 요항은 작성되어 논의되는 과정에서 전쟁 말기로 접어들어 더 이상의 진척을 보지 못한 것으로 보인다.

[108] • 203
역시 작성된 계통표는 찾을 수 없다.

05 실측조사 도입과 수리공사 체제의 진보

[1] • 210
제도의 변화와 그 배경은 2장과 3장을 통해 다루었다. 두 장을 통해 적극적 수리공사로의 변화에 작용하였던 정치·경제적 동인을 다루었다. 그 결과 건조물 수리공사는 체제전환의 기회를 잡을 수 있었다. 체제전환의 중심에 조사연구의 강화가 있었다.

[2] • 211
요한 요하임 빙켈만(1717~68)이 대표적으로 주장하였다. 그는 그리스에 이상적인 아름다움이 있다고 믿었는데, 이를 밝히기 위해 체계적이고 비판적인 조사방법을 개발하기 위해 노력하였다. 빙켈만의 이러한 주장과 노력은 유적

과 유물의 본래 형상을 보존하고, 체계적으로 조사·기록하는 수복 방법론으로 이어졌다. Jukka Jokilehto, 『A History of Architectural Conservation』, Oxford : Butterworth-Heinemann, 2002

[3]•212
Lasus, J. B. 「De l'art et de l'archéologie」, 『Annales Archéoligiques』, 1845, p.529, Jukka Jokilehto, 『A History of Architectural Conservation』, Oxford : Butterworth-Heinemann, 2002, p.95에서 재인용.

[4]•214
비올레 르 뒥과 함께 노틀담 성당을 수리한 라수스는 기념물의 수복을 담당한 건축가는 과학적 지식을 지녀야 한다고 주장하였다. 그는 정밀하고 역사적인 사실을 밝히는 것이 형태와 재료를 조사하는 것만큼 중요하다고 제언하면서 형태 및 재료뿐만 아니라 고대의 작업 방법(The ancient working methods)까지도 조사해야 한다고 주장하였다. 그러면서 그는 수복행위를 과학이자 고고학이라고 정의하였다. Jukka Jokilehto, 『A History of Architectural Conservation』, Oxford : Butterworth-Heinemann, 2002, p.139

[5]•214
'과학(science)'은 17~18세기에 서구에서 형성된 지식체계, 혹은 분과로서의 '학문' 명칭으로, '근대화를 이끈 합리적 사유'를 통틀어 규정한 명칭이었다. 김우필, 최혜실, 「식민지 조선의 과학·기술 담론에 나타난 근대성 -인문주의 대 과학주의 합리성 논의를 중심으로」, 『한민족문화연구』 제34집, 2010, p.252

[6]•215
다쓰노 긴고(辰野金吾, 1854년 10월 13일~1919년 3월 25일)는 일본의 건축가이다. 코부대학교(도쿄대학 공학부)를 졸업하고 공학박사가 되었다. 제국대학 공과대학 학장, 일본 건축학회 회장을 지냈다. 제국대학에서 후학 지도에도 힘써서 이토 츄타(伊東忠太), 나가노 우헤이지(長野宇平治), 다케다 고이치(武田五一), 주조 세이이치로(中條精一郎), 츠카모토 야스시(塚本靖), 노구치 마고이치(野口孫市), 오자와 산노스케(大沢三之助), 세키노 타다시(関野貞) 등의 인재를 배출했다. 제국대학 총장 와타나베 고키(渡辺洪基)의 뜻에 따라 1887년 코슈학교(工手学校, 현재 고가쿠인대학(工学院大学))의 창립을 추진하고 운영에 힘썼다.

[7] • 216

伊東忠太,「法隆寺研究の動機」,『建築史』2の1, 1940.1; 岸田日出刀,『建築學者伊東忠太』, 乾元寺, 1945.(清水重敦,『建築保存概念の生成史』, 中央公論美術出版, 2013에서 재인용)

[8] • 216

코부대학교(1877년)는 공부성 공학료(工部省 工學療, 1873)가 개칭한 학교이다. 1886년 제국대학교에 편입되어 공과대학이 되었다. 현재 도쿄대학교 공과대학의 전신이다.(上田弘之,『日本工業の黎明 : 遣隋使から工部大学校まで』, 国際電信電話, 1981) 다쓰노 긴고는 공부성 공학료 조가(造家)학과(건축학과)의 1기 입학생이며, 1884년 코부대학교의 교수가 되었다. 1886년에 코부대학교가 제국대학교에 편입되면서 제국대학교 공과대학 교수가 되었고, 그해 일본 조가학회를 설립하였다.

[9] • 216

조사이아 콘돌의 후임이었다. 조사이아 콘돌(Josiah Conder, 1852년 9월 28일~1920년 6월 21일)은 영국 런던 출신의 건축가로 정부고용 외국인으로 일본을 방문해 새 정부 관련 건물의 설계를 맡았다. 또한 코부대학교(현 도쿄대학 공학부 건축학과) 교수로 다쓰노 긴고 등 초창기의 일본인 건축가를 육성하고 메이지 이후의 일본 건축계의 토대를 마련했다. 그는 다쓰노 긴고가 유학한 런던대학교에서 수학했으며, 1873년부터 1875년까지 윌리엄 버제스 사무실에서 근무하였다.

[10] • 216

키코 세이케이(木子清敬)는 1887년 일본 건축학 강좌가 개설될 당시 궁내성 내장료(宮內省 內匠寮)에서 주로 황실 관계의 화풍(和風)건축의 설계에 투입된 기술자였다. 제국대학 강사에는 1887년 1월 19일 임용되어 1901년 9월 11일에 해임되었다. 稲葉信子,「木子清敬の帝國大學（東京帝國大學）にあける日本建築學授業について」,『日本建築學會計畫系論文報告集』, 제374호, 1987.4, p.111

[11] • 216

稲葉信子,「木子清敬の帝國大學（東京帝國大學）にあける日本建築學授業について」,『日本建築學會計畫系論文報告集』, 제374호, 1987.4, pp.113~117

[12]•217
稲葉信子, 「木子清敬が明治年間に收集,作成した日本建築學關連資料」, 『日本建築學會計畫系論文報告集』, 제413호, 1990.7, pp.113~116

[13]•217
이 일본 건축학은 우선 전통건축술로서 구성되었다. 키와리(木割術, 건축 부재의 크기 비율을 정하는 기술)를 중심으로 대공(大工, だいく)의 설계술이 포함되었다. 그것은 근세적인 건조물 인식 그 자체를 가져온 것이었고, 장인(工匠)으로부터 형성되어진 과거에 관한 인식도 계승되었다. 여기에는 이미 존재하는 기술과 건조물은 필연적으로 일본의 것이었으므로, 그것이 자동적으로 「일본건축」이라는 인식이 반영되었고, 그 내용물은 강하게 방법의식 없이 (일본건축으로) 규정(措定) 되었다. 결국 틀이 잡힌 「일본건축」에 대한 생각은 그 시점에는 전혀 이루어지지 않았다. 清水重敦, 『建築保存概念の生成史』, 中央公論美術出版, 2013, p.65

[14]•217
일본건축의 가치를 재조명한 그의 노력은 자연스럽게 고건축물의 보존을 위한 노력으로 이어졌다. 당시 근대 국가 '일본'을 정의하기 위한 노력은 건축분야 뿐만 아니라 전 학문 분야에서 일어난 흐름이었다. 이는 국수주의와 제국주의에 맞물려 있었는데, 이러한 사회적 분위기는 건조물 보존을 국가적인 사업으로 이끌었다. 이토 추타(伊東忠太)는 1896년 「고사사보존회」의 위원 중 한 명으로 참여하여 건축 관계 조사와 지도 임무를 맡았고 이듬해 1897년 「고사사보존법」이 시행되기에 이른다. 이 책의 3장을 참고.

[15]•217
이토 추타는 일본건축 개념 논리화에 착수하였다. 이토에게 현존하는 과거의 건조물과 근세 이래의 설계술은, 일본이라는 장소에 존재하는 것이라고 해도 Architecture로서의 건축개념에 자동적으로 포섭되어 있는 것은 아니었다. 그것은 건축의 개념을 축으로 일본건축을 재정의하는 시도였다. 그것은 이토의 초기 대표논문 『법륭사건축론』(1893)에 명확히 드러나고 있다. 법륭사를 실측조사하고 그 가치를 재발견한 것으로 유명한 이 논문은 건축은 미술품의 창고가 아니라 미술 그 자체라는 '미술건축론', 일본의 건조물이 서양건축과 같은 사례로 비교하는 것이 가능함을 보이고 이로부터 서양으로부터 전파를 제시한 '건축전파론', 이 두 논점을 기초로 '일본건축'을 재고하고 있다. 결국 이는 과거의 건조물과 그 건축기술의 총체로서의 일본건축을 서양-동양-일본이라는 지리적 인식에 대입하여 의식하는 것을 '건축'의 틀로 파악하는 것을 가능하게

하였다. 清水重敦, 『建築保存概念の生成史』, 中央公論美術出版, 2013, p.66

[16] • 217
今村吉之助, 「日本建築製圖保存」, 『建築雜誌』, 27號, 1889.3, 清水重敦, 『建築保存概念の生成史』, 中央公論美術出版, 2013, p.320에서 재인용

[17] • 217
일본의 건축 보존개념의 발생에 대해 정리한 시미즈 시게아츠(清水重敦)는 이토 추타 이후 발전한 실측을 '해부학적인 고건축물 이해'라고 평가하였다. 清水重敦, 『建築保存概念の生成史』, 中央公論美術出版, 2013, p.326

[18] • 220
伊東忠太, 「法隆寺建築論」, 『建築雜誌』, 第83號, 1893

[19] • 220
황보봉, 「엔타시스와 배흘림에 관한 건축사적 고찰-법륭사건축론(法隆寺建築論)을 중심으로-」, 『대한건축학회연합논문집』, 16권 3호, 2014. 6.

[20] • 222
이상 세키노에 대한 설명은 清水重敦, 『建築保存概念の生成史』, 中央公論美術出版, 2013을 참고하였다.

[21] • 223
코슈(工手)학교는 건축과 기계, 토목, 전기 등의 실무적인 기술자를 양성하여 공업의 발흥과 도시의 발전에 공헌하는 것을 목적으로 1887년 다쓰노 긴고와 와타나베 히로모토(渡辺洪基) 등이 설립한 전문교육기관이다.

[22] • 224
스기야마 노부조(杉山信三)는 개심사 대웅전 수리공사와 관련해 학무국이 작성한 1940년 11월 8일 국고보조신청 공문에서부터 오가와 케이키치(小川敬吉)의 뒤를 이어 학무국 사회교육과 주임으로 결재에 참여하고 있으며, 1943년 2월 1일 준공기한 연장신청 공문까지 그의 결재가 확인된다. 오가와 케이키치는 1936년 무렵부터 철도국 기수를 겸임하였으며, 점차 수리공사 관련 업무를 스기야마 노부조에게 인계한 것으로 보인다.

[23]•226
국립중앙박물관 소장 조선총독부 문서, 관리번호 A057-003-014-001

[24]•226
국립중앙박물관 소장 조선총독부 문서, 관리번호 A057-003-006-001

[25]•226
국립중앙박물관 소장 조선총독부 문서, 관리번호 A057-003-005-003~004

[26]•227
두 공사의 3번 사항의 내용은 다음과 같다. '공사가 준공된 때에는 정산서를 첨부하여 조선총독에게 제출할 것'. 전등사 대웅전 수리공사 보조금 하부 공문은 국립중앙박물관 소장 조선총독부 문서, 관리번호 A086-002-003, 무량사 극락전 수리공사 보조금 하부 공문은 국립중앙박물관 소장 조선총독부 문서, 관리번호 A113-042-005를 참고

[27]•227
무량사 극락전 수리공사의 보조금 하부 공문이 1931년 4월 작성되었고, 전등사 대웅전 보조금 하부 공문이 1932년 3월에 작성되었다.

[28]•227
흥미로운 점은 공문 담당주임란에 모두 오가와 케이키치(小川敬吉)의 직인이 있다는 점이다. 필체를 볼 때 1934년 10월 공문을 제외한 공문의 작성자는 모두 오가와 케이키치였다. 오가와 케이키치는 수리공사가 조사연구 능력이 있는 전문가에 의해 수행되어야 한다는 인식을 가진 인물이었다. 「보존령」 시행 이전부터 공문의 준수사항이 요구하는 제출물이 도면과 사진 등 조사기록물로 바뀌고 있다는 사실은 오가와 케이키치와 같은 수리전문가의 인식이 실제 공사에도 반영되기 시작하였으며, 「보존령」 제정과 관련 지침들의 작성에도 영향을 미쳤음을 보여준다.

[29]•227
국립중앙박물관 소장 조선총독부 문서, 관리번호 A114-006-012

[30]•228
국립중앙박물관 소장 조선총독부박물관 문서, 관리번호 A076-007-003

[31]•228
杉山信三,「春川清平寺とその建築」,『朝鮮學報』第47號, 1968.3.을 참고. 이 책에서는 신영훈의 번역(신영훈,「한국건축보존공사회고」,『韓國文化財保存攷 日政期資料集成 1』, 한국문화재보존기술진흥협회, 1992,12, pp.107~108)을 참고 하였음.

[32]•228
杉山信三,「韓國の中世建築」, 相模書房, 1984, p.438-446을 참고. 이 책에서는 신영훈의 번역(신영훈,「한국건축보존공사회고」,『韓國文化財保存攷 日政期資料集成 1』, 한국문화재보존기술진흥협회, 1992,12, pp.79~80)을 참고 하였음.

[33]•229
杉山信三 編,『韓國古建築の保存-浮石寺·成佛寺修理工事報告』, 韓國古建築の保存刊行會, 1996, p.97

[34]•230
장안사 사성전의 해체가 이루어진 시점은 1941년이었지만 첫 수리계획서 작성에 보조금을 하부한 년도는 1933년이었다.

[35]•230
오가와 케이키치는 안쏠림에 대한 글을 일본건축학회에 기고하였고(「朝鮮建築に於ける柱内轉び」」『일본건축학회논문집(日本建築學會論文集)』)第17輯, 1940.) 이한철은「조선의 건축」이라는 글을 잡지에 실어 배흘림, 민흘림, 안쏠림, 안허리곡, 귀솟음 등을 소개하였다.(이한철,「조선의 건축」, 朝光, 6권, 10호, 1940.)

[36]•231
동시에 이 기법들이 오랜 기간 받아들여지고 있는 이유는 현재 이루어지는 실측조사가 이 시기 조사방법론을 답습하고 있기 때문일 수도 있다. 어떤 이유라도 이 시기 조사방법론을 살펴 정리해두는 것은 의미가 있는 일일 것이다.

[37]•231
杉山信三 編,『韓國古建築の保存-浮石寺·成佛寺修理工事報告』, 韓國古建築の保存刊行會, 1996

[38]•234
과학이란 사물의 구조·성질·법칙을 탐구하는 인간의 이론적 인식활동 및 그 산물로서의 체계적·이론적 지식을 말한다. 원래 과학은 인간의 실천적인 사회적 생활과정에서 생겨나 성장해온 것으로서 자연을 변화시키는 생산활동의 과정 및 사회생활의 과정에서 관찰·실험·조사 등을 실시하고 이것에 의해 얻은 지식을 정리·분석·종합하여 개념과 가설을 만들고, 실천을 통해 이를 검증하여 대상의 일반적·필연적·본질적 연관을 명확히 해온 것이다.(중원문화, 『철학사전』, 2009) 한편 합리성이란 논리적, 경험적인 지식의 규칙에 따라 의식되고 있는 생각이나 행위를 의미(고영복, 『사회학 사전』, 사회문화연구소, 2000)하므로 관찰, 실험, 조사를 통해 얻은 사실들이 정리, 분석, 종합되는 과정은 논리적, 경험적인 지식의 규칙에 따라 의식되는 과정으로서 합리성을 확보한 것으로 여겨진다. 또한 관찰, 실험, 조사 등을 통해 얻은 경험적 사실들은 객관성이 확보된 자료로서 과학적 지식 생산을 위한 정리, 분석, 종합하는 과정의 토대가 된다. 따라서 합리성과 객관성은 과학적 지식생산의 성격을 대변한다고 할 수 있다.

[39]•234
기록물 중 단일 건물 조사야장으로는 가장 많은 수량이다. 야장뿐만 아니라 결과보고서 초고(국립중앙박물관 소장 조선총독부박물관 문서, 관리번호 A113-065)도 보존되어 있다. 야장은 국립중앙박물관 소장 조선총독부박물관 문서, 관리번호 A113-059, F152-001을 참고

[40]•239
각 치수는 기둥에 만들어진 장부구멍의 하단을 기준으로 측량한 것으로 기록되어 있다.

[41]•241
각 공사감독 현장주임, 현장조수의 참여 여부는 국립중앙박물관 소장 조선총독부박물관 문서를 통해 확인하였으며, 강현(『일제강점기 건축문화재 보존 연구』, 서울대학교 박사학위논문, 2005), 金玟淑(『植民地朝鮮における歴史的建造物の保存と修理工事に關する研究』, 早稲田大学 博士論文, 2008). 신영훈(「한국건축보존공사회고」, 『韓國文化財保存攷 日政期資料集成 1』, 한국문화재보존기술진흥협회, 1992) 등의 문헌을 참고하였다.

[42]•241
스기야마 노부조(杉山信三) 역시 해방 이후 일본으로 돌아가 『日本朝鮮比較建

築史』(서동천 역, 세진사, 2017)를 저술하였다. 화엄사 각황전 수리공사에 감독으로 참여한 후지시마 가이지로의 경우는 후일 한국건축에 대한 저작(후지시마 가이지로 저, 이광노 역, 『韓의 건축문화』, 곰시, 2011) 을 발표하기도 하여 이들이 수리공사를 통해 한국건축에 대한 지식을 습득하고 있었음을 알 수 있다.

[43] • 241
이정아, 「이한철의 고건축 실측·수리 활동과 저술에 관한 연구」, 『건축사연구』, vol.26, no.1, 2017, pp.83-92

[44] • 242
한동수, 「이한철, 「朝鮮の建築」, 『朝光』, 6권 10호(1940년 10월), 172-195쪽 자료」, 건축역사연구 제18권 4호 통권65호 2009년 8월의 글을 재인용하였다.

[45] • 243
안쏠림, 귀솟음, 항아리형이라는 용어는 당시에 아직 사용되지 않았다. 안쏠림이나 귓솟음은 1960년대 경 집필된 건축용어 사전에도 실리지 않았다. 따라서 이 글에서 안쏠림 등의 용어를 사용할 때는 당시 이한철 등이 그 기법을 표현한 용어를 함께 적었다.

[46] • 244
小川敬吉, 「朝鮮建築に於ける柱內轉び)」, 『日本建築學會論文集)』, 第17輯, 1940

[47] • 244
한 칸 상하부 길이는 평주기둥중심에서 귓기둥중심을 측량한 치수를 사용하였다. 오가와 케이키치가 제안한 이 방식은 귓기둥 기울기를 정확히 구할 수 있는 방식은 아니다. 대개 평주와 귓기둥은 기울어진 정도가 다르므로 기둥 사이의 상부와 하부간격의 차이를 반으로 나눈 값이 귓기둥이 기울어져 만들어지는 직각 삼각형의 정확한 밑면 길이가 될수 없기 때문이다.

[48] • 244
논문에는 평제탑(平濟塔)으로 기재되어 있다.

[49] • 244
논문에는 공주금정일호분(公州錦町一號墳)으로 기재되어 있다.

[50] • 244
원문은 "三國時代柱轉句配は十尺に就き"

[51] • 244
당시 식민사관이 반영된 이러한 평가는 오가와 케이키치와 같은 일본인 총독부 소속 관원이 가지는 한계로도 평가해 볼 수 있다. 실측을 통해 얻은 사실이 객관적일지라도 해석은 평가자의 주관에 달려있다. 총독부 소속 관원으로서 역사적 건축물을 다룬 오가와 케이키치와 같은 인물의 평가에 식민사관이 담긴 것은 어찌 보면 당연하다고 할 수 있다.

[52] • 245
한국 전통 건축물이 가지는 실패형 평면에 대해 공식적으로 현대 동아시아 학계에 소개한 연구자는 배병선으로 추정된다.(배병선, 「Traditional Techniques of Korean Wooden Architecture and Their Applications」, 『Forth Seminar on the Conservation of Asian Cultural Heritage』, Agency for Cultural Affairs, Japan, 1993) 그는 일본에서 열린 보존학회에서 한국건축의 평면계획 기법을 설명한 바 있다. 그는 한국 전통건축물의 보편적인 특징 중 하나로 실패형 평면을 소개하였는데 현재 한국의 건축역사학계에서는 이러한 의견이 통용되고 있지는 않다. 한편, 오가와 케이키치가 한국 전통건축물이 실패형 평면을 구성하게 된 이유로 든 처마곡과 관련성에 대한 주장이 최근 다시 제기되었다. 김동욱이 저술한 『한국건축, 중국건축, 일본건축 동아시아 속 우리 건축 이야기』(김영사, 2015, pp.74~75)에는 실패형 평면에 대한 설명이 실려 있는데, 실패형 평면은 처마의 안허리 곡선에 맞춰 중간 기둥이 안쪽으로 들어간 결과물이라는 의견을 제시하고 있다.

[53] • 246
최종덕은 (『건축문화재 보존체계의 관점에서 본 경복궁 복원의 특성에 관한 연구』, 서울대학교 박사논문, 2011, pp. 35~36) "복원"을 다음과 같이 정의하였다. ...3) 복원(Restoration)은 특정한 시기의 형태와 특징을 정확하게 되살리기 위하여 역사적으로 다른 시기의 특징들을 제고하고 없어진 특정 시기의 특징들을 다시 만드는 일련의 조치를 일컫는다. 건축물의 적절한 기능유지를 위하여 제한적으로 기계와 전기 그리고 배관의 수리와 교체나 건축법규의 요구조건을 충족시키기 위한 것은 복원의 범위에 포함된다. kay D. Week and Anne E.Grimmer, 『The Secretary of the Interior's Standard for the treatment of Historic Properties with Guidelines for Preserving, Rehabilitating, Restoring & Reconstructing Historic Buildings』, Washington, D.C.:

U.S. Department of Interior National Park Service Cultural Resource Stewardship and Partnerships Heritage Preservation Service, 1995, p.117 ...2) 복원(Restoration)은 현 건축물의 형태학적 발전의 이전 단계였을 물리적 상태로 현 건축물을 되돌리는 과정이다. 그 정확한 상태는 역사적 연관성이나 미적 완전성으로 결정된다. 이 단계에서 보존을 위한 조치는 보존보다 그 정도가 심하다. James M. Fitch, 『Historic Preservation: Curatorial Management of the Built World』, McGrawHill, 1982; 4th printing, Charlottesville: The University Press of Virginia, 1998, pp.46~47

[54]•246
건조물 보존에 있어 "원형(原形, origin)"이란 오랜 기간 논란이 되어온 개념이다. 앞서 유럽의 경우처럼 양식의 통일을 완전성(Integrity)의 기준으로 두고 이를 "원형"으로 삼을 경우, 건축문화유산의 진정성(Authenticity)이 훼손될 수 있기 때문이다. 때문에, 보존 시점의 상태 그대로를 보호하고자 하는 움직임이 전개되었다. 이러한 보존이론의 흐름은 현재에 이르러 국제연합 교육과 학문화기구(UNESCO)를 중심으로 더욱 정교하게 발전하였다. 하지만 오랜 시간 전 세계적인 논의를 거쳐 고도화된 현대의 보존원칙을 잣대로 일제강점기 수리를 평가할 수는 없다. 복원 수리는 시대적 경향으로 당시에는 세계적인 보존 흐름이었고, 한반도라는 지역의 건조물 보존은 이제 막 첫 발걸음을 뗀 상황이었기 때문이다. 현대의 보존원칙조차도 모든 지역의 역사적 건조물의 특수성을 모두 담을 수 없다는 점을 인정하고 있다.(The Nara Document on Authenticity, 1994) 정치적, 사회적 함의를 배제하고, 시대적 한계와 목조 건축의 특성을 고려한다면 일제강점기 건조물 보존 수리공사의 성과는 한반도 건조물 보존의 출발점으로서 이바지한 바가 없지 않다고 평가할 수 있다.

[55]•246
현대의 보존원칙은 추론 과정이 포함될 수밖에 없는 '원형'이 가지는 가치보다 현재의 상태인 '원상'의 가치를 우선하여, 최소한의 수리를 권고하고 있다. 특히 원형이 복원되는 경우 건조물의 '진정성'이 훼손될 수 있음을 강력히 경고하는 추세이다. 따라서 '과학적 조사연구'의 목적도 복원을 위한 원형의 파악보다, '원상'의 기록과 유지관리를 위한 구조 안정성 검토가 그 목적이 되고 있다.

[56]•246
세키노 타다시(關野貞)가 수리공사 감독을 담당하여 1897년 1월부터 그 다음해 4월까지 진행하였다. 清水重敦, 『建築保存概念の生成史』, 中央公論美術出版, 2013, pp.280~281

[57] • 246
츠지 젠노스케(辻善之助)는 1900년 말에 나라를 방문하여, 세키노 타다시의 안내를 받아 수리공사를 견학하고 수리방침을 아래와 같이 정리하였다. "첫째는 후세에 부가된 것이 조잡하고 건축형식을 파괴하며 원형이 명료한 경우에는 제거한다. 둘째, 후세에 부가된 것인지 당초부터 있었던 것인지 명료하지 않을 때는 후일의 연구자를 위하여 남겨둔다. 셋째는 후세에 부가된 것이라는 것을 알더라도 원형 여하(如何)를 상세하게 모를 때에는 상상에 따라 복구를 시도해 본다. 넷째, 후세에 부가된 것일지라도 특히 역사상·미술상의 가치가 있는 것은 보존한다. 그리고 보수의 방법은 견고성을 위하여 재래의 공법을 답습할 것이며, 구부재는 가능하면 재사용하여 옛 맛이 남아 있도록 한다." 강현, 「건축문화재의 원형 개념과 보존의 관계 : 한국 목조건문화재 수리 역사의 비판적 검토를 중심으로」, 『문화재』, vol.49 no.1, 2016, p.32

[58] • 246
清水重敦, 『建築保存概念の生成史』, 中央公論美術出版, 2013, pp.303~304

[59] • 247
1936년 10월에 재무국의 요청으로 제출된 실시 설계서는 사양서 7매, 실시 명세서 25매, 공정표 1매, 수리 실시도 5매로 표지 포함 34매로 구성되었다. 사양서는 공사 항목을 나누어 수리방침을 기술하였다. 항목은 총칙, 가설공, 수감견형(ミズモリヤリタカ, 水盛遣形, 기준점 설정을 위해 수준기(水準器)를 설치한 규준틀), 기초공, 목공, 벽공, 옥근공, 채색 및 고색칠이었다. 실시 명세서는 가설공비, 기초공비, 목공비, 지붕(葺)공비, 장식 및 건구공비 잡공비, 인건비, 사무비의 8개 항목 안에 100개 세부항목을 설정하여 그 비용을 〈표〉로 작성하였다. 공정표에는 12개의 공종이 표기되어 있는데, 그 공종은 가설공사, 실측조사, 해체공사, 기초공사, 목공사, 옥근공사, 채색·고색 공사, 건구공사, 벽공사, 잡공사, 잔무공사 이고, 각 공종이 1935년 6월부터 1939년 12월까지 시행되는 것으로 계획되어 있었다. 수리 실시도는 평면도와 기단 정면·측면도 1매, 기단 및 바닥 상세도 1매, 가설덧집 평면도와 설계도 각 1매, 가설건물 평면도 1매가 작성되었다. 가설건물의 평면도에는 재료적치장 2동, 해체부재적치장 1동, 공작장 1동의 평면도가 그려져 있다.

[60] • 247
사양서에는 번호는 붙어있지 않고 한 문장씩 단을 구분해 적고 있다. 번호는 독자의 편의를 위해 사양서에 작성된 차례대로 임의로 붙인 것이다.

[61] • 247
국립중앙박물관 소장 조선총독부박물관 문서, 관리번호 A113-77-027

[62] • 249
실제로 목구조는 조선시대 영조 대 중수 모습을 원형 복귀 시점의 기준으로 삼았다. 오가와 케이키치(小川敬吉)의 수리설계서(1935년 10월 작성)에서 목구조 부분은 조선 선조대(代)의 것을 영조대(代) 수리한 것이라고 적고 있다. 실시설계서의 사양서에는 "건축건설당시 의장에 적합한"이라고 적어 기단에 신라시대의 기준을 적용한 것과는 다른 시대를 목공사의 복원 시점으로 명시하고 있다.

[63] • 249
수리공사에 적용된 원형의 의미에 대해서는 강현의 연구(「건축문화재의 원형 개념과 보존의 관계 : 한국 목조건축문화재 수리 역사의 비판적 검토를 중심으로」, 『문화재』, vol.49 no.1, 2016)가 가장 상세하다. 특히 강현은 일제강점기 일본과 한국에서 진행된 수리공사를 폭넓게 다루면서 이 시기에 "당초복원"이 수리원칙으로 자리잡았음을 밝히고 있다. 강현에 따르면 "당초복원"에는 고식(古式)에 대한 상대적 우위 개념이 영향을 미쳤으며 그가 정리한 원형개념의 유형 중 "특정한 시기를 원형으로 보는 관점"과 결부되어 있었다. 이와 같은 "당초복원"의 성격들은 화엄사 각황전 수리공사 사양서에서도 드러나고 있다. 따라서 사양서에 명시된 "원형복귀"는 강현이 지적한 "당초복원"의 맥락에서 기술되었을 것으로 보인다.

[64] • 251
도면을 구분하는 명칭은 조선총독부박물관 문서에 수록된 도면 표기를 따라 정하였다. 실측도라는 이름을 가장 흔하게 붙였으며, 실측도라고 할지라도 도면에 따라 다음 네 가지로 분류하는 것이 가능하다. ① 현상도-현상 그대로 작도, ② 실측도-조사된 기법과 형상을 반영하여 작도, ③ 복원도-설정된 복원 시점으로 양식을 통일하여 작도, ④ 설계도-보강을 위해 구조를 변경하여 작도

[65] • 253
공사가 마무리된 후에 작성하여 제출하는 준공도면 역시 당시 복원중심 수리원칙과 관련이 있다. 준공도면은 대개 복원도로 이름 붙이는 경우가 많았다. 이 준공도는 복원전후의 사정을 짚어볼 수 있으며, 향후 건조물의 유지관리나 수리공사에 참고가 될 수 있었다.

[66] • 253
조선총독부박물관 문서는 국립중앙박물관이 소장하고 있었던 탓에 박물관 소속 및 관계 연구자들의 연구 자료로 활용될 수 있었다. 이 도면들은 보완, 수정되어 신영훈, 김동현, 장기인 등의 저작에 도판으로 사용되었고, 정인국 등 학계의 인물도 자신의 저작에 참고 도판으로 활용하였다. 문화재관리국과 후일 국립문화재연구소가 계속 출판한 『한국의 고건축』 역시 조선총독부박물관 소장 도면들을 도판으로 활용하였다. 이에 대해서는 김동현의 회고가 참고가 된다.(김동현의 회고는 건축공간도시연구소 국가한옥센터, 『와본 김동현 구술집』, 건축공간도시연구소, 2015, pp.40~43을 참조)

[67] • 254
이 글에서 사용된 "공정"은 수리공사에 포함된 세부공사의 흐름과 과정을 뜻하는 말이며, "공정(工程)"을 구성하는 각 세부공사를 "공종(工種)"이라고 표현하였다.

[68] • 254
국립중앙박물관 소장 조선총독부박물관 문서, 관리번호 A102-002-076-001, 「芬皇寺九層塔保存工事工程豫定表」 조선총독부박물관 문서에서 저자가 발견할 수 있었던 가장 이른 시기의 공정표이다.

[69] • 258
국립중앙박물관 소장 조선총독부 문서, 관리번호 A113-077-026

[70] • 260
국립중앙박물관 소장 조선총독부박물관 문서, 관리번호 A083-001-031, 『寶物建造物開心寺大雄殿修理計劃書』

[71] • 260
토목공사를 뜻함, 주변석축 및 축대와 지형 정리에 대해 적고 있음

[72] • 261
アンペラ, 암페라. 방동사닛과의 다년초(인도·말레이 반도 원산, 높이 약 80cm)의 줄기로 짠 거적

[73] • 261
실제로 사양서라는 용어는 시방서로 대체된 것이 맞다. 한국의 첫 수리공사 보

고서인 강진 무위사 극락전 수리공사 보고서의 목차 구성은 이 시기 수리계획서와 그 내용이 일치한다. 수리공사 개황을 다룬 3장의 목차는 1절 공사 실시 개요, 2절 현상변경, 3절 시방서 대요, 4절 수리공사비이며, 3절 시방서의 내용이 개심사 대웅전 수리계획서의 사양서가 담고 있는 내용과 일치한다.

[74] • 261
국립중앙박물관 소장 조선총독부박물관 문서, 관리번호 A083-001-017, 『寶物建造物開心寺大雄殿修理費』, 「材料及工料費內譯」

[75] • 264
강현(『일제강점기 건축문화재 보존 연구』, 서울대학교 박사학위논문, 2005)과 김재국(『일제강점기 고려시대 건축물 보존연구』, 홍익대학교 박사학위논문, 2007)이 콘크리트와 같은 근대재료 사용을 건조물 훼손의 사례로서 비판적 입장에서 다루고 있다. 또한 강현은 부석사 조사당 벽화에 사용된 보존처리를 위한 화학약품의 사용의 사례를 들어 한반도가 이 시기 근대재료를 사용한 수리의 실험장이 되었다고 비판하였다.

[76] • 265
국립중앙박물관 소장 조선총독부박물관 문서, 관리번호 A083-001-031, 『寶物建造物開心寺大雄殿修理計劃書』

[77] • 266
국립중앙박물관 소장 조선총독부박물관 문서, 관리번호 A113-77-027, 『華嚴寺覺皇殿修理工事實施設計書』."

[78] • 267
조현정, 「일본 목조건축 부재수리의 시대적 경향에 관한 소고」, 『김홍식 교수 정년퇴임 기념논총』, 김홍식 교수 퇴임논총 준비위원회, 2011

[79] • 267
우메키, 하기키, 츠기키의 정의는 김재국, 『일제강점기 고려시대 건축물 보존연구』, 홍익대학교 박사학위논문, 2007, pp.104~105를 참고

[80] • 267
1930년 9월 30일 착수하여 1931년 12월 5일 준공하였다. 7,518원이 공사비로 보조되었다. 국립중앙박물관 소장 조선총독부박물관 문서, 관리번호 A113-

042-003, 『忠淸南道扶餘郡外山面無量寺極樂殿修繕工事竣工屆』

[81] • 267
국립중앙박물관 소장 조선총독부박물관 문서, 관리번호 A113-042-011, 『無量寺本殿修覆工事仕様書』

[82] • 267
斎藤兵次郎, 『日本家屋構造 上巻 構造篇』, 信友堂, 1904

[83] • 269
임진화, 김태영, 「목조 지붕트러스의 유입 및 수용양상」, 『대한건축학회 논문집 계획계』, v.22 n.8, 2006

[84] • 269
吉田全三, 『改良日本家屋構造』, 大日本工業學會, 1919

[85] • 270
William H. Coaldrake., 「 Western technology transfer and the Japanese architectural heritage in the late nineteenth century」, 『The Journal Of The Society Of Architectural Historians, Austraila and New Zealand』, 1994 ; 山崎幹泰, 「東大寺大仏殿明治修理における設計案の変遷について」, 『日本建築学会計画系論文集 v.535 n.9』, 2004

[86] • 271
일본식 특정 결구법에 대한 적시는 성불사 응진전 수리공사 사양서에서도 발견할 수 있다. 성불사 응진전 사양서의 축부(軸部) 항목에는 기둥의 동바리 이음(根繼, 頭繼)을 아카케다이센키(追掛大栓継, おっかけだいせんつぎ)로 할 것을 명시하고 있다. 이 결구법 역시 카나와츠키와 비슷한 이음방법이다.

[87] • 271
李誡, 『營造法式 下』, 中國書店, 2006, p.743

[88] • 272
회사 연혁은 4장 각주 50 및 株式會社奧谷組의 홈페이지(http://okutanigumi.jp)를 참고

[89] • 272
오쿠타니 쿠마노스케(奧谷熊之輔)가 화엄사 각황전 수리공사에 투입된 시점은 화엄사 각황전 수리가 개시된 후 6개월여가 지난 시점이었다. 반년을 대공동량의 자리를 공석으로 수리현장을 꾸렸던 것 역시 화엄사 각황점 수리공사를 맡길 목수를 신중하게 선택하였음을 간접적으로 보여준다.

[90] • 274
김동욱, 「광복 이후 우리나라 건축문화재 보존과 와본 김동현」, 『와본 김동현 구술집』, 건축도시공간연구소 국가한옥센터, 2015, pp.204~207

[91] • 274
국립박물관은 1945년 12월 3일 개관하였다. 관장은 독일에서 철학박사학휘를 취득한 김재원이 맡았다. 김동욱, 「광복 이후 우리나라 건축문화재 보존과 와본 김동현」, 『와본 김동현 구술집』, 건축도시공간연구소 국가한옥센터, 2015, p.204

[92] • 274
김동욱, 「광복 이후 우리나라 건축문화재 보존과 와본 김동현」, 『와본 김동현 구술집』, 건축도시공간연구소 국가한옥센터, 2015, p.207

[93] • 274
건축도시공간연구소 국가한옥센터, 『와본 김동현 구술집』, 2015, p.99

[94] • 275
동아일보, 「청빈 속에 진 임천씨 대 이을 이 없는 고건축복원의 거장」, 1965. 08. 03. 기사에서 밝히고 있는 구례 화엄사 각황전 참여 사실은 각황전 수리공사를 기록한 국립중앙박물관 소장 조선총독부박물관 기록물에서는 확인할 수 없었다.

[95] • 275
후일 문화재관리국 보존실장, 국립문화재연구소 소장, 동국대학교 교수, 한국전통문화대학교 석좌교수를 역임하였다

[96] • 275
김동현의 회고에 의하면 '임천고건축연구소'가 사무실의 이름이었다고 한다. 건축도시공간연구소 국가한옥센터, 『와본 김동현 구술집』, 2015, p.67

[97] • 276
여기에 현상변경 개소의 상세도가 추가되어 설계도서가 완성되었다.

[98] • 276
화엄사 각황전에 조수로 참여한 양철수 역시 건설사를 개업하고, 임천에게 일을 받아 건조물 문화재 수리공사를 수행하였다. 건축도시공간연구소 국가한옥센터, 『와본 김동현 구술집』, 2015, pp.51~52

[99] • 277
정주수, 『창씨개명연구』, 동문, 2003

[100] • 277
국립중앙박물관 소장 조선총독부박물관 문서, 관리번호 A121-003-015, 「履歷書」를 참고

[101] • 277
1950년 발간된 「조선물질문화유물조사보존위원회」 기관지 『문화유물』 제2집에 실린 민간예술 좌담회 녹취록에 박황식이 건축사부장으로 소개되고 있다.

[102] • 278
박황식, 「미천왕 무덤(안악 제3호)의 건축구성에 대하여」, 『고고민속』, 1호, 1965, 사회과학원 출판사

[103] • 278
1949년 북한에서 발굴한 안악3호분은 황해도 안악군 용순면 유순리 구릉에서 발견된 것이다. 벽화무덤인 이 고분은 벽에 "冬壽"라는 명기에 의해 동수묘라고도 불린다. 이 고분은 처음 미천왕의 무덤으로 알려졌었다. 하지만 전실 벽에 적힌 기명이 동수에 대한 것으로 그의 출신지와 죽은 날짜가 기록되어 있어 동수의 무덤으로 보게 되었다. 그러나 북한은 이 무덤을 동수를 고구려 장수로 기용한 고국원왕의 무덤으로 보고 90년대까지 그 논의를 이어갔다. 당시 남한에서는 동수의 무덤이냐 고국원왕의 무덤이냐에 대한 논의를 학술적 목적보다는 북한의 주체사상에 영향에 의해 이루어진 논의로 보는 시각이 있었다. 60년대 고분의 소개는 동아일보, 「안악 고분의 벽화고 - 그 구조를 중심하여. 김정학」, 1960.6.26. 기사를 참고하였으며, 90년대 논의에 대해서는 동아일보, 「안악 3호고분 주인공은 고국원왕」, 1990.3.17. 기사를 참고하였다.

[104] • 279
그 역시 오가와 케이키치(小川敬吉)와 마찬가지로 각 사례의 개별 재원을 종합하여 〈표〉를 만들고, 각각 사례의 구체적인 치수와 비교하는 분석방법을 채택하고 있다. 박황식, 「미천왕 무덤(안악 제3호)의 건축구성에 대하여」, 『고고민속』, 1호, 1965, 사회과학원 출판사, p.30

[105] • 279
고고학 및 민속학연구소 집필, 과학원출판사(1957년~1962년) 발행, 격월간지

[106] • 279
고고학 및 민속학 연구소 집필, 사회과학원출판사(1963~1967년) 발행, 계간지

[107] • 279
조선미술가동맹 중앙위원회, 조선문학예술총동맹출판사 발행, 월간지

[108] • 280
국립중앙박물관 소장 조선총독부박물관 문서, 관리번호 A113-079-005~008을 참고

[109] • 281
또한 수리시공은 당시 동양건축사를 운영하던 조원제가 맡았고, 현장주임은 정복영이 담당하였다. 국립박물관 編, 『무위사 극락전 수리공사보고서』, 문교부, 1958, p.51

[110] • 281
국립박물관 編, 『무위사 극락전 수리공사보고서』, 문교부, 1958, pp.45~46

[111] • 281
이는 「성불사 응진전 공사조서」를 통해 확인할 수 있다. 「성불사 응진전 공사조서」는 최근 스기야마 노부조(杉山信三)에 의해 보고서 형식으로 간행되었다. 杉山信三 編, 『韓國古建築の保存-浮石寺·成佛寺修理工事報告』, 韓國古建築の保存刊行會, 1996, p94를 참고

[112] • 282
국립중앙박물관 소장 조선총독부 문서, 관리번호 A117-077-046

[113] • 282
국립중앙박물관 소장 조선총독부 문서, 관리번호 A083-001-031~032

[114] • 282
국립중앙박물관 소장 조선총독부박물관 문서, 관리번호 A113-077-027

[115] • 282
국립박물관 編, 『무위사 극락전 수리공사보고서』, 문교부, 1958, p.47, 二. 해체공사 부분을 참고

[116] • 282
국립박물관 編, 『무위사 극락전 수리공사보고서』, 문교부, 1958, p.47, 四. 목공사 부분을 참고

[117] • 283
용어 순화 노력과 그 결실은 장기인의 꾸준한 용어사전 편찬에서 드러난다. 그는 『한국건축대계 Ⅵ 한국건축사전』(1993, 보성각)의 머리말을 통해 전후 자신의 활동 경과를 정리하였다.

참고문헌

국내 단행본 • 378

국외 단행본 및 번역서 • 379

국내 학위논문 • 381

국외 학위논문 • 382

국내 학술논문 • 382

국외 학술논문 • 386

사료 • 388

보고서 • 388

신문 • 389

웹사이트 • 390

그림 목차 및 출처 • 392

표 목차 • 397

| 국내 단행본 |

고영복, 『사회학 사전』, 사회문화연구소, 2000

김동욱, 『한국건축, 중국건축, 일본건축 동아시아 속 우리 건축 이야기』, 김영사, 2015

김홍식 외, 『문화환경 보존과 건축』, 도서출판 발언, 1993

김인중, 『민족주의와 역사-겔너와 스미스』, 아카넷, 2014

박성진, 이승일, 『조선총독부 공문서-일제시기 기록관리와 식민지배』, 역사비평사, 2007

송규진 외, 『일본과 서구의 식민통치 비교』, 선인, 2004

신영훈, 『韓國文化財保存攷 日政期資料集成 1』, 한국문화재보존기술진흥협회, 1992

신영훈, 「日政期의 文化財保存事業錄」, 『장기인선생회갑기념논문집』, 1976

염복규, 『서울의 기원 경성의 탄생』, 이데아, 2016

윤형숙 譯, 베네딕트 엔더슨 著, 『상상의 공동체』, 나남출판, 2002

윤해동, 『지배와 자치』, 역사비평사, 2006

이구열, 『한국문화재수난사』 , 돌베개, 1996

장기인, 『건축용어집』, 대한건축학회, 1958

장기인, 『한국건축대계 VI 한국건축사전』, 1993

정인국, 『한국건축양식론』, 일지사, 1974

정주수, 『창씨개명연구』, 동문, 2003

정태헌, 『일제의 경제정책과 조선사회』, 역사비평사, 1996

조성운, 『신선의 탄생-식민지 조선의 근대관광』, 선인, 2011

최석영, 『일제의 동화이데올로기의 창출』, 서경문화사, 1997

최석영, 『한국박물관의 근대적 유산』, 도서출판 서경, 2001

개심사근역성보관, 『수덕사! 천년의 아름다움』, 개심사근역성보관, 2008

건축공간도시연구소 국가한옥센터, 『와본 김동현 구술집』, 건축공간도시연구소, 2015

국립문화재연구소, 『장경호 구술집, 우리 전통문화의 얼을 이어준 문화재 철학

자의 일과 삶』, 2016
중원문화, 『철학사전』, 2009
ICOMOS-KOREA, 『이코모스 헌장 선언문집』, 국제기념물유적협의회 한국위원회, 2010

| 국외 단행본 및 번역서 |

Benedict Anderson, 『Immagined communities : reflections on the origin and spread of nationalism』, London ; Verso, c2016
David Lowenthal, 『The past is a foreign country』, Cambridge University Press, c1985
Edward Said, 『Orientalism』, New York: Vintage Books, 1979
Eric Hobsbawm, 『The invention of tradition』, Cambridge Univ Press, 1992
Homi K. Bhabha, 『The Location of Culture』, Routledge, 1994
John Ruskin, 『The seven lamps of architecture』, 2nd ed, p355, london, George Allen & Unwin, 1925
Jukka Jokilehto, 『A History of Architectural Conservation』, Oxford : Butterworth-Heinemann, 2002
Lavine, Steven D. & Ivan Karp, 『Exhibiting Cultures: The Poetics and Politics of Museum Display』, Smithsonian Institution, 1991
Sharon MacDonald, 『The Politics of Display: Museums, Science, Culture, Routledge』, 1998
William H. Coaldrake, 「Western technology transfer and the Japanese architectural heritage in the late nineteenth century」, 『The Journal Of The Society Of Architectural Historians, Austraila and New Zealand』, 1994
William H. Coaldrake, 『Architecture and Authority in Japan』, London ;

New York, Routledge, 1996

關野貞,『朝鮮藝術之研究』, 朝鮮總督府, 1910
關野貞,『朝鮮藝術之研究續編』, 朝鮮總督府, 1911
關野貞·谷井濟一·要山俊一,『韓紅葉』, 1909
山崎幹泰,「東大寺大仏殿明治修理における設計案の変遷について」,『日本建築学会計画系論文集 v.535 n.9』, 2004
杉山信三 編,『韓國古建築の保存-浮石寺·成佛寺修理工事報告』, 韓國古建築の保存刊行會, 1996
岸田日出刀,『建築學者伊東忠太』, 乾元寺, 1945
遠山茂樹·今井淸一·藤原彰,『昭和史』, 岩派新書, 1985
淸水重敦,『建築保存概念の生成史』, 中央公論美術出版, 2013
太田博太郎,『建築史の先達たち』, 彰国社, 1983

李誡,『營造法式 上』, 中國書店, 2006
李誡,『營造法式 下』, 中國書店, 2006

데이비드 로웬덜 著, 김종원·한명숙 옮김,『과거는 낯선 나라다』, 개마고원, 2006
미셸 푸코 著, 오생근 옮김,『감시와 처벌』, 나남출판, 2016
세키노 타다시(關野貞) 著, 강봉진 譯,『韓國의 建築과 藝術-東京帝國大學 韓國建築調査報告』, 산업도서출판공사, 1990
스기야마 노부조(杉山信三) 著, 서동천 譯,『日本朝鮮比較建築史』, 세진사, 2017
앙드레 샤스텔·장피에르 바블롱 著, 김예경 옮김,『문화재의 개념』, 아모르 문디, 2016
에르네스트 르낭 著, 신행선 옮김,『민족이란 무엇인가』, 책세상, 2002
에릭 홉스봄 著, 박지향·장문석 옮김,『만들어진 전통』, 휴머니스트, 2011
이성시(李成市) 著, 박경희 譯,『만들어진 고대』, 삼인, 2001

후지시마 가이지로(藤島亥治郎) 著, 이광노 譯, 『韓의 건축문화』, 곰시, 2011

| 국내 학위논문 |

강상훈, 『일제강점기 근대시설의 모더니즘 수용』, 서울대학교 박사학위논문, 2004
강성원, 『20세기전반기 양식건축구법의 변천에 관한 연구』, 서울대학교 박사학위논문, 2008
강 현, 『일제강점기 건축문화재 보존 연구』, 서울대학교 박사학위논문, 2005
국성하, 『일제강점기 박물관의 교육적 의미 연구』, 연세대학교 박사학위논문, 2002
김재국, 『일제강점기 고려시대 건축물 보존연구』, 홍익대학교 박사학위논문, 2007
김정은, 『17-20세기 한일 여행문화 비교연구』, 고려대학교 박사학위논문, 2016
목수현, 『일제하 박물관의 형성과 그 의미』, 서울대학교 석사학위논문, 2000
박초록, 『식민지 문화정책과 박물관 운영』, 성균관대학교 석사학위논문, 2013
여상진, 『조선시대 객사의 영건과 성격 변화』, 서울대학교 박사학위논문, 2005
오세탁, 『文化財保護法 硏究 - 文化財 享有權의 法理를 中心으로』, 단국대학교 박사학위논문, 1983
원두희, 『일제강점기 관광지와 관광행위 연구 : 금강산을 사례로』, 한국교원대학교 석사학위논문, 2011
이순자, 『일제강점기 고적조사사업 연구』, 숙명여자대학교 박사학위논문, 2007
인태정, 『한국관광의 형성과정에 관한 비판 사회과학적 연구』, 부산대학교 박사학위논문, 2004
조현정, 『한국 건조물 문화재 보존사에 관한 연구』, 명지대학교 석사학위논문, 2004
주상훈, 『조선총독부의 근대시설 건립과 건축계획의 특징』, 서울대학교 박사학위논문, 2010

최종덕, 『건축문화재 보존체계의 관점에서 본 경복궁 복원의 특성에 관한 연구』, 서울대학교박사논문, 2011
太田秀春, 『일본의 식민지 조선에서의 고적조사와 성곽정책』, 서울대학교 석사학위논문, 2002

한재수, 『한국건축사학의 변천과정에 관한 연구』, 한양대박사학위논문, 1987

| 국외 학위논문 |

金玟淑, 『植民地朝鮮における歴史的建造物の保存と修理工事に關する研究』, 早稲田大学 博士論文, 2008
田中禎彦, 『日本植民地における歴史的建造物の調査保存事業』, 京都大學大學院博士學位論文, 2009
李明善, 『韓國における建築文化財成立過程の研究』, 東京大學大學院工學系研究科建築學專攻 博士學位論文, 2003

| 국내 학술논문 |

강봉진, 「구례 화엄사 각황전 실측보고」, 『건축』, 12(2), 1968
강 현, 「건축문화재의 원형 개념과 보존의 관계 : 한국 목조건축문화재 수리역사의 비판적 검토를 중심으로」, 『문화재』, vol.49 no.1, 2016
강 현, 「關野貞과 건축문화재 보존 - 한국건축문화재 보존과의 연관관계를 중심으로-」, 『건축역사연구』, vol.14 no.1, 2005
강 현, 「일제강점기 오가와 게이키치 문화재 조사 자료의 성격과 위상」, 『한국건축역사학회 2016년 9월 학술세미나 자료집』, 2016
권혁산, 「국립중앙박물관 소장 조선총독부박물관 자료의 공개와 정리」, 『미술사연구』, 40, 2021

김도형, 「일제하 총독부 박물관 문서와 관리체계」, 『기록학 연구』, 3, 2001.4.

김란기, 「일제하 근대적 건축수리와 보존제도의 성격 연구」, 『한국건축역사학회 추계학술발표대회논문집』, 2011. 11.

김민숙, 「오가와 게이키치 자료의 건축사학적 발굴과 남겨진 과제」, 『한국건축역사학회 2016년 9월 학술세미나 자료집』, 2016

김민숙, 「『淸交』로 보는 한국 건축문화재 조사 및 보존에 관한 연구」, 『건축사 연구』, 23(4), 2014

김봉건, 「文化財補修理論」, 『문화재』 제25호, 문화재관리국, 1992

김정현, 전봉희, 「근대기 트러스의 수용과 한식지붕의 구현」, 『한국건축역사학회 학술발표대회 논문집』, 2010년도 추계학술발표대회논문집, 2010

김한태, 「금강산 전기철도(I)」, 철도시설 71, 1999

김봉건, 「보존과 복원」, 『한국건축개념사전』, 동녘, 2013

김왕직, 이상해, 「木造 建造物文化財의 保存理論에 관한 연구-日本 建造物文化財의 修理事例를 中心으로-」, 『건축역사연구』, 제11권 3호, 2002

김우필, 최혜실, 「식민지 조선의 과학·기술 담론에 나타난 근대성 -인문주의 대 과학주의 합리성 논의를 중심으로」, 『한민족문화연구』 제34집, 2010,

김태중, 김순일, 「1905-1910년 내한한 일본인 건축기술자 암전오월만, 국지박, 도변절」, 『대한건축학회 논문집』, 9(8), 1993

문명기, 「일제하 대만·조선총독부의 세출구조 비교분석」, 『한국학논총』, 44, 2015

미쯔이 다까시, 「'일선동조론의 학문적 기반에 관한 시론 -한국병합 전후를 중심으로-」, 『한국문화 33』, 서울대학교 규장각 한국학연구원, 2004.6.

박노보, 「조선총독부특별회계 분석을 통한 일본의 조선통치정책 연구-세입구조 분석을 중심으로」, 일본학연보, 제3집, 1991

박노보, 「조선총독부특별회계 분석을 통한 일본의 조선통치정책 연구-세출구조 분석을 중심으로」, 일본학연보, 제4집, 1992

박소현, 「문화유산 헌장과 관련된 국제 헌장의 흐름」, 『이코모스 헌장 선언문

집』, 국제기념물유적협의회 한국위원회, 2010

배병선, 「Traditional Techniques of Korean Wooden Architecture and Their Applications」, 『Forth Seminar on the Conservation of Asian Cultural Heritage』, Agency for Cultural Affairs, Japan, 1993

서동천, 「개항기 서양식 건축의 유입과 건축표현 용어 변화에 관한 연구-인식과 제도의 변화를 중심으로」, 『대한건축학회 논문집-계획계』, 30(6), 2014

서효원, 전봉희, 「조선총독부박물관 문서를 통해 본 일제강점기 개심사 대웅전 수리공사의 체계와 경과」, 『대한건축학회 논문집-계획계』, 33(7), 2017

서효원, 전봉희, 「화엄사 각황전 수리공사를 통해 본 「보존령」 제정 이후 일제강점기 보물 건조물 수리공사의 현장운영과 수리방침」, 『대한건축학회 논문집-계획계』, 34(1), 2018

서효원, 「조선총독부박물관 생산 수리공사문서의 구성과 내용」, 『한국건축역사학회 2019년도 추계 학술발표대회 논문집』, 2019

서효원, 「일제강점기 북한지역 고건축물 목록을 통해 본 조선총독부 학무국 고건축 조사의 성격」, 『대한건축학회 논문집-계획계』, 35(5), 2019

서효원, 「장안사 대웅전 보존 수리공사와 1930년대 금강산 개발_근대기 건축문화유산 보존과 관광지 개발의 영향관계 연구」, 『건축역사연구』, 29(3), 2020

서효원, 「금강산 장안사 사성전 보존 수리공사와 1940년대 수리체제 전환 시도」, 『건축역사연구』, 29(4), 2020

성나연, 서효원, 전봉희, 「1930년대 금강산 국립공원 계획에 의한 금강산 영역의 재편과 변천」, 『한국건축역사학회 2019년도 추계학술발표대회 논문집』, 2019

오세탁, 「일제의 문화재정책-그 제도적 측면을 중심으로」, 『문화재』, vol.29, 국립문화재연구소, 1996

오영찬, 「조선총독부박물관 문서의 분류 체계에 대한 시론」, 『미술자료』 제96호, 국립중앙박물관, 2019

오영찬 「열패한 식민지 문화의 전파-조선총독부박물관의 설립 배경」, 『서울과 역사』 제105호, 서울역사편찬원, 2020

우명동, 「논문서평 식민지 조선재정사의 새로운 이해」, 역사비평, 1996

유승훈, 「일제시기 문화재보호법의 '중점보호주의'와 '포괄적 법제'에 관하여」, 『역사민속학』, 17호, 2003.12

이강근, 「화엄사 불전의 재건과 장엄에 관한 연구」, 『佛教美術』, vol.14, 1997

이나연, 「문화유산 해석 연구의 통시적 발전과 유산 해석의 개념」, 『문화재』, 53(3), 2020

이명학, 「일제시기 조선재정통계서의 발행체계와 구성 변화」, 『한국사연구』, 173, 2016

이명화, 「조선총독부 학무국 운영과 식민지 교육의 성격」, 『鄕土서울』, 2007

이수정, 「한국의 문화재 보존·관리에 있어서 원형개념의유입과 원형유지원칙의 성립, 그리고 발달과정」, 『문화재』, vol.49 no.1, 2016

이우종·우동선·전봉희, 「일제시기 건축 도면의 보존 현황 – 정부기록보존소 소장 자료를 중심으로」, 『大韓建築學會 學術發表論文集 第21卷 第1號』, 2001

이정아, 「이한철의 고건축 실측·수리 활동과 저술에 관한 연구」, 『건축사연구』, vol.26, no.1, 2017

이지원, 「1930년대 민족주의계열의 고적보존운동」, 『東方學志』 77·78·79합집, 1993

이한철, 「朝鮮の建築」, 朝光, 6권, 10호, 1940

이현경, 손오달, 이나연, 「문화재에서 문화유산으로: 한국의 문화재 개념 및 역할에 대한 역사적 고찰 및 비판」, 『문화정책논총』, 33(3), 2019

이현일, 이명희, 「조선총독부박물관 공문서로 본 일제강점기 문화재 등록과 지정」, 『미술자료』, no.85, 2014

임이랑, 「전시체제기 鹽原時三郎의 황민화정책 구상과 추진(1937~1941)」, 『역사문제연구』, 29, 2013

임진화, 김태영, 「목조 지붕트러스의 유입 및 수용양상」, 『대한건축학회 논문집 계획계』, v.22 n.8, 2006

장장식,「서울의 관왕묘 건치와 관우 신앙의 양상」,『민속학연구』, 제14호, 2004

장 신,「일제하 日鮮同祖論의 대중적 확산과 素戔嗚尊 신화」,『역사문제연구』, 21, 2009

전봉희·우동선,「일본 근대건축도면의 보존현황」,『한국건축역사학회 2001년 봄학술발표대회』, 2001

정수진,「문형문화재에서 무형문화유산으로-글로벌 시대의 문화 표상」,『동아시아문화연구』, 제53집, 2013

조성운,「1930년대 식민지 조선의 근대 관광」,『한국독립운동사연구』, 제36집, 2010

조태동,「보존적 측면에서 바라본 한국과 일본의 국립공원제도 비교」, 한국환경과학회지, 제13권, 2004

조현정,「일본 목조건축 부재수리의 시대적 경향에 관한 소고」,『김홍식 교수 정년퇴임 기념논총』, 김홍식 교수 퇴임논총 준비위원회, 2011

한동수,「이한철,「朝鮮の建築」,『朝光』, 6권 10호(1940년 10월), 172-195쪽 자료」, 건축역사연구 제18권 4호 통권65호

한삼건,「일제강점기 읍성과 읍치의 변용」,『건축역사연구』, 제16권, 5호, 통권 54호, 2007.10, p. 171, 174

한재수,「영주 부석사의 무량수전의 원형보전을 위한 수리기록에 관한 연구」,『대한건축학회 논문집 – 계획계』, 18(9), 2002

황보봉,「엔타시스와 배흘림에 관한 건축사적 고찰-법륭사건축론(法隆寺建築論)을 중심으로-」,『대한건축학회연합논문집』, 16권 3호, 2014. 6.

황수영,「일정기문화재피해자료」,『고고미술자료』, 제22집, 한국 미술사학회, 1973

關根英行,「日鮮同祖論考」,『인문과학연구』, 24, 2002

| 국외 학술논문 |

박황식, 「민족적 형식의 현대 건축에의 창조적 도입을 위하여」, 〈문화유산〉, 1957년 1호, 과학원출판사

박황식, 「종성 향교의 건축 양식」, 〈문화유산〉, 1957년 4호, 과학원출판사

박황식, 「학계소식: 청진 락가암에 소장된 석불」, 〈문화유산〉, 1957년 4호, 과학원출판사

박황식, 「미천왕 무덤(안악 제 3호)의 건축 구성에 대하여」, 1965년 1호, 사회과학원출판사

박황식, 「우리나라 돌로 쌓은 성벽 구조에 대한 약간의 기술 자료-수원성과 함북 경성성을 중심으로」, 1966년 2호, 사회과학원출판사

박황식, 「우리나라 성문형식에 대한 자료」, 1966년 4호, 사회과학원출판사

박황식, 「미술상식: 성불사의 건축미」, 조선미술, 1965년 1호

今村吉之助, 「日本建築製圖保存」, 『建築雜誌』, 27號, 1889.3,

渡邊豐日子, 「朝鮮寶物古跡名勝天然記念物保存令發布に就て」,『朝鮮』,1933

稲葉信子, 「木子淸敬が明治年間に收集,作成した日本建築學關連資料」, 『日本建築學會計畫系論文報告集』, 제413호, 1990.7,

稲葉信子, 「木子淸敬の帝國大學 (東京帝國大學) にあける日本建築學授業について」, 『日本建築學會計畫系論文報告集』, 제374호, 1987.4,

藤田亮策, 「朝鮮に於ける古跡の調査及び保存の沿革」, 『朝鮮』 199號, 1931.12

杉山信三, 「春川清平寺とその建築」, 『朝鮮學報』 第47號, 1968.3.

上田弘之, 『日本工業の黎明 : 遣隋使から工部大学校まで』, 国際電信電話, 1981

小川敬吉, 「朝鮮建築に於ける柱內轉び)」, 『日本建築學會論文集)』, 第17輯, 1940

小川敬吉, 「宝物建造物保存修理の要旨」, 京都大学所蔵 『小川敬吉資料』, 12006 册子12.

岸田日出刀, 『建築學者伊東忠太』, 乾元寺, 1945

伊東忠太, 「法隆寺建築論」, 『建築雜誌』, 第83號, 1893

伊東忠太,「法隆寺研究の動機」,『建築史』2の1, 1940.1
伊東忠太,『東京帝國大學紀要』, 工科, 第壹册, 第壹號, 1897
田中禎彦,「20世紀前半の朝鮮總督府による朝鮮の歷史的建造物の調査保存事業について」,『日本建築學會計畫系論文集』, 第294號, 2005
田村剛,「金剛山と其風景開發策」, 大日本山林會報, 408, 1916
佐藤作郎,「朝鮮にあける観光事業に就いて」,『朝鮮』, 1931년 7월호
佐藤正彦,「野村孝文先生の死を悼む」,『建築史学』, 8 巻, 1987
天沼俊一,「朝鮮紀行(中) 智異山 華嚴寺」, 『東洋美術』 제4호, 1930.2.
淸水重敦,「伊東忠太と日本建築 保存」,『明治聖徳記念學會紀要』復刊 no.45, 2008.11
水谷知生,「大正記の16國立公園調査地と選定經過と田村剛の國立公園觀」,『ランドスケープ研究』, 7, 2014

| 사료 |

「寶物開心寺大雄殿昭和年重修銘」
『營造法式』
朝鮮總督府 官報
朝鮮總督府 市政年報
朝鮮總督府,『朝鮮古蹟調査報告』, 1914
朝鮮總督府土木部,『朝鮮土木法規』,「古跡保存工事施行標準」, 발행년도 미상
「朝鮮寶物古跡名勝天然記念物保存令」
「朝鮮寶物古跡名勝天然記念物保存令 施行規則」
朝鮮建築會,「朝鮮古建築保存に關する座談會」,『朝鮮と建築』, 1931
朝鮮總督府鐵道局,『朝鮮の鐵道』, 1928
『朝鮮鉄道協会会誌』, 1930

| 보고서 |

국립국어원, 『일본어 투 어휘자료 구축』, 2012

국립박물관, 『무위사 극락전 수리공사보고서』, 문교부, 1958

국립박물관, 『미술·고고학용어집 건축편』, 을유문화사, 1955

국립중앙박물관, 『광복이전 박물관 자료 목록집』, 1997

국립중앙박물관, 『광복이전조사 유적유물 미공개도면』, 1998-99

국립중앙박물관, 『국립중앙박물관 보관 고문서 목록』, 1996

국립중앙박물관, 『국립중앙박물관 소장 유리건판: 궁궐』, 2007

국립문화재연구소, 『북한정기간행물-고고학 문헌 목록』, 2016

문교부 교화국, 『國寶古蹟名勝天然記念物目錄』, 1947

문화공보부 문화재관리국, 『강진무위사극락전수리보고서』, 1984

문화재 관리국 문화재연구소, 『소천경길조사문화재자료』, 1994

문화재관리국, 『영주부석사보수정화수리보고서』, 1980

문화재관리국, 『문화재보수정비실적 1963~1983』, 1984

문화재관리국, 『조선총독부 및 문교부 발행 문화재 관계 자료집』, 1992

문화재관리국, 『한국의 고건축』, 제2호, 1975

문화재청, 『개심사 대웅전 수리·실측 보고서』, 2007

문화재청, 『개심사 대웅전 실측조사 보고서』, 2001

문화재청, 『화엄사 각황전 실측조사 보고서』, 2009

서울대학교 출판부, 『서울대학교박물관 소장 식민지시기 유리건판』, 2008

성균관대학교박물관 『유리원판에 비친 한국의 문화유산』, 2001

한국박물관100년사편찬위원회, 『한국 박물관 100년사』, 국립중앙박물관, 2009

| 신문 |

동아일보, 「尙州郡廳移轉」, 1924.2.3.

동아일보, 「순회탐방 153 만반의 사업을 교통에 기대(6) 강원수부 춘천」, 1926.12.1.
동아일보, 「古蹟保存의 要諦 中」, 1926.12.3.
동아일보, 「金剛山을 世界樂園으로 諸般施設에 百萬圓投資」, 1927.8.6.
동아일보, 「金剛山循環電鐵」, 1927.9.4.
동아일보, 「世界絕勝金剛山에 國立公園設計」, 1929.07.11.
동아일보, 「嶺南樓改修 保勝會組織」, 1929.11.29.
동아일보, 「世界의 絕勝 金剛山公園」, 1930.2.12.
동아일보, 「金剛山公園化計劃 具體策 漸進行」, 1931.4.11.
동아일보, 「國立公園法으로 朝鮮名勝統括」, 1936.2.20.
동아일보, 「金剛山 扮粧 .... 明年부터 着手」, 1936.6.30.
동아일보, 「1940년 올림픽 동경으로 결국 결정」, 1936.8.1.
동아일보, 「古蹟愛護日 구월십일로 결정」, 1937.8.26
동아일보, 「고적보존회 총독인사요지」, 1937.6.10.
동아일보, 「靈峯智異山 專門家의 設計終了 登山路를 開拓」, 1937.11.6.
동아일보, 「骨董品된 "南大門"」, 1937.12.5.
동아일보, 「建議案이 十餘件 多數可決로 通過, 慶北道會의 弟八日」, 1939.2.16
동아일보, 「안악 고분의 벽화고-그 구조를 중심하여. 김정학」, 1960.6.26.
동아일보, 「안악 3호고분 주인공은 고국원왕」, 1990.3.17.
매일신보, 「金剛山探勝客 申請遝至 금년은 사만여명을 돌파할 듯」, 1930.2.21.
매일신보, 「三道十三郡의 道郡廳舍를 改築 今年豫算廿九萬六千圓으로 官舍도 六個所新築」, 1930.5.28
매일신보, 「보물 고적은 사찰중심주의」, 1935.6.9.
매일신보, 「巨刹華嚴寺新粧 歷史깁흔 覺皇殿改築 工費十五萬圓計上」, 1936.4.10.
매일신보, 「화엄사 각황전 공비1만2천원 각면에 분배후 부담」, 1938.5.3.
매일신보, 「국보개심사 명춘수리착수」, 1940.12.5.
매일신보, 「國寶東明館修築에 工事監督文書僞造」, 1941.07.10.
매일신보, 「개심사 벽화 중수 예산 추가」, 1941.12.12.

매일신보, 「중수될 국보개심사 공비 4만원계상」, 1942.2.10.

| 웹사이트 |

국립중앙박물관 소장 조선총독부박물관 문서 https://www.museum.go.kr/modern-history

국립중앙박물관 소장 조선총독부박물관 유리건판 http://dryplate.museum.go.kr/ main.do

국립중앙도서관 조선총독부 관보 활용시스템 http://gb.nl.go.kr

국립중앙도서관 대한민국신문아카이브 http://www.nl.go.kr/newspaper/

국사편찬위원회 한국사데이터베이스 http://db.history.go.kr

국가기록원 조선총독부 문서 http://www.archives.go.kr

통계청, 『국가통계포털』, http://kosis.kr

한국언론진흥재단 뉴스라이브러리 https://www.bigkinds.or.kr/news/libraryNews.do

네이버 뉴스라이브러리 http://newslibrary.naver.com

위키피디아 http://ko.wikipedia.org, ; jp.wikipedia.org, ; en.wikipedia.org

帝國議會會議錄 檢索 システム, http://teikokugikai-i.ndl.go.jp/

株式會社奧谷組 홈페이지 http://okutanigumi.jp

| 그림 목차 및 출처 |

※출처 표시가 없는 것은 소유권이 소멸했거나 필자가 촬영, 제작 도안한 것입니다. 출판사와 저자의 의도와는 달리 확인하지 못했거나 출처의 오류가 있는 경우, 개정판에서 바로 잡도록 하겠습니다.

01 서론

1-1. 조선총독부박물관 생산 수리기록물 - 공문, 법령, 공사지침, 건조물 목록, 사업계획(출처: 국립중앙박물관) 23p
1-2. 조선총독부박물관 문서에 포함된 수리공사 세부지침(출처: 국립중앙박물관) 25p
1-3. 화엄사 각황전 보조금 하부 공문(출처: 국립중앙박물관) 27p

02 일제강점기 건축문화유산 보존제도

2-1 부석사 무량수전 및 조사전 보존공사에 관한 건(출처: 국립중앙박물관) 55p
2-2 1912년~1924년 조선총독부 건조물 보존기구의 변화 57p
2-3 부석사 조사당 벽화 보존공사 문서(출처: 국립중앙박물관) 59p
2-4 창의문 수선공사 증액예산 배부 문서(출처: 국립중앙박물관) 66p
2-5 『조선고건축물』, 1926년 작성 추정(출처: 국립중앙박물관) 73p
2-6 고적보존보조비대장(출처: 국립중앙박물관) 76p

03 '보물건조물' 성립과 건축문화유산의 형성

3-1 「평양보통문소사(平壤普通門小史)」(출처: 국가기록원) 89p
3-2 「해인사 대장경각 수선 보조 건 海印寺大藏經閣修繕補助ノ件」(출처: 국립중앙박물관) 91p

3-3 정비된 부벽루(左), 방치된 숭령전(右)(출처: 국립중앙박물관) 98p
3-4 상주관아 불하 기사(출처: 동아일보, 1924.02.03.) 102p
3-5 고적애호일 '탑동공원에서 청소작업' 활동(출처: 동아일보, 1938.09.11.) 110p
3-6 성불사 극락전 보조금 하부 공문(출처: 국립중앙박물관) 113p
3-7 성불사 극락전 수리공사 준공 보고 공문(출처: 국립중앙박물관) 114p
3-8 일제강점기 발행 밀양 관광엽서(아래 2장이 영남루 전경) 122p
3-9 금강산 전기철도 노선도 및 개통일 125p
3-10 장안사 지역 개발계획 기사와 장안사 일대가 묘사된 관광지도 126p
3-11 화엄사를 소재로 만든 구례 우편소 통신일부인(출처: 조선총독부 관보) 130p
3-12 대수선 10개년 계획에 첨부된 「사유(私有) 보물건조물 보존계획」(출처: 국립중앙박물관) 133p
3-13 1930년대 조선관광지 약도(엽서, 발행연도 미상) 136p
3-14 수원 장안문 수리공사 전/후 사진(출처: 국립중앙박물관) 136p
3-15 금산 신안사 수리공사 전/후 사진(출처: 국립중앙박물관) 138p
3-16 "골동품 된 남대문" 기사와 나란히 실린 동경올림픽 준비기사(출처: 동아일보, 1937.12.05.) 143p

04 보존 수리체제 확립과 수리전문가 집단의 활동

4-1 『조선토목법규』에 실린 「고적보존공사시행표준」(1917.1 결정) 151p
4-2 조선총독부박물관 문서에 남아 있는 「시행표준」과 「시행수속」(출처: 국립중앙박물관) 154p
4-3 수리공사 전 화엄사 각황전(출처: 국립중앙박물관) 162p
4-4 「시행준칙」과 「취급수속」(출처: 국립중앙박물관) 164p
4-5 화엄사 각황전 수리의 경과 및 수리공사의 공정 170p
4-6 화엄사 각황전 수리공사사무소 조직구성 172p
4-7 중화전 영건도감의궤도설(1904, 좌)과 장안사 사성전 정면도(1940년대, 우)(출처: 서울대학교 규장각, 국립중앙박물관) 180p

4-8 개심사 대웅전 가설덧집 설치 전경(출처: 국립중앙박물관) 182p
4-9 개심사 수리공사의 주체와 시행체계 183p
4-10 오가와 케이키치의 의견서(출처: 국가기록원) 186p
4-11 개심사 영역과 벌채 구역(빗금) (출처: 국가기록원) 186p
4-12 장안사 사성전 파손현황과 해체현황(출처: 국립중앙박물관) 190p
4-13 장안사 사성전 수리공사 경과 191p
4-14 1943년 1월 청원서에 첨부된 장안사 사성전 수리공사 실시공정표 194p
4-15 공사비 증액 전후 재료 단가 비교(출처: 국립중앙박물관) 197p
4-16 성천 동명관 수리공사 현장감독 비리 기사(출처: 매일신보, 1941.07.10.) 199p
4-17 보물 등 보존공사에 관한 요항(출처: 국립중앙박물관) 200p
4-18 보물고적보존공사사무소 설립 제안과 수리공사 시행체계의 변화(개심사 대웅전 수리공사 시행체계에 대입) 202p

05 실측조사 도입과 수리공사 체제의 진보

5-1 비올레 르 뒥이 작성한 노틀담 성당 남측 입면도 214p
5-2 왼쪽부터 윌리엄 버제스, 조사이아 콘돌, 다쓰노 긴고(辰野金吾), 이토 추타(伊東忠太) 216p
5-3 법륭사 가람을 실측한 이토 추타(伊東忠太) 자신을 묘사한 풍속화 (1893년 이토 추타 필드 노트 No.74「奈良」) (출처: 清水重敦, 『建築保存概念の生成史』, 中央公論美術出版, 2013) 218p
5-4「금당횡단면도 金堂横斷面圖」,「금당하층헌지도 金堂下層軒之圖」(출처: 伊東忠太, 『東京帝國大學紀要』, 工科, 第壹册 第壹號) 219p
5-5 이토 추타의 에트루스칸 신전과 법륭사 건축 비례 비교(출처: 伊東忠太, 「法隆寺建築論」, 『建築雜誌』, 第83號, 1893) 220p
5-6 왼쪽부터 세키노 타다시, 오가와 케이키치, 스기야마 노부조 222p
5-7 관음사 첨차 현촌도(現寸圖)(출처: 국립중앙박물관) 228p
5-8 관음사 평고대 단면 실측도(출처: 국립중앙박물관) 229p

5-9 성불사응진전 도리 휨(棟反り) 분석(출처: 杉山信三 編, 『韓國古建築の保存-浮石寺·成佛寺修理工事報告』, 韓國古建築の保存刊行會, 1996) 233p
5-10 규준선을 활용한 외목도리 실측(출처: 국립중앙박물관) 236p
5-11 기준선을 활용한 입면 실측(출처: 국립중앙박물관) 236p
5-12 삼각함수를 사용한 도리 간 접선의 길이와 기울기를 구하기 위한 계산(출처: 국립중앙박물관) 237p
5-13 기둥 길이 분석 도표 실측야장(출처: 국립중앙박물관) 238p
5-14 청평사 극락전 정면도(청사진 보정) (출처: 국립중앙박물관) 238p
5-15 『朝光』에 소개된 이한철의 약력(출처: 이한철, 「朝鮮の建築」, 『朝光』, 6권 10호, 1940.10. 242p
5-16 오가와 케이키치, 「朝鮮建築に於ける柱内轉び」 1,2쪽(출처: 小川敬吉, 「朝鮮建築に於ける柱内轉び」, 『日本建築學會論文集』, 第17輯, 1940) 243p
5-17 개심사 대웅전 현상도(출처: 문화재관리국, 『한국의 고건축』, 제2호, 1975, p.19) 250p
5-18 청평사 처마 현상변경비교도(출처: 국립중앙박물관) 250p
5-19 성불사 극락전 실측 평면도 및 단면도(좌), 복원평면도 및 복원 후 측면사진(우) (출처: 국립중앙박물관) 250p
5-20 무량사 극락전 수복공사 단면도(지붕구조 변경을 표시한 설계도) (출처: 국립중앙박물관) 252p
5-21 분황사 구층탑 보존공사 변경도(출처: 국립중앙박물관) 255p
5-22 성불사 극락전 수리공사 공정표(출처: 국립중앙박물관) 256p
5-23 일제강점기 후반 수리공사의 공정과 공종 259p
5-24 개심사 대웅전 수리공사 공사비 내역서의 구성(출처: 국립중앙박물관) 262p
5-25 개심사 대웅전 수리공사 기초공사 내역 분석 263p
5-26 우메키(埋木), 하기키(矧木), 츠기키(繼木) (출처: 문화재청, 『화엄사 각황전 실측조사 보고서』, 2009) 267p

5-27 일본 근대 건축 기술서에 수록된 카나와츠키(金輪継) *268p*

5-28 무량사 극락전 지붕구조에 사용된 경사부재(雲筋違) (출처: 국립중앙박물관) *268p*

5-29 일제강점기 한식 지붕틀 구성에 사용된 구조(출처: 김정현, 전봉희, 「근대기 트러스의 수용과 한식지붕의 구현」, 『한국건축역사학회 학술발표대회 논문집』, 2010년도 추계학술발표대회논문집, 2010) *269p*

5-30 동대사 대불전 수리에 계획된 트러스 구조(출처: 山崎幹泰, 「東大寺大仏殿明治修理における設計案の変遷について」, 『日本建築学会計画系論文集 v.535 n.9』, 2004) *270p*

5-31 평양 연광정 지붕 단면 상세도(출처: 국립중앙박물관) *270p*

5-32 동아일보 임천 부고 기사 *275p*

5-33 임천고건축연구소에서 작도한 선정전 도면(1964년) (출처: 국립문화재연구원) *276p*

5-34 박황식의 이력서 (출처: 국립문화재연구원) *277p*

5-35 이케다 소우키의 성불사 응진전 공포분석(위)과 박황식의 안악3호분 공포분석(아래) (출처: 杉山信三 編, 『韓國古建築の保存-浮石寺·成佛寺修理工事報告』, 韓國古建築の保存刊行會, 1996; 박황식, 「미천왕 무덤(안악 제 3호)의 건축 구성에 대하여」, 1965년 1호, 사회과학원출판사) *278p*

5-36 일제강점기 수리 전(좌)과 수리 후(우) 무위사 극락전(출처: 국립문화재연구원) *280p*

| 표 목차 |

01 서론

표 1-1. 보존비보조 수리공사 목록. 37p

02 일제강점기 건축문화유산 보존제도

표 2-1. 일제강점기 건조물 보존 관련 법령 및 행정명령. 53p

표 2-2. 부석사무량수전 및 조사전 보존공사에 관한 건. 54p

표 2-3. 보존비보조 수리공사 담당 기구. 55p

표 2-4. 일제강점기 건조물 보존기구의 변화. 57p

표 2-5. 부석사 조사당 고벽화 보존시설에 관한 건. 58p

표 2-6. 부석사 조사당 벽화 보존공사 관련 문서의 내용. 59p

표 2-7. 조선총독부 특별회계 예산 중 고적조사비와 고적보존비 보조. 62p

표 2-8. 1927년 고적조사비 예산 증액요구서. 63p

표 2-9. 1927년 전릉수선비 예산 증액요구서. 64p

표 2-10. 건명 고적수선비 예산 증배(增配)에 관한 건(對 5년 2월 26일). 66p

표 2-11. 「보존령」 제정 이전 건조물 수리공사 예산과목. 66p

표 2-12. 1934년 전릉 및 보물고적 명승천연기념물 조사 및 보존비 과목표. 69p

표 2-13. 연도별 「전릉급보물고적명승천연기념물조사병보존비」. 70p

표 2-14. 1934년 전릉 및 보물고적 명승천연기념물 조사 및 보존비 증액요구서. 71p

표 2-15. 일제강점기 보물목조건조물 목록. 74p

표 2-16. 일제강점기 보존비보조 공사 목록(고적보존보조비대장). 77p

표 2-17. 건조물 보존 수리공사 관련 사건 정리. 79p

표 2-18. 일제강점기 건조물 보존 수리공사 시기구분. 80p

03 '보물건조물' 성립과 건축문화유산의 형성

표 3-1. 세키노 타다시(關野貞)의 고건축물 조사 중 지방 읍치시설. 101p

표 3-2. 지역 보승회의 활동(밀양). 121p

표 3-3. 일제강점기 금강산 장안사 수리공사 보존비보조금 상세. 129p

표 3-4. 「보물목조건조물대수선 10개년 계획」-국유 및 사유 보물건조물 보존계획. 135p

표 3-5. 1935년 보존비보조공사의 내역(고적보존보조비대장). 138p

표 3-6. 보물목조건조물대수선 10개년 계획 이후 보조금이 지급된 수리공사의 목록. 138p

04 보존 수리체제 확립과 수리전문가 집단의 활동

표 4-1. 부석사 무량수전 및 조사당 보존공사비 보조에 관한 건. 148p

표 4-2. 해인사 대장경각 수선보조의 건. 149p

표 4-3. 고적보존공사시행표준(1917.1 결정). 151p

표 4-4. 화엄사 각황전 수리공사 적용 법령과 지침. 166p

표 4-5. 보물건조물수리시행준칙(寶物建造物修理施行準則). 167p

표 4-6. 「시행준칙」 2조가 명시한 조사의 종류와 내용. 167p

표 4-7. 취급수속이 정한 직급과 직무. 175p

표 4-8. 수리공사 참여주체 별 역할. 183p

표 4-9. 보존공사사무 및 직제등의 시행제도의 설명과 개정의견 제1항. 203p

표 4-10. 보존공사사무 및 직제등의 시행제도의 설명과 개정의견 제2항. 203p

05 실측조사 도입과 수리공사 체제의 진보

표 5-1. 성불사 응진전 실측조사 내용. 232p

표 5-2. 수리공사 현장별 수리전문가 명단. 241p

표 5-3. 이한철이 『朝光』에 발표한 「朝鮮의 建築」. 242p

표 5-4. 오가와 케이키치(小川敬吉) 논문의 건조물 사례. *244p*

표 5-5. 오가와 케이키치 논문의 결론부에 기재된 시대별 귓기둥 기울기. *244p*

표 5-6. 화엄사 각황전 수리공사 실시설계서의 구성. *247p*

표 5-7. 「분황사구층탑보존공사 공정예정표」(1915년 10월 23일 보고). *255p*

표 5-8. 관음사 대웅전, 성불사 극락전, 성불사 응진전 수리공사 공종. *256p*

표 5-9. 박황식의 저작. *279p*

표 5-10. 무위사 극락전 수리공사 보고서와 일제강점기 수리계획서 목차 비교. *282p*

표 5-11. 일제강점기 수리계획서와 무위사 극락전 수리공사보고서 수록내용 비교. *282p*

부록

표 a. 일제강점기 건조물 보존 관련 법령 및 행정명령. *402p*

표 b. 일제강점기 건조물 문화재 수리공사 세부지침. *424p*

별지 부록: 일제강점기 건조물 보존제도의 흐름

부록

건조물 문화재 보존 관련 법령 • 402
건조물 문화재 수리공사 세부지침 • 424
고적보존비보조대장 정리 • 441
찾아보기 • 448

법령 목록

표 a. 일제강점기 건조물 보존 관련 법령 및 행정명령

법령(칙령, 제령, 부령, 훈령) 및 행정명령(통첩)	관보호수	법령 고시일 (관보 발행일)	법령구분	호수	관련
향교재산관리규정	-	1910-04-28	학부령	2	재산
사찰 보물 목록첩 조제의 건	135	1911-02-14	관통첩	6	보존
사찰령	227	1911-06-03	제령	7	재산
사찰령시행규칙	257	1911-07-08	부령	84	재산
조선관유재산관리규칙	270	1911-07-24	칙령	200	재산
관유재산보존 및 취훼(取毁)에 관한 건	344	1911-10-19	관통첩	297	보존
고비, 고탑, 석불, 기타 석재에 조각된 건설물 보존방 체체에 관한 건	377	1911-11-29	관통첩	359	보존
사찰전당등 건축에 관한 건	489	1914-03-09	관통첩	99	보존
조선총독부 및 소속관서 회계사무장정	호외	1914-08-17	훈령	42	보존
조선사유(寺有)재산 관리에 관한 건	777	1915-03-09	관통첩	75	재산
고적조사위원회규정	1175	1916-07-04	훈령	29	보존
고적 및 유물에 관한 건	1175	1916-07-04	훈령	30	보존
고적 및 유물보존규칙	1175	1916-07-04	부령	52	보존
고적급유물보존규칙에 관한 건	1217	1916-08-22	관통첩	138	보존
사찰당우기타건조물의 자연재해(天災)에 의해 도괴된 손상재 처분방(법)	1641	1918-01-28	관통첩	15	보존
향교재산관리규칙	2365	1920-06-29	부령	91	재산
사찰령 개정	730	1929-06-10	제령	9	재산
사찰령시행규칙 개정	730	1929-06-10	부령	52	재산
조선보물고적명승급천연기념물보존령	호외	1933-08-09	제령	6	보존
조선총독부보물고적명승천연기념물보존회관제	1978	1933-08-12	칙령	224	보존
조선보물고적명승급천연기념물보존령시행규칙	2072	1933-12-05	부령	136	보존
조선보물고적명승급천연기념물보존령시행수속	2072	1933-12-05	훈령	12	보존
조선총독부보물고적명승천연기념물보존회의사규칙	2072	1933-12-05	훈령	43	보존
국유보물고적명승천연기념물처분에 관한 건	2105	1934-01-19	관통첩	2	보존
국유재산법을 조선에 시행하는 건	2881	1936-08-19	칙령	266	재산
국유재산법 시행규칙	3059	1937-03-29	부령	26	재산
조선총독부소관 국유재산 취급규정	3059	1937-03-29	훈령	9	재산

고적 및 유물보존규칙
(古蹟及遺物保存規則)

조선총독부령 제52호
대정5년(1916) 7월 4일

제1조. 고적(古蹟)이라고 일컫는 것은 패총(貝塚), 석기(石器), 골각기류(骨角器類)를 포함하고 있는 토지(土地)와 수혈(竪穴) 등의 선사유적(先史遺跡), 고분(古墳) 그리고 도성(都城), 궁전(宮殿), 성책(城柵), 관문(關門), 교통로(交通路), 역참(驛站), 봉수(烽燧), 관부(官府), 사우(祠宇), 단묘(端妙), 도요(陶窯) 등의 유지(遺址)와 전적(戰跡) 기타의 사실(史實)에 관계있는 유적(遺蹟)을 말한다.

제2조. 조선총독부는 별기(別記) 양식에 따른 고적 및 유물대장을 비치하고 전조(前條)가 정한 고적 및 유물 중에서 보존의 가치가 있다는 것을 사항에 따라 조사하고 이를 등록한다.

1. 명칭
2. 종류와 형상대소
3. 소재지
4. 소유자, 관리자 주소, 성명 또는 명칭
5. 현황
6. 유래 전설 등
7. 관리보존의 방법

제3조. 고적 또는 유물을 발견한 사람은 그 현상을 변경하지 말고 3일 이내에 구두 또는 서면으로 해당지역의 경찰서장(경찰서의 사무를 취급하는 헌병분대 또는 분견소의 책임자를 포함, 이하 같음)에게 제출하여야 한다.

제4조. 고적 또는 유물로 조선총독부에 의하여 고적 및 유물대장에 등록되면 그 사실을 해당물건의 소유자 또는 관리자에게 통지하고 대장의 등본을 해당 경찰서장에게 송부한다. 전조에 따라 계출(屆出)한 바 있는 고적 및 유물이 고적 및 유물대장에 등록되면 속히 해당 경찰서장을 경유하여 계출인에게 결과를 통보한다. 고적 및 유물대장에 등록되었던 것이 취소하게 되면 전항에 준하여 그 물건의 소유자 또는 관리자에게 통지한다.

제5조. 고적 및 유물대장에 등록된 물건의 현상을 변경, 그것의 이전, 수선 또는 처분하여야 할 경우 또는 보존에 영향을 미칠 시설을 해야 할 때에는 당해 물건의 소유자 또는 관리자는 다음과 같은 사항을 갖추어 경찰서장을 거쳐 조선총독의 허가를 받아야 한다.

1. 등록번호와 명칭
2. 변경, 이전, 수선, 처분 또는 시설의 목적
3. 변경, 이전, 수선 또는 시설을 해야 할 것은 그 방법과 설계도 아울러 비용의 견적액
4. 변경, 이전, 수선, 처분 또는 시설의 시기

제6조. 고적 및 유물대장의 등록사항이 변경되면 경찰서장은 속히 조선총독에게 보고한다.

제7조. 경찰서장이 유실물법(遺失物法) 제13조 제2항에 해당하는 매장물 발견의 계출을 받으면 이 법에 의거하며 동법 제13조 제2항에 해당한다고 인정되는 사항을 구비하여 경무총장을 경유하여 조선총독에게 보고한다.

제8조. 제3조 또는 제5조의 규정에 위반되는 자는 200원 이하의 벌금 또는 과료에 처한다.

부칙

본 령은 대정5년(1916) 7월 10일부터 시행한다.

양식

- 등록번호
- 명칭
- 종류 및 형상대소
- 소재지
- 소유자 관리자 주소, 이름, 명칭
- 현황
- 유래전설 등
- 관리보존방법
- 비고

고적조사위원회규정
(古蹟調査委員會規程)

대정5년(1916) 7월 4일
조선총독부훈령 제29호

제1조 조선에 있는 고적, 금석물, 기타 유물 및 명승지 등의 조사와 보존에 관한 사항을 심사하기 위해 조선총독부에 고적조사위원회를 둔다.

제2조 고적조사위원회는 위원장 1인, 위원 약간 명으로 조직한다.

제3조 위원장은 정무총감으로 충당한다.
위원은 조선총독부 고등관 중에서 명하거나 학식 경험이 있는 자 가운데 촉탁한다.

제4조 위원장은 회무(會務)를 총리한다.
위원장이 사고가 있을 경우는 위원장이 지정한 위원이 그 사무를 대리한다.

제5조 위원회에서는 다음 사항을 심사한다.
① 고적 및 유물의 조사에 관한 사항
② 고적의 보존 및 유물의 수집에 관한 사항
③ 고적·유물·명승지 등에 영향을 미칠 만한 시설에 관한 사항
④ 고문서의 조사 및 수집에 관한 사항

제6조 위원회는 고적·유물·고문서의 조사 및 수집, 보존에 관한 일반 계획과 연도별 실지 조사 계획을 작성하고, 위원장은 이를 전년 말일까지 조선총독에게 제출해야 한다.
전항(前項) 외에 위원회에서 필요하다고 인정되는 사항 또는 조선총독의 자문에 관련된 사항은 그 심사 결과에 대해 위원장이 의견서 또는 보고서를 조선총독에게 제출해야 한다.

제7조 위원회에서 위원에게 실지 조사를 하게 하는 경우는 조사 계획, 조사할 물건의 종목, 소재지, 조사 방법 및 시일(時日)을 갖추어 조선총독에게 신청해야 한다.

제8조 위원에게 실지 조사를 명하는 경우 위원장은 그 위원의 성명, 조사할 물건의 종목, 소재지, 조사 방법 및 시일을 미리 그 지역을 관할하는 도장관 및 경무부장에게 통지해야 한다.

제9조 실지 조사에 종사할 위원은 고적 소재지의 지방청 및 경찰관서와 협의하여 그 조사가 이루어질 경우 헌병 또는 경찰관의 입회를 요구해야 한다.

제10조 실지 조사를 명받은 위원은 조사에 관한 상세한 보고서를 작성하여 위원장에게 제출하고, 위원장은 이를 조선총독에 보고해야 한다.

실지 조사에서 위원이 수집한 물품은 목록을 첨부하여 지역의 경찰관서를 거쳐 조선총독부에 송치(送致)해야 한다. 단 파손의 우려가 있는 것은 직접 휴대해야 한다.

제11조 위원회에 간사를 둔다.

간사는 조선총독부 고등관 중에서 명한다.

간사는 위원장의 지휘를 받아 서무를 장리(掌理)한다.

조선보물고적명승급천연기념물보존령
(朝鮮寶物古蹟名勝及天然紀念物保存令)

조선총독부제령 제6호
소화8년(1933) 8월 9일

고전보물고적명승천연기념물보존령 1911년 법률 제30호 제1조 및 제2조에 의하여 칙재(勅栽)를 얻어 이에 공포한다.

제1조. 건조물, 전적, 서적(書跡), 회화, 조각, 공예품 그 외 물건으로 특히 역사의 증징 또는 미술의 모범이 될 만한 것은 조선총독은 그것을 보물로 지정할 수 있다. 패총, 고분, 절터, 성터, 가마터 그 외 유적, 경승(景勝)의 땅 또는 동물, 식물, 지질, 광물 그 외 학술연구의 자료가 될 만한 것으로서 보존의 필요가 있다고 인정하는 것은 조선총독은 그것을 고적, 명승 또는 천연기념물로 지정할 수 있다.

제2조. 조선총독은 전조(前條)의 지정을 하려고 할 때는 조선총독부보물고적명승천연기념물보존회(이하 단지 보존회라고 칭한다)에서 자문해야 한다. 전조의 지정 이전에 있어서 급히 조치(急施)가 필요하여 자문할 여유가 없다고 인정할 때는 조선총독은 임시로 지정할 수 있다.

제3조. 조선총독은 보물, 고적, 명승 또는 천연기념물에 관한 조사를 할 필요가 있다고 인정할 때는 당해 관리로 하여금 필요한 장소에 입회하여 조사에 필요한 물건의 제공을 요구하고 측량조사를 하거나 또는 토지의 발굴, 장애물의 변경 제거 그 외 조사에 필요한 행위를 하게 할 수 있다. 이 경우에 당해 관리는 신분을 증명할 만한 증표를 휴대하여야 한다.

제4조. 보물은 그것을 수출 또는 이출(移出)할 수 없다. 다만 조선총독의 허가를 얻은 때는 예외로 한다. 조선총독은 전항(前項)의 허가를 하려고 할 때는 보존회에 자문하여야 한다.

제5조. 보물, 고적, 명승 또는 천연기념물에 관하여 그 현상을 변경하거나 또는 보존에 영향을 미칠 만한 행위를 하려고 하는 때는 조선총독의 허가를 얻어야 한다.

제6조, 조선총독은 보물, 고적, 명승 또는 천연기념물의 보존에 관하여 필요하다고 인정할 때는 일정한 행위를 금지 혹은 제한하거나 필요한 시설을 명할 수 있다. 전항의 시설에 필요한 비용에 대해서는 국고에서 예산 범위 안에서 그 일부를 보조할 수 있다.

제7조. 조선총독은 제5조의 규정에 의한 허가 또는 전조 제1항의 규정에 의한 명령을 하려고 할 때는 보존회에 자문하여야 한다. 다만 경미(輕微)한 사항에 대해서는 예외로 한다.

제8조. 보물의 소유자에 대해 변경이 있을 때는 조선총독이 정하는 바에 의하여 소유자로부터 그것을 조선총독에게 신고하여야 한다. 보물 멸실 또는 훼손한 때도 마찬가지이다.

제9조. 보물의 소유자는 조선총독의 명령에 의하여 1년 안의 기간에 한하여 이왕가, 관립 또는 공립 박물관 또는 미술관에 그 보물을 출품전람(出品展覽)할 의무가 있다. 다만 제사법용(祭祀法用) 또는 공무집행을 위해 필요한 때 그 외 불가피한 사유가 있는 때는 예외로 한다.

제10조. 전조의 규정에 의하여 보물을 출품전람한 자에 대해서는 조선총독이 정하는 바에 의하여 국고에서 보조금을 교부할 수 있다.

제11조. 제3조의 규정에 의한 행위 혹은 제6조 제1항의 규정에 의한 명령 때문에 손해를 입은 자가 있거나 제9조의 규정에 의하여 출품전람한 보물이 그 출품전람 중 불가항력에 의하지 않고 멸실 혹은 훼손된 때는 조선총독은 그 정하는 바에 의하여 훼손을 보상할 수 있다.

제12조. 제9조의 규정에 의하여 출품전람한 보물에 대해 그 출품전람 중 소유자의 변경이 있을 때는 새로운 소유자는 당해 보물에 관하여 본령이 정하는 구소유자의 권리의무를 계승한다.

제13조. 조선총독은 지방 공공단체를 지정하여 보물, 고적, 명승, 또는 천연기념물의 관리를 하도록 할 수 있다. 전항의 관리에 필요한 비용은 당해 공공단체의 부담으로 한다. 전항의 비용에 대해서는 국고에서 예산의 범위 안에서 그 일부를 보조할 수 있다.

제14조. 공익상 그 외 특수한 사유에 의하여 필요가 있다고 인정한 때는 조선총독은 보존회에 자문하여 보물, 고적, 명승 또는 천연기념물의 지정을 해제할 수 있다.

제15조. 조선총독은 제1조 혹은 제2조 제2항의 규정에 의하여 지정을 하거나 또는 전조의 규정에 의하여 지정의 해제를 한 때는 그 정하는 바에 의하여 그것을 고시하여야 한다. 단 당해 물건 혹은 토지의 소유자, 관리자 또는 점유자에게 통지하여야 한다. 그러나 지정된 것의 보존상 필요하다고 인정할 때는 고시하지 않을 수 있다.

제16조. 조선총독은 국가의 소유에 속하는 보물, 고적, 명승 또는 천연기념물에 관하여 별도로 정할 수 있다.

제17조. 사찰의 고유에 속하는 보물은 그것을 차압할 수 없다. 전항의 보물의 관리에 관한 사항은 조선총독이 그것을 정한다.

제18조. 패총, 고적, 절터, 성터, 가마터 그 외 유적이라고 인정할 만한 것은 조선 총독의 허가를 얻지 않으면 발굴 그 외 현상을 변경할 수 없다. 전항의 유적이라고 인정한 것을 발견한 자는 바로 그것을 조선총독에게 신고하여야 한다.

제19조. 조선총독은 본령에서 규정하는 그 직원의 일부를 도지사에게 위임할 수 있다.

제20조. 조선총독의 허가 없이 보물을 수출 또는 이출(移出)한 자는 5년 이하의 징역 혹은 금고 또는 2천원 이하의 벌금에 처한다.

제21조. 보물을 손괴훼기(損壞毁棄) 또는 은닉한 자는 5년 이하의 징역 혹은 금고 혹은 5백원 이하의 벌금에 처한다. 전항의 보물 자기의 소유와 관계된 때는 2년 이하의 징역 혹은 금고 혹은 2백원 이하의 벌금 혹은 과료에 처한다.

제22조. 아래의 각호에 해당하는 사람은 1년 이하의 징역 혹은 금고 또는 5백원 이하의 벌금 혹은 과료에 처한다.

1. 허가를 받지 않고 보물, 고적, 명승 혹은 천연기념물에 관하여 그 현상을 변경하거나 그 보존에 영향을 미치는 행위를 한자
2. 제6조 제1항 규정에 의한 명령을 위반한자
3. 제18조 제1항의 규정에 의한 명령을 위반한 자

4. 제5조 혹은 제18조 제1항의 규정에 의한 명령을 위반하거나 제6조 제1항의 규정에 의한 명령을 위반하거나 제6조 제1항의 규정에 의한 명령을 위반하고 얻은 물건을 양수(讓受)한 자

제23조. 제3조의 규정에 의한 해당 관리의 직무집행을 거부 방해하거나 기피하여 조사에 필요한 물건의 제공을 하지 않았거나 조사에 필요한 물건으로 허위의 것을 제공한 자는 2백원 이하의 벌금에 처한다.

제24조. 제8조 또는 제18조 제2항의 규정을 위반하고 신고를 하지 않은 자는 100원 이하의 벌금 또는 과료에 처한다.

부칙

본령 시행 기일은 조선총독이 정한다.

(1933년 12월 총독부령 제137호로써 1933년 12월 11일부터 시행)

조선보물고적명승급천연기념물보존령 시행규칙

(朝鮮宝物古蹟名勝及天然紀念物保存令 施行規則)

조선총독부령 제136호

소화8년(1933) 12월 15일

제1조. 보물 고적 명승 또는 천연기념물의 지정 또는 해제의 고시는 좌의 사항을 조선총독부관보에 게재하고 그것을 행한다.

1. 보물 고적 명승 또는 천연기념물의 지정번호 명칭 및 원수(員數)
2. 소재지 및 지역
3. 소유자의 씨명 및 주소 (법인은 그 명칭 및 주요 사무소의 소재지)

제2조. 조선총독은 조선보물고적명승급천연기념물보존령(이하 보존령이라고 칭한다) 제6조 제1항의 규정에 의하여 일정의 행위의 금지 또는 제한을 한 때는 금지 또는 제한할 만한 사항 및 전조 제1호 및 제2호에 게재한 사항을 조선총독부관보에 고시하고 해당 물건 또는 토지의 소유자, 관리자 또는 점유자에게 통지한다. 단 해당 보물 고적 명승 또는 천연기념물의 보존상 필요하다고 인정할 때는 고지하지 않을 수 있다.

제3조. 보물 고적 명승 및 천연기념물에 대해서는 조선총독부에 그 대장(臺帳)을 비치한다.

제4조. 해당 관리는 보존령 제3조의 규정에 의한 행위를 하려고 할 때는 미리 그 뜻을 관계 물건 또는 토지의 소유자, 관리자 또는 점유자에게 통지하여야 한다.
일출 전 또는 일몰 후에는 점유자의 승낙이 있지 않으면 보존령 제3조의 규정에 의하여 집 안에 들어 올 수 없다.

제5조. 당해 관리가 보존령 제3조의 규정에 의한 행위를 한 때는 별기(別記) 양식의 증표를 휴대하여야 한다.

제6조. 보물의 수출 또는 이출의 허가를 받으려고 할 때는 소유자는 다음의 사항을 구비하여 조선총독에게 신청하여야 한다.

1. 보물의 지정번호 명칭 및 원수(員數)

2. 수출 또는 이출을 필요로 하는 사유
3. 수출 또는 이출의 기간
4. 수출항 또는 수출지
5. 수출처 또는 이출처
6. 짐꾸리기 운반 방법
7. 수출 또는 이출의 기간 중 보관 방법
8. 보험의 방법
9. 탁본(拓本), 모사, 모조 등에 관해 정한 사항이 있으면 그 사항 전항에 게재한 사항을 변경하려고 할 때는 조선총독의 허가를 받아야 한다.

제7조. 전조 제1항의 규정에 의하여 보물 수출의 허가를 받은 자가 해당 보물을 수출하려고 할 때는 수출신고 때 수출허가서를 세관에 보여주어야 한다.

제8조. 보물을 수출 또는 이출한 자가 당해 수입 또는 이입한 때는 7일 이내에 그 뜻을 조선총독에게 신고하여야 한다.

제9조. 보존령 제5조의 허가를 받으려고 하는 자는 다음의 사항을 구비하여 조선총독에게 신청하여야 한다.

1. 보물 고적 명승 또는 천연기념물의 지정번호 며칭 및 원수
2. 형상을 변경하거나 보존에 영향을 미칠만한 행위를 필요로 하는 사유
3. 현상변경 또는 보존에 영향을 미칠만한 행위에 관한 설계사양서(仕様書) 설계도 및 사진과 함께 공사담당자의 씨명 및 주소 (법인의 경우는 그 명칭 및 주요한 사무소의 소재지)
4. 건조물의 종류로 그 위치를 변경하고자 하는 것에 대해서는 그 이전장소
5. 착수 및 준공 예정시기
6. 토지의 소유자라는 것 또는 토지의 소유자 및 관계인의 승낙을 얻은 것을 증빙하기에 충분한 서면

전항의 사항을 변경하고자 할 때는 조선총독의 허가를 얻어야 한다.

제10조. 보존령 제5조의 허가를 받은 자가 그 행위를 마쳤을 때는 실시사양서, 도면 및 사진과 함께 매장물의 종류를 발견하였을 때는 그 상황을 갖추어 2개월 이내에 그것을 조선총독에게 신고하여야 한다.

제11조. 보존령 제6조 제2항으 규정에 의하여 보조를 받고자 하는 사람은 다음의 사항

을 갖추어 조선총독에게 신청하여야 한다.

1. 보물 고적 명승 또는 천연기념물의 지정번호 및 계획도
2. 보조를 필요로 하는 사유
3. 시설에 관한 공사비 예산 설계사양서 및 계획도
4. 착수 및 준공 예정시기

제12조. 보물 고적 명승 또는 천연기념물의 소유자, 관리자 또는 점유자는 그 씨명 또는 주소(법인은 그 명칭 또는 주요한 사무소의 소재지)를 변경한 때는 당해 보물고적명승 또는 천연기념물의 지정번호 몇칭 및 원수를 구비하여 변경일로부터 14일 내에 그것을 조선총독에게 신고하여야 한다.

보물 고적 명승 또는 천연기념물의 소유자, 관리자 또는 점유자에 변경이 있었을 때는 새로운 고유자, 관리자 또는 점유자는 당해 보물 고적 명승 또는 천연기념물의 지정번호 명칭 및 원수를 갖추어 변경의 사실을 증빙하기에 충분한 서류를 첨부하여 변경일로부터 14일 이내에 그것을 조선총독에게 신고하여야 한다.

제13조. 보물 고적 명승 또는 천연기념물 멸실 혹은 훼손하거나 또는 그 현상에 변경이 있었을 때는 보존령 제9조의 규정에 의하여 출진 중 또는 동령 제13조 제1항의 규정에 의하여 관리 중에 관련된 경우를 제외하고 다른 소유자, 관리자 또는 점유자는 그 사유 실황 및 당해 보물의 지정번호 명칭 및 원수를 구비하여 멸실 혹은 훼손 또는 현상변경의 사실을 알게 된 날로부터 7일 이내에 그것을 조선총독에게 신고하여야 한다.

제14조. 보물 고적 명승 또는 천연기념물의 소재지명 또는 소재지의 지번(地番) 지목(地目) 혹은 지적(地積)에 변경이 있었을 때는 소유자, 관리자 또는 점유자는 당해 보물 고적 명승 또는 천연기념물의 지정번호 명칭 및 원수를 구비하여 변경의 사실을 알게 된 날로부터 14일 이내에 그것을 조선총독에게 신고하여야 한다.

제15조. 보존령 제9조의 규정에 의하여 출진할 만한 보물을 수령하였을 때는 당해 박물관 또는 미술관은 소유자에게 수령증서를 교부하고 해당 보물을 돌려줄 때는 그것과 바꾸어야 한다.

전항의 보물을 수령 또는 되돌려 주었을 때는 당해 박물관 또는 미술관은 그 때마다 그 뜻을 조선총독에게 보고하여야 한다.

제1항의 보물의 출진 및 반송에 필요한 짐꾸러미 운반비는 당해 박물관 또는 미

술관에서 그것을 부담하여야 한다.

第16조. 보존령 제9조의 규정에 의하여 출진한 보물 그 출진 중 멸실 혹은 훼손하거나 그 현상에 변경이 있었을 때는 당해 박물관 또는 미술관은 그 사유, 실황 및 당해 보물의 지정번호 명칭 및 원수를 구비하여 지체하지 말고 그 뜻을 조선총독에게 보고하고 당해 보물의 소유자에게 통지하여야 한다.

17조. 보존령 제10조의 규정에 의하여 보급금의 교부를 받으려는 자는 그 사유 및 당해 보물의 지정번호 명칭 및 원수를 구비하여 지체 없이 조선총독에게 신청하여야 한다.

전항의 보급금은 보물 1건에 대해 1년 3원 이상 60원 이하로 하고 그 금액은 조선총독이 정한다.

전항의 보급금은 월별로 나누어 교뷰하고 1개월이 안 된 일수는 그것을 1개월로 간주한다.

第18조. 보존령 제11조의 규정에 의하여 보상을 받으려는 자는 그 사유를 갖추어 손해의 원인이 되는 사실이 있었을 때부터 3일 이내에 조선총독에게 신청하여야 한다.

전항의 보상은 통상 생길 만한 손해에 한해 그것을 행하는 것으로 하고 그 금액은 조선총독이 정한다.

第19조. 조선총독은 보존령 제13조 제1항의 규정에 의하여 보물 고적 명승 또는 천연기념물의 관리를 하게하였을 때는 보물 고적 명승 또는 천연기념물의 소유자, 관리자 또는 점유자에게 통지한다.

第20조. 보존령 제13조 제1항의 규정에 의하여 관리하는 보물 고적 명승 또는 천연기념물 멸실 혹은 훼손하거나 그 현상에 변경이 있었을 때는 당해 지방공공단체는 그 사유, 실황과 함께 당해 보물 고적 명승 또는 천연기념물의 지정번호 명칭 및 원수를 구비하여 자체하지 말고 그 뜻을 조선총독에게 보고하여야 하고 또 당해 보물 고적 명승 또는 천연기념물의 소유자, 관리자 또는 점유자에게 통지하여야 한다.

第21조. 보존령 제13조 제1항의 규정에 의하여 보물 고적 명승 또는 천연기념물의 관리를 하는 지방공공단체는 당해 보물 고적 명승 또는 천연기념물에 대해 관람료를 징수할 수 있다.

第22조. 보존령 제13조 제3항의 규정에 의하여 보조를 받고자 할 때는 당해 지방 공공단체는 그 사유 및 당해 연도 관리비예산과 함께 지정번호 명칭 및 원수를 구비하여 조선총독에게 신청하여야 한다.

第23조. 사찰이 그 소유에 속하는 보물 고적 명승 또는 천연기념물을 유지 관리하는 것이 불가능할 때는 조선총독은 그것에 대해 예산의 범위 안에서 보조금을 교부할 수 있다.

조선총독은 필요하다고 인정할 때는 사찰 이외의 소유에 속하는 보물 고적 명승 또는 천연기념물에 대해 전항의 규정을 준용한다.

전2항의 규정에 의하여 보조금의 교부를 받으려는 자는 아래의 사항을 구비하여 조선총독에게 신청하여야 한다.

1. 보물 고적 명승 또는 천연기념물의 지정번호 명칭 및 원수
2. 보조를 필요로 하는 사유
3. 유지수리에 관한 공비예산, 설계사양서, 계획도 및 사진
4. 착수 및 준공 예정시기

第24조. 제11조 또는 전조(前條) 제1항 혹은 제2항의 규정에 의하여 보조금의 교부를 받은 보물 고적 명승 또는 천연기념물의 시설 또는 유지수리에 관해서는 조선총독이 그것을 감독한다.

第25조. 제11조 또는 제23조 제1항 혹은 제2항의 규정에 의하여 보조금의 교부를 받은 자는 도지사의 지시에 따라 그것을 관리하여야 한다.

第26조. 제11조 또는 제23조 제1항 혹은 제2항의 규정에 의하여 보조금의 교부를 받은 자는 설계사양서 또는 착수 혹은 준공예정시기를 변경하고자 할 때는 그 사유 및 변경의 설계도를 구비하여 조선총독의 허가를 받아야 한다.

第27조. 조선총독은 필요하다고 인정할 때는 제11조 또는 제23조 제1항 혹은 제2항의 규정에 의하여 보조금의 교부를 받은 자에 대해 설계사양서의 변경을 명할 수 있다.

第28조. 제11조 또는 제23조 제1항 혹은 제2항의 규정에 의하여 보조금의 교부를 받은 자는 당해 보물 고적 명승 또는 천연기념물의 시설 또는 유지수리의 공사를 끝냈을 때는 실시사양서, 도면, 사진 및 공사비정산서와 함께 매장물의 종류를

발견하였을 때는 그 상황을 구비하여 2일 내에 그 뜻을 조선총독에게 신고하여야 한다.

제11조 또는 제23조 제1항 혹은 제2항의 규정에 의하여 보조금의 교부를 받은 보물 고적 명승 또는 천연기념물의 시설 또는 유지 수리하여 정부의 회계연도 안에 그 공사를 끝낼 수 없는 것에 대해서는 준공에 이르기까지 매 회계연도 공사비의 수지계산 및 공사의 진행상황을 회계연도 경과 후 2개월 내에 조선총독에게 신고하여야 한다.

제29조. 제11조 또는 제23조 제1항 혹은 제2항의 규정에 의하여 보조금의 교부를 받은 자가 아래의 각호에 해당할 때는 조선총독의 보조금의 전부 혹은 일부의 교부를 정지 혹은 폐지하거나 이미 교부한 보조금의 전부 혹은 일부의 반환을 명할 수 있다.

1. 보존령 혹은 본령 또는 그것에 토대를 한 처분에 위반하였을 때
2. 공사 준공의 가능성이 없을 때
3. 사기 그 외 부정한 수단으로 보조금의 교부를 받았을 때

제30조. 제6조, 제8조 및 제12조 내지 제14조의 규정은 국가의 고유에 속하는 보물 고적 명승 또는 천연기념물의 대해서는 그것을 적용하지 않는다.

제9조 및 제10조의 규정은 국가의 소유에 속하는 보물 고적 명승 또는 천연기념물에 관하여 국가에서 그 현상을 변경하거나 그 보존에 영향을 미칠 만한 행위를 한 경우에는 그것을 적용하지 않는다.

제31조. 사찰은 그 소유에 속하는 물건에 대해 보물의 지정이 있었을 때는 그 관리방법을 정하고 지정일로부터 1개월 이내에 그것을 조선총독에게 신고하여야 한다.

조선총독은 전항의 관리방법이 부적당하다고 인정할 때는 그 변경을 명하거나 별도로 관리방법을 지정할 수 있다.

제32조. 사찰은 그 소유에 속하는 보물을 당해 사찰 밖으로 반출하려고 할 때는 아래의 사항을 구비하여 조선총독의 허가를 받아야 한다. 단, 보존령 제9조의 규정에 의하여 보물을 이왕가, 관립 또는 공립의 박물관 또는 미술관에 출진할 경우는 예외로 한다.

1. 보물의 지정번호 명칭 및 원수
2. 반출을 필요로 하는 사유
3. 반출기간

4. 반출처
5. 짐운반방법
6. 반출기간 중 보관방법
전항의 사항을 변경하고자 할 때는 조선총독의 허가를 받아야 한다.

제33조. 전조 1항의 규정에 의하여 반출한 보물을 당해 사찰 안으로 반입한 때는 사찰은 7일 이내에 그것을 조선총독에게 신고하여야 한다.

제34조. 사찰은 그 소유에 속하는 보물을 탁본, 모사 혹은 모조하거나 또는 탁본, 모사 혹은 모조를 승인하려고 할 때는 다음의 사항을 구비하여 조선총독의 허가를 받아야 한다.
1. 보물의 지정번호, 명칭 및 원수
2. 탁본, 모사 또는 모조를 필요로 하는 사유
3. 탁본, 모사 또는 모조의 기간
4. 탁본, 모사 또는 모조의 방법
5. 탁본, 모사 또는 모조에 종사하는 자의 씨명 및 주소
전항의 사항을 변경하려고 할 때는 조선총독의 허가를 받아야 한다.

제35조. 패총, 고분, 절터, 성터, 가마터 그 외 유적이라고 인정할 만한 것을 발굴하고 그 외 현상을 변경하고자 하는 자는 다음의 사항을 구비하여 조선총독에게 신청하여야 한다.
1. 유적이라고 인정할 만한 것의 종류 명칭 원수 및 주소지
2. 발굴 그 외 현상변경을 필요로 하는 사유
3. 발굴 그 외 현상변경에 관한 설계사양서 및 계획도
4. 착수 및 준공의 예정시기
5. 토지의 소유자라는 것 또는 토지의 소유자 및 관계인의 승인을 받은 것을 증빙하기에 충분한 서면
6. 유래 또는 전설
전항의 사항을 변경하려고 할 때는 조선총독의 허가를 받아야 한다.

제36조. 패총, 고분, 절터, 성터, 가마터 그 외 유적이라고 인정할 만한 것의 발굴 그 외 현상변경의 허가를 받은 자는 발굴, 그 외 현상변경을 끝냈을 때는 실시사양서 및 도면과 함께, 매장물을 발견하였을 때는 그 상황을 갖추어 2개월 이내에 그것을 조선총독에게 신고하여야 한다.

제37조. 패총, 고분, 절터, 성터, 가마터 그 외 유적이라고 인정할 만한 것을 발견한 자는 다음의 사항을 갖추어 그것을 조선총독에게 신고하여야 한다.

1. 유적이라고 인정할 만한 것의 종류, 명칭, 원수 및 주소지
2. 구조 및 현상
3. 유래 또는 전설
4. 발견한 연월일

제38조. 사찰은 다음의 각호의 하나에 해당할 때는 50원 이하의 벌금 또는 과료에 처한다.

1. 제31조 제1항의 규정에 의하여 신고한 관리방법 또는 동조(同條) 제2항의 규정에 의하여 명령하거나 지정한 관리방법에 의하지 않고 유물을 관리하였을 때
2. 태만으로 유물의 멸실 또는 훼손에 이르게 하였을 때
3. 허가를 받지 않고 보물을 사찰 밖으로 반출하였을 때
4. 허가를 받지 않고 유물을 탑탁, 모사 혹은 모조를 승인하였을 때

제39조. 제8조, 제10조, 제31조 제1항, 제33조 또는 제 36조의 규정에 위반하고 신고를 하지 않은 자는 과료에 처한다.

제40조. 본령의 벌칙을 적용할 만한 사람이 사찰이 되는 때는 주지 또는 사찰령 시행규칙 제1조의 규정에 의하여 사차르이 사무를 취급하는 자에게 그것을 적용한다.

부칙

본령은 조선보물고적명승급천연기념물보존령 시행일로부터 그것을 시행한다.

고적 및 유물보존 규칙은 그것을 폐지한다.

조선보물고적명승급천연기념물보존령 시행수속
(朝鮮宝物古蹟名勝及天然紀念物保存令 施行手続)

조선총독부훈령 제42호
소화8년(1933) 12월 15일

조선보물고적명승급천연기념물보존령시행수속은 조선보물고적명승급천연기념물보존령 시행일로부터 좌와 같이 정한다.

제1조. 도지사는 조선보물고적명승급천연기념물보존령(이하 보존령이라고 칭한다) 제1조의 규정에 의하여 지정할 필요가 있다고 인정되는 것이 있을 때는 다음 사항을 구비하여 지체 없이 그것을 조선총독에게 보고하여야 한다.

건조물류
1. 명칭, 원수 및 소재지
2. 소유자, 관리자 및 점유자의 씨명 및 주소
(법인은 그 명칭 및 주요 사무소의 소재지)
3. 구조, 형식 및 크기
4. 현상
5. 연혁
6. 보존상 필요하다고 인정되는 사항
7. 그 외 참고가 될 만한 사항

물건류
1. 명칭, 종류 및 원수
2. 소유자, 관리자 및 점유자의 씨명 및 주소
(법인에 있어서는 그 명칭 및 주요 사무소의 소재지)
3. 품질, 현상 및 크기
4. 현상
5. 작자 및 전래
6. 보존상 필요하다고 인정되는 사항
7. 그 외 참고가 될 만한 사항

유적 또는 경승지
1. 명칭 및 소재지
2. 지역의 지번, 지목 및 지적
3. 소유자, 관리자 및 점유자의 씨명 및 주소
(법인은 그 명칭 및 주요 사무소의 소재지)

제2조. 도지사는 보존령 제6조 제1항의 규정에 의하여 일정한 행위의 금지 또는 제한을 하거나 또는 필요한 시설을 명령할 필요가 있다고 인정할 때는 다음 사항을 구비하여 지체 없이 그것을 조선총독에게 보고하여야 한다.
1. 보물 고적 명승 또는 천연기념물의 지정번호, 명칭 및 원수
2. 금지 또는 제한할 만한 사항
3. 시설의 개요 및 경비와 함께 보조의 필요 유무

제3조. 도지사는 조서보물고적명승천연기념물보존령시행규칙(이하 규칙이라고 칭한다) 제29조의 규정에 의하여 보조금의 전부 혹은 일부의 교부를 정지 혹은 폐지하거나 이미 교부한 보조금의 전부 혹은 일부의 반환을 명할 수 있다고 인정할 때는 그 사유를 구비하여 지체 없이 그것을 조선총독에게 보고하여야 한다.

제4조. 조선총독은 국가의 소속에 속하는 물건 또는 토지를 보물, 고적, 명승 혹은 천연기념물이라고 지정하고나 또는 그 지정의 해제를 한 때는 당해 물건 또는 토지의 보관자에게 통지한다.

제5조. 다음의 경우 조선총독부 소속관서의 장은 조선총독의 승인을 받아야 한다.
1. 보관과 관련되는 보물을 수출 또는 이출(移出)하려고 할 때
2. 국가의 소유에 속하는 보물, 고적, 명승 또는 천연기념물의 현상을 변경하거나 또는 보존에 영향을 미칠 만한 행위를 하려고 할 때
3. 보관과 관련되는 보물을 탁본, 모사 혹은 모조하고나 탁본, 모사 혹은 모조를 승인하려고 할 때

제6조. 다음의 경우 조선총독부 소속관서의 장은 조선총독에게 보고하여야 한다.
1. 전조 제1호의 규정에 의하여 수출 또는 이출한 보물을 수입 또는 이입(移入)한 때
2. 전조 제2호의 규정에 의하여 보물 고적 명승 또는 천연기념물의 현상의 변경 또는 그 보존에 영향을 미칠 만한 행위를 마친 때
3. 보존과 관련되는 보물 고적 명승 또는 천연기념물(보존령 제13조 제1항의 규

정에 의하여 지방공공단체에서 관리는 것 제외) 멸실 혹은 훼손하거나 그 현상, 소재지명, 소재지의 지번, 지목, 지적에 변경이 있거나 혹은 그 보관 교체가 있을 때

4. 보물, 고적, 명승 또는 천연기념물을 취득하였을 때

제7조. 도지사는 규칙 제31조 제2항의 규정에 의하여 관리방법의 변경을 명하거나 관리방법의 지정의 필요가 있다고 인정할 때는 그 사유 및 요항(要項)을 구비하여 그것을 조선총독에게 보고하여야 한다.

제8조. 도지사는 보물인 건조물이 있는 사찰의 기지(基地) 또는 가람에 관하여 사찰령 제2조의 허가를 하려고 할 때는 미리 조선총독의 승인을 받아야 한다.

제9조. 다음의 경우 조선총독은 그 요항을 도지사에게 통지한다.

1. 국가의 소유에 속하는 물건 또는 토지를 보물, 고적, 명승 또는 천연기념물로서 지정하거나 그 해제를 한 때
2. 제5조의 규정에 의하여 승인을 한 때
3. 제6조의 규정에 의하여 보고를 받은 때
4. 규칙 제16의 규정에 의한 보고를 받았을 때
5. 보존령 제3조의 규정에 의한 행위를 당해 관리에게 명하였을 때

제10조. 다음의 경우 도지사는 그 요항을 관할 경찰서장에게 통지하여야 한다.

1. 보존령 제15조 또는 규칙 제2조의 규정에 의한 통지를 전달할 때
2. 보존령 제4조 제1항, 제5조, 제6조 제1항, 제9조, 제13조 제1항 혹은 제18조 제1항 또는 규칙 제 32조 혹은 제34조의 규정에 의한 지령을 전달할 때
3. 규칙 제31조 제2항의 규정에 의한 관리방법의 변경 명령 또는 관리방법의 지정을 전달할 때
4. 규칙 제8조, 제12조 내지 제14조, 제20조, 제31조 제1항, 제33조 또는 제37조의 규정에 의한 신고 또는 보고를 전달할 때

제11조. 경찰관서는 매장물로서 석기, 골각기, 토기, 도자기, 이식(耳飾), 경식(頸飾), 대금구(帶金具), 흉옥(匈玉), 도검(刀劍), 마구, 경감(鏡鑑), 고전(古錢), 불상, 동경(銅鏡), 사리합(舍利盒), 석탑, 석등, 석비, 묘지, 회화, 조각, 와전 그 외 학술 기예 또는 고고자료에 도움이 될 만 하다고 인정되는 물건 발견의 신고를 받았을 때는 경찰서장이 다음의 사항을 구비하여 지체 없이 그것을 조선총독에게 보고하여야 한다.

1. 종류 및 원수
2. 구조 및 품질
3. 현상
4. 발견장소
5. 발견사정
6. 발견 연월일 및 신고의 연월일
7. 발견한 토지의 소유자의 씨명 및 주소 (법인은 그 명칭 및 주요 사무소의 소재지)
8. 발견자의 씨명 및 주소
9. 유래 또는 전설

제12조. 전조(前條)의 보고가 있었을 때는 심사상 학술 기예 도는 고고 자료에 도움이 될 만한 것이 있는가 없는가를 결정하여 그것을 당해 경찰서장에게 통지한다.

전항의 심사상 필요하다고 인정할 때는 조선총독은 당해 경찰서장에게 현품(現品)의 송부를 명하여야 한다.

제13조. 전조 제1항의 규정에 의하여 학술 기예 또는 고고자료에 도움이 될 만한 것이라고 결정한 물건으로 국고에 귀속한 것은 당해 경찰서장에게서 그것을 조선총독에게 송부하여야 한다.

제14조. 몰수, 환부불능 기타 사유에 의하여 국고에 귀속한 석기, 골각기, 토기, 도자기, 이식, 경식, 대금구, 흉옥, 석검, 마구, 경감, 고전, 불상, 동경, 사리합, 석탑, 석등, 석비, 묘지, 회화, 조작, 와전 그 외 학술 기예 또는 고고 자료에 도움이 될 만한 것이라고 인정되는 물건에 대해서는 검사국장(檢事局長, 검사분국의 장 포함) 또는 경찰서장이 그 개황(槪況)을 조선총독에게 보고하고 그 통지와 함께 그것을 처분하여야 한다.

조선총독부보물고적명승천연기념물보존회의사규칙
(朝鮮総督府宝物古跡名勝天然記念物保存会議事規則)

조선총독부훈령 제43호
소화8년(1933) 12월 15일

조선총독부보물고적명승천연기념물보존회의 의사에 관해서는 조선총독부보물고적명승천연기념물보존회관제 시행일로부터 좌의 규칙에 의하여야 한다.

고적조사위원회 규정은 폐지한다.

보존회의사규칙

제1조. 조선총독부보물고적명승천연기념물보존회에 제1부 및 제2부를 둔다.
제1부는 보물 및 고적에 관한 사항을 관장한다.
제2부는 명승 및 천연기념물에 관한 사항을 관장한다.

제2조. 부(部)의 의결은 그것을 보존회의 의결이라고 간주한다.

제3조. 위원 및 임시위원의 부속(部屬)은 조선총독이 그것을 지정한다.

제4조. 총회 및 부회(部會)는 회장이 그것을 소집한다. 단, 부회에 있어서 의결해야 하는 사건으로서 경이(輕易)한 것에 대해서는 회의를 열지 않고 서면으로 그 부의 위원 및 임시위원의 의견을 듣고 그 3분의 2 이상의 동의 있을 때는 그것을 그 부의 의견으로 간주할 수 있다.
회장은 총회 및 부회의 의장이 되며 회의를 개폐하여 의사를 정리한다.

제5조. 총회는 출석한 위원 및 임시위원을 합쳐 각기 반수 이상, 부회는 그 부의원 및 임시위원을 합쳐 그 반수 이상 출석하는 것이 아니면 그것을 열 수 없다. 단, 시급을 요할 때는 이것에 해당하지 않는다.

제6조. 의사는 출석한 위원 및 임시위원을 합쳐 그 과반수로서 그것을 결정하고 가부동수인 경우에는 의장이 결정하는 바에 의한다.

제7조. 위원 또는 임시위원 건의안을 제출하려고 할 때는 그 안을 갖추어 총회에 있어서는 5인 이상, 부회에 있어서는 3인 이상의 찬성자와 연서하여 그것을 의장에게 제출하여야 한다.

제8조. 간사는 회의록을 만들고 관계서류와 함께 그것을 보존하여야 한다.

제9조. 본령에 규정하는 것 외 보존회의 의사에 관하여 필요한 사항은 회장이 그것을 정한다.

| 건조물 문화재 수리공사 세부지침 |

세부지침 목록

표 b. 일제강점기 건조물 문화재 수리공사 세부지침

법령 및 지침		제정·작성년도
특별보호건조물 시기	고적보존공사시행표준	1917. 01.
	고적보존비보조공사취급수속	1919.08.05
보물 건조물 시기	보물건조물수리시행준칙	1936.(추정)
	화엄사 각황전 수리공사 취급수속*	1936.10.
	수덕사 대웅전 수리공사 취급수속	-
	장안사 사성전 수리공사 취급수속	-
	보물 등 보존공사에 관한 요항	1943.01.31.

*화엄사 각황전 수리공사 취급수속이 기록으로 남아 있는 가장 이른 취급수속이다. 국립중앙박물관 소장 조선총독부박물관 문서에는 장안사 사성전 수리공사 취급수속도 남아 있다. 한편 수덕사 대웅전 수리공사 취급수속은 오가와케이키치 소장 수리기록물에 포함되어 있다.

세부지침 원문

고적보존공사시행표준[1]

(古跡保存工事施行標準)

제4회 고적조사위원회 의안 제12호

대정5년(1916) 11월 29일

제1조 고적 및 유물의 보존공사는 보통 다음(左)의 표준에 의하고 다만 보존의 방법으로 특별의 지시가 있는 것은 제외한다

1. 고건축물 및 고적류는 가능한 현상에 의해 당초의 구조형식을 유지보존하는 목적으로 하고 장래의 파손을 방지하는 방침으로서 필요한 공사 및 단속(取締) 설비를 할 것
2. 비석 기타 금석류의 도괴 또는 단파(斷破)된 것은 옛 모습으로 그대로 두거나(据置) 또는 접합을 시행하고 상당의 단속(取締)설비를 할 것
3. 주요 구조재료로서 교체 또는 보족(補足)하는 것은 되도록 조각이나 낙인(烙記), 기타 방법으로 교체 또는 보족 및 그 년 월을 표시할 것
4. 중요한 수선에는 특히 중수기(重修記)를 만들 것

제2조 전조의 보존공사에 대한 다음 사항(左記)에 해당한 경우는 보고 후에 지시를 요청할 것

1. 현존의 부분 이외에 더해 공사시행의 필요가 인정되는 때
2. 구조상 주요한 용재를 교체할 필요가 인정되는 때
3. 재래의 구조에서는 보존상 불가피하게(不備) 변경하여 새로운 구조로 일부 개량 또는 보강공사의 필요가 인정되는 때
4. 보존공사 포장물(包藏物)을 발견한 때
5. 손폐(損廢)의 정도가 시대하여 수선공사를 수행함이 어렵다는 것이 인정되는 때

1) 국립중앙박물관 소장 조선총독부박물관 문서 관리번호 F058-011-003, 「고적조사위원회의안(대정5년 11월29일)」 문서에 기록된 회의의 일시로 볼 때 적어도 대정6년(1917) 1월 관보에는 게시된 것으로 추정된다.

고적보존비보조공사시행수속[2]
(古跡保存費補助工事施行手續)

1. 본부로부터 보조금하부의 지령이 있을 때에는 수보조자는 속히 현금수령의 수속을 밟고 동시에 공사착수의 연월일 및 준공예정 연월일을 기록하고 현장감독자의 파출을 신청해야 함
   보조금의 교부를 받은 때에는 도장관이 지정한 은행 또는 우편국소에 예금해야 함

2. 도청에는 다음(左)의 장부를 구비해야 함
 (1) 예산추산부
 (2) 지출부
 (3) 현금출납부
 (4) 물품출납부
   (일) 비품출납부
   (이) 소모품출납부
   (삼) 공사재료품출납부
 (5) 공사정리부

3. 공사감독현장에 다음(左)의 부책을 구비해야 함
 (1) 공정예정 및 진행표
 (2) 일지
 (3) 직공, 공부, 인부 출면부
 (4) 계약노력(노동)사역제차인부
 (5) 물품수불부
   (일) 비품수불부
   (이) 소모품수불부
   (삼) 공사재료품수불부

2) 대정8년(1919) 8월 9일 내무부에서 작성하여 경상북도 장관에게 보낸 문서에 시행수속 전문이 실려 있다. 문서의 내용은 다음과 같다.
내무부장관 날인 제1과장 날인 학무국장 날인 종교과장 날인
고적 보존비 보조공사 시행수속 개정의 건
경상북도장관 완
귀관할 경주군 불국사 보존공사 시행에 대해 공사 집행상 필요한 규정을 만들어 통첩하는 바 금회 별책에 따라 개정하고 송부한 간인쇄물 1부는 현장감독원에게 교부바람

4. 전 2항 외 공사의 현황에 응당 필요하다고 인정되는 때에는 마땅히 그것을 갖추어 두어야 함

5. 예산액과 추산액은 서로 대조하고 예산에 부정을 초래하는 것에 주의해야 함

6. 예산추산부는 설계예산에 기초해 총괄 및 공사의 종별로 각각 구분구좌를 만들어 그것을 정리해야 함(공사의 종별은 판축공사, 기초공사 등을 말함)

7. 현장감독자는 공사설계서에 기초해 공사의 선후완급을 조절하고 물품 및 노력(노동력)을 예정하고 공급을 요하는 기한을 보아 도청에 청구해야함. 증감을 요하는 것이 있을 때에도 역시 같음

8. 재료품, 기타 직접공사용 물품은 부득이 한 경우를 제외하고 모두 현장에 들이고 도청원 및 현장감독자 입회하에 검수해야 함
청부인으로부터 물품이 납입된 때에는 본부로부터 아직 현장감독자가 파견되지 않은 경우에는 도청에서 해당 물품을 검수하고 또 도청원이 없을 때는 현장감독자가 검수하며 그 품목, 원수를 기록하여 청부인에게 수령증을 교부하고 동시에 도장관에게 그것을 보고해야 함

9. 도청에서 검수한 물품을 현장감독자에 인도할 때에는 그 품목, 수량, 가격 등을 기재한 인도서를 첨부하고 현장감독자에게 수령증을 받아 정리해야 함

10. 노력(노동력) 공급 청부인을 결정할 때에는 공급예정인원, 청부금액, 기한, 청부인 주소씨명, 기타 계약에 필요한 사항을 현장감독자에게 통지해야 함

11. 지출부는 예산추산부와 동일한 구분에 의해 구좌를 만들고 사불(仕拂, しはらい, 민간에 관청이 하는 지급)예산에 대한 지출액을 증명하여 기록하고 그것을 정리해야 함

12. 매월 지출계산서를 조제하고 그것에 대한 증빙서류를 첨부하여 정리해야 함

13. 공사가 완료된 때에는 도장관은 준공명세서를 조사하고 그것에 공사비의 수입지출계산서를 첨부하고 본부에 보고 수속해야 함

14. 현장감독자는 공사 착수의 시작으로서 공정예정표를 작성하고 그것을 도장관 및 본부에 보고하고 또한 공정진행의 현황은 매월 진행표를 작성하여 도장관 및 본부에 보고해야 함

15. 현장감독자는 공사 시행중 설계변경을 요하는 것이 있다고 인정되는 때에는 의견을 갖추어 도장관에 상신하고 지휘를 받아야 하고 중요한 공사로 인정되는 때 역시 그러함 전항의 상신있을 때에는 도장관은 그 뜻을 갖추어 조선총독의 지휘를 받아야 함

16. 현장감독자는 매일 업무의 시작 전 및 업무 종료의 제직공, 공부, 인부, 기타 고인의 출장을 점검하고 출면부(출석부)에 증명하고 기록해야 함

17. 현장감독자는 공급청부에 관련하여 노력(노동력)의 사역을 마쳤을 때에는 출면부에 의해 사역제증명서를 정부인에 교수해야 함. 단 계약에 의해 내부 지불(內拂)을 요하는 것은 그때마다 사역증명서를 청부인에 교부해야 함

18. 공사정리부는 설계예산에 기초하여 총괄 및 공사 종별마다 구분 구좌를 만들어 공사에 필요한 재료, 노력(노동력), 기타의 원수 및 가격을 기재해야 함

19. 제2항 내지 제4항에서 정한 부책 이외의 공사에 관련된 문서는 적당히 분류하고, 그것을 정리해야 함

20. 공사가 준공된 때에는 수보조자는 공사 정리부에 기초해 대정4년 7월 회계검사원달(達) 제1호 계산증명 규정, 부속 제9호 서식 준공 명세서를 작성해야 하며, 그 공사가 다음 년도로 넘어간 경우에는 해당 연도 일부의 준공 명세서를 작성해야 함

21. 공사용비품 및 재료품의 남은 물품은 현장감독자가 정리한 후에 그것을 수보조자에 인계해야 함

22. 공사물건의 매매, 부책, 제표, 양식 등은 대정3년 본부 훈령 제42호 본부 및 소속관서 회계사무장정의 규정을 준용하는 것으로 함

(주의)

본 규정이 일반적인 것이 됨은 공사의 대소에 의해 적당히 고려하여 정하고, 또한 공사 진행상 필요한 세목 사항은 현장감독자와 도청이 협의하여 시행하는 것으로 함

보물건조물수리시행준칙[3]

(寶物建造物修理施行準則)

1. 수리감독은 지방장관의 명을 받아 공사시행에 관한 기술을 관장함
   수리기수는 수리감독의 지휘를 받아 수리 방침에 기초하고 그 집행 임무에서 조수와 직공인부를 독려하고 현장단속(取締)과 공사시행에 관해 청부받은 제반(請般)의 직무에 종사함

2. 수리공사 시행에 앞서 건물의 실측조사를 하고 특히 파손정도 및 구조 조사에 주의할 것
   실측조사에는 거계도(矩計圖), 규구도(規矩圖), 원촌도(原寸圖)의 작업도면도 작성해야하고 또한 각종 연구 정밀 조사의 근본자료에 대해서는 당해 부분의 정밀조사와 함께 건물전체에 걸쳐 비교연구하여 그 수치와 함께 그의 결정사유를 명료하게 해야 함.
   파손 조사에서는 사진과 탑탁본으로 부분 재료의 왜곡, 경사, 편의(偏倚), 부식 등을 조사하고, 재료표를 작성하고 파손 등의 것의 교체 계획(取換見込)을 명시할 것
   구조 조사에서는 재질 및 구조법의 조사, 파손 왜곡 등에 대한 복원적 조사를 실시하고 기준(規矩)과 용척(木割) 등의 조사연구를 엄밀히 해야 함. 특히 구조법에 있어 용척(木割), 처마구조(軒構造)의 기준(規矩)에 대해서 각각의 구성에 필요한 부재의 치수(寸法), 형상 등의 사진, 탑탁본, 도면을 정밀하게 갖추고 그 결정에 이른 경과와 함께 사유를 명료하게 할 것
   우(右)에 관해 끝내 결정하기 어려운 때에는 조선총독에게 보고(具申)하고 지시를 기다릴 것

3. 상술의 조사 연구를 실시한 후 수리의 근본 방침을 확립하여 실시 계획을 정할 것. 실시계획에서 설계 변경된 것에는 상세한 실시공정표를 첨부한 후 조선총독의 허가를 받을 것
   현상변경을 동반하는 때는 그 요지를 게재하고 사유를 명료히하고 각각의 자료를 갖추어 조선총독의 허가를 받을 것

4. 수리가 끝난 후에 조선총독에게 제출할 수리보고서는 좌기의 요항을 구비할 것
   ㄱ. 실측, 파손 및 구조의 조사서
   ㄴ. 수리공사의 경과의 상세
   ㄷ. 실시사양서

3) 국립중앙박물관 소장 조선총독부박물관 문서, 관리번호. A113-077-039-001 / 화엄사 수리기록물 문서에 포함되어 있다. 화엄사 각황전 수리공사는 1935년에 계획이 수립되었고, 1936년 4월에 공사를 시작하였으므로, 늦어도 1936년에는 도입된 지침이다.

ㄹ. 정산서

ㅁ. 수리전실측도, 각종 작업도(仕事圖), 수리준성도

ㅂ. 탑탁본, 필요 모형, 또는 모본

ㅅ. 수리전사진, 각종자료사진, 수리준성사진

---

1. 실시설계서의 수리비내역서는 좌와 같이 작성함을 원칙으로 함

(항) ○○ 보물건조물수리비

(목) 재료 및 공료비

(절) 가설물비 재료 노임 포함

(절) 목공비 형판, 유형공사등 재료 노임 포함

(절) 기초비 기단, 지형, 지반공사등 재료 노임 포함

(절) 옥근비 개판(土居葺), 보토(下葺) 등 재료 노임 포함

(절) 장식비 조각, 채색, (장)식금구 등 재료 노임 포함

(절) 건구비 난간, 판문(脇障子), 다다미(疊) 등 재료 노임 포함

(절) 잡공비 앞선 비용에 포함되지 않은 재료 노임 포함

(목) 인건비

(절) 급여 직원급여 및 임시 촉탁 수당 등

(목) 사무비

(절) 여비 직원 부임여비, 타합여비, 조사여비, 및 임시촉탁 수당 재료검수여비 등

(절) 잡비 사무소비, 사진비, 제도비, 모형비, 소사야경 등의 제반비용

1. 우(右)목간의 금액의 변경은 설계변경에 해당함. 단 각 절 사이의 금액의 상호 유용은 이에 한해 (설계변경에 해당하지)않음

화엄사 각황전 수리공사 취급수속[4]
(華嚴寺覺皇殿修理工事取扱手續)

제1장 총칙

제1조 본 수속은 화엄사의 위탁에 기초하여 본도가 각황전 수리공사를 집행함에 있어 필요한 사항을 규정한 것임

제2조 전조의 공사를 집행하기 위해 좌의 직원을 둠

1. 서무감독 학무과장으로 이를 충원함
2. 회계감독 회계과장으로 이를 충원함
3. 위원 약간 명
4. 공사자문 1명
5. 공사감독 1명
6. 현장주임 1명
7. 현장조수 2명

제3조 위원은 본도 학무과와 회계과 인원 중 지사가 그를 임명함
공사자문, 공사감독, 현장주임과 현장조수는 지사가 그를 촉탁함

제4조 공사집행을 위해 필요하다고 인정되는 때는 현장주임은 내무부장의 허가를 얻어 직공취제(大工頭梁)을 둘 수 있음

제5조 내무부장은 공사집행에 관한 일체의 사무를 총괄함
내무부장 사고 때에는 서무감독이 그 직무를 대리함

제6조 서무감독 및 회계감독은 내무부장의 명을 받아 소관사무를 관장하고 부하직원을 지휘감독함

제7조 위원은 상사의 명령을 받아 서무 및 회계에 관한 사무에 종사함

제8조 공사감독은 내무부장의 지휘를 받아 매월 1회 이상 현장에 임해 공사의 집행을

4) 국립중앙박물관 소장 조선총독부박물관 문서, 관리번호 A113-077-078-001~009 화엄사 수리기록물 문서에 포함되어 있다. 화엄사 각황전 수리공사는 1935년에 계획이 수립되었고, 1936년 4월에 공사를 시작하였다.

감독하고 그 책무에 임함

제9조 현장주임 및 현장조수는 상부의 지휘를 받아 현장에 출근하여 직공인부를 독려하고 공사의 진보와 취제에 종사함

제10조 공사감독은 현장에 임한 때에 그의 도착 월일을 내무부장에게 계출해야 함

제11조 현장주임 및 현장조수는 질병과 기타의 사고에 의해 결근하게 된 때에는 내무부장에 계출하고 공사 집행상 지장이 없도록 조치해야함

제2장 서무

제12조 직원출장이 있는 때에는 출장명령부에 의해 명령을 받아야 함

제13조 공사감독은 설계사양서에 의해 좌의 서류를 작성하고 내무부장에게 사출(伺出)해야 하며, 그를 변경하게 된 때도 같다.

1. 실시설계예산
1. 공정표
1. 공사착수 및 공사준공 기일
1. 공사집행상 필요한 규칙

제14조 공사는 부득이한 사고가 아니라면 그를 휴지할 수 없음

휴지의 필요가 발생한 때에는 현장주임은 공사감독과 협의해 상기의 사유를 갖추고 내무부장의 지휘를 받아야함

제15조 현장주임은 공사의 진행과 공정에 관한 좌의 사항을 려행(勵行)해야 함

1. 공사감독의 지시에 따라 공사 진행과 공정 보고 하는 일
1. 매월 말 현재 공사 진행과 공정에 과한 상황보고서를 내무부장에게 제출하는 일

제16조 공사현장에는 좌의 장부를 갖추어야 함

1. 공사일지
1. 직원출근부
1. 직공인부사역부
1. 공사설계철

1. 예산차인(差引)부

1. 물품수불(受拂)부

1. 재료품수불부

1. 왕복문서철

1. 우편절수(우표)수불부

제17조 공사는 특히 화기에 주의하고 관계직원은 숙직하고 공히 필요하다고 판단되는 때는 야경을 두어야 함

제18조 공사를 준공한 때에는 공사자문, 공사감독 및 현장주임의 연서를 내무부장에 계출해야 함

제19조 내무부장이 공사 준공 계출을 받은 때에는 그를 지사에게 상신하고 건물인도기일을 정해 공사자문, 공사감독 및 현장주임 입회하에 그를 사찰에 인도해야 함

제20조 현장주임은 공사 준공 후 1개월 이내에 좌의 각호의 서류 각 3통을 조제해 공사감독을 경유하여 내무부장에게 계출하고 내무부장은 그를 사찰에 교부하고 사찰로부터 조선총독에게 보고해야 함

1. 파손 및 구조의 조사서

1. 수리공사 경과의 상세

1. 실시사양서

1. 정산서

1. 수리 전 실측도, 각종사서도 및 수리준공도

1. 탑탁본 및 모형

1. 수리 전 사진, 자료사진 및 수리 준공사진

제3장 회계

제21조 수리비는 은행에 예금하고 그의 예입 및 인출은 증빙서를 근거(據)해야 함

제22조 공사용 재료 물품 등의 구입은 현장주임이 공사 감독과 협의 후에 그의 그때마다(都度) 내무부장에게 사출(伺出=품의)해야 함

기구 잡품류로서 가격 한 건에 10원 미만인 것은 현장주임에 한해 그를 구입하

는 것을 할 수 있음

第23조 불용고재, 기타 불용물품의 매각은 현장주임이 사찰 및 현장감독과 협의한 후에 내부부장에게 사출해야 함

第24조 공사의 청부물건의 구입 및 불하에 관해서는 본도 회계규칙이 정한 바에 의함

第25조 직공인부임(賃) 및 제22조 제2항의 지불을 위해 필요한 자금은 현장주임이 대신 그것을 선급(前渡)할 수 있음. 다만, 한번(一時)에 500원을 초과할 수 없음

전항의 전도금은 현장주임이 매월 말 그 계산서를 작성하고 증빙서류를 첨부하여 내무부장에 보고해야 함

第26조 현장주임은 매월말 현재의 사역제직공인부(使役諸職工人夫)의 임금취조서 및 출면서(出面[5]書)를 내무부장에게 제출해야 함

第27조 직원 출장을 명받은 때에는 좌기(左記) 각호에 의해 여비를 지급함. 다만, 공사감독의 현장왕복 여비에 한해 그것을 월액으로 할 수 있음

1. 서무감독, 회계감독 및 위원의 여비는 본관상당액
1. 공사자문의 여비는 본관상당액
1. 공사감독의 여비는 주임(奏任) 6등관 이하의 액
1. 현장주임의 여비는 판임 5급봉(俸) 이하의 액
1. 현장조수 및 직공두량(職工頭梁)의 여비는 판임 6급봉 이하, 혹은 고용인의 액

第28조 공사감독 이하 직원의 수당지급방법은 나라(國)의 예(例)에 의함

第29조 회계에 관해서는 전8조(前八條)[6]에서 정한 것 외에는 나라(國)의 예에 준해 그것을 처리해야 함

부칙 附則

본 수속은 소화11년(1936) 10월 1일부터 이를 시행 함[7]

---

5) 出(でづら) 面(でめん) : 날품삯
6) 제21조~제28조를 가리킴
7) 본 수속은 "수덕사수리공사취급수속"과 거의 동일. 수덕사의 수속은 부칙에 소화12년(1937) 2월 26일부터 시행하는 것으로 기록되어 있음

보물 등 보존공사 관련 요항[8]

(宝物等保存工事ニ関スル要項)

목차

제1장 보물 등 보존 공사 요항
제2장 보물 등 보존 공사 사무
제3장 보존공사 현장 사무

첨부

보존공사 현행제도의 설명 및 보존공사 사무집행에 대한 개정의견

제1장 보물 등 보존 공사 요항

제1 보존공사의 의의

보존공사로는 전릉 및 보물고적명승천연기념물의 보존을 위해 당해 물건의 유지수리가 필요한 시설(방화시설, 피설시설, 배수시설, 방충시설, 관람시설, 보호책, 복실(覆室), 표식, 주의찰 등)을 구설(構設)하는 것을 위함

보존공사에 있어 틀림없도록 하고 유지수리에 있어서는 당해물의 역사의 증징, 미술의 모범 혹은 학술 연구 자료의 성질을 잃지 않도록, 또 불필요한 현상변경을 하지 않도록 그 구축의의에 측면에서 수선을 해야함. 따라서 당물의 계획은 표면상으로 예측하는 것이 어려운 점이 많은 것이 상당함.

전릉보물고적명승 및 천연기념물에서 천연기념물의 유지수리(와 관련한) 의의는 없는 것으로 다만, 보존에 필요한 시설이 있을 뿐이다. 따라서 보존공사로는 전릉, 보물, 고적, 명승중의 영조물인 것과 보존에 필요한 시설을 이후 보존시설로 칭한다.

제2 보존공사의 방침

---

8) 국립중앙박물관 소장 조선총독부박물관 문서, 관리번호. F102-008-003 이 요항은 작성중인 상태로 남겨져 있다. 수리공사의 현황을 적은 항목에서 '1943년 1월 31일 현재'라고 적고 있어 이 시기를 전후해 작성한 문건으로 추정된다.

(1) 보존공사 내 유지수리에 있어서는 당해물의 부후파손의 수선을 중심으로 하고 종전의 구조의장과 형식수법을 유지하는 것에 힘써 고재를 사용할 것

(2) 보존공사에 있어서는 다음의 경우에 한해 현상변경을 인정함
ㄱ. 당해물의 보존상 부득이 한 경우
ㄴ. 당해물의 구조의장 또는 형식수법의 보존상 특히 복구의 필요가 있는 경우

(3) 보존공사에 있어서는 조서, 사진, 습탑본, 도면 등에 의해 기록을 조제할 것. 특히 필요하다고 인정되는 때는 모형, 모형사진 등을 작성보존 할 것

(4) 보존공사 현상변경 등을 할 때 발견되는 불상, 경장, 기물, 명문, 동찰(상량문), 매장물의 류는 특별한 사유가 있는 외에는 옛 보관장소(舊藏)에 그것을 보존할 것

(5) 보존공사를 행할 때는 사용불능의 고재로서 학술상 또는 유래(由緖)상 보존할 가치가 있다고 인정되는 것은 적당한 방법에 의해 그것을 보존할 것

제3 보존공사의 종별

보존공사는 대별하면 유지수리와 보존시설로 구별됨. 앞서 기술한 것과 같이 유지수리는 그것을 필요로 하는 정도의 응급함에 따라 다음의 3종으로 나눔

ㄱ. 갑종
당해물 해체 후에 근본적인 수리를 필요로 하는 것
ㄴ. 을종
당해물 부분적 해체를 필요로 하는 것
ㄷ. 병종
보완(補足)적 수리를 필요로 하는 정도의 것

제2장 보물 등 보존공사 사무

제1 보존현황의 조사

보물 등에 지정된 것의 부후의 정도와 기 설치된 보존시설의 현상을 알아 조치하기 위해 조사

제2 보존공사의 계획

(1) 보존공사계획의 순서

ㄱ. 요보존공사물건의 선정 및 지시
보존현황의 조사에 기초해 보존공사의 필요가 있다고 인정되는 물건을 선정하고 물건이 사유물이라면 그 소유자로서 공사비, 공사설계 등에 과한 필요된 준비를 하도록 할 것

ㄴ. 보존공사 설계서의 작성
보존공사의 예산견적, 사양서를 작성하는 것으로 물건이 사유물인 때는 소유자의 위촉이 있을 때 작성하고, 사찰에 있어서는 다시 그 비용을 고려함이 필요함

ㄷ. 국유물에 있어서는 소유지 관민의 의향 조사

ㄹ. 보조금 교수신청서의 제출 및 소유자 부담능력 조사

(2) 매년도 보존공사계획의 수립

제3 보존공사 시행

(1)국유물의 보존공사
보관자에 국비로 공사비를 배부하고 보관자로서 시행하게 함

(2)사유물의 보존공사

ㄱ. 보조금 교부에 의한 보존공사의 시행은 총독으로부터 적당하다고 인정받은자(지사)에 그를 위탁함

ㄴ. 자비에 의한 보존공사의 시행에 있어 소유자의 위촉을 받은 때에는 총독이 적당하다고 인정한 자가 그것을 위탁받은 경우에 행할 것

ㄷ. 보존공사시행에 과한 수속으로는 별도로 정한 바(보존령 시행규칙)에 의할 것

(3) 보존공사의 현장직원

ㄱ. 사유물로서 위탁에 의한 보존공사의 현장직원은 학무국장이 그를 추천함

ㄴ. 보존공사 내 유지수리의 갑종 또는 을종에 속하는 것의 현장직원은 주임 1명 및 조수 약간명으로 하고 필요한 경우에 감독 1명으로 (구성)함

ㄷ. 유지수리의 병종 또는 보존시설은 보관자와 함께 학무국원이 수시로 출장을 시행함

제4 보존공사의 감독

(1) 국유물의 보존공사에 대한 감독

(2) 사유물로서 보조금의 교부를 받는 보존공사의 감독

제3장 보존공사 사무

제1 현장사무의 착수

(1) 보존공사 중 현장 공사사무소 설치

(2) 현장원의 임명 및 착임(着任)

(3) 보존공사의 공정표 작성

(4) 현장취제규칙의 작성 및 게시

(5) 현장에 비치할 다음 장부의 작성

ㄱ. 공사일지, ㄴ. 직공인부출근부, ㄷ. 공사비추산부, ㄹ. 직공인부임(금)지불부

ㅁ. 비품소모품수불부, ㅂ. 우편발송부

(6) 직공인부의 고용

제2 보존공사 수행

(1) 착수전의 상황조사(실측 및 촬영)

(2) 해체

(3) 소요재료의 조사 및 보강(補足)재료의 구입 수속 및 검수

(4) 실시설계서의 작성

(5) 공사현황의 월차보고

(6) 현장야경숙직

(7) 조립

(8) 실측 및 준공도의 작제

제3 보존공사의 준공

(1) 좌의 서류를 작성함

ㄱ. 정산서, ㄴ. 조사서, ㄷ. 실시사양서

(2) 수리전 수리후 및 진행중의 사진정비

(3) 접탁본(摺拓)의 정비

(4) 현장 정리(跡片附)

부록. 보존공사사무 및 직제 등의 시행제도의 설명과 개정의견

제1 보존공사사무 및 직제 등 현행제도

(1) 현행제도의 사무계통.(별지 계통표 제1과 같음)

(2) 현재 착수 중인 보존공사 및 그 직원(소화18년(1943) 1월 31일 현재)

- 국유보물(유지수리 갑종만)

1. 경남진주 촉석루 공사 담당 吉川孝次(본부촉탁)

- 사찰소유보물(유지수리 갑종만)

1. 강원 강안사 사성전 공사감독 杉山信三(본수기수)
현장주임 平井茂市(도 촉탁)
현장조수 新井滉植(도 촉탁)
2. 충남 개심사 대웅전 공사감독 野村孝文(고공교수)
현장주임 池田宗龜(도 촉탁)
현장조수 결원(缺員) 중

(3) 현장제도의 결점

ㄱ. 재료의 구입 보관에 관해 각 현장이 별도의 회계를 함으로써 전반적인 기획을 할 수 없으며 함께 그것을 융통하여 상호현장의 장단을 보완할 수 없음. 현재와 같이 물자가 적은 때에 한 지방으로서 구입할 수 없는 것이 있다는 것이 구입에 다대한 불편이 발생하고 또 일수를 필요로 하는 공사에 지장을 초래하는 것이 많음

ㄴ. 현장원은 그 공사마다 촉탁과 같은 것을 고용하는 것으로서 그 공사용제(工事用濟)의 때에 항상 약간의 기간 일시적으로 직을 주어 생계상의 곤혹에 빠짐에 따라 우수한 기술원은 다른 곳으로 이직하기 쉽상이라 현장원의 양성도, 연습이나 숙달도 될수 없음

ㄷ. 이상의 결과, 인적으로나 물적으로 통합함이 부득이한 것이므로, 현재 상태에 즉시 응할 것이 아니라, 전쟁수행에 최대목적을 두고 소극적으로 최소의 경비와 인원으로 최대의 능력을 발휘할 수밖에 없다.

제2 개정의견

1. 개정안의 사무계통 별지계통표 제2와 같음

2. 개정안의 요점

ㄱ. 학무국 내 보물고적보존공사 사무소를 설치하는 것

ㄴ. 전릉 및 보물고적명승천연기념물의 보존에 관해 그 유지수리 및 보존시설을 하게 된 때에는 그의 소유자 또는 관리자 등이 공사를 보물고적보존공사사무소장에게 위탁하게 하는 것

ㄷ. 소장이 그 위탁을 받은 때는 소규정에 근거해 집행하는 것

3. 개정안의 이유

ㄱ. 현행제도로서 유지수리를 할 때 피보조자는 그 집행을 도지사에 위탁하는 것으로서 위탁을 받는 지사는 현장원에게 적당한 사람을 (임명해야 하지만) 보통은 학무국장의 추천을 요청하여 집행위원회를 조직하고 공사를 집행하게 된다. 즉 학무국장의 지시에 의한다는 점이다.

ㄴ. 이 현행제도로 국유보물에 유지수리 혹은 보존시설을 하게 될 때 도지사가 시행해야 한다. 하지만 도에는 그와 같은 공사를 집행할 특수한 기술원이 없고, 그 공사 기술방면의 지도를 할 학무국원을 파견하는 것으로서 그 기술 방면뿐만 아니라 직공의 고용, 재료의 구입 및 검수까지 위임하고 있어 그 한계가 구분이 되지 않는다. 즉 학무국의 공사시행이 실질적인 시행으로 바뀌어 있다는 점이다.

ㄷ. 현행제도는 공사집행 능력이 없는 도지사에게 집행을 강효하는 점이 인정된다고 할 수 있다.

ㄹ. 따라서 학무국 내에 집행기관을 설치하여 적임자를 위임하는 것이 타당하다.

4. 개정안의 이점

현행제도의 결점을 배제함

| 고적보존비보조대장 정리 |

년도	보조 회계년도	보조비	공비총액	수보조자	사업개요	배정 총보조비	연도별 보조비총계	보조비합산(검산[9])
1913	대정 2년	10,000.00	10,000.00	석굴암	불상안치, 석굴 원형 변경치 않게 수축			10,000.00
1914	대정 3년	3,491.45	3,491.45	분황사	분황사 9층탑의 붕괴(崩潰)된 것을 수선축조함			
1914	대정 3년	1,690.00	1,690.00	영명사	영명사 부벽루 폐퇴 수리를 위함(원형으로 시공)			
1914	대정 3년	4,300.00	6,000.00	석굴암	전년공사 착수후 예상외의 공비를 요하게 됨			
1914	대정 3년	22.30	22.30	청평사	청평사소장 문수원고비 보존용기수조			
1914	대정 3년	496.00	4,390.90	전등사	(전등사) 대웅전 수선공사		9,999.75	9,999.75
1915	대정 4년	64.00	64.00	석왕사	석왕사 호지문 앞 측면 석담 및 석단수리			
1915	대정 4년	155.00	155.00	석왕사	仝(석왕사) 대웅전 석담 및 석단 수리			
1915	대정 4년	1,600.00	4,390.90	전등사	(전등사 대웅전 수선공사)			
1915	대정 4년	8,000.00	8,000.00	석굴암	(석굴암 수선)		9,819.00	9,819.00
1916	대정 5년	9,787.00	19,480.00	부석사	부석사 조사당 및 무량수전 수선공사			
1916	대정 5년	212.94	212.94	유점사	유점사 53불 보존공사		9,999.94	9,999.94
1917	대정 6년	600.00	600.00	석굴암	석굴암 우루방지에 필요한 시공			
1917	대정 6년	9,400.00	9,400.00	부석사	부석사 전년도 공사 계속		10,000.00	10,000.00
1918	대정 7년	2,755.00	2,755.00	해인사	대장경각 수선 및 방화설비			
1918	대정 7년	2,429.00	2,429.43	부석사	취현암 의향각 수선, 무량수전, 조사당 후방 석담, 석단 공사			
1918	대정 7년	1,447.00	1,721.00	부석사	同上 물가, 채금(債金)의 앙등에 의한 증가			
1918	대정 7년	8,369.00	16,000.00	불국사	(불국사)대웅전 외 15개소 수선		15,000.00	15,000.00

9) 검산 항목은 대장에 기록된 것이 아님. 연도별 보조비의 총계를 저자가 직접 더해 본 것임.

년도	보조 회계년도	보조비	공비총액	수보조자	사업개요	배정 총보조비	연도별 보조비총계	보조비합산 (검산)
1919	대정 8년	11,131.00		불국사	(불국사)대웅전 외 15개소 수선			
1919	대정 8년	1,869.00		금산사	(금산사)			
1919	대정 8년	2,000.00		금산사	(금산사)		15,000.00	15,000.00
1920	대정 9년	10,273.43		금산사	(금산사)			
1920	대정 9년	2,855.00		석굴암	(석굴암)		15,000.00	13,128.43
1921	대정 10년	9,169.58		금산사	(금산사)			
1921	대정 10년	5,830.00		석굴암	(석굴암)		15,000.00	14,999.58
1922	대정 11년	1,209.39		금산사	(금산사)			
1922	대정 11년	732.20		금산사	금산사 대웅전 수리			
1922	대정 11년	680.00		부석사	부석사 벽화 수리			
1922	대정 11년	1,647.00		불국사	(불국사)			
1922	대정 11년	7,300.00		석굴암	(석굴암)		12,000.00	11,568.59
1923	대정 12년	9,378.00		불국사	(불국사)			
1923	대정 12년	2,622.00		부석사	(부석사)		12,000.00	12,000.00
1924	대정 13년	8,112.00		불국사	(불국사)			
1924	대정 13년	300.00		불국사	(불국사)			
1924	대정 13년	2,608.47		부석사	부석사 벽화 수리			
1924	대정 13년	700.00		불국사	(불국사)		12,000.00	11,720.47

년도	보조 회계년도	보조비	공비총액	수보조자	사업개요	배정 총보조비	연도별 보조비총계	보조비합산 (검산)
1925	대정 14년	8,569.00		불국사	(불국사)			
1925	대정 14년	550.00		불국사	(불국사)		12,000.00	9,119.00
1926	대정 15년	9,500.00		금산사	(금산사)미륵전, 대장전 기타 수리			
1926	대정 15년	2,500.00		장안사	(장안사)대웅전 수리		12,000.00	12,000.00
1927	소화 2년	5,430.00		금산사	(금산사)대적광전 수리			
1927	소화 2년	3,325.00		금산사	(금산사)대적광전 수리			
1927	소화 2년	1,744.45		장안사	(장안사)대웅전 응급수리			
1927	소화 2년	600.00		법주사	법주사 대부(大釜) 상○ 수리			
1927	소화 2년	900.00		귀진사	귀진사 용감수감 목판 수리		11,999.45	11,999.45
1928	소화 3년	700.00		부석사	부석사 조사당 벽화 수리			
1928	소화 3년	665.00		석굴암	○방지시설 및 기관(汽罐)보존 소옥			
1928	소화 3년	9,650.00		장안사	(장안사)대웅전 본 수리			
1928	소화 3년	585.00		금산사	(금산사)미륵전 기타			
1928	소화 3년	400.00		귀진사	용감수감 목판수리		12,000.00	12,000.00
1929	소화 4년	12,000.00		장안사	장안사 대웅전 수리		12,000.00	12,000.00
1930	소화 5년	11,456.83	37,350.00	장안사	장안사 대웅전 수리공사 ○○○			11,456.83
1931	소화 6년	4,900.00	9,210.09	성불사	극락전 수리공사			
1931	소화 6년	2,758.00	7,032.00	무량사	무량사 극락전			
1931	소화 6년	1,440.00		전등사	대웅전 및 약사전 와즙 교체			9,098.00

년도	보조 회계년도	보조비	공비총액	수보조자	사업개요	배정 총보조비	연도별 보조비총계	보조비합산 (검산)
1932	소화 7	3,310.09	9,210.09	성불사	극락전 본년도 극락전 보조금액 1000원 절 부담			
1932	소화 7	1,000.00	2,283.50	석담서원	1,000 보조 중 단절			
1932	소화 7	2,580.00		금산사	금산사 대적광전, 미륵전, 대웅전 수리			
1932	소화 7	1,300.00		청평사	청평사 극락전 및 회전문 수선 계획서 제조비			
1932	소화 7	1,500.00	7,321.00	관음사	대웅전 본년도 보조 1500원	9,690.00	9,690.09	9,690.09
1933	소화 8	1,074.00		성불사	성불사 응진전 수리계획비			
1933	소화 8	1,205.00		장안사	장안사 사성전 수리계획비			
1933	소화 8	1,500.00	7,321.02	관음사	관음사 대웅전 수리비			
1933	소화 8	250.00		석굴암	석굴암 석불 제태공사를 위함			
1933	소화 8	950.00		불국사	불국사 경내정리를 위함			
1933	소화 8	2,165.00		송광사(전북)	송광사 대웅전 기타 응급 수선을 위함			
1933	소화 8	1,387.00		무위사	무위사 대○○○○ 수리계획을 위함			
1933	소화 8	1,147.00	1,147.00	보림사	보림사 보조선사부도○오○	9,690.00	-	9,678.00
1934	소화 9	3,300.00	7,321.02	관음사	관음사 대웅전 수리비			
1934	소화 9	6,390.00	17,518.00	성불사	성불사 응진전 수리비의 일부 (전부는 내년도)	9,690.00	9,690.00	9,690.00
1935	소화 10	11,120.00	17,518.73	성불사	성불사 응진전 수리비 전년도 보조○액전부			
1935	소화 10	3,200.00		신안사	신안사 극락전 수리비			
1935	소화 10	1,364.00		심원사	심원사 보광전 수리계획서조제비			
1935	소화 10	1,213.00		성불사	성불사 응진전 설계변경을 위한 증액			
1935	소화 10	2,784.00		불국사	경상북도 불국사 응급수선			
1935	소화 10	15,000.00	120,000.00	화엄사	화엄사 각황전	34,690.00	34,690.00	34,681.00

년도	보조 회계년도	보조비	공비총액	수보조자	사업개요	배정 총보조비	연도별 보조비총계	보조비합산 (검산)
1936	소화 11	15,000.00	120,000.00	화엄사	-			
1936	소화 11	10,072.00	26,310.35	청평사	-			
1936	소화 11	9,618.00	35,856.31	수덕사	-	34,690.00	34,690.00	34,690.00
1937	소화 12	12,928.00	26,310.35	청평사	청평사 극락전 수리비			
1937	소화 12	4,500.00	35,856.31	수덕사	수덕사 대웅전 수리비			
1937	소화 12	13,000.00	120,000.00	화엄사	화엄사 각황전 수리비			
1937	소화 12	1,150.00	1,150.00	무위사	(무위사)극락전 응급 수리비			
1937	소화 12	1,500.00	46,675.50	장안사	장안사 사성전 수리비			
1937	소화 12	1,612.00	-	해인사	대장경판고 응급 수리비	34,690.00	34,690.00	34,690.00
1938	소화 13	4,856.00		청평사				
1938	소화 13	4,500.00		수덕사				
1938	소화 13	20,000.00		화엄사				
1938	소화 13	5,334.00		수덕사		34,690.00	34,690.00	34,690.00
1939	소화 14	5,000.00		수덕사	수덕사 대웅전 수리비			
1939	소화 14	18,000.00		화엄사	화엄사 각황전 수리비			
1939	소화 14	4,000.00		화엄사	同			
1939	소화 14	3,848.00		수덕사	수덕사 대웅전 수리비			
1939	소화 14	3,842.00		장안사	장안사 사성전 수리비		34,690.00	34,690.00
1940	소화 15	5,118.00		수덕사	수덕사 대웅전 수리비 증액을 위함			
1940	소화 15	10,000.00		장안사	장안사 사성전 수리공사비			
1940	소화 15	10,000.00		개심사	개심사 대웅전 수리공사비			
1940	소화 15	500.00			진도견 보존비 보조			25,618.00

년도	보조 회계년도	보조비	공비총액	수보조자	사업개요	배정 총보조비	연도별 보조비총계	보조비합산 (검산)
1941	소화 16	8,000.00		개심사	개심사 대웅전 수리공사비			
1941	소화 16	8,000.00		장안사	장안사 사성전 수리공사비			
1941	소화 16	500.00			진도견 보존비 보조			
1941	소화 16	4,000.00		개심사	개심사 대웅전 수리공사비			
1941	소화 16	4,000.00		장안사	장안사 사성전 수리공사비			24,500.00
1942	소화 17	8,469.00	8,469.00	해인사	해인사 장경판고 와즙채 기타			
1942	소화 17	346.00	346.00	무위사	무위사 극락전 우루 수리비			
1942	소화 17	500.00			진도견 보존회 유지비 보조			
1942	소화 17	10,000.00		개심사	개심사 대웅전 수리공사비			
1942	소화 17	13,000.00		장안사	장안사 대웅전 수리공사비			32,315.00
1943	소화 18	19,500.00		개심사	개심사 대웅전 수리비 보조			
1943	소화 18	10,000.00		장안사	장안사 사성전 수리비 보조	34,690.00		29,500.00

| 찾아보기 |

ㄱ

강진(康津) 72, 132, 133, 134, 135, 137, 370

강현(姜賢) 31, 32, 306, 307, 308, 309, 311, 312, 314, 318, 321, 364, 367, 368, 369, 370

개심사 대웅전(開心寺 大雄殿) 37, 55, 74, 77, 80, 138, 139, 140, 141, 181, 182, 183, 184, 185, 187, 188, 189, 194, 199, 200, 202, 203, 206, 241, 250, 258, 259, 260, 261, 262, 263, 264, 266, 282, 284, 292, 301, 319, 320, 338, 346, 347, 350, 351, 352, 361, 370

건축과(建築課) 25, 55, 56, 57, 58, 59, 60, 148, 302, 313

건축잡지(建築雜誌) 220

경경선(京慶線) 118

경성은행 구락부(京城銀行俱樂部) 59

경원선(京元線) 118, 124, 126

경전선(京全線) 118

고건축물(古建築物) 7, 8, 24, 47, 48, 70, 73, 85, 86, 87, 88, 89, 90, 96, 99, 100, 101, 103, 104, 114, 151, 221, 315, 318, 321, 322, 325, 360

고사사보존법(古社寺保存法) 86, 92, 93, 222, 224, 246, 289, 321, 339, 360

고적급유물보존규칙(古跡及遺物保存規則), [약칭] 보존규칙 7, 44, 48, 50, 53, 79, 86, 90, 115, 305

고적보존공사시행표준(古跡保存工事施行標準), [약칭] 시행표준 7, 25, 79, 81, 150, 151, 163

고적보존보조비대장(古跡保存補助費臺帳) 38, 61, 62, 76, 77, 138, 163, 307

고적보존비보조(古跡保存費補助) 7, 10, 61, 62, 63, 64, 66, 67, 69, 76, 79, 80, 91, 137, 153, 154, 163, 164, 254, 310, 311, 317, 319, 328, 340

고적보존비보조공사시행수속(古跡保存費補助工事施行手續), [약칭] 시행수속 7, 79, 80, 153, 163, 254, 310, 311, 340

고적보존회(古蹟保存會) 108, 121, 122, 131, 221, 327, 332

고적애호일(古蹟愛護日) 106, 107, 110, 111, 327

고적조사과(古蹟調査課) 54, 56, 57, 58, 59, 60, 79, 223, 310, 314

고적조사비(古蹟調査費) 60, 61, 62, 63, 64, 66, 67, 69, 79, 315, 317

공사감독(工事監督) 148, 149, 172, 173, 175, 183, 192, 193, 199, 203, 205, 206, 223, 224, 240, 241, 347, 364

공존공영(共存共榮) 105

관동대지진(關東大地震) 119, 265, 269, 331

관유재산(官有財産) 36, 37, 44, 45, 46, 48, 51, 52, 53, 54, 59, 62, 63, 64, 66, 67, 74, 82, 99, 101, 103, 104, 116, 154, 155, 311, 312, 315, 319

관유재산관리규칙(官有財産冠履規則) 45, 52, 53, 82, 311, 312
관음사 대웅전(觀音寺 大雄殿) 37, 55, 74, 77, 80, 165, 208, 226, 227, 229, 241, 242, 244, 254, 255, 256, 257, 284, 291, 292, 345, 349, 354
교토고등공예학교(京都高等工藝學校) 223
교합(校合) 26, 303
구관보존책(舊慣保存策) 95, 324
구관조사(舊慣照査) 105
국가총동원법(國家總動員法) 189, 196
국립공원법(國立公園法) 124, 333
국립문화재연구소(國立文化財研究所) 31, 275, 306, 307, 308, 321, 369, 373
국립박물관(國立博物館) 274, 275, 281, 372, 375
국보건조물수리시행준칙(国宝建造物修理施行準則) 164, 344
국보보존법(國寶保存法) 223, 224, 344
국유재산(國有財産) 36, 52, 53, 103, 312
귀솟음 230, 231, 232, 233, 238, 243, 284, 292, 363, 364
규준선(規準線) 232, 234, 235, 236
규준틀(水咸遣形) 260, 282, 368
금강산보승회(金剛山保勝會) 127
금강산전기철도주식회사(金剛山電氣鐵道株式會社) 124, 128, 334
기념비전(紀念碑殿) 88, 322
기수(技手) 30, 54, 56, 58, 100, 157, 163, 167, 176, 177, 178, 179, 184, 185, 200, 203, 223, 224, 290, 291, 338, 341, 342, 343, 345, 346, 349, 351, 354, 356, 361
기장(記帳) 26, 303
기준선(基準線) 234, 235, 236, 237
김동현(金東賢) 275, 369, 372, 373
김민숙(金玟淑) 31, 32, 33, 34, 307, 341, 344, 347
김순하(金舜河) 163, 176, 177, 349
김재국(金在國) 31, 32, 33, 306, 370, 371
김재원(金載元) 281, 372
깎음질 282, 283
끼음 282, 283

ㄴ

남대문(南大門) 74, 143, 245, 283, 326
남만주철도주식회사(南滿洲鐵道株式會社) 119
내금강(內金剛) 124, 126, 127, 189, 333, 334
내무국(內務局) 59, 63, 128, 183, 326
내무부 제1과(內務部 第1課) 56, 153, 303, 313
내선동근(內鮮同根) 107
내선융화(內鮮融化) 106
내선일체(內鮮一體) 105, 106, 107, 112
노무라 요시후미(野村孝文) 193, 241, 354
노우비지진(濃尾地震) 269

ㄷ

다쓰노 긴고(辰野金吾) 215, 216, 217, 221, 358, 359, 361

당초복원(當初復原) 246, 249, 368, 369
대공동량(大工東梁) 172, 174, 175, 272, 372
대정2년평양보통문수리기요(大正2年平壤普通門修理紀要) 88
도리 휨(棟反り) 231, 232, 233
도문선(圖們線) 118
동경 올림픽 124, 131, 132, 139
동복사(東福寺) 217
동해선(東海線) 118
동화이데올로기 8, 38, 85, 105, 106, 107, 108, 109, 111, 112, 131, 132, 142, 324, 327, 328
동화정책(同化政策) 105, 106, 107, 108

ㅁ

만주사변(滿洲事變) 106, 118, 119, 120, 129, 131, 140
만포선(滿浦線) 118
말휘리(末輝里) 127
모란대(牡丹臺) 97, 134
목할술(木割術) 216, 217
무위사 극락전(無爲寺 極樂殿) 9, 37, 55, 72, 74, 77, 80, 132, 133, 137, 138, 139, 140, 189, 192, 209, 244, 274, 280, 281, 282, 283, 285, 293, 348, 352, 370, 375
문교부(文敎部) 281, 375
문서과(文書課) 24, 25, 26, 27, 28, 56, 57, 303
물자통제령(物資統制令) 189, 196
미나미 지로(南次郞) 106, 108, 109, 111

ㅂ

박태수(朴泰壽) 30
박황식(朴滉植) 194, 195, 196, 199, 241, 277, 278, 279, 285, 291, 294, 355, 356, 374
발송일부인(發送日附印) 26, 27
백무선(白茂線) 118
법륭사건축론(法隆寺建築論) 217, 218, 360, 361
보물건조물(寶物建造物) 7, 8, 10, 20, 25, 35, 39, 43, 71, 73, 74, 76, 78, 79, 80, 81, 83, 85, 92, 103, 105, 112, 113, 114, 115, 117, 118, 123, 130, 132, 133, 134, 135, 139, 140, 141, 142, 143, 144, 152, 155, 156, 157, 158, 159, 163, 164, 165, 167, 168, 174, 176, 183, 187, 188, 200, 205, 207, 265, 271, 272, 273, 274, 277, 280, 282, 283, 285, 288, 289, 290, 291, 292, 293, 294, 295, 297, 318, 319, 320, 321, 323, 326, 329, 337, 344, 345, 346, 351, 355
보물건조물수리시행준칙(寶物建造物修理施行準則) 7, 39, 79, 141, 152, 163, 167, 291, 318, 344
보물고적보존공사사무소(寶物古蹟保存工事事務所) 9, 147, 176, 199, 200, 201, 202, 203, 207
보물목조건조물대수선 10개년 계획(寶物木造建造物大修繕10個年計劃) 39, 71, 112
보승회(保勝會) 120, 121, 122, 127, 128, 131, 141, 290, 332, 335

보은(報恩) 134, 135, 325
보조비(補助費) 27, 37, 38, 61, 62, 66, 76, 77, 80, 113, 128, 129, 138, 148, 153, 163, 177, 183, 189, 207, 307, 311, 319, 320, 338, 343, 345, 350
보존규칙 7, 44, 47, 48, 50, 51, 52, 53, 68, 79, 80, 82, 86, 90, 115, 116, 305, 309, 311, 340
보존비보조공사(保存費補助工事) 7, 37, 79, 80, 81, 138, 153, 163, 164, 254, 310, 311, 340
부벽루(浮碧樓) 74, 77, 80, 96, 97, 98, 135, 324
부석사 무량수전(浮石寺 無量壽殿) 54, 56, 74, 148, 149, 150, 305, 339
부석사 조사당(浮石寺 祖師堂) 37, 55, 58, 59, 74, 77, 80, 309, 370
부전(附箋) 24, 26, 302, 351
분황사 구층탑(芬皇寺 九層塔) 255
분황사 모전석탑(芬皇寺 模磚石塔) 254
불국사(佛國寺) 134, 135, 137, 138, 191, 244, 274, 319, 320
비올레 르 뒥(Viollet-le-Duc) 212, 214, 357

ㅅ

사계과(司計課) 28
사찰령(寺刹令) 44, 47, 48, 51, 52, 53, 82, 187, 308, 309, 311, 318, 351
사찰령시행규칙(寺刹令施行規則) 47, 48, 53, 309
사카타니 료우노신(板谷良之進) 222, 223, 240
사토 사쿠로(佐藤作郎) 120
사회과(社會課) 55, 57, 163, 224, 278, 302, 314, 330, 346, 349, 374
사회과학원(社會科學院) 278, 374
사회교육과(社會教育課) 28, 55, 57, 106, 224, 302, 304, 361
삼성전(三聖殿) 96, 97
상주관아(尙州官衙) 103
서무부(庶務部) 56, 57
서선식산철도주식회사(西鮮殖産鐵道株式會社) 118
석왕사(釋王寺) 55, 56, 74, 77, 80
선자연(扇子椽) 243
성덕태자(聖德太子) 95
성불사 극락전(成佛寺 極樂殿) 37, 55, 72, 74, 77, 80, 113, 114, 137, 226, 228, 241, 244, 250, 251, 254, 255, 256, 257, 284, 292, 329, 348
성불사 응진전(成佛寺 應眞殿) 37, 55, 74, 77, 80, 114, 135, 137, 138, 166, 223, 227, 228, 229, 230, 231, 232, 234, 241, 244, 256, 257, 258, 259, 278, 323, 345, 348, 349, 372, 375
성안(成案) 24, 25, 26, 28, 29, 303, 304
성천 동명관(成川 東明館) 62, 63, 75, 135, 195, 199, 201, 275, 277, 291
세키노 타다시(關野貞) 31, 44, 70, 88, 89, 100, 101, 108, 109, 140, 221, 222, 223, 224, 305, 322, 324, 325, 327, 328, 337, 367
소양강(昭陽江) 134

속리산(俗離山) 134
수덕사 대웅전(修德寺 大雄殿) 33, 34, 37, 55, 74, 77, 80, 138, 139, 140, 141, 165, 173, 188, 191, 192, 241, 284, 292, 343, 346, 352
수리공사취급수속(修理工事取扱手續), [약칭] 취급수속 7, 25, 39, 79, 163, 165, 171, 291
수원(水原) 112, 132, 135, 136, 137, 274, 279, 319, 325, 337, 338
수원 장안문(水原 長安門) 112, 136, 137
숭령전(崇靈殿) 96, 97, 98
스기야마 노부조(杉山信三) 30, 139, 192, 193, 199, 200, 207, 222, 223, 224, 225, 226, 228, 229, 240, 241, 274, 291, 292, 341, 356, 357, 361, 364, 375
스지카이(筋違, すじかい) 267
시방서(示方書) 9, 209, 260, 261, 264, 272, 281, 282, 370
시정연보(市政年報) 98
시행수속 7, 25, 53, 79, 80, 153, 154, 163, 254, 310, 311, 328, 329, 340
시행표준 7, 25, 79, 81, 150, 151, 152, 153, 154, 163, 166
식산공업(殖産工業) 115, 117
신무천황(神武天皇) 95
신안사 극락전(身安寺 極樂殿) 37, 55, 77, 80, 135, 137, 138
신약사사 본당(新藥師寺本堂) 246
신양사(信陽社) 274
신영훈(申榮勳) 21, 30, 31, 301, 304, 352, 362, 364, 369
신정황식(新井滉植) 277, 355
실측야장(實測野帳) 224, 230, 231, 234, 235, 237, 238, 239
실패형 평면(系劵形平面) 245, 365, 366
심원사 보광전(心源寺 普光殿) 37, 55, 74, 77, 80, 135, 137, 138, 241, 244, 278

ㅇ

안쏠림 230, 231, 241, 243, 244, 279, 284, 292, 363, 364, 365
안악 3호분(安岳 3號墳) 278
안주 백상루(安州 百祥樓) 90, 135
안허리곡 363
암페라(アンペラ) 261, 370
양윤식(梁潤植) 30
양철수(楊澈洙) 174, 241, 291, 356, 357, 373
엔타시쓰(entasis) 241, 242
영선과(營繕課) 54, 55, 56, 57, 148, 308, 313
영암(靈巖) 134, 135
영인(鈴印) 26, 303
영조법식(營造法式) 245, 271
오가와 케이키치(小川敬吉) 31, 33, 34, 100, 101, 139, 156, 158, 159, 160, 169, 171, 173, 174, 176, 177, 178, 179, 180, 185, 186, 187, 188, 193, 200, 222, 223, 224, 225, 230, 240, 241, 243, 244, 245, 257, 258, 274, 279, 284, 291, 292, 338, 341, 342, 343, 344, 345, 346, 347, 348, 349, 351, 356, 361, 362, 363, 365, 366, 368, 374

오다 쇼고(小田省吾) 310
오쿠노 타다오(奥埜忠雄) 241
오쿠타니구미(奥谷組) 174, 272, 348
오쿠타니 쿠마노스케(奥谷熊之輔) 174, 272, 348, 372
온정리(溫井里) 126, 128
와타나베 토요히코(渡邊豐日子) 50, 115
왕립건축가협회(RIBA) 213, 215
외금강(外金剛) 126, 128
요네다 미요지(米田美代治) 241
요보호건물(要保護建物) 90
우메키(うめき, 埋木) 266, 267, 271, 283, 284, 293, 371
원산(元山) 124, 126, 370
월악산(月岳山) 134
윌리엄 모리스(William Morris) 212
윌리엄 버제스(William Burges) 215, 216, 359
윤무병(尹武炳) 274, 281
의주 통군정(義州 統軍亭) 192
이음 232, 267, 271, 282, 283, 372
이창근(李昌根) 60, 70, 103, 134, 327
이케다 소우키(池田宗亀) 184, 228, 229, 240, 241, 274, 278, 341, 356
이토 추타(伊東忠太) 216, 217, 218, 220, 221, 222, 224, 246, 321, 324, 360
이화정책(異化政策) 105
인화사(仁和寺) 217
일본관광연맹(日本觀光聯盟) 124
일본여행협회(日本旅行協會) 118, 330, 332
일선동조론(日鮮同祖論) 98, 105, 107, 142, 324
임천(林泉) 274, 275, 276, 281, 285, 291, 294, 356, 373
임천고건축연구소(林泉古建築研究所) 274, 275, 276, 373

ㅈ

장기인(張起仁) 30, 304, 369, 376
장안사 대웅전 7, 37, 55, 77, 80, 129, 130, 131, 141, 189, 348
장안사 사성전(長安寺 大雄殿) 7, 37, 55, 74, 77, 80, 129, 131, 135, 138, 139, 165, 180, 184, 189, 190, 191, 192, 193, 194, 195, 196, 199, 200, 201, 207, 230, 241, 260, 275, 277, 284, 291, 292, 319, 320, 343, 344, 350, 352, 363
재무국(財務局) 26, 27, 28, 29, 52, 66, 114, 160, 183, 257, 258, 323, 350, 368
전결(專決) 28, 302
전릉급고적수선비(殿陵及古跡修繕費) 63, 64, 66, 67, 316
전릉급보물고적명승천연기념물조사병보존비(殿陵及寶物古跡名勝天然記念物照査幷保存費) 69, 70, 82, 315, 317
전봉희(田鳳熙) 4, 30, 301, 333, 334, 353, 355
정묘사다보탑수리공사위원부규정(淨妙寺多寶塔修理工事委員部規程), [약칭] 위원부규정 7, 165
정무총감(政務總監) 24, 27, 28, 45, 51, 99, 148, 302

정서(淨書) 25, 26, 29, 303, 356
제령(制令) 48, 50, 52, 53, 82, 189, 196, 311, 316
조사비(調査費) 60, 61, 62, 63, 64, 66, 67, 69, 71, 79, 128, 177, 304, 315, 317
조사이아 콘돌(Josiah Conder) 216, 359
조선건축회(朝鮮建築會) 100
조선고건축물(朝鮮古建築物) 73, 87, 88, 89, 96, 103, 315, 318, 321
조선과 건축(朝鮮と建築) 100
조선식산은행(朝鮮殖産銀行) 187, 188
조선중앙관광협회(朝鮮中央觀光協會) 120
조선총독부보물고적명승천연기념물보존회(朝鮮總督府寶物古跡名勝天然記念物保存會) 7, 53, 159, 169
조선총독부특별회계(朝鮮總督府特別會計) 61, 63, 119, 315, 330, 331
조회(照會) 23, 48, 76
종교과(宗教課) 25, 48, 54, 55, 56, 57, 58, 59, 60, 64, 67, 70, 79, 82, 103, 128, 132, 134, 302, 303, 313, 314, 327
중앙철도주식회사(中央鐵道株式會社) 118
중일전쟁(中日戰爭) 78, 106, 119, 129, 139, 140, 144, 181, 189, 196, 205, 332
지령(指令) 23, 26, 27, 28, 29, 113, 148, 149, 153, 184, 303, 320, 323, 338
지리산(智異山) 130, 131, 134, 191, 336, 353
질품서(質稟書) 23, 302
짜임 282, 283

ㅊ

창도(昌道) 127, 189, 333
창의문(彰義門) 64, 66, 67
철원(鐵原) 124, 127, 333, 334
청원서(請願書) 23, 90, 191, 192, 193, 194, 196, 197, 302, 303
청평사 극락전(清平寺 極樂殿) 37, 55, 74, 77, 80, 135, 138, 139, 191, 192, 193, 224, 230, 231, 234, 238, 239, 241, 242, 244, 275, 284, 291, 292, 348, 352
촉탁(囑託) 59, 105, 124, 127, 157, 172, 175, 181, 202, 203, 223, 224, 226, 310, 317, 325, 341
추고천황(推古天皇) 95
춘천(春川) 134, 135, 191, 242, 275, 337
츠기키(つぎき, 繼木) 266, 267, 271, 283, 284, 293, 371
츠마키 요리나가(妻木賴黃) 100, 101
츠지 젠노스케(辻善之助) 367

ㅋ

카나와츠키(金輪継, かなわつぎ) 267, 268, 372
카미쿠보 큐우시로(上久保九市郎) 174, 177, 178, 346
코부대학교(工部大學校) 216, 358
콘크리트(concrete, コンクリート) 255, 263, 265, 266, 271, 284, 293, 309, 370

쿠모스지카이(雲筋違, くもすじかいり) 267
크레오소트(creosote, クレオソート) 266, 284, 293
키리쿠미(切組, きりくみ) 283
키코 세이케이(木子清敬) 216, 359
키코 토모타카(木子智隆) 54, 56

ㅌ

타나카 사다히코(田中禎彦) 31, 32, 309, 314
타무라 츠요시(田村剛) 124, 333
태백산(太白山) 134, 135
태평양전쟁(太平洋 戰爭) 139
토목국(土木局) 54, 55, 56, 57, 59, 148, 308
토목부(土木部) 55, 56, 57, 58, 148, 302, 313, 339, 340
통신일부인(通信日附印) 130
통첩(通牒) 23, 26, 27, 28, 29, 45, 47, 51, 52, 53, 54, 58, 92, 99, 106, 148, 308, 309, 323, 325, 339, 341, 350
특별보호건조물(特別保護建造物) 8, 39, 80, 81, 83, 85, 86, 91, 92, 93, 96, 104, 107, 112, 113, 114, 115, 116, 117, 142, 144, 148, 154, 159, 166, 222, 289, 320, 323, 327, 339, 345, 354

ㅍ

파르테논 신전 265
편의(偏倚) 167, 235
평등원 봉황당(平等院鳳凰堂) 221
평성궁(平城宮) 221
평양공립공업실습학교(平壤公立工業實習學校) 195, 277, 291
평양 대동문(平壤 大同門) 135, 137, 192, 195, 277, 291
평양 보통문(平壤 普通門) 54, 61, 78, 90, 91
평양보통문소사(平壤普通門小史) 88, 89
평양 연광정(平壤 練光亭) 135, 270, 271
평원선(平元線) 118
픽처레스크(Picturesque) 212

ㅎ

하기키(はぎき, 矧木) 266, 267, 271, 283, 284, 293, 371, 395
학무국(學務局) 7, 25, 26, 28, 29, 30, 50, 54, 55, 56, 57, 58, 59, 60, 62, 63, 64, 66, 67, 68, 70, 71, 79, 82, 100, 103, 104, 113, 114, 115, 116, 117, 127, 128, 129, 132, 133, 137, 139, 140, 160, 163, 173, 174, 176, 177, 178, 179, 182, 183, 184, 185, 187, 188, 191, 192, 197, 200, 201, 203, 205, 206, 207, 223, 224, 226, 257, 264, 291, 302, 303, 304, 310, 313, 318, 323, 327, 336, 338, 341, 342, 345, 346, 347, 349, 350, 351, 356, 361

한국문화재보존기술진흥협회(韓國文化財保存技術振興協會) 30, 304, 352, 362, 364
함경선(咸鏡線) 118
함석철판(亞鉛引鐵板) 266
합의(合議) 24, 25, 26, 28, 29
해인사 대장경각(海印寺 大藏經閣) 56, 91, 149, 339
향교재산관리규정(鄕校財産管理規程) 44, 51, 53
현성묘(顯聖廟) 88, 322
현장조수(現場助手) 172, 174, 175, 192, 193, 203, 206, 241, 277, 348, 356, 364
현장주임(現場主任) 30, 172, 173, 174, 175, 176, 178, 179, 183, 184, 185, 192, 193, 194, 203, 206, 241, 345, 346, 354, 355, 356, 364, 375
현촌도(現寸圖) 227, 228, 235, 237
혜산선(惠山線) 118
호남선(湖南線) 118
화엄사 각황전(華嚴寺 覺皇殿) 9, 26, 27, 28, 37, 55, 72, 75, 77, 79, 80, 112, 114, 130, 131, 135, 137, 138, 139, 141, 147, 160, 162, 163, 164, 165, 166, 168, 169, 170, 171, 172, 173, 174, 176, 177, 178, 191, 192, 206, 241, 246, 247, 248, 249, 257, 258, 259, 261, 263, 266, 272, 275, 281, 282, 284, 290, 291, 292, 318, 320, 323, 338, 343, 345, 346, 347, 348, 349, 352, 353, 354, 355, 356, 364, 369, 372, 373
화엄사 각황전 수리공사사무소(華嚴寺 覺皇殿 修理工事事務所) 160, 169, 171, 172
화엄사 각황전 수리공사취급수속(華嚴寺覺皇殿修理工事取扱手續), [약칭] 취급수속 7, 163, 165, 171
화풍(和風) 216, 359
황민화정책(皇民化政策) 105, 327
회양조각(繪樣彫刻) 283
회의(回議) 24, 26, 29, 58
후지타 료우사쿠(藤田亮策) 48, 49, 59, 60, 61, 62, 310, 314
히라이 시게이치(平井茂市) 193, 241

이 책의 바탕이 된 박사논문의 집필은 조선총독부박물관이 생산한 수리공사 문서의 공개 소식을 접하면서 시작되었습니다. 조선총독부박물관 문서는 우리나라 건축문화유산 태동기의 구체적인 사실들을 담고 있어 무척 귀중한 사료입니다. 일제강점기가 한반도 근대기의 대부분을 차지한다는 점을 고려하면, 우리 건축문화유산 형성과정 자체를 살필 수 있게 된 것이므로 그 가치가 더욱 크다고 할 수 있습니다. 이 책의 출간으로 조선총독부박물관 문서의 가치에 관심을 가지는 연구자들이 늘어나고, 그들과 부족한 부분을 함께 채워나가게 되길 희망합니다. 만약 문서를 살피다가 저와 같은 고민을 마주하게 된 연구자가 있어, 이 책을 연구의 디딤돌로 삼아준다면 모자란 글을 세상에 내어놓는 부끄러움이 조금은 가실 듯합니다.

모자란 글이라도 그나마 세상에 내어놓을 수 있게 된 것은 지도 교수님의 가르침 덕분입니다. 글짓기에 관한 전봉희 교수님의 엄격한 가르침은 때때로 흔들리는 박사논문의 갈피를 잡아주었던 굳건한 길잡이가 되어주었습니다. 박사논문 심사를 핑계로 성글고 서툰 글을 내밀어도 관심과 조언을 아끼지 않으셨던 전봉희 교수님과 매번 꼼꼼히 읽고 지도해주신 김봉건, 장헌덕, 배병선, 박소현 교수님께 진심으로 감사드립니다.

성근 글이 책으로 무사히 출간될 수 있었던 것은 심원문화사업회의 후원과 독려 덕분입니다. 책이 나오기까지 지원을 아끼지 않으셨던 심원문화사업회 이태규 이사장님, 신정환 사무장님, 와이드AR 전진삼 발행

인님께 마음 깊이 감사의 말씀을 올립니다. 부족한 글에 과분한 평을 해주셨던 심사위원 김종헌, 박진호, 우동선, 함성호 선생님께도 감사드립니다. 심사위원분들의 평가는 출간을 준비하는 내내 큰 응원이 되었습니다. 그리고 출간을 도와주신 시공문화사 김기현 대표님과 책의 디자인을 맡아주신 심현일 대표님께도 감사의 마음을 전합니다.

큰 믿음으로 기다려주신 사랑하는 부모님, 응원을 아끼지 않았던 동생 내외, 늘 따뜻한 마음으로 곁을 지켜준 아내에게 애틋한 마음을 전합니다. 돌아보면 지지를 보내준 모든 이가 가족이었습니다. 가르침과 격려를 아끼지 않으셨던 스승님과 스승님 못지않게 많은 것을 내어 준 선배님, 철없는 친구의 허물을 항상 넉넉한 웃음으로 감싸준 동기와 여물지 않은 선배 노릇을 참고 견뎌준 후배, 모든 분께 말로 다 하지 못할 감사의 마음을 전합니다.

2022년 6월

서효원

일제시기 보물건조물의 보존과 수리

제12회 심원건축학술상 수상작

심원문화사업회
이사장 이태규
사무장 신정환

9 788955 924572 93540
ISBN 978-89-5592-457-2

초판 1쇄 인쇄 2022년 6월 24일
초판 1쇄 발행 2022년 6월 30일

지은이 서효원
발행인 김기현
북디자인 심현일
편집감수 전진삼

발행처 시공문화사
등 록 1993년 3월 12일
주 소 서울특별시 서대문구 독립문공원길 13 (극동프라자 5층)
전 화 02) 3147~1212, 2323
전 송 02) 3147~2626
http://www.spacetime.co.kr spacetime@korea.com

편 집 디자인·현
인 쇄 예림인쇄
제 본 (주)서정바인텍
용 지 (주)대림지업사

정가 20,000원
* 파본은 구입한 곳에서 교환해 드립니다.